Digitale Werkzeuge zur integrierten Infrastrukturbauwerksplanung

Mathias Obergrießer

Digitale Werkzeuge zur integrierten Infrastrukturbauwerksplanung

Am Beispiel des Schienen- und Straßenbaus

Mathias Obergrießer
Regensburg, Deutschland

Dissertation Technische Universität München, 2016: Mathias Obergrießer: „Entwicklung von digitalen Werkzeugen und Methoden zur integrierten Planung von Infrastrukturbauwerken am Beispiel des Schienen- und Straßenbaus."

ISBN 978-3-658-16781-3   ISBN 978-3-658-16782-0   (eBook)
DOI 10.1007/978-3-658-16782-0

Die Deutsche Nationalbibliothek verzeichnet diese Publikation in der Deutschen Nationalbibliografie; detaillierte bibliografische Daten sind im Internet über http://dnb.d-nb.de abrufbar.

Springer Vieweg
© Springer Fachmedien Wiesbaden GmbH 2017
Das Werk einschließlich aller seiner Teile ist urheberrechtlich geschützt. Jede Verwertung, die nicht ausdrücklich vom Urheberrechtsgesetz zugelassen ist, bedarf der vorherigen Zustimmung des Verlags. Das gilt insbesondere für Vervielfältigungen, Bearbeitungen, Übersetzungen, Mikroverfilmungen und die Einspeicherung und Verarbeitung in elektronischen Systemen.
Die Wiedergabe von Gebrauchsnamen, Handelsnamen, Warenbezeichnungen usw. in diesem Werk berechtigt auch ohne besondere Kennzeichnung nicht zu der Annahme, dass solche Namen im Sinne der Warenzeichen- und Markenschutz-Gesetzgebung als frei zu betrachten wären und daher von jedermann benutzt werden dürften.
Der Verlag, die Autoren und die Herausgeber gehen davon aus, dass die Angaben und Informationen in diesem Werk zum Zeitpunkt der Veröffentlichung vollständig und korrekt sind. Weder der Verlag noch die Autoren oder die Herausgeber übernehmen, ausdrücklich oder implizit, Gewähr für den Inhalt des Werkes, etwaige Fehler oder Äußerungen.

Gedruckt auf säurefreiem und chlorfrei gebleichtem Papier

Springer Vieweg ist Teil von Springer Nature
Die eingetragene Gesellschaft ist Springer Fachmedien Wiesbaden GmbH
Die Anschrift der Gesellschaft ist: Abraham-Lincoln-Str. 46, 65189 Wiesbaden, Germany

Danksagung

Die vorliegende Arbeit entstand während meiner sechsjährigen Tätigkeit als wissenschaftlicher Mitarbeiter an der Ostbayerischen Technischen Hochschule (OTH) Regensburg, Fakultät Bauingenieurwesen sowie im Zuge meiner kooperativen Promotion am Lehrstuhl für Computergestützte Modellierung und Simulation an der Technischen Universität München. Von Anfang 2008 bis Ende 2010 entstand im Rahmen des von der bayerischen Forschungsstiftung finanzierten Forschungsprojektes „ForBAU" eine Vielzahl von Ideen, Konzepten und Forschungsergebnisse, die ich in den letzten Jahren noch intensiver verfolgen und ausarbeiten konnte.

An dieser Stelle möchte ich mich bei all jenen bedanken, die zum Gelingen dieser Arbeit beigetragen haben. Meinen besonderen Dank gilt meinen Doktorvater Herrn Prof. Dr.-Ing. André Borrmann, der mich in sein Forschungsteam aufnahm und mich bei vielen wissenschaftlichen Fragestellungen, aber auch in anderen Situationen hervorragend unterstützte. Vor allem seine Fähigkeit, komplexe Themenstellungen in einer verständlichen Art und Weise darstellen zu können, begeisterte mich jedes Mal und ermöglichte mir, viele wissenschaftliche Fragestellungen schnell lösen zu können. Trotz seiner Vielzahl an täglichen Terminen, nahm er sich immer Zeit für mich, um mit mir über meine wissenschaftlichen, aber auch anwendungsorientierten Ansätze zu diskutieren. Dieses Engagement ist immer ein großer Ansporn für mich gewesen.

Für die Übernahme des Zweitgutachtens, sowie für die konstruktiven Kritiken und detaillierten Hinweise zu meiner Arbeit, möchte ich mich bei Herrn Prof. Dr.-Ing. U. Rüppel recht herzlich bedanken.

Des Weiteren möchte ich mich bei meinem Drittgutachter und Betreuer von der OTH Regensburg, Herrn Prof. Dr.-Ing. Thomas Euringer für seine ständige Unterstützung während meiner gesamten Forschungszeit bedanken. Er hat mich in vielen Bereichen sehr stark gefördert und motiviert. Zudem hat er mir den nötigen Freiraum überlassen, der für die Bearbeitung meiner wissenschaftlichen Ideen und Konzepte erforderlich war. Besonders hervorheben möchte ich seine Fähigkeiten, Probleme immer auf einen direkten Weg zu lösen sowie schwierige Situationen in kürzester Zeit meistern zu können. Unsere langen und ausführlichen Diskussionen haben mich in vielen Punkten meiner Arbeit bestärkt.

Bedanken möchte ich mich aber auch bei Herrn Prof. Dr. rer. nat. Ernst Rank, der mich zu Beginn meiner Promotionszeit betreute und mir den Einstieg in die kooperative Promotion an seinem Lehrstuhl Computation in Engineering an der Technischen Universität München ermöglichte. Meinen Dank gilt auch Herrn Prof. Dr.-Ing. Andreas Maurial, der als Dekan der Fakultät Bauingenieurwesen meine Arbeit an der OTH Regensburg förderte.

Außerdem möchte ich mich bei allen Kollegen an den beiden Lehrstühlen CMS und CiE sowie an der OTH Regensburg für die familiäre Atmosphäre und das freundschaftliche Miteinander bedanken. Besonderer Dank gilt jedoch Frau Hanne Cornils und Frau Monika Braunschläger, die mit ihrem Verständnis und ihrem Einfühlungsvermögen einen wesentlichen Anteil an dem sehr guten Arbeitsklima am Lehrstuhl bzw. der Fakultät haben. Besonders zu schätzen weiß ich die fachlichen Gespräche mit den verschiedenen Kollegen. Dies ermöglichte mir, Einblicke in verschiedene theoretische, aber auch praxisorientierte Ansätze und Standpunkte. Dabei möchte ich vor allem meinem langjährigen Zimmerkollegen Yang Ji für die zahlreichen und interessanten Diskussionen danken.

Meinen Eltern Johann und Marille Obergrießer möchte ich für ihre ständige Unterstützung während meines Studiums und meiner anschließenden Promotionszeit danken. Durch ihre Unterstützung konnte ich mich voll auf meine wissenschaftlichen Aufgaben konzentrieren.

Ganz besonders bedanken möchte ich mich bei meiner Frau Stefanie Obergrießer, die mir während der gesamten arbeitsintensiven Promotionszeit zur Seite stand und mich stets bei meinen Entscheidungen unterstützt hat. Natürlich soll ihr wertvoller Rat bei der Korrektur dieser Arbeit nicht unerwähnt bleiben.

Inhaltsverzeichnis

Inhaltsverzeichnis		VII
1 Einführung in die Thematik		**1**
1.1	Ausgangspunkt und Motivation	1
1.2	Zielsetzung	2
1.3	Aufbau der Arbeit	3
2 Konventioneller und modellgestützter Planungsprozess im Infrastrukturbau		**5**
2.1	Status quo in der Infrastrukturplanung	5
	2.1.1 Prozess zur Planung einer Infrastrukturmaßnahme im Straßen- und Schienenbau	6
	2.1.1.1 Prozess der Vermessung	7
	2.1.1.2 Prozess der Trassenplanung	8
	2.1.1.3 Prozesse der Baugrunduntersuchung	11
	2.1.1.4 Prozess der Ingenieurbauwerksplanung	12
	2.1.2 Beurteilung des Planungsprozesses	14
2.2	Verwandte Arbeiten - BIM im Hochbau	17
	2.2.1 Beurteilung der Einsatzfähigkeit von BIM im Infrastruktursektor	18
2.3	Planungsgrundlagen zur Modellierung eines parametrisch-assoziativen Infrastrukturinformationsmodells	21
	2.3.1 Datenschnittstellen im Infrastrukturbereich	21
	2.3.2 Erforderliche Anpassungen im Planungsprozess der Baugrunderkundung, der Trassenplanung und der geomechanischen Analyse	23
	2.3.2.1 Modellierung eines 3D-Baugrundinformationsmodells – Ansätze, Methoden und digitale Werkzeuge	24
	2.3.2.2 Baugrund-spezifische Erweiterung des Trassenplanungsprozesses	32
	2.3.2.3 Trassen-baugrund-spezifischer Integrationsansatz zur Umsetzung eines geomechanischen Analyseprozesses	34
2.4	Zusammenfassung	37
3 Grundlagen der geometrischen Modellierung		**39**
3.1	Definition verschiedener geometrischer 2D-/3D-Grundprimitive	40
	3.1.1 Grundprimitive in $\mathbb{R}^2$	40
	3.1.1.1 Punkt	40
	3.1.1.2 Kurve	40

		3.1.1.3	Eignung von B-Spline-Kurven zur Konstruktion eines 3D-Trassenverlaufs 47

        3.1.2 Grundprimitive in $\mathbb{R}^3$ 48
  3.2 Geometrische Modellrepräsentationen 49
        3.2.1 Kantenmodell 49
        3.2.2 Flächenmodell 50
        3.2.3 Volumenmodell 51
                3.2.3.1 Definition eines Boundary-Representation-Modells (BRep) ... 51
                3.2.3.2 Definition eines Constructiv-Solid-Geometry-Modells (CSG) .. 54
                3.2.3.3 Definition eines Sweep-Modells 55
        3.2.4 Vor- und Nachteile der verschiedenen Repräsentationsformen 56
  3.3 Zusammenfassung 56

4 Parametrisch-assoziative Modellierungsansätze   59
  4.1 Grundlagen zur assoziativen Modellkopplung 60
        4.1.1 Historien-freie Modellierung 60
        4.1.2 Historienbasierte Modellierung 60
        4.1.3 Ansätze zur Umsetzung einer assoziativen Kopplung 62
  4.2 Parameterdefinition 65
  4.3 Constraints 67
        4.3.1 Constraints in $\mathbb{R}^2$ 71
                4.3.1.1 Logische Constraints 72
                4.3.1.2 Dimensionale Constraints 76
                4.3.1.3 Algebraische Constraints 78
        4.3.2 Constraints in $\mathbb{R}^3$ 79
                4.3.2.1 Indirekte 3D-Constraints 80
                4.3.2.2 Direkte 3D-Constraints 80
        4.3.3 Parametrisierungszustand eines Modells 82
                4.3.3.1 Beispiel eines parametrisch voll-bestimmten Modells in $\mathbb{R}^2$ ... 84
  4.4 Methode der direkten Freiheitsgradanalyse 86
        4.4.1 Freiheitsgrade der geometrischen Primitive in $\mathbb{R}^2$ 86
        4.4.2 Analyse der reduzierten Freiheitsgrade in $\mathbb{R}^2$ 89
        4.4.3 Direkte Freiheitsgradanalyse 92
        4.4.4 Beispiele der direkten Freiheitsgradanalyse 93
  4.5 Methoden der constraint-basierten Modellierung 96
        4.5.1 Prozedural-parametrischer Modellierungsansatz 97
        4.5.2 Variationaler Modellierungsansatz 99
        4.5.3 Hybrides Model 103
  4.6 Constraint-Solver 105
        4.6.1 Algebraischer Ansatz 107
        4.6.2 Regel-basierter Ansatz 109
        4.6.3 Theorem-proving Ansatz 112
        4.6.4 Grafen-basierter Ansatz 114
                4.6.4.1 Analyse der Freiheitsgrad 117
                4.6.4.2 Ansatz der Constraint-Propagation 122
                4.6.4.3 Konstruktiver Ansatz 124

	4.6.5 Analyse der bestehenden Verfahren	133
4.7	Zusammenfassung	134

5 Grundlagen zur Definition eines infrastruktur-spezifischen Modellierungsleitfadens — 135

- 5.1 Allgemeine Modellierungsstrategien ... 136
  - 5.1.1 Produkt-spezifische Modellierungsstrategien ... 136
  - 5.1.2 Produkt-neutrale Modellierungsstrategien ... 137
- 5.2 Aufbau einer infrastruktur-spezifischen Modellstruktur ... 141
  - 5.2.1 Steuerungsebene ... 142
  - 5.2.2 Baugruppenebene ... 143
  - 5.2.3 Bauteilebene ... 143
  - 5.2.4 Teileebene ... 143
- 5.3 Automatisierung von Konstruktionsprozessen ... 144
  - 5.3.1 Komplexität von Konstruktionsprozessen ... 144
  - 5.3.2 Automatisierungsansätze ... 145
  - 5.3.3 Softwaretechnische Konzepte ... 147
    - 5.3.3.1 Systemunabhängige Konstruktionssystem ... 147
    - 5.3.3.2 Systemgebundene Konstruktionssystem ... 148
  - 5.3.4 Beurteilung der Automatisierungsansätze ... 151
- 5.4 Zusammenfassung ... 151

6 Konzepte zur Umsetzung des parametrisch-assoziativen Infrastrukturinformationsmodells — 153

- 6.1 Komponenten des PIM-Modells ... 153
- 6.2 Konzepte zur Modellierung eines Infrastrukturmodells ... 156
  - 6.2.1 Allgemeingültige Modellierungskomponenten ... 156
  - 6.2.2 Konzept zur Modellierung des 3D-Trassen-Baugrund-Modells ... 160
    - 6.2.2.1 Ausführliche Beschreibung des automatisierten 3D-Trassen-Baugrund Modellierungskonzeptes ... 162
    - 6.2.2.2 Fazit des Automatisierungsansatzes ... 173
  - 6.2.3 Konzept zur Modellierung erdstabilisierender 3D-Bauwerks- und Baugrubenmodelle ... 173
  - 6.2.4 Konzept zur Modellierung des 3D-Brückenmodells ... 176
    - 6.2.4.1 Ausführliche Beschreibung des brücken-spezifischen Modellierungskonzeptes ... 177
- 6.3 Zusammenfassung ... 190

7 Anwendungsbeispiele aus der Praxis — 193

- 7.1 Validierung des infrastruktur-spezifischen Modellierungsleitfadens am Beispiel einer Straßentrasse ... 193
  - 7.1.1 Konzept zur automatisierten 3D-Trassen-Baugrundmodellierung ... 194
  - 7.1.2 Konzept zur geomechanischen Profilanalyse ... 198
  - 7.1.3 Konzept zur 3D-Brückenbauwerksmodellierung ... 199
- 7.2 Validierung der Methode zur direkten Analyse der Freiheitsgrade am Beispiel eines Rettungsschachtes ... 208

      7.2.1   Konzept der direkten Freiheitsgradanalyse 208
  7.3 Zusammenfassung 213

8 Zusammenfassung und Ausblick   215
  8.1 Zusammenfassung der Arbeit 215
  8.2 Ausblick 217

Literaturverzeichnis   219

A Anhang   241

Kapitel 1

Einführung in die Thematik

In der vorliegenden Arbeit werden verschiedene Ansätze und digitale Werkzeuge vorgestellt, mit deren Hilfe eine durchgängige sowie modellgestützte Planung einer Infrastrukturmaßnahme möglich ist. Hierzu wurden *parametrisch-assoziative* Modellierungsansätze aus der Fertigungsindustrie adaptiert, die zusammen mit dem Ansatz des Building Information Model (BIM) die Grundlagen zur Umsetzung eines infrastruktur-spezifischen Modellierungskonzepts bilden. Neben diesem Konzept wurden eine Methode zur *direkten Freiheitsgradanalyse* von 2D-Profilen sowie digitale Werkzeuge zur automatisierten Konstruktion von Basismodellen entwickelt. Erst durch den Einsatz dieser Komponenten lässt sich ein durchgängiger Austausch von Daten zur integrierten sowie konsistenten Planung einer Infrastrukturmaßnahme herstellen. Der hierbei geforderte Paradigmenwechsel zur Planung eines Infrastrukturprojekts anhand eines *parametrisch-assoziativen* Infrastrukturinformationsmodells (PIM) spiegelt sich in den entwickelten digitalen Werkzeugen sowie Modellierungskonzepten wider.

1.1 Ausgangspunkt und Motivation

Laut Bundesministerium für Verkehr, Bau und Stadtentwicklung (BMVBS) werden im Jahr 2015 ca. 90 % des Personenverkehrs und etwa 70 % des binnenländischen Güterverkehrs auf der Straße abgewickelt (BMVBS, 2007). In Studien (Leschus et al., 2009; BMVI, 2013) wurde gezeigt, dass ein kontinuierlicher Anstieg der Motorisierung sowie eine Zunahme der Fahrleistung von Kraftfahrzeugen in den nächsten Jahrzehnten zu erwarten sind. Zudem besitzt die Bundesrepublik Deutschland mit einer Netzdichte von 1,94 km/km^2 eine der am besten ausgebauten Straßennetze weltweit (innerhalb der EU 1,26 km/km^2) (Statista, 2009). Dies bedeutet, dass zur Sicherstellung der Mobilität und eines reibungslosen Binnen- und Transitverkehrs Straßen- und Schienennetze nicht nur neu geplant, sondern vielmehr bestehende Abschnitte saniert bzw. aus- und umgebaut werden müssen. Nach Kühn (2003) zeigt sich dies auch in den neuen Aufgabenfeldern zur Planung einer Infrastrukturmaßnahme:

– Um- und Ausbauplanungen infolge von verkehrsberuhigenden Maßnahmen;
– Straßennetzerweiterungen für neue Industrie-, Gewerbe- und Wohngebiete;

- komplexe Trassenführungen sowie Gestaltung von Infrastrukturbauwerken aufgrund ausgewiesener Wasser- und Naturschutzgebiete;
- Planungen von Rückbau- und Sanierungsmaßnahmen hinsichtlich des erhöhten Verkehrsaufkommens;
- stark verkürzte Planungszyklen;

Diese zusätzlichen Anforderungen verlangen eine engere Zusammenarbeit aller an der Planung beteiligten Organisationen sowie einen reibungslosen Austausch von Daten. Dies geht mit einem Anstieg der Planungsabhängigkeiten und somit einer erhöhten Planungskomplexität einher. Zudem erfordern die Planung und die Ausführung einer optimalen Infrastrukturmaßnahme neben der Lösung komplexer geometrischer Aufgaben auch die Berücksichtigung ökonomischer sowie ökologischer Auflagen. Aus diesem Grund gestalten sich der Entwurf sowie die Ausführungs- und Umplanung eines Infrastrukturprojektes immer häufiger als sehr komplex, zeitintensiv und iterativ.

Zwar wurden in den letzten Jahren die bestehenden Planungsmethoden verbessert (Kühn, 2010; Autodesk, 2013), indem Softwarekomponenten optimiert und neue Schnittstellen geschaffen wurden. Jedoch basieren nach wie vor sämtliche Prozesse zur Planung einer Trasse, eines Baugrunds oder eines Brückenbauwerks auf einem zweidimensionalen Planungsansatz, der eine durchgängige und vor allem konsistente Planungsphilosophie unterbindet. Selbst ein digitaler Austausch von geometrischen und semantischen Daten, die sich zur weiteren Planung des Bauvorhaben einsetzen lassen, ist eher die Ausnahme.

Aus diesen Gründen ist eine wirtschaftliche Bearbeitung eines Infrastrukturprojektes mithilfe von traditionellen Planungsmethoden kaum noch möglich, sodass die These aufgestellt wird, dass zur effektiven Umsetzung eines Infrastrukturprojektes ein Paradigmenwechsel von der 2D-gestützten Planung zu einer 3D-modellbasierten Planung erforderlich ist.

1.2 Zielsetzung

Ziel der vorliegenden Arbeit ist es, neue Ansätze und digitale Werkzeuge zu entwickeln, mit deren Hilfe eine konsistente sowie modellgestützte Planung einer Infrastrukturmaßnahme im Sektor des Straßen- und Schienenbaues möglich ist. Als Vorbild dient dabei der Prozess des Building Information Model (BIM), das sich in einigen Ländern bereits erfolgreich im Sektor des Hochbaus etabliert hat. Allerdings existieren sowohl geometrische als auch prozessuale Unterschiede zwischen den Objekten aus dem Hochbau und dem Tiefbau, sodass sich der BIM-Ansatz nicht ohne Weiteres zur Umsetzung einer Infrastrukturmaßnahme adaptieren lässt. Aus diesem Grund wurde der Ansatz der BIM-Methode mit verschiedenen Methoden aus der Fertigungsindustrie (Maschinen-, Flugzeugbauindustrie) kombiniert und weiterentwickelt. Hieraus ergab sich ein Modellierungskonzept, das eine Berücksichtigung der Besonderheiten des Tiefbaus (komplexe Formen, geringe Stückzahlen, Ausdehnung des Bauwerks etc.) ermöglicht. Kernkomponente dieses neuen Ansatzes bildet ein *föderiertes* sowie *parametrisch-assoziatives Infrastrukturinformationsmodell* (PIM), das sich aus einer Rekombination kleiner Teil-Modelle zusammensetzt. Die zur Umsetzung des PIM-Modells erforderlichen digitalen Werkzeuge und Konzepte werden in den folgenden Kapiteln vorgestellt.

1.3 Aufbau der Arbeit

Die vorliegende Arbeit wurde in folgende Blöcke unterteilt: *Stand der Technik, theoretische Grundlagen* sowie *Konzeption/Validierung*. Nachdem in Kapitel 1 auf die Zielsetzung der Arbeit eingegangen wird, folgt im ersten Block eine Beschreibung des Status quo der Planung einer Infrastrukturmaßnahme. Hierzu werden in Kapitel 2 die traditionellen Arbeitsprozesse zur Durchführung der Vermessungs-, Baugrund-, Trassen- und Bauwerksplanung beschrieben und es werden deren Anpassungen für die Umsetzung eines PIM-Modells diskutiert.

Nach Abbildung des im Jahr 2015 praktizierten Planungsprozesses wird im zweiten Block eine Einführung in die theoretischen Grundlagen der *parametrisch-assoziativen* Modellierung gegeben. Dabei werden in Kapitel 3 die Grundkenntnisse zur geometrischen Modellierung diskutiert, indem verschiedene geometrische Grundprimitive sowie Modellierungstechniken vorgestellt werden. In Kapitel 4 erfolgt eine Einführung in die theoretischen Grundlagen der *parametrisch-assoziativen* Modellierung. Hierzu werden fundamentale Eigenschaften eines *constraint-basierten* Modells sowie die Lösung der Constraints mithilfe eines geeigneten Constraint-Solvers dargestellt. Außerdem wird eine im Rahmen dieser Arbeit neu entwickelte Methode zur Vereinfachung des komplexen Parametrisierungsprozesses vorgestellt, mit deren Hilfe eine direkte *Analyse der Freiheitsgrade* möglich ist. Am Ende des theoretischen Blocks folgt in Kapitel 5 die Beschreibung von allgemeingültigen Strategien zur Generierung eines *parametrisch-assoziativen* Modells.

Auf Basis der im ersten und zweiten Block vorgestellten Grundlagen folgt im dritten Block die Konzeption und Validierung des neu entwickelten Modellierungskonzeptes. Dabei wird in Kapitel 6 das Konzept des infrastruktur-spezifischen Modellierungsleitfadens vorgestellt, bevor in Kapitel 7 die Anwendbarkeit des Konzeptes anhand von mehreren Beispielen aus der Praxis validiert wird.

Kapitel 2

Konventioneller und modellgestützter Planungsprozess im Infrastrukturbau

Straßen, Wege und Schienen sind aus unserem alltäglichen Lebensraum nicht mehr wegzudenken. Wir benutzen sie, um andere Orte zu erreichen, um Güter zu transportieren, aber auch, um soziale Treffpunkte erreichen zu können. Selbst der Planungsprozess einer Trasse wirkt auf den ersten Blick banal – verbinde Punkt A mit Punkt B und berücksichtige dabei bestehende Objekte und Hindernisse. Leider trügt dieser Eindruck, da die Planung einer Infrastrukturmaßnahme mit einer Vielzahl an komplex aufgebauten Teilprozessen einhergeht, die das Zusammenspiel zwischen *ökologischen, ökonomischen* und *normativen* Vorgaben regeln. Speziell die Teilgebiete aus der Vermessungskunde, der Straßenplanung, des konstruktiven Massivbaues, aber auch der Tragwerksanalyse sowie der geomechanischen Baugrundanalyse besitzen einen signifikanten Einfluss auf die erfolgreiche Umsetzung einer Infrastrukturplanung.

2.1 Status quo in der Infrastrukturplanung

Seit Jahrzehnten erfolgt die Umsetzung der Vermessungs-, Baugrund-, Trassen- und Bauwerksplanung anhand von 2D-gestützten Verfahren, obwohl bereits erste Ansätze zur 3D-basierten Modellierung einer Infrastrukturmaßnahme entwickelt wurden (Kühn, 2010; Ritzmann et al., 2010; Autodesk, 2013). Grund hierfür ist, dass zum einen die Planung einer Infrastrukturmaßnahme eine sehr komplexe sowie iterative Planungsaufgabe darstellt, und zum anderen, dass eine Vielzahl an Planungsbeteiligten eine konservative Haltung gegenüber neuen Planungsmethoden besitzt (Höger, 2002; Geuting, 2008; Stumpf, 2009). Aber auch die Normung unterbindet die Einführung eines räumlichen Ansatzes, da in den Richtlinien für die Anlagen von Straßen – Teil Linienführung (RAS-L, 1995) bzw. der Richtlinien für die Anlagen von Autobahnen (RAA, 2008) festgelegt wurde, dass ein räumlicher Entwurf des Trassenverlaufs nicht in der Phase der Ausführungsplanung umgesetzt werden darf. Dies hat zur Folge, dass vor allem die Prozesse der Trassenplanung sowie zur Planung der darin enthaltenen Ingenieurbauwerke ausschließlich mithilfe von zweidimensionalen Methoden erfolgt (Weise & Durth, 1997). Um einen Überblick über den im Jahr 2015 verwendeten infrastruktur-spezifischen Planungsprozess sowie der darin eingesetzten Planungsmethoden und Datenschnittstellen erhalten zu können, werden nachfolgend die jeweiligen Teilprozesse zur Planung einer Infrastrukturmaßnahme vorgestellt.

2.1.1 Prozess zur Planung einer Infrastrukturmaßnahme im Straßen- und Schienenbau

Die Planung einer neuen Infrastrukturmaßnahme wie z. B. einer Straße oder Brücke muss immer wieder von Grund auf neu konzipiert werden. Die Verwendung einer Vorlage ist kaum möglich, insbesondere da jedes Projekt aufgrund der wechselnden Lage der Bauwerke Unikats-Charakter hat (Niggl, 2006). Zudem können Monate bzw. Jahre zwischen der ersten Entwurfsgestaltung und der letzten detaillierten Ausführungsplanung liegen, da innerhalb dieses Prozesses eine Vielzahl an *rechtlichen, ökologischen* sowie *ökonomischen* Randbedingungen eingehalten werden muss. Stillstände in der Planung, gravierende Änderungen in der Trassenführung, aber auch Neu- und Umplanungen von Ingenieurbauwerken sind die Folge. Somit stellt die Planung einer Infrastrukturmaßnahme einen sehr komplexen sowie iterativen Prozess dar, vor allem da die Iteration nicht nur innerhalb einer Planungsphase, sondern über mehrere Planungsphasen der Honorarordnung für Architekten und Ingenieure (HOAI) hinweg auftreten kann. Aus diesem Grund sind zur wirtschaftlichen Planung einer Infrastrukturmaßnahme ein hohes Maß an Fachkompetenz sowie jahrelange berufliche Erfahrung erforderlich (Günthner & Borrmann, 2011).

Im Allgemeinen setzt sich die Planung einer Infrastrukturmaßnahme aus mehreren Planungsleistungen zusammen. Zum einen beinhalten diese Planungsleistungen eine Ermittlung von Grundlagen, indem eine geologische Untersuchung des Baugrunds sowie eine Aufnahme und Digitalisierung der Geländeoberfläche erfolgen. Zum anderen wird auf Basis dieser geo-spezifischen Informationen die Planung einer geeigneten Trassenführung und der damit verbundenen Ingenieurbauwerke durchgeführt. Der durch diese Prozesse hervorgerufene Planungsablauf wird in Abbildung 2.1 zusammengefasst.

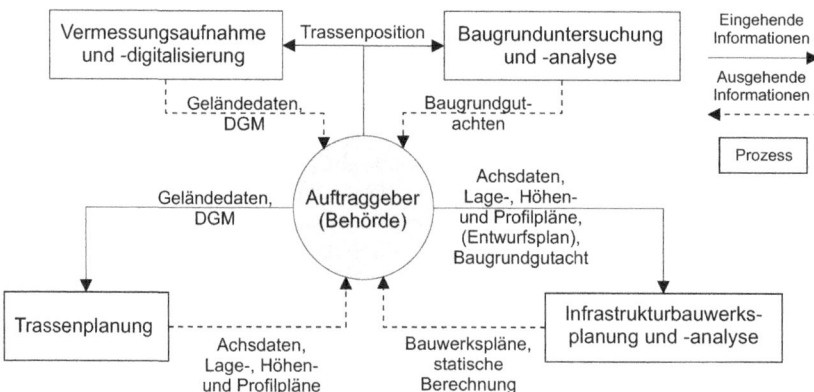

Abbildung 2.1: Grafische Abbildung der Prozessabhängigkeiten sowie des Datentransfers zur Umsetzung einer Infrastrukturmaßnahme.

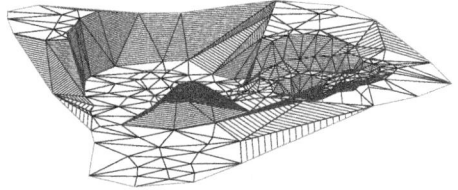 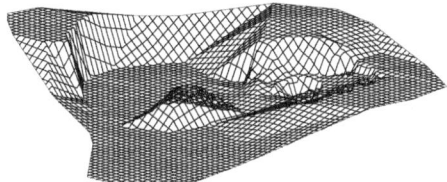

a) DGM als trianguliertes Vektormodell   b) DGM als diskretisiertes Rastermodell

Abbildung 2.2: Grafische Darstellung der beiden DGM-Modelltypen, die in einer Trassenplanung zur Anwendung kommen.

2.1.1.1 Prozess der Vermessung

Standardmäßig startet der Planungsprozess einer Infrastrukturmaßnahme auf Basis eines digitalen Geländemodells (DGM), welches die topografischen Zusammenhänge der Geländeoberfläche virtuell widerspiegelt (Florinsky, 2012). Hierzu kann das für den Planungskorridor maßgebende DGM aus einer Geoinformationssystem-Datenbank (GIS -Datenbank) entnommen oder anhand einer Menge aus *in situ* aufgenommenen Geländepunkten erstellt werden. Üblicherweise erfolgt die terrestrische Vermessung des Geländes mithilfe eines Tachymeters, wobei durch Feldversuche bestätigt werden konnte, dass der Einsatz von flächendeckenden Aufnahmesystemen, wie z. B. Laserscanning- und stereoskopische Luftbildaufnahmesysteme vergleichbare Ergebnisse liefern kann (Pfeifer & Briese, 2007; Jany, 2009). Selbst der Einsatz einer Airborne-Vermessung (ALS) würde sich zur Aufnahme des linienförmigen Planungskorridors einer Trasse einsetzen lassen (Baumgärtel et al., 2011). Unabhängig vom gewählten Vermessungsverfahren ergibt sich aus der Aufnahme des Geländes eine finite Menge an dreidimensionalen Punkten, deren Position in Form eines lokalen oder globalen Koordinatentripels vorliegt. Da jede dieser Raumkoordinaten einen realen Punkt auf der Geländeoberfläche repräsentiert, lassen sich diese Koordinaten als Stützstellen zur Abbildung einer digitalen Oberfläche einsetzen. Dabei werden die Stützstellen zu einem Flächenmodell vernetzt, indem die einzelnen Stützpunkte mithilfe einer Delaunay-Triangulation (Delaunay, 1934) zu einen unregelmäßigen Netz aus Dreiecken (engl. *triangulated irregular network = TIN*) „vermascht" wird (Tsai, 1993; Gudmundsson et al., 2002). Eine alternative Methode hierzu bildet das Rasterverfahren, das auf Basis einer finiten Anzahl an Tiefenpixeln ein regelmäßiges Rasternetz (engl. *grid network*) generiert. Die zur Umsetzung dieses Verfahren erforderlichen Tiefenpixel lassen sich beispielsweise aus einer photogrammetrischen Luftbildaufnahme (Tiefenbild) ableiten (Baumgärtel et al., 2011). Je nach angewandtem Verfahren ergibt sich ein DGM, das die Geländeoberfläche entweder als ein Vektormodell (vgl. Abbildung 2.2a) oder als ein Rastermodell (vgl. Abbildung 2.2b) widerspiegelt (Pache, 2009). Vor allem das Vektormodell besitzt in der Trassenplanung eine zentrale Rolle, da dieser Typ zum einen eine hohe Genauigkeit in der Vernetzung ermöglicht und zum anderen eine schlanke Datenhaltung aufweist. Diese Eigenschaften sind besonders im Bereich von großen und linienhaften Planungskorridoren von Vorteil (Weidenbach, 1999).

2.1.1.2 Prozess der Trassenplanung

Nachdem das digitale Geländemodell erstellt wurde, erfolgt der Entwurf des Trassenverlaufes. Hierzu müssen zum einem *topografische* Zwangspunkte (Siedlungen, Täler, Schutzgebiete etc.) im Planungskorridor identifiziert werden, zum anderen muss eine geometrische Umfahrung dieser Zwangspunkte umgesetzt werden. Die Umsetzung beruht auf einer Reihe von geometrischen Kenngrößen (Längs- und Querneigung, Entwurfsradien), die in der Richtlinie für die Anlagen von Autobahnen (RAA, 2008) bzw. der Richtlinie für die Anlagen von Landstraßen (RAL, 2013) geregelt sind. Erst dadurch ist eine optimale sowie verkehrssichere Infrastrukturplanung möglich. Selbst im Jahr 2015 erfolgt die Planung einer Trasse noch anhand einer 2D-gestützten Planungsmethodik, indem die jeweiligen geometrischen Kenngrößen und Details auf verschiedenen Ebenen abgebildet werden. Die hierbei eingesetzte Planungsmethodik basiert auf dem Prinzip der „Dreitafelprojektion", mit deren Hilfe sich das 3D-Trassenbauwerk implizit in den drei globalen Standardebenen x-y-Ebene, x-z-Ebene und y-z-Ebene abbilden lässt (DIN-ISO:128, 2002).

Im Allgemeinen startet die Konstruktion der Trasse mit dem Entwurf des Trassenverlaufs im Lageplan bzw. auf der x-y-Ebene (vgl. Abbildung 2.3a), indem verschiedene geometrische Trassierungselemente wie Geraden, Klothoiden und Kreisbogenelemente entsprechend der Konvention einer Relationstrassierung[1] regelkonform zu einer stetig verlaufenden Achse zusammengefasst werden (Wolf & Pietzsch, 2005; Natzschka, 2011). Anschließend wird entlang dieser Achse ein Längsschnitt abgeleitet, was eine Schnittabwicklung des Geländemodels ermöglicht. Erst mithilfe dieser trassenachsen-spezifischen Geländeabwicklung, lässt sich der wahre Höhenverlauf der Trasse konzipieren, da nur in diesem sogenannten Höhenplan (im Allgemeinen x-z-Ebene) die wahre Länge der Trasse vorliegt (vgl. Abbildung 2.3b). Hierbei werden Geraden aneinandergereiht, die in ihren Schnittpunkten mithilfe von parabolischen oder kubischen Elementen zu Wannen oder Kuppen ausgerundet werden (Richter & Heindel, 2008; Natzschka, 2011). Die aus diesem Konstruktionsprozess resultierende Achse wird als Gradiente bezeichnet, anhand der zum einen eine minimale bzw. maximale Längsneigungen definiert und zum anderen das Ausmaß der ein- bzw. auszubauenden Erdbaumassen in Form einer „Nullvariante" (Wolf et al., 2013) bestimmt werden kann.

Jedoch liefern diese beiden Achsen noch keine Aussage über den Aufbau des Trassenquerschnittes. Hierzu muss der Querschnitt der Trasse in der dritten Ebene der Dreitafelprojektion (im Allgemeinen y-z-Ebene) definiert werden, wobei der Aufbau und die Abmessung eines Trassenquerschnittes eindeutig in der RAS-Q (1995) bzw. RAL (2013) geregelt sind (vgl. Abbildung 2.4a). Entsprechend diesen geometrischen Vorgaben erfolgt die Zusammensetzung des Trassenquerschnittes, indem die einzelnen Bestandteile des Querschnittes (Bankett, Graben, Böschung, Tragschicht, Deckschicht etc.) anhand von katalogisierten und parametrisierten Trassenobjekten in die Querschnittsebene integriert werden. Häufig wird dabei die Neigung der Böschungen mit einem Verhältnis von 1:1, 1:1,5 oder 1:2 angeordnet (vgl. Abbildung 2.3b), da im Planungsprozess eine genaue Berücksichtigung der vorliegenden Baugrundverhältnisse nicht vorgesehen ist. Anschließend wird der konstruierte Trassenquerschnitt den beiden Trassenachsen in Lage und

---
[1]1971 wurde aufgrund der hohen Anzahl an Verkehrsunfällen, die Grenzwerttrassierung durch eine harmonischere Relationstrassierung, in der Radiensprünge nur noch in den Grenzen der Radientulpe zulässig sind, ersetzt (Weise & Durth, 1997).

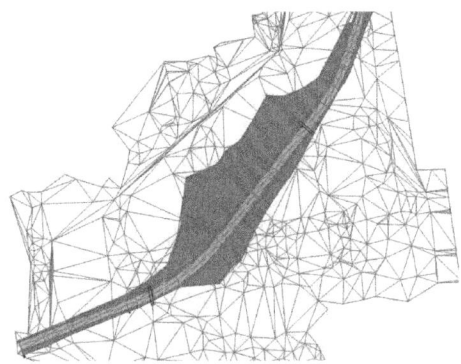 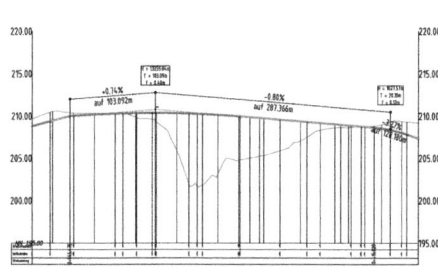

a) Lageplan der Trasse bestehend aus dem DGM sowie einer farblicher Darstellung der Trasseneinschnitte (braun) und -aufträge (grün)

b) Verlauf des Geländes sowie der Gradiente der Trasse im Höhenplan

Abbildung 2.3: Zwei Zeichnungskomponenten zur eindeutigen Definition des Trassenverlaufes im Raum.

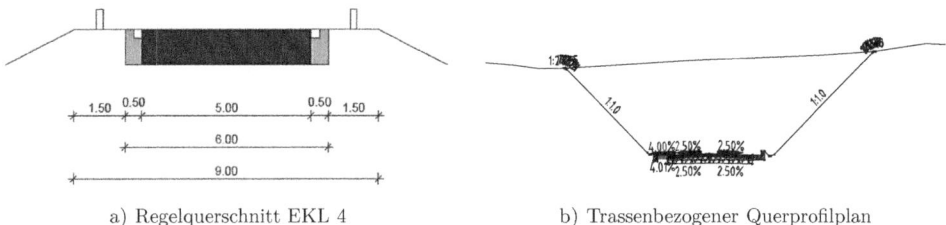

a) Regelquerschnitt EKL 4

b) Trassenbezogener Querprofilplan

Abbildung 2.4: Querprofil der Trasse zur Definition der Ausdehnung des Straßenbauwerkes senkrecht zur Trassenachse.

Höhe zugeordnet, sodass eine Verschneidung der Böschung mit dem digitalen Geländemodell erzeugt werden kann. Das Ergebnis der Verschneidung wird in Form eines farbcodierten Schemas im Lage- und Höhenplan präsentiert, was eine visuelle Kontrolle der aus- und einzubauenden Erdmassen ermöglicht (vgl. Abbildung 2.3a).

Zusätzlich lässt sich aus der Überlagerung der verschiedenen geometrischen Objekte (Kreis, Gerade, Klothoide) aus den zuvor beschriebenen Ebenen ein räumlicher Verlauf der Trasse ableiten. Dabei ergeben sich sechs trassen-spezifische Raumelemente, die grafisch in der Abbildung 2.5 zusammengefasst werden. In der Trassenplanung besitzen diese Raumelemente eine zentrale Rolle, da nur anhand dieser Raumelemente eine visuelle Überprüfung der *Sichtweitenverhältnisse* möglich ist (Kühn et al., 1997; Wolf et al., 2013). Allerdings stößt diese Methode immer häufiger an ihre Grenzen, insbesondere da sich aufgrund der doppelt gekrümmten Raumkurve aus Raumelement Nummer 4 und 6 (vgl. Abbildung2.5) ein sehr komplexer geometrischer Verlauf ergibt (BASt, 2015). Der Einsatz eines dreidimensionalen Trassenmodells kann Abhilfe schaffen, da dadurch eine simultane sowie räumliche Berücksichtigung sämtlicher geometrischer Kenngrößen in einer dreidimensionalen Umgebung möglich ist.

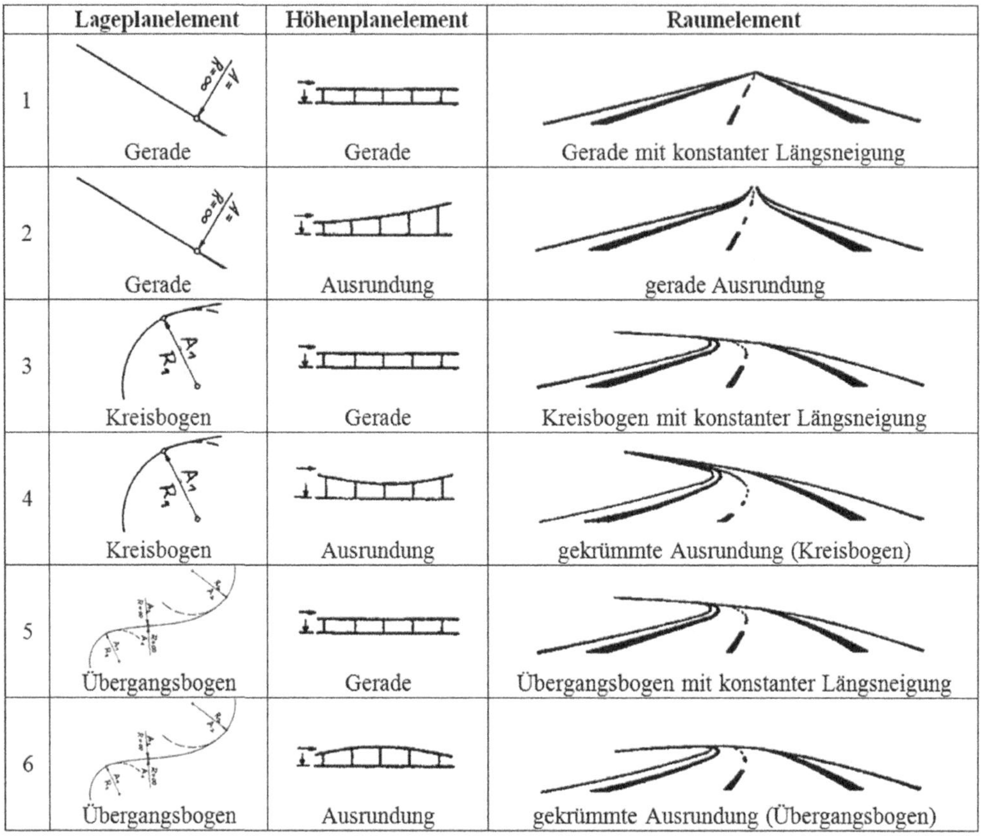

	Lageplanelement	Höhenplanelement	Raumelement
1	Gerade	Gerade	Gerade mit konstanter Längsneigung
2	Gerade	Ausrundung	gerade Ausrundung
3	Kreisbogen	Gerade	Kreisbogen mit konstanter Längsneigung
4	Kreisbogen	Ausrundung	gekrümmte Ausrundung (Kreisbogen)
5	Übergangsbogen	Gerade	Übergangsbogen mit konstanter Längsneigung
6	Übergangsbogen	Ausrundung	gekrümmte Ausrundung (Übergangsbogen)

Abbildung 2.5: Die 6 möglichen Raumelemente, die sich aus der Überlagerung der geometrischen Objekte aus Lage- und Höhenplan ergeben können, nach RAS-L (1995, S. 6).

In der Praxis hat es sich jedoch bewährt, die räumliche Planungsaufgabe in den drei Ebenen der Dreitafelprojektion beizubehalten, da erst dadurch eine zufriedenstellende Berücksichtigung aller geforderten geometrischen Kenngrößen wie Kurvenradien und Steigungswinkel möglich ist. Planer können sich hierbei auf die wesentlichen geometrischen Detailpunkte konzentrieren und somit einen optimalen Trassenverlauf entwerfen. Im Rahmen des Forschungsprojektes ForBAU wurde diese Aussage bestätigt (Baumgärtel et al., 2011). Allerdings unter der Bedingung, dass eine Steigerung der digitalen Vernetzung der einzelnen Prozesse erfolgt. Selbst im Jahr 2015 werden Trassendaten häufig noch in Form eines elektronischen Dokuments – als Portable Document Format (PDF) – bzw. anhand von geplotteten Plänen ausgetauscht. Daraus ergibt sich das Problem, dass in den anschließenden Prozessen, etwa bei der Planung eines Brückenbauwerks oder bei der geomechanischen Baugrundanalyse, alle Informationen erneut per Hand eingegeben werden müssen. Neben dem zeitlichen Aufwand sind Planungsfehler häufig die Folge.

Status quo in der Infrastrukturplanung 11

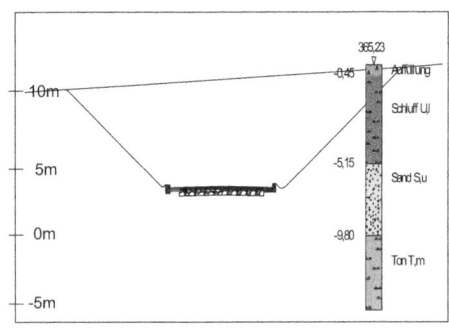 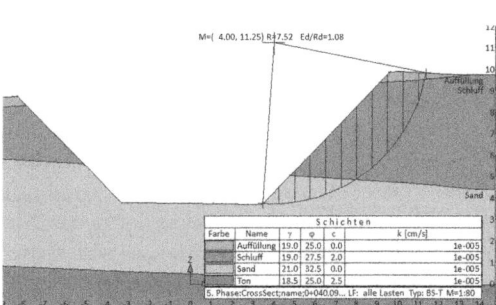

a) Querprofil aus der Trassenplanung sowie Bohrprofil aus dem Baugrundgutachten
b) Korrespondierendes geomechanisches Profil, erstellt aus der Überlagerung der Daten aus Abbildung 2.6a

Abbildung 2.6: Querprofile im Prozess der geomechanischen Strukturanalyse.

2.1.1.3 Prozesse der Baugrunduntersuchung

Parallel zum Prozess der terrestrischen Vermessung und der Trassenplanung wird der Baugrund im vorgesehenen Planungskorridor punktuell untersucht (Kaufmann & Martin, 2008). Hierzu werden Kernbohrungen zur direkten Untersuchung des Baugrunds und Drucksondierungen zur indirekten Untersuchung des Baugrunds in einem definierten Raster sowie an signifikanten Stellen durchgeführt (Kolymbas, 2011). Auf Basis dieser beiden Untersuchungen ist im Labor eine Interpretation der Schichtgrenzen sowie der Bodenparameter möglich. Anschließend werden die Ergebnisse in einem projekt-spezifischen Baugrundgutachten zusammengefasst und in Form eines elektronischen Dokuments – primär als PDF – den an der Planung beteiligten Organisationen zur Verfügung gestellt. Eine modellbasierte Abbildung des Baugrunds in Form eines geometrisch-semantischen 3D-Baugrundmodells ist in dem Prozess nicht vorgesehen.

Die im Baugrundgutachten beinhalteten Informationen, wie schicht-spezifische Bodenparameter (innerer Reibungswinkel φ, Spitzendruck $q_{b,k}$) und die Schichtstärken, definieren zusammen mit den Querschnittsprofilen aus der Trassenplanung die notwendigen geometrischen sowie semantischen Eingangsparameter zur Durchführung einer *geomechanischen* Strukturanalyse. Standardmäßig erfolgt dieser Analyseprozess anhand eines geomechanischen Profils (Yan-lin et al., 2011), das manuell in die geomechanische Analysesoftware übertragen werden muss. In einem ersten Schritt werden hierzu die geometrischen Informationen aus dem Trassenquerprofilplan in das geomechanische System integriert. Jedoch beinhalten diese Querprofilpläne (vgl. Abbildung 2.6a) nur den Verlauf der Trassenoberfläche (DGM), da eine Erfassung der verschiedenen Baugrundschichten im Prozess der Trassenplanung nicht stattfindet (Obergriesser et al., 2009). Hieraus folgt, dass in einem vorgelagerten Analyseprozess der fehlende Verlauf der verschiedenen Schichtgrenzen aus dem Baugrundgutachten interpretiert werden muss, wobei auch dort keine exakten Informationen über den flächigen Verlauf der Baugrundschichten vorliegen. In der Praxis wird daher der Schichtverlauf entweder als „horizontal" oder als ein linear interpolierter Verlauf zwischen benachbarten Bohrprofilen angenommen (Tegtmeier et al., 2014). Nach Abschluss des Analyseprozesses werden die interpretierten Schichtgrenzen zusammen mit dem Verlauf des Oberflächenprofils manuell in das geomechanische Strukturanalyseprofil übertragen (vgl. Abbildung 2.6).

Anschließend erfolgt eine manuelle Zuordnung der *semantischen* Baugrundinformationen zu den korrespondierenden Baugrundschichten. Erst danach ist eine Analyse möglich, indem das geomechanische Profil auf geotechnische Standsicherheitsprobleme (Grundbruch, Böschungsbruch, Setzungen etc.) untersucht wird. Ergibt sich aus der Analyse eine instabile Situation, so werden zusätzliche erdstabilisierende Bauwerke wie Stützwände oder Bodenverbesserungsmaßnahmen im geomechanischen Profil angeordnet und es wird erneute eine Analyse durchgeführt. Das Ergebnis dieser Analyse wird in Form eines elektronischen Dokuments in die Trassenplanung überführt, sodass eine Integration der neuen Randbedingungen möglich ist. In der Praxis wird dieser Vorgang häufig unterschlagen, sodass die Trassenplanung nicht immer den aktuellsten Planungsstand aufweist. Anschließende Prozesse wie die konstruktive Planung der Ingenieurbauwerke werden dadurch beeinträchtigt.

2.1.1.4 Prozess der Ingenieurbauwerksplanung

Der Verlauf einer Straßen- bzw. Schienentrasse soll sich entlang einer Höhenlinie bewegen und sich zudem harmonisch in die natürliche Umgebung integrieren. Dies ist jedoch aufgrund der Topografie des Geländes, der einzuhaltenden Längsneigung sowie der Lichtraumprofile bereits bestehender Trassen nicht immer möglich. Zusätzliche Unterkonstruktionen werden erforderlich. In der Regel bilden Erddämme und Geländeeinschnitte die Standardunterkonstruktion einer Trasse. In bestimmten Situationen, etwa zur Über- oder Unterquerung von natürlichen oder künstlichen Hindernissen (Täler, Flüsse, bestehende Straßen), müssen Brücken- und Tunnelbauwerke in die Trasse integriert werden. Die Abmessungen dieser sogenannten *Ingenieurbauwerke* sind zum einen von der Größe des zu überwindenden Hindernisses und zum anderen vor allem von der geometrischen Zusammensetzung des Trassenquerschnittes abhängig. Beispielsweise müssen zur verkehrssicheren Trassierung einer Autobahn- oder ICE-Trasse größere Mindestradien sowie geringe Längsneigungen vorgesehen werden, was einen Anstieg der erforderlichen Ingenieurbauwerke zur Folge hat. Diese an die Trasse angepasste Infrastrukturbauwerksplanung wurde jedoch erst Mitte der 1980er Jahre eingeführt (Wolf et al., 2013), da zuvor aus wirtschaftlichen, mechanisch-konstruktiven und ausführungstechnischen Gründen ein Ingenieurbauwerk stets *orthogonal* verlaufend geplant und ausgeführt werden musste. Dies hatte zur Folge, dass der Verlauf der Trasse im Einklang mit dem Lageverlauf des Ingenieurbauwerks stehen musste (ingenieurbauwerksspezifische Infrastrukturplanung). Eine suboptimal angeordnete Trassenführung war häufig die Folge. Erst nachdem sich die technischen Möglichkeiten zur Planung und Umsetzung eines Ingenieurbauwerks durch neue technische Hilfsmittel wie beispielsweise Finite-Element-Methode (FEM)- und Computer-Aided-Design (CAD) -Systeme, Computerized-Numerical-Control (CNC)-gefertigte Traggerüstkonstruktionen, industriell gefertigte Fertigteil-Träger etc. stark verbesserten, war die Bauindustrie in der Lage, geometrisch komplex geformte Ingenieurbauwerke (gekrümmt in Lage und Höhe) herzustellen. Letztendlich ermöglichte dieser Fortschritt eine trassen-spezifischen Planung von Infrastrukturbauwerken, in der sich die Brückengeometrie am Verlauf der Trasse orientiert (vgl. Abbildung 2.7). Diese Planungsabhängigkeit führte jedoch dazu, dass zum einen der Entwurf eines *Ingenieurbauwerks* erst nach Abschluss der Trassenplanung möglich ist und zum anderen, dass sich durch die Vielzahl der Abhängigkeiten eine deutliche Steigerung der Planungskomplexität ergibt.

Im Jahr 2015 werden zur Umsetzung dieser Planungsleistung zweidimensionale, nicht-objektorientierte und nicht-parametrisch-assoziative Methoden eingesetzt, die eine digitale Version der

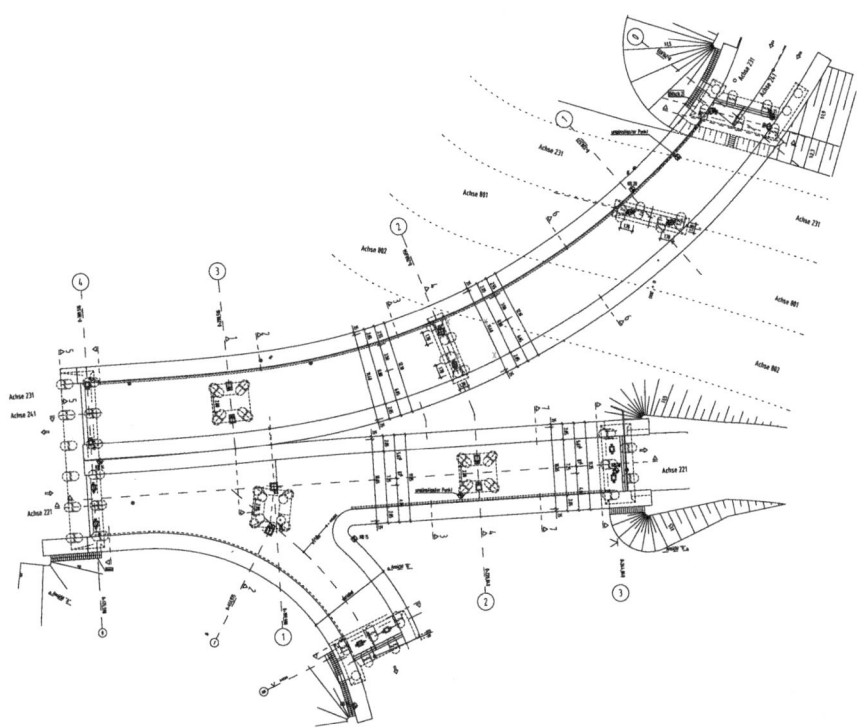

a) Brückengrundriss eines sehr komplexen Brückenbauwerkes zur Überführung eines Straßenknotens

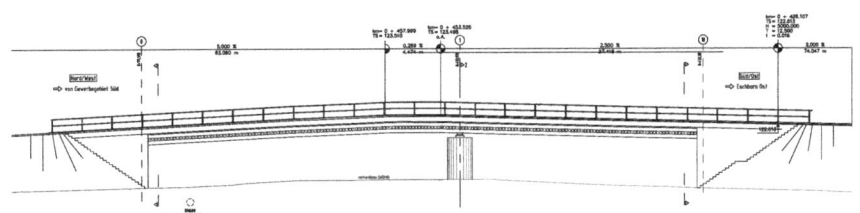

b) Korrespondierende Brückenlängsansicht der aufgetrennten Brückenfahrbahn

Abbildung 2.7: Grundriss und Längsschnitt eines im Radius verlaufenden sowie aufgetrennten zweiteiligen Brückenbauwerks (freigegeben durch Obermeyer Planen + Beraten GmbH (2012)).

ursprünglichen Konstruktion am Zeichenbrett darstellen. Dabei werden die erforderlichen Grundlagendaten aus der Trassenplanung mithilfe von digitalen Schnittstellen übertragen (vgl. Abschnitt 2.3.1). Bislang erfolgt dieser Datenaustausch nur sehr eingeschränkt, sodass die Planung eines Ingenieurbauwerks stets von Neuem beginnt. Hierzu wird eine Reihe von elektronischen Dokumenten, etwa das Baugrundgutachten, der Lage- und Höhenplan der Trasse sowie das

Leistungsverzeichnis und die Baubeschreibung des Bauwerkes, analysiert. Anschließend erfolgt auf Basis dieser Unterlagen die Rekonstruktion der Bauwerksachse im Grundriss, indem der Lageverlauf der Trasse mithilfe von Geraden, Kreisbögen oder Splines im Grundriss manuell rekonstruiert wird. Im nächsten Planungsschritt wird der Regelquerschnitt des Bauwerks unter Berücksichtigung der Richtlinien RAA (2008) und RAL (2013) ermittelt, indem die Ausdehnung des Ingenieurbauwerks parallel zur Bauwerkslängsachse konstruiert wird (vgl. Abbildung 2.7a). Nach Abschluss dieses Konstruktionsvorgangs wird der Höhenverlauf der Bauwerksachse aus der Gradiente des Höhenplans abgeleitet und als *2D-Leitkurve* in den Bauwerkslängsschnitt übertragen (vgl. Abbildung 2.7b). Auf Basis dieser zweidimensionalen Leitkurve lässt sich der Bauwerkslängsschnitt verfeinern, indem weitere Abmessungen des Ingenieurbauwerks wie Bauhöhe, Stützweiten etc. sowie erforderliche Details im Bereich der Entwässerung integriert werden. Nach Fertigstellung des Bauwerksübersichtsplans in der Phase der Entwurfsplanung muss in der nachgelagerten Phase der Ausführungsplanung für jedes Bauteil (Überbau, Widerlager, Fundamente, Röhre, Schacht etc.) ein entsprechender Schalplan angefertigt werden. Diese Schalpläne liefern den am Bau beteiligten Personen die erforderlichen geometrischen Abmessungen zur Umsetzung des Ingenieurbauwerkes.

Handelt es sich bei dem Bauwerk um eine Stahlbeton- bzw. Spannbetonkonstruktion, so muss für jeden der angefertigten Schalpläne ein Bewehrungsplan ausgearbeitet werden, der den Vorgaben aus der Tragwerksanalyse sowie den geltenden Regeln der konstruktiven Bewehrungsführung nach DIN-EN1992-1-1 (2010) und DIN-EN1992-2 (2010) entspricht. Aufgrund dieser enormen Planungsleistung sind z. B. zur Umsetzung eines mittleren Brückenbauwerkes (Spannweite $\leq$ 25 m) zwischen 15 und 20 Schal- und Bewehrungspläne notwendig. Da diese Pläne auf Basis von nicht-parametrischen sowie nicht-assoziativen Geometrien erstellt werden und zudem die Geometrie redundant in den verschiedenen Grundrissen, Schnitten und Detailzeichnungen vorliegt, dominieren inkonsistente Planungsstände den Alltag in der Ingenieurbauwerksplanung. Diese Unstimmigkeiten treten vor allem dann auf, wenn Planungsänderung zu einem späten Planungszeitpunkt auftreten (Regelfall in der Praxis). Ein zeitaufwendiger sowie manueller Nachbearbeitungsprozess ist die Folge, der sich selbst bei der Planung einer einfachen Winkelstützmauer bemerkbar macht.

2.1.2 Beurteilung des Planungsprozesses

Ebenso wie im Hochbau setzt sich die Planung einer Infrastrukturmaßnahme aus einer Reihe von individuellen Planungsprozessen zusammen. Eine Vielzahl dieser Planungsprozesse basiert auf bereits bestehenden Planungsgrundlagen und -informationen, sodass sich ein stark vernetzter Kommunikations- und Planungsprozess ergibt. Diese Abhängigkeiten sowie Informationsflüsse lassen sich mithilfe einer Business Process Modelling Notation (BPMN) in einen infrastrukturspezifischen Prozessplan (engl. *process map*) übertragen, wobei der Prozessplan eine Komponente des ISO-Standards Information Delivery Manual (IDM) ist.

Exemplarisch ist in Abbildung 2.8 ein BPMN-basierter Prozessplan für den im Jahr 2015 angewandten Prozess der Planung einer Infrastrukturmaßnahme dargestellt. Anhand dieses Prozessplans lassen sich die verschiedenen Planungsabhängigkeiten zwischen den einzelnen Prozessen bzw. Organisationen ableiten, und es lässt sich der erforderliche Datenaustausch zur Umsetzung des Prozesses erkennen. Wird dieser infrastruktur-spezifische Prozessplan zusammen mit den zuvor beschriebenen traditionellen infrastruktur-spezifischen Planungsabläufen analysiert, so lassen sich folgende Probleme bei der im Jahr 2015 üblichen Planung einer Infrastrukturmaßnahme identifizieren:

- Alle einzelnen Planungsprozesse stellen einen in sich geschlossenen Regelkreis dar;
- Die Vernetzung der Prozesse ist nicht standardisiert;
- Die Vernetzung der Planungsbeteiligten untereinander ist aufgrund der hierarchischen Informationspolitik kaum vorhanden, da die Verteilung der Informationen durch die zuständige Behörde (Auftraggeber) erfolgt und da rechtlich keine Vertragsbindungen zwischen den einzelnen Planern bestehen;
- Der Austausch von Daten ist sehr stark eingeschränkt und individuell interpretierbar;
- Fehlende Informationen führen häufig zu zyklischen Planungsprozessen;
- Die Übergabe der erforderlichen Daten basiert häufig auf einem elektronischen Dokument (primär als PDF);
- Die Planung eines Trassen- und Brückenbauwerks ist iterativ abzuarbeiten;
- Aufgrund der fehlenden Parametrik bzw. Objektorientierung ist die Wiederverwendung des Projektes sehr eingeschränkt;
- Änderungen von bestehenden Randbedingungen verursachen zeitintensive Modifikationsprozesse;
- Assoziativität zwischen den Geometrien fehlt und führt zu einer inkonsistenten Planungsleistung;
- Geometrien werden redundant in den verschiedenen 2D-Zeichnungen dargestellt;
- Durch den 2D-basierten Konstruktionsprozess wird die Kopplung von modernen Simulations- und Analyseprozessen unterbunden.

Sämtliche Probleme lassen sich auf zwei Ursachen zurückführen. Zum einen die zweidimensionale, nicht parametrisch-assoziative Planungsmethodik, zum anderen die fehlende Definition einer geeigneten digitalen Vernetzung zwischen den einzelnen Planungsprozessen. An dieser Stelle soll darauf hingewiesen werden, dass der Fokus dieser Arbeit nicht darauf liegt, eine vernetzt-kooperative Planung zu entwickeln. Vielmehr sollen digitale Werkzeuge und Methoden entwickelt und vorgestellt werden, mit deren Hilfe sich ein *parametrisch-assoziatives* Infrastrukturinformationsmodell (PIM) in der Praxis umsetzen lässt. Folgende Komponenten sind hierzu erforderlich:

- Anpassung der traditionellen Planungsabläufe, sodass eine durchgängige Planung einer Infrastrukturmaßnahme möglich ist;
- Entwicklung von Ansätzen und digitalen Werkzeugen zum prozessorientierten Austausch von Daten aus dem Bereich der Geotechnik, Trassen- und Ingenieurbauwerksplanung;
- Einsatz von parametrisch-assoziativen und modellorientierten Planungsmethoden;
- Entwicklung und Umsetzung von teilautomatisierten Konstruktionssystemen, die eine integrierte Umsetzung von geometrischen Basismodellen wie dem 3D-Trassen-Baugrund-Modell und dem geomechanischen Analysemodell oder eine Integration des räumlichen Trassenverlaufs ermöglichen.

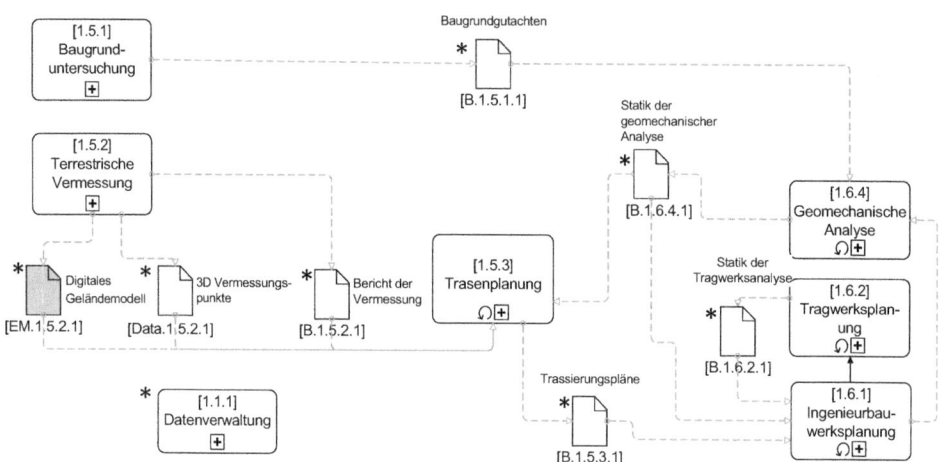

Abbildung 2.8: Im Jahr 2015 praktizierter Prozess zum Austausch von Daten (EM = Exchange Model, Data = elektronische Daten; B = Bericht) und zur Planung einer Infrastrukturmaßnahme. Zur Vereinfachung der Struktur wurde der Datenaustausch direkt zwischen den einzelnen Prozessen dargestellt.

Erst nach erfolgreicher Umsetzung dieser Komponenten ist die umfassende Anwendung von Methoden aus der *vernetzt-kooperativen* Planung möglich, wie sie beispielsweise von Rüppel (2007) vorgestellt werden.

Bevor diese einzelnen Komponenten zur konzeptionellen wie auch technischen Umsetzung des *parametrisch-assoziativen* Infrastrukturinformationsmodells[2] in den nächsten Kapiteln vorgestellt werden, soll auf den im Hochbau existierenden BIM-basierten Ansatz eingegangen werden.

---

[2] Im Zuge dieser Arbeit werden die Begriffe Infrastrukturmodell und Infrastrukturinformationsmodell im gleichen Kontext verwendet.

2.2 Verwandte Arbeiten - BIM im Hochbau

Der Ansatz der Bauwerksinformationsmodellierung (BIM) wird seit einiger Zeit zur prozessorientierten Planung und Abwicklung von Bauwerken im Bereich des Hochbaus eingesetzt (Borrmann et al., 2015), wobei das BIM-basierte Bauwerksinformationsmodell, eine bau-spezifische Form des aus der Fertigungsindustrie bekannten Produktmodells (engl. *product model*) darstellt (Eastman & Siabiris, 1995). Im Laufe der Zeit haben sich in der Praxis unterschiedliche Interpretationen für den Begriff BIM entwickelt, die oftmals zu einer fehlerhaften Interpretation der BIM-Methode führen. Beispielsweise definiert Azhar (2011, S. 1) die BIM-Methode wie folgt:

> „Building Information Modeling represents the process of development and use of a computer generated model to simulate the planning, design, construction and operation of a facility. The resulting model, a Building Information Model, is a data-rich, object-oriented, intelligent and parametric digital representation of the facility, from which views and data appropriate to various users' needs can be extracted and analyzed to generate information that can be used to make decisions and to improve the process of delivering the facility."

Die National BIM Standard-United States (NBIMS-US, 2015) beschreibt den BIM-Prozess folgendermaßen:

> „Building Information Modeling is a digital representation of physical and functional characteristics of a facility. A BIM is a shared knowledge resource for information about a facility forming a reliable basis for decisions during its life-cycle; defined as existing from earliest conception to demolition. A basic premise of BIM is collaboration by different stakeholders at different phases of the life cycle of a facility to insert, extract, update or modify information in the BIM to support and reflect the roles of that stakeholder."

Im Allgemeinen stellt ein BIM-basiertes Produktmodell[3] den Prozess zur virtuellen Abbildung eines realen Bauwerks dar, das eine *föderierte* Verwaltung der geometrischen sowie semantischen Bauwerksinformationen anhand eines digitalen 3D-Bauwerksmodells ermöglicht. Daten, die während des gesamten Produktlebenszyklus entstehen, werden hierbei auf eine abstrakte Art und Weise beschrieben und verwaltet (Bakkeren & Tolman, 1995). Der Begriff BIM definiert somit nicht nur die Methodik zur Abbildung der geometrischen und semantischen Bauwerksinformationen in Form einer *Bauwerksinformationsmodellierung*, sondern bestimmt auch, wie die Informationen zwischen den einzelnen Prozessen über den gesamten Lebenszyklus des Bauwerkes – von der Planung und Abwicklung über den Betrieb bis hin zur Demontage – mithilfe eines föderierten *Bauwerksinformationsmodells* erstellt und verteilt werden können.

Somit spielen beide Komponenten eine zentrale Rolle zur erfolgreichen Anwendung des BIM-Gedankens, wobei das geometrische Modell aufgrund des objektorientieren Ansatzes eine Schlüsselkomponente darstellt. Die Modellierung der einzelnen Bauteilgeometrie, wie z. B. Wände, Stützen, Türen, erfolgt hierbei anhand eines parametrischen und objektorientierten Modellie-

---

[3]Aufgrund der Übertragung des Ansatzes in den Bausektor wird der Begriff Bauwerksinformationsmodell als Synonym für Produktmodell verwendet (Borrmann, 2007).

rungsansatzes (Howell & Batcheler, 2005). Im CAD-System werden hierzu abstrakte geometrische Objekte vorgehalten, die aufgrund einer vordefinierten Parametrisierungsstruktur – im Sinne eines parametrischen Modells (vgl. Abschnitt 4.5.1) – unterschiedlichste geometrische Varianten instanziieren können. In einem BIM-basierten CAD-System wie Autodesk Revit werden diese parametrischen Objekte häufig als „Familien" bezeichnet (Borrmann & Berkhahn, 2015). Jedoch werden diesem Objekt nicht nur *geometrische*, sondern auch *semantische* Informationen wie Material, Farbe, statisches Tragsystem und Kosten zugeordnet (Eastman et al., 2011). Die Verwaltung dieser am geometrischen Objekt „angehefteten" Daten erfolgt mithilfe einer speziellen Datenbank. Eine *föderierte* sowie konsistente Dokumentation der Modelldaten über den gesamten Lebenszyklus eines Bauwerks ist somit möglich (Meissner et al., 1995; Steel et al., 2012). Erst durch die Einführung dieser datenbank-orientierten Modellverwaltung konnte der Wechsel von dem Paradigma der rein geometrischen Bauwerksmodellierung (engl. *building graphic modeling*) hin zu dem Paradigma der geometrisch-semantischen Bauwerksinformationsmodellierung – der BIM-Methode – erfolgreich durchgeführt werden (Autodesk, 2003).

In einigen Ländern, beispielsweise in Singapur (Khemlani, 2005), in Finnland (Properties, 2007) und in den USA (GSA, 2007), wird die BIM-Methode standardmäßig zur Umsetzung von öffentlichen Bauwerken eingesetzt (Borrmann et al., 2015). In Großbritannien und den Niederlanden steht die BIM-Methode kurz vor der Einführung, sodass in den nächsten Jahren von einer Anwendung des BIM-Prozesses in der Praxis auszugehen ist. In Deutschland wird der BIM-Ansatz von einer Reihe innovativer Unternehmen zur Umsetzung von Projekten im Ausland eingesetzt. Allerdings existieren noch keine Vorgaben und Richtlinien, die eine erfolgreiche Adaption der BIM-Methode in der deutschen Praxis erlauben, sodass die Anwendung der BIM-Methode in Deutschland noch keine maßgebende Rolle zur Planung eines Gebäudes spielt. Aus diesem Grund wurde 2010 ein BIM-Beirat gegründet und es wurden verschiedene öffentliche Institutionen (Bundesinstituts für Bau-, Stadt- und Raumforschung, Verein Deutscher Ingenieure) damit beauftragt, einen Leitfaden zur Anwendung von BIM zu entwickeln (Egger et al., 2013). Zudem sollen verschiedene Standardprozesse zur praxisgerechten Abwicklung von BIM definiert werden. Die Überprüfung dieser Konzepte soll anhand verschiedener BIM-Pilotprojekte erfolgen, unter denen sich vier ausgewählte Großprojekte aus dem Bereich des Infrastrukturbaus befinden (BMVI, 2015).

2.2.1 Beurteilung der Einsatzfähigkeit von BIM im Infrastruktursektor

Von Kaminski (2010) wurde das Potenzial des *Building Information Modeling* im Infrastrukturprojekt untersucht. Hierbei konnte festgestellt werden, dass sich durch den Einsatz einer BIM-Methodik im Tiefbau eine Verbesserung des Planungsprozesses einstellen wird. Insbesondere da aufgrund des modellorientierten Ansatzes eine konsistente Planableitung sowie eine Anbindung neuer Prozesse, wie z. B. eine modellbasierte Simulation von Ressourcen, eine Analyse am dreidimensionalen Tragwerksmodellen oder eine volumenorientierte Baufortschrittskontrolle, möglich sind (Borrmann & Koch, 2013). Als Folge kann der Detaillierungsprozess des Bauwerkes in eine frühere Planungsphase verlagert werden. Dies resultiert in einer Steigerung der Planungsqualität, in einer Reduzierung der Planungskosten, in einer Verkürzung der Bauwerksabwicklung sowie in einer Optimierung der Planungszyklen. Grafisch lässt sich diese Verschiebung anhand einer Gegenüberstellung des traditionellen Planungsprozesses mit einem BIM-basierten Planungsprozesses darstellen (vgl. Abbildung 2.9a). Werden diese beiden Kurven durch die zwei Trendlinien,

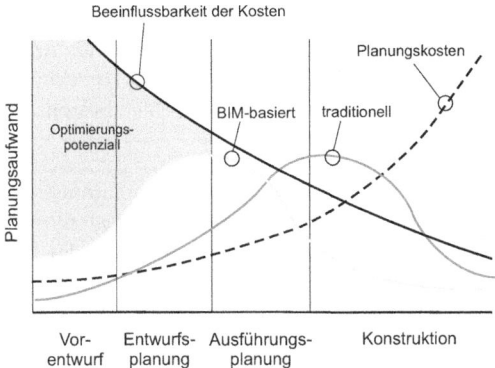

a) McLeamy Kurve - Einfluss der BIM-Methode im Planungsprozess nach AIA et al. (2007, S. 21) und Kanters & Horvat (2012, S. 154)

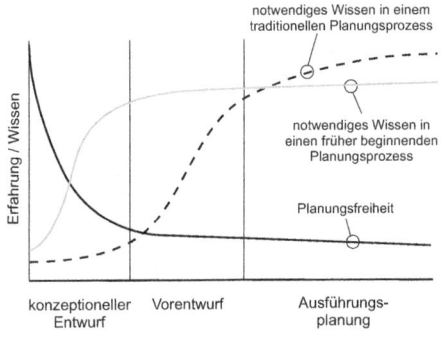

b) Erforderliches Wissen in den verschiedenen Planungsphasen nach Fabrycky (1991, S. 15)

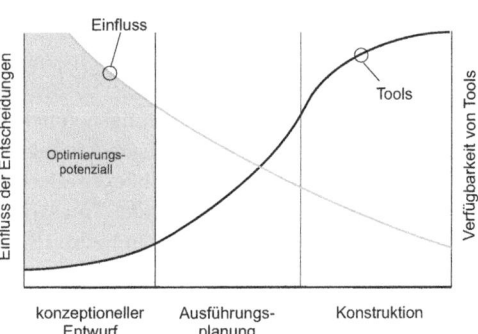

c) Einflussmöglichkeiten von neuen Methoden und Tools nach Wang et al. (2002, S. 982)

Abbildung 2.9: Einflussfaktoren im Planungsprozess.

welche die Planungskosten in Abhängigkeit der Planungsphase und die Beeinflussbarkeit dieser Kosten in Abhängigkeit der Planungsphase widerspiegeln, erweitert, so lässt sich anhand von Abbildung 2.9a der positive Einfluss der BIM-Methodik auf den gesamten *Planungslebenszyklus* erkennen.

Die Verlagerung der Planungsleistung in eine frühere Planungsphase führt aber dazu, dass auch das ingenieurspezifische Know-how mit nach vorne verlagert werden muss (vgl. Abbildung 2.9b). Da aber in dieser Phase eine Vielzahl von Randbedingungen noch nicht eindeutig festgelegt ist, wird aus wirtschaftlichen Punkten eine Standardisierung des Planungsprozesses noch zwingender erforderlich, als es bereits bei einer traditionellen Planung notwendig ist. Zudem müssen neue Methoden und digitale Werkzeuge (engl. *tools*) entwickelt werden, die das ingenieurspezifische Wissen schnell und effizient abbilden können und aufgrund der iterativen Prozesse eine Anpassung des Wissens ermöglichen. Eine derartige Methode wird im Abschnitt 4.4 vorgestellt. In der gängigen Literatur werden diese Expertentools bzw. Methoden als *Knowledge-based-Engineering* (KBE) Methoden bezeichnet und sind Gegenstand laufender Forschungsarbeiten (Cavieres et al., 2011; La Rocca, 2012). Welches Potenzial in diesem Gebiet besteht, lässt sich sehr gut in den beiden Abbildungen 2.9b und 2.9c erkennen.

Da eine gewisse Analogie der Tiefbauplanung zur Hochbauplanung vorliegt, ist eine grundsätzliche Anwendung der BIM-Methodik in dem Sektor der Infrastrukturplanung denkbar. Jedoch sind gewisse Modifikation erforderlich, wie z. B. dass sich der in der BIM-Methodik angewandte parametrische sowie familienbasierte Modellierungsansatz (Eastman et al., 2011) aufgrund der geringen Wiederholungsrate an gleichen Infrastrukturbauteilen nur bedingt einsetzen lässt. Aber nicht nur die überschaubare Anzahl an gleichen Bauteilen (vgl. Abschnitt 5.2), sondern auch die komplexe geometrische Form der individuellen Bauteile stellt den familienbasierten Ansatz infragen. Insbesondere deswegen, weil diese Familien Objekte (Wände, Träger, Fenster etc.) mit stark eingeschränkten parametrischen Eigenschaften darstellen. Um dennoch ein *parametrisch-assoziatives* Infrastrukturinformationsmodell entsprechend der BIM-Methodik abbilden zu können, ist der Einsatz eines flexiblen sowie *constraint-basierten* Modellierungsansatzes erforderlich.

Entsprechende Ansätze wurden bereits in der Fertigungsindustrie entwickelt. Dabei werden die geometrischen Modelle auf Basis von 2D-Profilen erzeugt, deren geometrische Objekte mithilfe von geometrischen Zwangsbedingungen (engl. *constraints*) (vgl. Abschnitt 4.3) parametrisiert werden. Anschließend wird das parametrisierte 2D-Profil zu einen Körper modelliert, indem das Profil entweder entlang eines Pfads extrudiert bzw. trajektiert oder um einen Pfad rotiert wird (vgl. Abschnitt 3.2.3). Aufgrund der Constraints ist eine konsistente Anpassung des Modells möglich. Erfolgt zudem die Umsetzung des PIM-Modells mithilfe eines kombinierten *Top-Down-Bottom-Up*-Modellierungsansatzes, so ist eine Positionierung bzw. assoziative Kopplung der einzelnen Bauteile bzw. Teil-Modelle zu einer übergeordneten Baugruppe (engl. *assembly*) möglich. Außerdem lassen sich dadurch die jeweiligen Teil-Modelle des *parametrisch-assoziativen* Infrastrukturinformationsmodells individuell erzeugen und bearbeiten (vgl. Abschnitt 5.2), was das Prinzip des verteilten Arbeitens fördert. Diese Hypothese wird in den folgenden Kapiteln untermauert, indem die erforderlichen prozessualen und datentransfer-technischen Erweiterungen des traditionellen Planungsprozesses beschrieben sowie die zur Modellierung eines PIM-Modells erforderlich digitalen Werkzeuge, Konzepte und theoretischen Grundlagen vorgestellt werden.

2.3 Planungsgrundlagen zur Modellierung eines parametrisch-assoziativen Infrastrukturinformationsmodells

Wie bereits in Abschnitt 2.1 erwähnt, ist zur Planung einer Infrastrukturmaßnahme eine Vielzahl von Planungsschritten erforderlich, die in der Summe eine konstruktive Abwicklung sowie bautechnische Umsetzung des Infrastrukturprojektes ermöglichen. Im Allgemeinen erfolgt die Konstruktion der Teilprozesse anhand von zweidimensionalen Konstruktionsmethoden, die während der letzten beiden Jahrzehnte kontinuierlich verbessert wurden. Eine Optimierung dieser Konstruktionsmethoden ist daher kaum noch möglich, sodass zur Steigerung der Planungseffektivität sowie -qualität der Einsatz neuer Planungsmethoden, digitaler Werkzeuge und Anpassungen im Bereich des Prozessablaufes sowie des Datenaustausches notwendig sind. Insbesondere im Bereich der Interoperabilität besteht ein großes Optimierungspotenzial, da im gegenwärtigen Planungsprozess (vgl. Abschnitt 2.1.2, Abbildung 2.8) eine direkte Integration und anschließende Bearbeitung von *geometrischen* und *semantischen* Daten kaum praktiziert wird. Zeitaufwendige Rekonstruktionsarbeiten sowie inkonsistente Planungsergebnisse bilden den Regelfall.

Aus diesem Grund müssen zur Umsetzung eines *parametrisch-assoziativen* Infrastrukturinformationsmodells nicht nur geeignete Modellierungsmethoden und digitale Werkzeuge entwickelt, sondern auch ein geeigneter Planungsprozess definiert werden, durch den eine optimale digitale Vernetzung aller an der Planung beteiligten Organisationen und Prozesse möglich ist. Ein Auszug eines derartigen vernetzten infrastruktur-spezifischen Prozessplanes inklusive der hierzu erforderlichen Datentransfers ist in Abbildung 2.10 dargestellt. Jedoch müssen zur Umsetzung dieses Prozesses neue Datenschnittstellen entwickelt werden und es müssen Anpassungen in den Teilprozessen aus der Baugrunderkundung, der Trassenplanung und der geomechanischen Strukturanalyse durchgeführt werden.

2.3.1 Datenschnittstellen im Infrastrukturbereich

Aufgrund der *heterogen* zusammengesetzten Softwarelandschaft im Bauwesen (Niggl, 2006), speziellen im Tiefbausektor, müssen nach wie vor standardisierte Datenformate entwickelt bzw. erweitert werden, die einen durchgängigen und verlustfreien Austausch von trassen-spezifischen

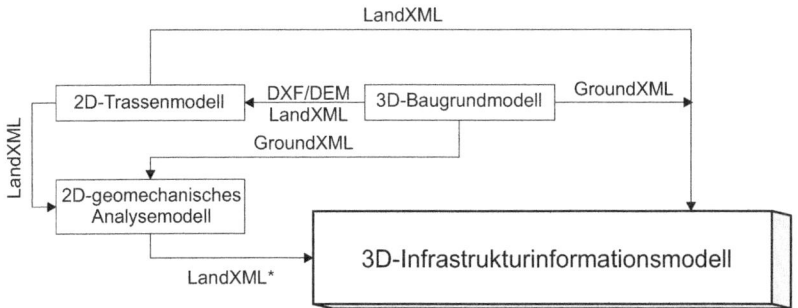

Abbildung 2.10: Grafische Darstellung der digitalen Vernetzung der einzelnen infrastruktur-spezifischen Prozesse zur Modellierung eines 3D-Infrastrukturinformationsmodells.

Daten während des gesamten Lebenszyklus einer Infrastrukturmaßnahme ermöglichen. Obwohl seit Anfang der 1990er Jahre eine Vielzahl an Datenaustauschformaten und Konzepten entwickelt wurde, beschäftigen sich nach wie vor viele wissenschaftliche Arbeiten mit diesem Themengebiet. Zurückführen lässt sich dies auf die sich ständige verändernden Planungs- und Ausführungsanforderungen von Bauwerken, die sich z. B. in

- der stetigen Zunahme der geometrischen Komplexität,
- der Anwendung von neuen Konstruktionsmethoden,
- dem Einsatz von hochperformanten Struktur- und Ablaufsimulationen,
- der maschinengesteuerten Vorfertigung von Bauteilen und Schalungen mithilfe von Computer-adied-Manufacturing-Daten (CAM-Daten),
- dem Einsatz von Just-in-Time oder Just-in-Sequence Anlieferungsstrategien

äußern. Diese Randbedingungen können zum Teil mithilfe der bestehenden Arbeitsprozesse und Softwareprodukte umgesetzt werden. Sind jedoch signifikante Veränderungen in den bestehenden Planungs- und Ausführungsmethoden notwendig, so sind die Entwicklung neuer Schnittstellenkonzepte und deren Validierung zwingend erforderlich. Diese These lässt sich z. B. anhand der Anfang der 1990er Jahre eingeführten *BIM-Methode* verdeutlichen. Bereits während der ersten Anwendungsphase von BIM wurde erkannt, dass sich dieses Konzept nur durch die Entwicklung eines neutralen Datenformates erfolgreich im Bauwesen integrieren lässt. Aus diesem Grund wurde intensiv an der Entwicklung des Standards *Industry Foundation Class* (IFC) gearbeitet, der einen konsistenten Austausch von geometrischen sowie semantischen Daten über den gesamten Lebenszyklus eines Bauwerkes hinweg ermöglichen soll (ISO:16739, 2013; buildingSmart, 2015). Obwohl die Entwicklung der IFC-Datenschnittstelle Mitte der 1990er Jahre begann (Borrmann et al., 2015), ist aufgrund der sich ständigen ändernden Anwendungs- und Qualitätsprofile eine kontinuierliche Erweiterung der Schnittstellen erforderlich. Diese Anforderung lässt sich auch im Bereich der Infrastrukturplanung erkennen, sodass in den letzten Jahrzehnten eine Vielzahl von infrastruktur-spezifischen Datenschnittstellen erweitert oder neu entwickelt wurde. Zu den gängigen Schnittstellen im Infrastruktursektor gehören:

- baugrund-spezifische Formate:
    - AGS: Association of Geotechnical and Geoenvironmental Specialists
    - DIGGS: Data Interchange for Geotechnical and Geoenvironmental Specialists
    - GeoSciML: GML Application for Geoscience Information Interchange
    - GroundXML: XML-basiertes Format mit baugrund-spezifischen Objekte
- trassen-spezifische Formate:
    - OKSTRA: Objektkatalog für das Straßen- und Verkehrswesen
    - DVA (REB/GAEB): Deutsche Vergabe- und Vertragsausschuss für Bauleistungen
    - IFC-Alignment: trassen-spezifische Erweiterung der Industry Foundation Class
    - TransXML: XML Schemas to exchange Transportation data
    - LandXML: XML-basiertes Format mit geo-referenzierten Objekten

- bauwerks-spezifische Formate:
    - DXF/DWG: Drawing Interchange File/Drawing
    - STEP: STandard for the Exchange of Product model data
    - CPIXML: XML-basierte Construction-Process-Integration-Schnittstelle
    - IFC-Bridge: brücken-spezifische Erweiterung der Industry Foundation Class

Eine detaillierte Beschreibung der einzelnen Datenformate können aus BASt (1999); Yabuki & Li (2006); Gausemeier et al. (2006); Mahmoud (2010); Ji (2014); Amann et al. (2014) entnommen werden. Auf die beiden Datenformate LandXML und GroundXML wird in den nachfolgenden Abschnitten genauer eingegangen, da diese Formate eine zentrale Rolle zur erfolgreichen Erweiterung des bestehenden Infrastrukturplanungsprozesses sowie zur Umsetzung eines *parametrisch-assoziativen* Infrastrukturinformationsmodells spielen.

2.3.2 Erforderliche Anpassungen im Planungsprozess der Baugrunderkundung, der Trassenplanung und der geomechanischen Analyse

Nachdem verschiedene Schnittstellen zur digitalen Vernetzung der einzelnen Planungsprozesse vorgestellt wurden, sollen in diesem Abschnitt notwendige Anpassungen des Prozesses zur Planung einer Infrastrukturmaßnahme beschrieben werden. Darauf aufbauend ist eine Umsetzung des *parametrisch-assoziativen* Infrastrukturinformationsmodells möglich. Hierzu wird die Einführung eines 3D-Baugrundinformationsmodells propagiert, indem Ansätze aus der Geoinformatik, Geophysik und Lagerstättenerkundung zur Abbildung eines flächendeckenden Baugrundmodells adaptiert werden. Anschließend werden die aus dem 3D-Baugrundmodell abgeleiteten Baugrundschichtgrenzen als facettierte Flächenmodelle in die Trassenplanung integriert, was

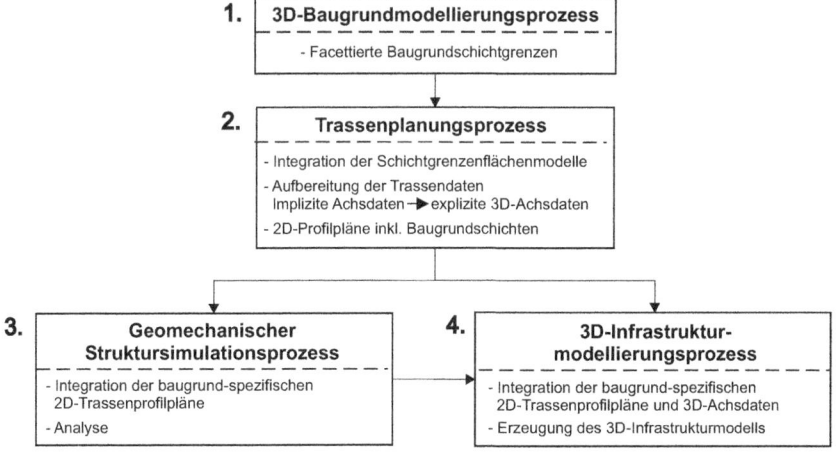

Abbildung 2.11: Zusammenfassung der einzelnen Schritte zur Erweiterung des infrastruktur-spezifischen Planungsprozesses aus Abbildung 2.8.

eine baugrund-spezifische Trassenplanung ermöglicht. Die im Zuge der Trassenplanung generierten geometrischen und semantischen Daten werden aufbereitet, sodass eine integrierte Planung nachfolgender Simulations- und Modellierungsprozesse möglich ist. Hierbei erfolgt der Austausch der Daten mithilfe einer LandXML- und GroundXML-Schnittstelle. Der Ablauf dieser einzelnen Schritte ist in Abbildung 2.11 zusammengefasst, die in den nachfolgenden Abschnitten ausführlich beschrieben werden.

2.3.2.1 Modellierung eines 3D-Baugrundinformationsmodells – Ansätze, Methoden und digitale Werkzeuge

Jedes Bauwerk leitet die Lasten aus Eigengewicht und Verkehr in Form einer Bauwerks-Baugrund-Interaktion in den tragfähigen Baugrund ab. Jedoch ist die Identifizierung einer tragfähigen Schicht oftmals schwierig, da sich der Baugrund aus einer Vielzahl an unterschiedlichen Schichten zusammensetzt. Damit trotz alledem eine gewisse Interpretation des *heterogenen* Baugrundes möglich ist, wird dieser durch punktuelle Aufschlussverfahren (Bohrprofile, Sondierungen) erkundet und analysiert (vgl. Abschnitt 2.1.1.3). Die aus der Laboranalyse gewonnenen Erkenntnisse, wie z. B. homogenisierte[4] Bodenparameter oder die Zusammensetzung und Stärke der einzelnen Schichten, erlauben eine Klassifizierung des Baugrunds, jedoch mit der Einschränkung, dass sich diese Klassifizierung nur im Bereich des individuellen Erkundungspunktes einsetzen lässt, da sich die Schichtzusammensetzung sowie der Schichtverlauf sehr schnell verändern können. Schichtlinsen oder Schichtfalten lassen sich daher nur schwer identifizieren, sodass mithilfe dieses Verfahrens eine flächendeckende Prognose des Verlaufes der Schichtgrenzen sowie der Tragfähigkeit des Baugrundes kaum möglich ist.

Aus diesem Grund wurden bereits in den 1990er Jahren verschiedene Ansätze untersucht, mit deren Hilfe sich geologische Untersuchungsergebnisse in einem 3D-Modell abbilden lassen (Zu et al., 2012; Tegtmeier et al., 2014). Einige dieser Ansätze wurden im Forschungsprojekt ForBAU aufgegriffen und erweitert, sodass sich neben den geometrischen Schichtdaten auch semantische Baugrunddaten in Form eines *3D-Baugrundinformationsmodells* abbilden lassen (Baumgärtel et al., 2011). In diesem Ansatz erfolgt die Modellierung des 3D-Baugrundmodells auf Basis von Bohrprofilen, mit deren Hilfe eine Ableitung der verschiedenen Schichtgrenzen durchgeführt wird (vgl. Abbildung 2.12a). Zur Berücksichtigung des unbekannten Verlaufs der Baugrundschichten zwischen den Bohrprofilen, wird entweder ein deterministisches oder ein stochastisches Interpolationsverfahren eingesetzt (Kaufmann & Martin, 2008). Der Einsatz eines deterministischen Verfahrens (wie z. B. Triangulation, Spline, Trendflächen (Kupke, 2003)) liefert aber nur unter bestimmten Bedingungen brauchbare Ergebnisse. Einige dieser Bedingungen wurden von Baumgärtel et al. (2011) aufgestellt. Beispielsweise werden im Ansatz von Baumgärtel et al. (2011) eine gleichmäßige Verteilung der Bohrprofile und eine ausreichende Anzahl an Bohrprofilen gefordert. Außerdem muss zur Modellierung des Baugrundmodells auf eine Reihe von lokalen Erfahrungswerten zurückgegriffen werden. Da aber diese Bedingungen aufgrund des linienhaften Charakters des Trassenbauwerks kaum eingehalten werden können, eignet sich das stochastische Verfahren (wie z. B. Kriging-Verfahren[5]) eher zur Abbildung des Schichtverlaufes.

---

[4]Da sich die Bodeneigenschaften kontinuierlich verändern, werden gewisse Bereiche mit ähnlichen Eigenschaften zu einer homogenen Schicht zusammengefasst.
[5]Beim Kriging-Verfahren wird die Interpolation optimiert, indem die Messwerte gewichtet werden, sodass sich deren Schätzvarianz minimieren lässt (Oliver & Webster, 1990; Hinterding et al., 2003).

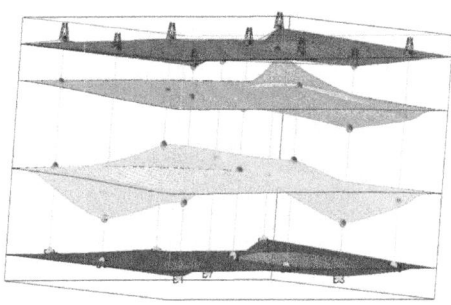 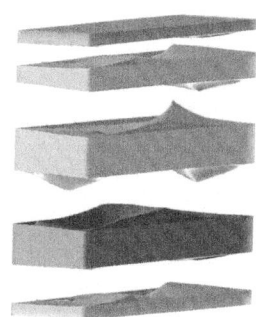

a) Trianguliertes Trennschichtenmodell aus Bohrprofilen   b) 3D-Baugrundmodell als BRep-Modell

Abbildung 2.12: 3D-Baugrundmodell, das aus einem Set an Bohrprofilen und einem stochastischen Interpolationsverfahren erstellt wurde.

Parallel zum ForBAU-Ansatz wurden Ansätze entwickelt, die zur flächendeckenden Abbildung eines 3D-Baugrundmodells geologische Daten aus einem Geoinformationssystem (GIS) nutzen (de Rienzo et al., 2008; Ming et al., 2010). Im deutschsprachigen Raum wird dieses GIS-basierte System als Bodeninformationssystem (BIS) bezeichnet, das ein GIS-Modell mit einer starken geologischen Ausprägung widerspiegelt (Jost et al., 2005; Scherer et al., 2012). Innerhalb der BIS-Plattform erfolgt eine datenbankbasierte Verwaltung der verschiedenen geometrischen und semantischen Schichtinformationen, wobei die geometrische Schichtgrenzenbestimmung analog zum ForBAU-Ansatz anhand eines flächendeckenden Bohrprofilrasters erfolgt. Dadurch ergibt sich auch im BIS-basierten System das Problem, dass sich der Verlauf der Schichtgrenzen nur schwer und unter einem sehr hohen Zeitaufwand erfassen lässt. Aus diesem Grund werden z. B. in dem Sektor der Lagerstättenerkundung die konventionellen Erkundungsmethoden um *geophysikalische* Erkundungsmethoden (Geoseismik, Georadar, Geomagnetik etc.) ergänzt (Yan-lin et al., 2011), mit deren Hilfe eine flächendeckende Erkundung der Baugrundschichten möglich ist (Obergriesser, 2007). Werden die Baugrunddaten aus den konventionellen und geophysikalischen Erkundungsmethoden überlagert, so lässt sich ein realistisches Baugrundmodell ableiten.

Der flächige Verlauf der jeweiligen Baugrundschichten wird sowohl im BIS-System als auch im ForBAU-Ansatz mithilfe eines facettierten Flächenmodells repräsentiert. Aufgrund von Messfehlern bzw. Ungenauigkeiten in der Erkundung können Lücken beim Generieren des Netzes entstehen. Oftmals stellen diese Lücken, Schichtlinsen oder Schichtverwerfungen im Baugrund dar, die als eine geschlossene Hüllgeometrie oder als eine geneigte Fläche in das facettierte Schichtensystem integriert werden müssen (vgl. Abbildung 2.13a). Hierzu haben Durand-Riard et al. (2010) ein Verfahren entwickelt, das eine Schließung dieser Fehlstellen (Linsen) ermöglicht, indem eine Korrektur sowie Verfeinerung des Netzes erfolgt. Erst danach kann auf Basis der korrekt facettierten Schichtflächen ein volumenbasiertes Baugrundmodell erzeugt werden.

Nach Hegemann et al. (2013) lassen sich zur geometrischen Modellierung des 3D-Baugrundmodells die drei standardmäßigen geometrischen Repräsentationstypen der Constructiv Solid Geometry (CSG), Boundary Representation (BRep) oder Zellmodellierung einsetzen (vgl. Abschnitt 3.2.3). Welches dieser drei Repräsentationsarten anzuwenden ist, wird durch die je-

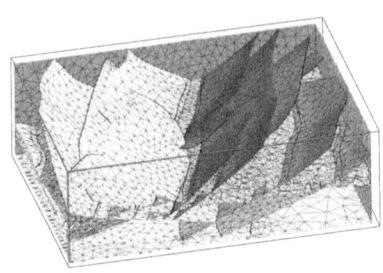
a) Schräg verlaufende Schichtverwerfungen im Baugrund

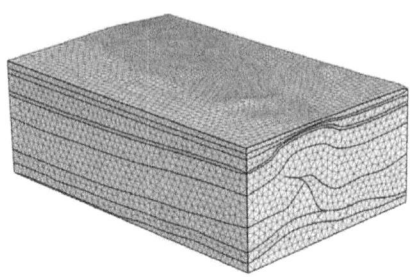
b) 3D-Baugrundmodell als Voxelmodell

Abbildung 2.13: Sonderfälle in der geometrischen Baugrundmodellierung aus Pellerin et al. (2014, S. 111).

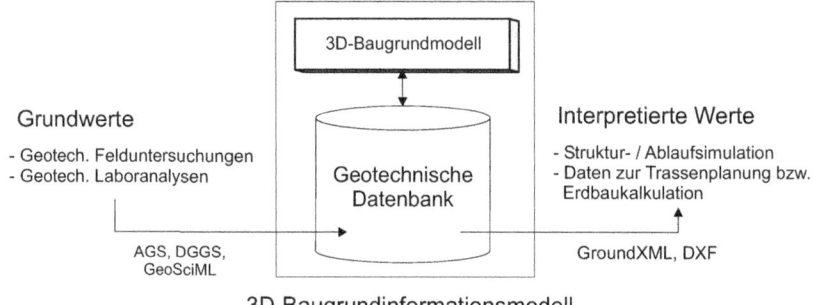

Abbildung 2.14: Datenfluss innerhalb des Baugrunderkundungsprozesses.

weilige Planungsaufgabe bestimmt. Beispielsweise ist zur geometrischen Umsetzung eines 3D-Baugrundmodells ein CSG- bzw. BRep-basiertes Modellierungsverfahren einzusetzen (vgl. Abbildung 2.12b). Im Gegensatz dazu ist für eine dreidimensionale *geomechanische* Baugrundanalyse oder für eine Erdbausimulation (Ji, 2014) ein zellmodell-basiertes Baugrundmodell erforderlich (vgl. Abbildung 2.13b). Um dennoch eine neutrale Abbildung des 3D-Baugrundmodells gewährleisten zu können, erfolgt die Modellierung des 3D-Baugrundmodells häufig anhand eines hybriden Systems, das eine Konvertierung des 3D-Baugrundmodells in die drei Repräsentationstypen erlaubt. Vor allem in der Lagerstättenerkundung und Abraumplanung stellen derartige hybride Systeme den Stand der Technik dar, wie sie z. B. in den beiden kommerziellen Systemen GoCAD (www.ring-team.org) und Surpac (www.surpac.co.za) vorzufinden sind.

Nach Abschluss des Prozesses zur geometrischen 3D-Baugrundmodellierung wird das Modell um semantische Baugrunddaten ergänzt, sodass ein *geometrisch-semantisches* Baugrundinformationsmodell entsteht. Zobel & Marschallinger (2008) bezeichnen dieses Modell als GeoBIM, das eine um geologische Objekte erweiterte Form des BIM-Ansatzes darstellt. Hierbei werden, wie im BIM-Ansatz, die semantischen Baugrunddaten nicht direkt im Modell, sondern in einer relationalen Schichtdatenbank verwaltet (vgl. Abbildung 2.14). Ein direkter Austausch der semantischen Baugrunddaten ist dadurch möglich.

- Austausch der geometrischen und semantischen Baugrunddaten

Zur Planung einer Trasse, die nicht nur den Verlauf der Geländeoberfläche, sondern auch den Verlauf der Baugrundschichten berücksichtigt, ist ein Austausch der geometrischen Daten aus dem Baugrundinformationsmodell erforderlich. Prinzipiell lassen sich hierzu eine Reihe von standardisierten Datenformaten (ASCII, dxf, dwg, dem) anwenden (vgl. Abschnitt 2.3.1), die jedoch eine geometrische Integration der einzelnen *facettierten* Baugrundschichten als trassenspezifische Objekte nicht erlauben. Selbst der Import der geometrischen Daten anhand eines ASCII-Formates – das beispielsweise die Stützpunkte des facettierten Netzes beinhaltet – wäre nicht zielführend, da sich aufgrund des Triangulationsverfahrens (vgl. Abschnitt 2.1.1.2) kein konsistentes Abbild der original facettierten Baugrundschichten ergeben würde. Falsche geometrische Annahmen sowie fehlerhafte Planungsergebnisse (Schichtkubaturen, Gründungsniveau etc.) wären die Folge. Der Einsatz einer trassen-spezifischen Schnittstelle (OKSTRA, LandXML etc.) wäre daher notwendig, wobei ein Austausch von semantischen Baugrunddaten mithilfe dieser Schnittstellen nicht möglich ist. Aus diesem Grund wurde zum Austausch der Baugrunddaten die baugrund-spezifische Datenschnittstelle *GroundXML* entwickelt, die nachfolgend zusammen mit der geo-spezifischen Datenschnittstelle *LandXML* vorgestellt wird.

- Beschreibung der LandXML-Schnittstelle

Bei dem Format *LandXML* handelt es sich um einen neutralen Industriestandard, der einen Austausch von geo-referenzierten Trassendaten auf Basis einer XML-Syntax (Extensible Markup Language) ermöglicht. Primäres Ziel dieses neutralen Datenformats ist es, sämtliche geometrischen und semantischen Daten, die während der Planung einer Trasse generiert werden, anhand eines zentralen Datenmodells auszutauschen (Rebolj et al., 2008). Hierzu werden die geometrischen und semantischen Daten in den verschiedenen XML-Elementen des trassen-spezifischen Datenmodells abgelegt, wobei die Struktur der XML-Elemente aus einem trassen-spezifischen XML-Schema (XSD) abgeleitet wird. Erst dadurch lässt sich ein konsistenter Datenaustausch umsetzen, da in diesem standardisierten XML-Schema die hierarchische Anordnung, Vernetzung und Multiplizität der verschiedenen geo-referenzierten Objekte eindeutig festgelegt ist. Elemente, die nicht innerhalb des XML-Schemas auftreten, bleiben sowohl beim Export als auch beim Import unberücksichtigt (Ji, 2014).

Innerhalb der XML-Syntax werden die geometrischen Daten in den XML-Elementen dokumentiert, indem das geometrische Objekt entweder in Form einer expliziten Abbildungsform oder in Form einer impliziten Abbildungsform abgespeichert wird (vgl. Abbildung 2.15b). Existieren neben der geometrischen Repräsentation zusätzliche semantische Daten, so werden diese Informationen dem entsprechenden XML-Element in Form von *element-spezifischen* Attributen zugeordnet. Ein Auszug wichtiger LandXML-Elemente, die zur Umsetzung eines *parametrisch-assoziativen* Infrastrukturinformationsmodells notwendig sind, wird in Abbildung 2.15a dargestellt.

Vor allem die drei Elemente <*CgPoints*>, <*CrossSectSurf*> und <*DesignCrossSectSurf*> besitzen eine zentrale Rolle in dieser Arbeit, da sich mithilfe dieser drei Elemente sämtliche geometri-

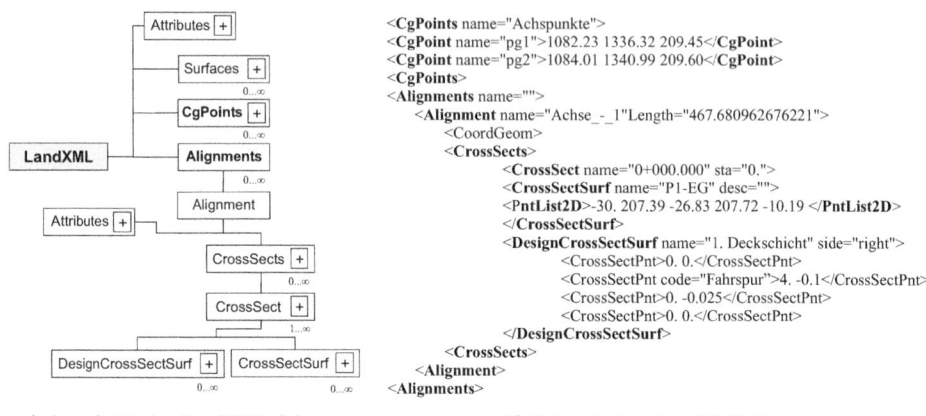

a) Ausschnitt des LandXML Schemas   b) Beispiel einer LandXML-Syntax

Abbildung 2.15: Grafische sowie syntax-spezifische Darstellung von LandXML-Elementen zur Abbildung eines Trassenmodells.

schen und semantischen Daten abspeichern lassen, die notwendig sind, um eine integrierte Planung eines *parametrisch-assoziativen* Infrastrukturinformationsmodells durchführen zu können (vgl. Abschnitt 6.2). Mithilfe dieser drei LandXML-Elemente lassen sich folgende Informationen abbilden:

- **CgPoints:** beinhaltet Koordinatentripel (x,y,z), die sich im 3D-Modellierungssystem als Stützpunkte zur Konstruktion des räumlichen Trassenverlaufs einsetzen lassen;

- **CrossSectSurf:** dokumentiert den Schnittverlauf der Gelände- bzw. Baugrundschicht in Form von 2D-Koordinatenpunkten sowie den Stationierungswert des Profiles auf der Trassenachse;

- **DesignCrossSectSurf:** speichert den Verlauf der Trassenprofilelemente (Stützmauer, Einschnitt- und Dammlinie etc.) inklusive der Schnittpunkte des Trassenbauwerks mit der Oberfläche oder den Baugrundschichten als Koordinatenpaare ab.

Eine umfangreiche Beschreibung der weiteren LandXML-Elemente und Attribute kann auf der offiziellen LandXML-Webseite (www.landxml.org) nachgelesen werden. Einige Nachteile des Formates bestehen darin, dass keine eindeutige Beschreibung der Punktkoordinaten vorliegt, das XML-Schema keine logische Struktur besitzt oder eine beliebige sowie optionale Bezeichnung der Elementattribute möglich ist. Im Gegensatz dazu besitzt das Format Vorteile durch die explizite Speicherung der Trassendaten oder im flexiblen Austausch von Trassendaten (Scarponcini, 2013; Amann et al., 2014; Ji, 2014). Aufgrund dieser Eigenschaften besitzt das LandXML-Format ein großes Potenzial sich als Standardformat für den Austausch von trassen-spezifischen Produktmodelldaten zu etablieren. Jedoch sind hierzu einige Festlegungen erforderlich, wie sie beispielsweise im finnischen Projekt „Inframodel" durchgeführt wurden (Hyvärinen, 2012).

- Beschreibung der GroundXML-Schnittstelle

Nach wie vor erfolgt im Jahr 2015 der Austausch von Baugrunddaten manuell, indem die *geometrisch-semantischen* Bodeninformationen textuell in einem Baugrundgutachten dokumentiert und manuell in die jeweiligen Softwaresysteme integriert werden (vgl. Abschnitt 2.1.1.3). Hierbei können geometrische und semantische Fehlinterpretationen entstehen, die einen signifikanten Einfluss auf die Planung der Trassen- und Ingenieurbauwerke besitzen können. Zur Lösung dieses Problems könnte man die LandXML-Schnittstelle einsetzen, wobei ein Austausch von semantischen Baugrunddaten in diesem Format nicht vorgesehen ist. Aus diesem Grund wurde die Entwicklung einer baugrund-spezifischen Datenschnittstelle *GroundXML* durchgeführt, mit deren Hilfe eine digitale Abbildung des komplex-geometrischen Verlaufs der einzelnen Baugrundschichten infolge Baugrundverwerfungen oder Schichtlinsen möglich ist (Yabuki, 2008; Hegemann et al., 2013), und mit deren Hilfe sich die verschiedenen semantischen Baugrundinformationen an die einzelnen Schichten koppeln lassen.

Eingangs wurden zur Umsetzung der GroundXML-Schnittstelle bestehende baugrund-spezifische Schnittstellen, z. B. AGS (Walthall & Palmer, 2006) und DIGGS (Ponti et al., 2006), GeoSciML (Asch & Troppenhagen, 2007) untersucht. Allerdings kann anhand dieser Schnittstellen kein durchgängiger Austausch von Baugrunddaten erfolgen, da diese Schnittstellen nur für einen digitalen Austausch von nicht interpretierten[6] Baugrunddaten konzipiert wurden (Obergriesser et al., 2009). Der Austausch von *geometrisch-semantischen* Daten, die sich aus der anschließenden Baugrundanalyse ergeben – sogenannte interpretierte Daten[7] – ist nicht vorgesehen, sodass eine durchgängige digitale Vernetzung nachgelagerter Planungsprozesse nicht möglich ist. Diese Lücke galt es zu schließen, sodass im Zuge dieser Arbeit die baugrund-spezifische Datenschnittstelle *GroundXML* entwickelt wurde, die eine prozessinterne und prozessexterne Verteilung der interpretierten *geometrischen-semantischen* Baugrundinformationen erlaubt. Analog zum LandXML-Format basiert das *GroundXML*-Format auf einer hierarchischen XML-Struktur (Obergriesser et al., 2009), wobei die XML-Elemente baugrund-spezifische Objekte repräsentieren. Zur technischen Umsetzung des Formates wurden zwei mögliche Ansätze entwickelt:

1) Einheitliche Abbildung der geometrisch-semantischen Baugrunddaten;
2) Getrennte Abbildung der geometrischen und semantischen Baugrunddaten.

- Ansatz 1: Einheitliche Abbildung der geometrisch-semantischen Daten

Liegen sowohl die geometrischen als auch semantischen Daten des Baugrundes vor (z. B. in einem 3D-Baugrundinformationsmodell), so lassen sich die verschiedenen Baugrundinformationen mithilfe eines einheitlichen Datenmodells austauschen. Im Rahmen dieser Arbeit wurde hierzu ein geometrisch-semantisches XML-Schema entwickelt (vgl. Anhang), das einen objektorientierte Dokumentation der geometrischen und semantischen Baugrunddaten ermöglicht. In der ersten Ebene des XML-Schemas bzw. der XML-Struktur befindet sich das Wurzelelement <SoilLayers>, das einen Container für sämtliche baugrund-spezifische Daten darstellt (vgl.

---
[6]Daten, die während der direkten oder indirekten Bodenerkundung ermittelt werden, werden als nichtinterpretierte Daten bezeichnet.
[7]Homogenisierte Daten, die z. B. mehrere Schichten aufgrund gleicher Eigenschaften zu einer Schicht zusammenfassen, werden als interpretierte Baugrunddaten bezeichnet.

Abbildung 2.16). Innerhalb dieses Containers wird für jede Schicht ein eigenes XML-Element <SoilLayer> vorgehalten, was eine objektorientierte Dokumentation der Daten ermöglicht. Die Speicherung der geometrischen Daten des facettierten Baugrundnetzes erfolgt in Anlehnung an das LandXML-Format anhand einer expliziten Form, indem die Stützpunkte der Dreiecke sowie die Facettierungsreihenfolge des Schichtennetzes in den beiden Unterelementen <Pnts> und <Faces> abgelegt werden. Erst mithilfe dieser zusätzlichen Struktur lässt sich eine konsistente Rekonstruktion des Baugrundschichtennetzes gewährleisten. Liegen semantische Daten vor, so werden diese an das geometrische Objekt angeheftet. Hierzu wurde das XML-Element <SoilLayer> um *element-spezifische* Attribute erweitert, was eine objektorientierte Integration der semantischen Baugrunddaten im XML-Element <SoilLayer> erlaubt. Um einen strukturierten Austausch der verschiedenen semantischen Baugrunddaten gewährleisten zu können, werden die semantischen Daten in die drei Kategorien allgemeine Bodenparameter, geomechanische Bodenparameter und baubetriebliche Bodenparameter unterteilt. Im XML-Schema werden diese drei Kategorien in Form von <GeneralProperties>, <GeomechanicalProperties> und <OperationalProperties> XML-Elementen angelegt (vgl. Abbildung 2.16). Erst durch diese Kategorisierung lassen sich die verschiedenen Baugrundeigenschaften bzw. Bodenparameter gezielt den einzelnen XML-Attributen zuweisen. Ein Auszug dieser Kategorisierung wird in Tabelle 2.1 dargestellt.

- **Ansatz 2: Getrennte Abbildung der geometrischen und semantischen Daten**

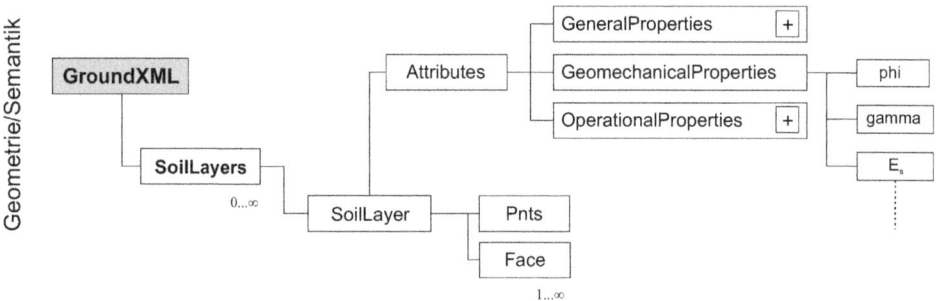

Abbildung 2.16: Grafische Darstellung der GroundXML-Elemente zur Abbildung von geometrischen und semantischen Baugrundinformationen (Ansatz 1).

Tabelle 2.1: Zuordnung ausgewählter Bodenkennwerte zu den drei Kategorien.

Allgemeine Attribute	Geomechanische Attribute	Baubetriebliche Attribute
Bodenarten (GE, UM, S)	Reibungswinkel ϕ	Lösefaktor α
Klassifizierung	Wichte γ_R	Auflockerungsfaktor α_L
Konsistenz I_P	Kohäsion c	Schüttfaktor α_S
Kornverteilung	Durchlässigkeit k	Verdichtungsfaktor $d_p r$
Güteklasse	Steifigkeitsmodell E_s	Bodenklasse (1-7)
Farbe	zul. Bodenpressung σ_s	Frostempfindlichkeit F
	Fließdruck-/ Spitzendruck-/ Mantelreibungsbeiwert	

Planungsgrundlagen zur Modellierung von PIM 31

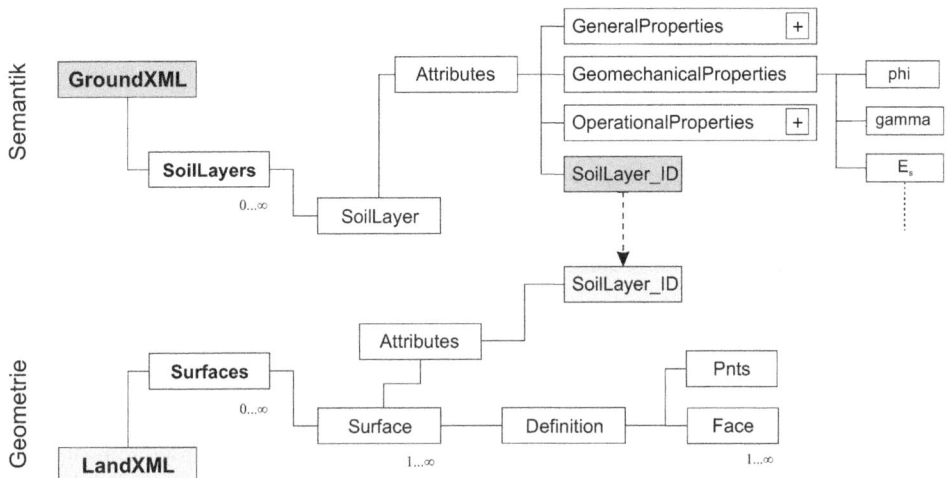

Abbildung 2.17: Grafische Darstellung der XML-Elemente zur Umsetzung des kombinierten LandXML und GroundXML Schnittstellenansatzes (Ansatz 2).

Allerdings stellt die Abbildung des Baugrunds anhand eines 3D-Baugrundinformationsmodells heute (Stand 2015) eher die Ausnahme dar (vgl. Abschnitt 2.1.2, Abbildung 2.8), sodass ein zweiter Ansatz untersucht wurde, der eine getrennte Speicherung der geometrischen und semantischen Baugrunddaten vorsieht.

In diesem zweiten Ansatz werden die geometrischen Eigenschaften der Baugrundschichten in den geo-spezifischen XML-Elementen des LandXML-Formates abgebildet. Dies ist möglich, da die geometrische Struktur eines digitalen Geländemodells und eines digitalen Baugrundschichtenmodells – die Geländeschicht kann als oberste Baugrundschicht interpretiert werden – ähnlich aufgebaut sind. Beide Flächenmodelle lassen sich durch eine explizite Darstellungsform mithilfe von Stützpunkten und facettierten Flächen abbilden. Hierbei erfolgt die Speicherung der Schichtgeometrien im LandXML-Element <Surfaces>, wobei auch hier die Stützpunkte im Unterelement <Pnts> und die Facettierungsreihenfolge im Unterelement <Faces> abgelegt werden. Damit eine Unterscheidung zwischen den einzelnen Schichten möglich ist, wird jeder Schicht ein eindeutiger baugrund-spezifischer Schicht-Identifikator (SID) als Elementattribut zugeordnet (vgl. Abbildung 2.17).

Der Austausch der semantischen Baugrunddaten basiert auf einem baugrund-spezifischen XML-Schema (vgl. Anhang), das ausschließlich *element-spezifische* Attribute zur Abbildung der Baugrundparameter besitzt. Hierzu werden die verschiedenen *semantischen* Schichteigenschaften in einem XML-Element <SoilLayer> abgelegt, innerhalb dessen die verschiedenen Unterelemente eine Abbildung der bereits im ersten Ansatz beschriebenen Kategorienstruktur ermöglichen. Zusätzlich zu diesen schicht-spezifischen Eigenschaftsattributen wird ein weiteres *element-spezifisches* Attribut bereitgestellt, das eine Speicherung der SID erlaubt. Erst mithilfe der baugrund-spezifischen SID kann zu einem beliebigen Zeitpunkt eine eindeutige Kopplung der geometrischen Daten aus der *LandXML*-Datei mit den semantischen Daten aus der *GroundXML*-Datei hergestellt werden (vgl. Abbildung 2.17).

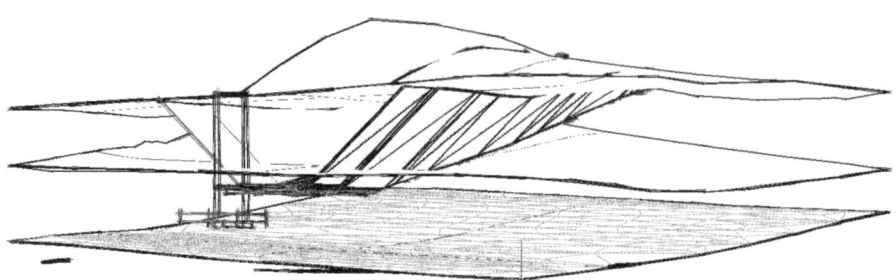

Abbildung 2.18: Trassenmodell inklusive integrierter trassen-spezifischer Baugrundschichten zur Planung eines Trassenbauwerks.

Aufgrund der Trennung der *geometrisch-semantischen* Daten ergibt sich der Vorteil, dass die Daten unabhängig voneinander und in verschiedenen Prozessen generiert werden können. Zudem ist eine sukzessive Dokumentation sämtlicher geometrischer Daten anhand eines Datenmodells möglich, die während des traditionellen Trassen-Baugrund-Planungszyklus entstehen.

2.3.2.2 Baugrund-spezifische Erweiterung des Trassenplanungsprozesses

Wie bereits im Abschnitt 2.1.1.2 erwähnt, stellt der traditionelle Trassenplanungsprozess ein sehr ausgereiftes Konzept dar, mit dessen Hilfe eine optimale Planung eines Trassenbauwerks möglich ist (Baumgärtel et al., 2011). Jedoch bleibt in diesem Prozess der Verlauf der Baugrundschichten unberücksichtigt, was sich auf die fehlende flächige Repräsentation des Baugrundes zurückführen lässt. Diese Lücke kann unter der Berücksichtigung des im Abschnitt 2.3.2.1) vorgestellten *3D-Baugrundinformationsmodells* sowie der Anwendung der neu entwickelten GroundXML-Schnittstelle geschlossen werden. Damit ist eine Integration von Baugrundschichten durchführbar, das eine Steigerung der Planungsqualität bewirkt.

Hierzu werden die geometrischen Daten aus dem *GroundXML*-Format bzw. *LandXML*-Format digital in die Trassenplanungssoftware übertragen, indem die explizite Beschreibung der Baugrundschichten zur Rekonstruktion der trassen-spezifischen Schichtenobjekte herangezogen wird. Ein identisches Abbild der originalen Baugrundschichten lässt sich somit gewährleisten. Zudem ist aufgrund des trassensoftware-spezifischen Integrationsprozesses eine Berücksichtigung der Baugrundschichten im Trassenplanungsprozess möglich, was beispielsweise eine Verschneidung des Trassenbauwerks mit den Baugrundschichten erlaubt. Nach Abschluss des geometrischen Integrationsprozesses werden die semantischen Daten aus dem *GroundXML*-Format in die trassen-spezifischen Schichtobjekte als Objektattribute übertragen. Dadurch lässt sich bereits während des Trassenplanungsprozesses ein höhenmäßiger Verlauf der Trasse anordnen (vgl. Abbildung 2.19, Höhenplan), der sich entlang einer tragfähigen Baugrundschicht bewegt, oder eine baugrund-spezifische Massenkontrolle durchführen.

Nachdem die Planung des Trassenbauwerks unter Berücksichtigung der verschiedenen Baugrundschichten und auf Basis des traditionellen Planungsprozesses umgesetzt wurde (vgl. Abbildung 2.18), ist ein Austausch von relevanten geometrischen und semantischen Trassendaten zur digitalen Kopplung der nachgelagerten Analyse- und Modellierungsprozesse notwendig. Hierzu wird

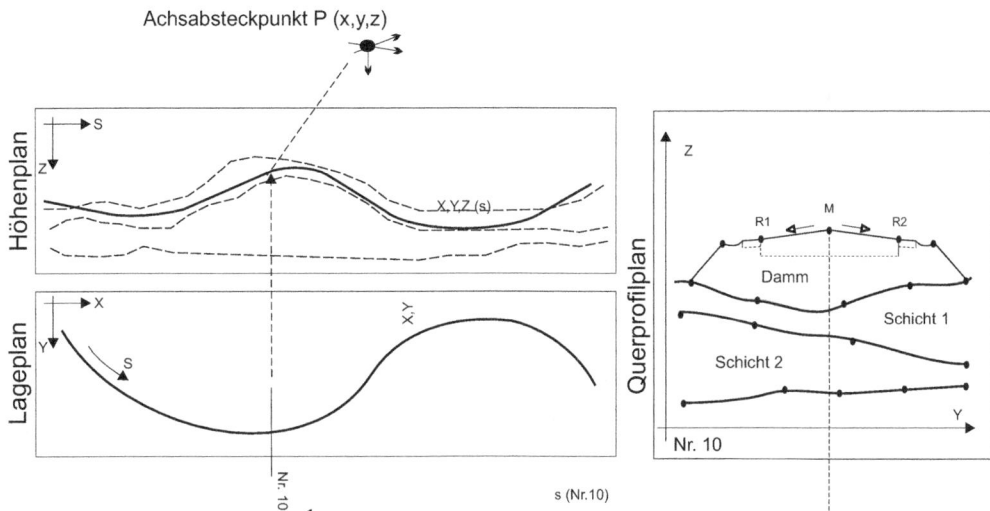

Abbildung 2.19: Prozess zur Ableitung der Achsabsteckpunkte aus der impliziten Darstellung des räumlichen Trassenverlaufs innerhalb einer Trassierungssoftware.

die neutrale Schnittstelle *LandXML* bzw. *GroundXML* eingesetzt, in der folgende Trassendaten hinterlegt werden:

- explizite Dokumentation der Trassenachsen im Lage- und Höhenverlauf,
- explizite Abbildung der Querprofilschnitte.

Erst mithilfe dieser Datensätze ist eine integrierte Planung eines *parametrisch-assoziativen* Infrastrukturinformationsmodells möglich.

- Abbildung der geometrischen Daten des räumlichen Trassenverlaufs

Zur expliziten Beschreibung der Ausdehnung des Trassenbauwerks wird die rechte, linke und mittlere Achse der Trasse anhand von *Achsabsteckpunkten* an signifikanten Stellen (Übergangsbereich von Trassierungselementen) sowie innerhalb eines beliebigen Intervalls abgebildet. Hierzu werden die Raumkoordinaten der jeweiligen Punkte mithilfe einer trassen-spezifischen Standardfunktion erzeugt, welche die Koordinaten der Achsabsteckpunkte durch eine Überlagerung der Koordinatenpaare aus der *impliziten* Darstellung des Trassenverlaufs im Lage-, Höhen- und Querprofilplan ermittelt (vgl. Abbildung 2.19). Anschließend werden diese Raumkoordinaten exportiert, indem eine Speicherung der Koordinaten im LandXML-Element <CgPoint> erfolgt. Damit eine eindeutige Zuordnung der Achsabsteckpunkte zu den jeweiligen Achsen möglich ist, wird dem XML-Element ein achsbezeichnendes Attribut zugewiesen (vgl. Abbildung 2.15b). Eine eindeutige Rekonstruktion der drei Trassenraumkurven in einem parametrischen Modellierungssystem ist somit möglich. Dieses wird in in Abschnitt 6.2 ausführlich vorgestellt.

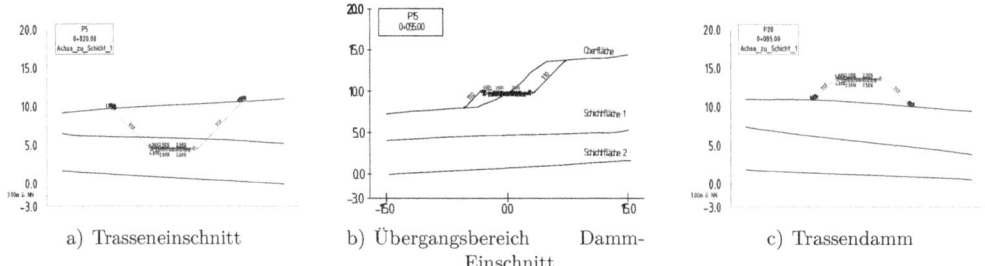

a) Trasseneinschnitt   b) Übergangsbereich Damm-Einschnitt   c) Trassendamm

Abbildung 2.20: Verschiedene Querprofilpläne eines Trassenbauwerks inklusive Baugrundschichten im a) Einschnittsbereich; b) Übergangsbereich und c) Dammbereich.

- Abbildung der Trassenquerschnittsprofile

Nach wie vor stellen Querschnittzeichnungen die Grundlage zur bautechnischen Umsetzung eines Trassenbauwerks oder einer geomechanischen Strukturanalyse dar. Während des Trassenplanungsprozesses werden diese Querprofilpläne entlang der Trassenachse generiert, innerhalb derer die geometrischen Randbedingungen der Einschnitts- bzw. Dammkörper sowie der Verlauf der Oberflächen- bzw. Baugrundschichten als Schnittlinien abgebildet sind (vgl. Abbildung 2.20). Erfolgt ein LandXML-basierter Austausch der Querprofilpläne, so wird die Geometrie des Einschnitts- und Dammkörpers sowie der verschiedenen Schichtlinien explizit durch eine Reihe von Koordinatenpunkten P_n (x,y) abgespeichert (vgl. Abbildung 2.19). Hierbei werden die Stützpunkte der Einschnitts- und Dammsegmente im XML-Element <designCrossSectSurf> und der polygonartige Schnittlinienverlauf der einzelnen Gelände- und Baugrundschichten im XML-Element <crossSectSurf> abgelegt (vgl. Abbildung 2.15b). Zudem wird jedem Element ein Attribut zugewiesen, das eine trassen-objektspezifische Identifizierung der unterschiedlichen Bauwerkselemente (Schichtname, Stationierung, Planum, Böschung, Tragschicht) ermöglicht (Ji, 2014). In einem nachgelagerten Prozess lässt sich damit die geometrische Form des Trassenquerschnitts eindeutig rekonstruieren und den einzelnen Schichten ihre semantischen Informationen zuordnen (Obergriesser et al., 2009). Neben der Umsetzung eines *parametrisch-assoziativen* Infrastrukturmodells (vgl. Kapitel 6) lässt sich mithilfe dieser beiden Datensätze eine integrierte geomechanische Baugrundanalyse durchführen.

2.3.2.3 Trassen-baugrund-spezifischer Integrationsansatz zur Umsetzung eines geomechanischen Analyseprozesses

Wie im Abschnitt 2.1.1.3 beschrieben, basiert der traditionelle geomechanische Struktursimulationsprozess auf einer *manuellen* Neueingabe der 2D-Trassenquerschnitte, indem die geometrischen und semantischen Informationen aus den jeweiligen Text- bzw. Zeichnungsdokumenten in das geomechanische Analysesystem übertragen werden. Dieser zeitaufwendige sowie fehleranfällige Prozess lässt sich durch den Einsatz einer digitalen Schnittstelle, beispielsweise durch das *LandXML*- und *GroundXML*-Format, optimieren. Hierzu werden die geometrischen Querprofildaten aus dem *LandXML*-Format gemeinsam mit den semantischen Baugrunddaten aus dem *GroundXML*-Format in das geomechanische Softwaresystem übertragen. Damit eine stationsbezogene Analyse möglich ist, wird für jeden Trassenquerschnitt ein eigener Analysequerschnitt

Planungsgrundlagen zur Modellierung von PIM 35

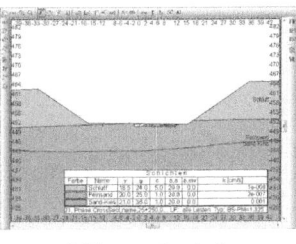 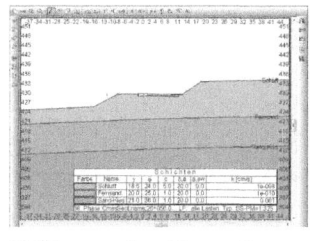 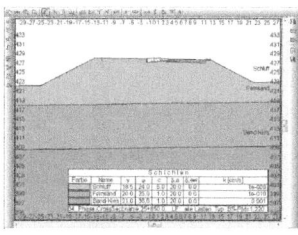

    a) Trasseneinschnitt   b) Übergangsbereich Damm-   c) Trassendamm
                                           Einschnitt

Abbildung 2.21: Automatisiert integrierte Querprofilpläne aus Abbildung 2.20 zur geomechanischen Baugrundanalyse im a) Einschnittsbereich; b) Übergangsbereich und c) Dammbereich.

erzeugt. Innerhalb dieser 2D-Analyseschnitte werden die einzelnen trassen-spezifischen Objekte automatisiert integriert, indem die Koordinatenpunkte aus den XML-Elementen als Stützpunkte zur Rekonstruktion der Einschnitts- bzw. Dammprofile und der Oberflächen- sowie Baugrundgrenzlinien übertragen werden. Im nächsten Schritt werden die Einschnittsbereiche ausgespart, was sich durch eine Verschneidung der Oberflächengrenzlinien mit den Trasseneinschnittslinien umsetzen lässt (vgl. Abbildung 2.21a). Anschließend werden jeder Baugrundschicht ihre *geomechanischen* Eigenschaften zugeordnet, indem diese Eigenschaften aus dem *GroundXML*-Format in eine Systemdatenbank übertragen werden. Die hierzu erforderliche Kopplung der geometrischen Daten mit den semantischen Daten erfolgt mithilfe einer baugrund-spezifischen SID, wobei die Zuordnung der verschiedenen geometrischen Grenzlinien bzw. Grenzflächen zu den einzelnen Baugrundschichten wie folgt definiert ist:

- Definition der Baugrundzuordnung

Die oberste Grenzlinie stellt zugleich die erste Grenzlinie des Baugrunds dar, sodass die Fläche, die sich zwischen der Oberflächengrenzlinie und der ersten Baugrundgrenzlinie befindet, als die erste Baugrundschicht definiert wird (z. B. Sand-/Kiesschicht in Abbildung 2.22). Entsprechend dieser Definition sind die semantischen Eigenschaften des Baugrunds lagemäßig der höheren Grenzschicht zuzuordnen (vgl. Abbildung 2.22). Eine vergleichbare Definition wird von Yabuki (2008), Hegemann et al. (2013) und Tegtmeier et al. (2014) verwendet.

Unter Berücksichtigung dieser Baugrundzuordnung und des in Abbildung 2.10 dargestellten Datenintegrationsprozesses lassen sich innerhalb einer sehr kurzen Zeit sämtliche geometrischen Profilquerschnitte aus der Trassenplanung inklusiver ihrer Baugrundeigenschaften integrieren (vgl. Abbildung 2.21), sodass sich der Anwender intensiver mit der eigentlichen Analyseaufgabe beschäftigen kann. Eine ausführliche Untersuchung kritischer Querschnittsbereiche ist somit möglich und im Falle eines Stabilitätsversagens lassen sich erdstabilisierende Maßnahme wie beispielsweise eine Winkelstützmauer oder eine Veränderung der Böschungsneigung schnell identifizieren (vgl. Abbildung 2.23). Ist eine Anpassung der Ausgangsgeometrie oder die Integration neuer konstruktiver Bauwerke erforderlich, so sind diese Maßnahmen in mindestens zwei Analysequerschnitten durchzuführen. Erst dadurch ist eine digitale Interpretation der längenmäßigen Ausdehnung der zusätzlichen Maßnahme möglich.

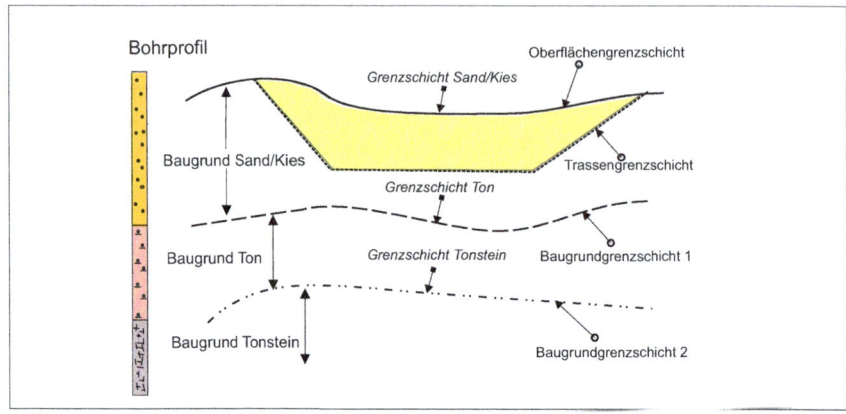

Abbildung 2.22: Querschnittsbezogene Definition der Grenzlinien sowie Einordnung der Baugrundschichten zu den Grenzflächen.

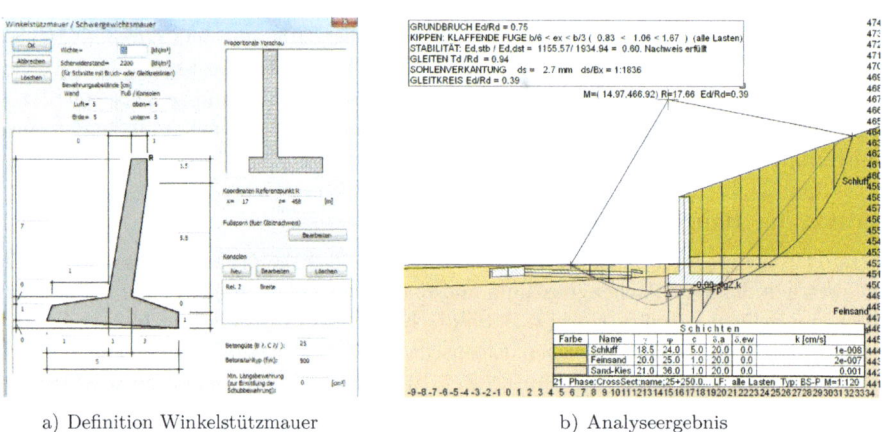

a) Definition Winkelstützmauer   b) Analyseergebnis

Abbildung 2.23: a) Definition einer Winkelstützmauer zur Integration im Analyseschnitt; b) Berechnungsergebnis des modifizierten Analyseschnittes aus Abbildung 2.21a.

Damit sich diese zusätzlichen Informationen konsistent in den Prozess der Trassenplanung bzw. in das *parametrisch-assoziative* Infrastrukturinformationsmodell zurückführen lassen, muss ein digitaler Austausch erfolgen. Hierzu kann wiederum das *LandXML*-Format eingesetzt werden, das auch eine explizite Abbildung von erdstabilisierenden Bauwerken vorsieht. In Abschnitt 6.2.3 wird dieser Rückkopplungsprozess am Beispiel des Prozesses zur Umsetzung eines *parametrisch-assoziativen* Infrastrukturinformationsmodells vorgestellt.

2.4 Zusammenfassung

In Kapitel 2 konnte festgestellt werden, dass in den verschiedenen Planungsprozessen zur Abwicklung einer Infrastrukturmaßnahme ein enormes Optimierungspotenzial besteht, was sich vor allem durch eine Intensivierung der digitalen Vernetzung und durch den Einsatz neuer Planungsmethoden ausschöpfen lässt. Im Zuge dieser Erweiterungen sind verschiedene Anpassungen am traditionellen Planungsprozess erforderlich. Diese Anpassungen bewirken eine Steigerung der Planungsqualität und ermöglichen die Umsetzung eines modellbasierten Planungsansatzes. Insbesondere zur Konstruktion eines *parametrisch-assoziativen* Infrastrukturinformationsmodells, wie es nachfolgend vorgestellt wird, sind spezielle geometrische und semantische Daten erforderlich, die nicht standardmäßig während des traditionellen Infrastrukturplanungsprozesses generiert werden. Außerdem wurden in Kapitel 2 verschiedene bestehende Schnittstellen (z. B. LandXML) analysiert sowie die neu entwickelte Schnittstelle *GroundXML* vorgestellt. Erst durch den Einsatz der beiden Schnittstellen LandXML und GroundXML konnte eine wichtige Schlüsselkomponente geschaffen werden, mit deren Hilfe die Umsetzung eines *trassengebundenen* PIM-Modells möglich ist.

Kapitel 3

Grundlagen der geometrischen Modellierung

Mithilfe der geometrischen Modellierung (lat. *modulus* = „Maß[stab]") können reale Systeme wie z. B. Maschinen, Landschaften und Bauwerke vereinfacht geometrisch dargestellt werden und es können deren semantische Eigenschaften als Attribute dem geometrischen Objekt beigefügt werden. Heute werden hierfür computergestützte Methoden und digitale Werkzeuge eingesetzt, die eine effizientere Planung von Produkten gewährleisten. Diese Methoden eignen sich aber nicht nur zur geometrischen Umsetzung einer Planungsaufgabe, sondern gelten auch als Schlüsselelemente zur effizienten Anbindung von nachgelagerten Ressourcen- und Simulationsprozessen wie z. B. einer 4D- oder 5D-Simulation in der neben den geometrischen Randbedingungen eine Berücksichtigung der Zeit und der Kosten erfolgt. 3D-Modelle bilden hierbei die Grundlage.

Allerdings werden nach wie vor im Jahr 2015 *zweidimensionale* Konstruktionsmethoden zur Planung einer Infrastrukturmaßnahme eingesetzt (vgl. Abschnitt 2.1). Im Gegensatz dazu greifen andere Planungssektoren, beispielsweise die Fertigungsindustrie, bereits seit Anfang der 1990er Jahre auf eine *dreidimensionale* Planungsmethode zurück (Vajna et al., 2009; Borrmann & Berkhahn, 2015). Selbst im Hochbau wurden die Vorteile einer 3D-gestützten Planung erkannt, sodass in den letzten Jahren ein Paradigmenwechsel von der 2D-gestützten zu einer 3D-objektorientierten Planungsmethode (BIM) erfolgte (vgl. Abschnitt 2.2). In Deutschland steht dieser Paradigmenwechsel noch am Anfang. In den USA, den Großbritannien oder in verschiedenen skandinavischen Ländern konnte dieser Paradigmenwechsel bereits erfolgreich umgesetzt werden. Eine Steigerung der Planungsleistung bzw. –qualität konnte in diesen Ländern verzeichnet werden (Azhar, 2011).

Unter Berücksichtigung dieser Fortschritte wird in dieser Arbeit die Hypothese vertreten, dass eine Optimierung der infrastruktur-spezifischen Planungsleistung möglich ist, wenn die Planung einer Infrastrukturmaßnahme anhand eines *parametrisch-assoziativen* Modellierungsansatzes erfolgt. Die zur geometrischen Modellierung des Produktes (z. B. des Bauwerks) erforderlichen theoretischen Grundlagen sollen in den nachfolgenden Abschnitten kurz vorgestellt werden.

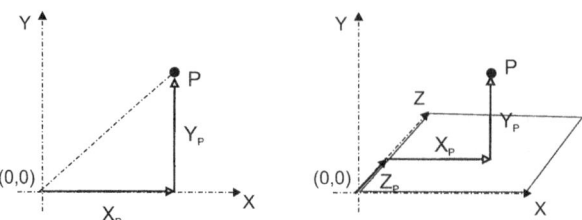

Abbildung 3.1: Ebene bzw. räumliche Abbildung eines Punktes, indem ein Vektor relativ zum Ursprung eines Koordinatensystems aufgespannt wird.

Eingangs werden hierzu essenzielle geometrische Grundprimitive[1] beschrieben, die sich zur 2D- und/oder 3D-basierten Konstruktion eines *parametrisch-assoziativen* Infrastrukturinformationsmodells einsetzen lassen. Grundprimitive bilden die Basis zur computergestützten Abbildung eines digitalen Modells, wobei nicht jedes darstellbare Modell ein reales Objekt widerspiegeln muss (Romberg, 2005). Aus diesem Grund wurden verschiedene Modellierungsmethoden entwickelt, die mithilfe von speziellen Algorithmen die Verarbeitbarkeit, die Eindeutigkeit und Integrität sowie die Genauigkeit des abzubildenden Modells sicherstellen können. Eine Beschreibung dieser Modellierungsmethoden schließt an den Abschnitt zur Definition der geometrischen Grundprimitive an.

3.1 Definition verschiedener geometrischer 2D-/3D-Grundprimitive

3.1.1 Grundprimitive in $\mathbb{R}^2$

Im zweidimensionalen Raum erfolgt die Konstruktion der Quer- und Längsschnitte sowie Ansichtsprojektionen anhand von verschiedenen Grundprimitiven. Standardmäßig zählen hierzu *Punkte, Linien, Kreise/Ellipsen* und *Kreis-/Ellipsensegmente* sowie *Freiformkurven*.

3.1.1.1 Punkt

Nach Euklid und Aristoteles stellt ein Punkt eine unteilbare geometrische Einheit dar, mit deren Hilfe sich die Position eines geometrischen Objektes in der euklidischen Ebene $\mathbb{R}^2$ oder im euklidischen Raum $\mathbb{R}^3$ eindeutig definieren lässt (Gieding, 2007). Hierzu wird die Lage des Punktes entweder mithilfe eines Koordinatenpaares P (x,y) oder mithilfe eines Koordinatentripels P (x,y,z) bestimmt, was aufgrund der fehlenden räumlichen Ausdehnung des Punktes (nulldimension) möglich ist (Woodbury, 2010).

3.1.1.2 Kurve

Ebene oder räumliche Kurven können entsprechend ihrer mathematischen Definition bzw. Differenzierbarkeit in die geometrischen Elemente *Linie, Gerade, Kreis, Ellipse, Parabel* und *Frei-*

---

[1]Ein geometrisches Primitiv ist ein Grundelement, das sich nicht mehr in weitere geometrische Objekte zerlegen lässt. Hierzu zählen z. B. Punkte, Kurven, Flächen und Körper (ISO:19107, 2003).

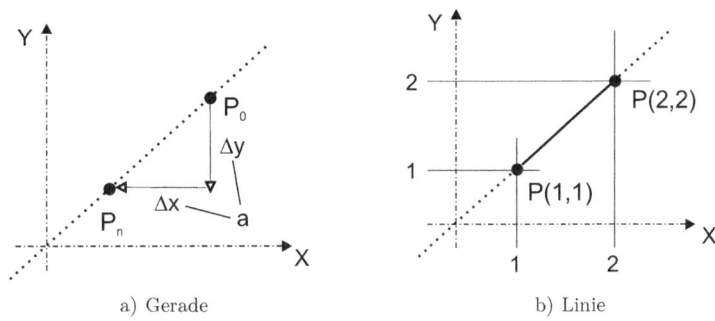

a) Gerade b) Linie

Abbildung 3.2: a) Punktspezifische Definition einer Gerade bzw. b) einer Linie.

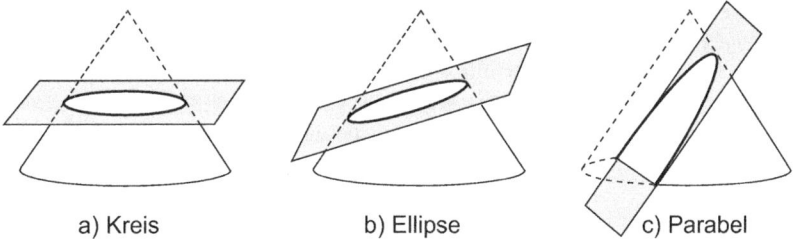

a) Kreis b) Ellipse c) Parabel

Abbildung 3.3: Geometrische Definition eines Kreises, einer Ellipse und einer Parabel anhand eines Kegelschnittes.

formkurven unterteilt werden. Nach Gfrerrer (2004) stellen diese Kurven eine einparametrische Menge an Punkten dar, die sich algebraisch mithilfe einer expliziten oder impliziten Gleichung bzw. anhand einer Parameterform beschreiben lässt. Die mathematischen Definitionen dieser unterschiedlichen Kurventypen sowie ihren geometrischen Besonderheiten sollen nachfolgend kurz vorgestellt werden.

- Gerade/Linie

Eine Gerade stellt eine kollineare Abbildung (vgl. Abbildung 3.2a) einer unendlichen Anzahl an Punkte in der Ebene oder im Raum dar (Senti, 2008). Wird diese Gerade zusätzlich durch ein Intervall (z. B. Anfangs- und Endpunkt) begrenzt, so ergibt sich eine Linie (vgl. Abbildung 3.2b), die sich algebraisch wie folgt definieren lässt:

$$y = ax + b \quad mit \quad x \in \mathbb{R}^2 \quad 1 < x < 2 \tag{3.1}$$

- Kreise, Ellipsen und Parabel

Wie in Abbildung 3.3 dargestellt wird, lässt sich ein Kreis, eine Ellipse oder eine Parabel anhand eines Kegelschnittes darstellen, indem der Kegel an einer bestimmten Stelle durch eine bestimmt geneigte Ebene geschnitten wird.

○ **Definition Kreis**

Wird der Kegel durch eine *parallel* zur Grundfläche des Kegels ausgerichtete Ebene geschnitten, so ergibt sich eine Schnittkurve, dessen Punkte P$_i$ in einem konstanten Abstand r um den Mittelpunkt M der Schnittebene zirkulieren (Weigel, 2009; Koecher & Krieg, 2013). Diese symmetrische Rotationsbewegung spiegelt einen Kreis wider (vgl. Abbildung 3.4), die sich mathematisch anhand folgender Gleichung beschreiben lässt:

$$K = P \in \mathbb{R}^2 \quad | \quad \overline{MP} = r \quad bzw. \quad y = y_M + \sqrt{(r^2 - (x - x_M)^2)} \tag{3.2}$$

○ **Definition Ellipse**

Erfolgt ein *geneigter* Schnitt durch den Kegel, wobei die Schnittebene ausschließlich durch die Mantelfläche des Kegels verläuft, so ergibt sich eine asymmetrische Schnittkurve, die eine Ellipse darstellt. Analog einem Kreis kann die Schnittkurve einer Ellipse E mithilfe einer finiten Anzahl an Punkten P$_i$ abgebildet werden (vgl. Abbildung 3.5). Jedoch muss hierzu folgende geometrische Bedingung bzw. folgendes Theorem erfüllt sein: Die Summe aus den beiden Streckenlängen $\overline{F_1P_i}$ und $\overline{F_2P_i}$ müssen stets den gleichen Wert ergeben (vgl. Gleichung 3.3). Dabei repräsentiert der Punkt P$_i$ einen Punkt auf der Ellipsenkurve und die zwei konstant positionierten Punkte F$_1$, F$_2$, die Brennpunkte der Ellipse.

$$E = P \in \mathbb{R}^2 \quad | \quad \overline{F_1P} + \overline{F_2P} = const. \quad bzw. \quad ((x - x_0)^2)/a^2 + ((y - y_0)^2)/b^2 = 1 \tag{3.3}$$

○ **Definition Parabel**

Verläuft die Schnittebene durch die Grundfläche des Kegels, so resultiert hieraus eine Schnittkurve, die einen zur Grundfläche geöffneten Verlauf besitzt. Innerhalb der geometrischen Konstruktion wird dieser Kurventyp als eine Parabel eingestuft, deren Verlauf sich analog zum Kreis bzw. einer Ellipse durch eine finite Menge an Punkten P$_i$ rekonstruieren lässt. Hierbei gilt es, die geometrische Randbedingung zu erfüllen, dass die Länge der Strecke $\overline{FP_i}$ zwischen dem Punkt P$_i$ und einem konstant positionierten Punkt F gleich dem lotrechten Abstand |P$_i$G| zu einer

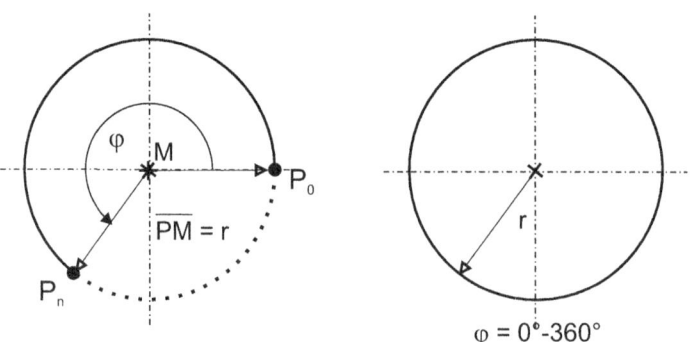

Abbildung 3.4: Geometrische Definition eines Kreises mithilfe einer Punktemenge.

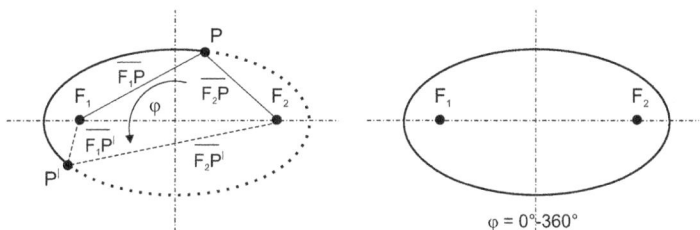

Abbildung 3.5: Geometrische Definition einer Ellipse mithilfe einer Punktemenge.

speziellen Geraden G beträgt (vgl. Abbildung 3.6). Die Gerade G stellt hierbei eine Parallele zur Tangente des Scheitelpunktes S dar. Mathematisch ist diese Bedingung wie folgt definiert:

$$\Pi = P \in \mathbb{R}^2 \mid \overline{FP} = |PG| \quad bzw. \quad y = a(x^2 - x_0) + y_0 \; mit \; a \neq 0 \tag{3.4}$$

- Definition Freiformkurven

Im Zuge der Industrialisierung wurden neue geometrische Elemente benötigt, die eine genaue sowie stetige Repräsentation einer gekrümmten Kontur, beispielsweise eines Kotflügels, ermöglichen. Hierzu wurde vor allem in der Automobil- und Flugzeugindustrie eine Vielzahl an Untersuchungen durchgeführt, deren Ansätze ihren Ursprung in den Arbeiten der beiden Pioniere Bézier und de Casteljau haben (Borrmann, 2011). Im Laufe der Zeit wurden diese Ausgangsansätze erweitert, sodass eine Reihe von ausgereiften mathematischen Konzepten zur Abbildung einer Freiformkurve existiert. Zu den bekanntesten Typen zählen *kubische Kurven*, *Bézier-Kurven*, *B-Spline-Kurven* und *nicht-uniforme rationale B-Spline-Kurven* (NURBS-Kurven).

Die mathematische Definition dieser Kurventypen erfolgt entweder anhand einer analytischen Gleichung oder anhand einer parametrischen Gleichung. Analytische Gleichungen verursachen jedoch Probleme, da durch die implizite (f(y,x) = 0) bzw. explizite (y = f(x)) Gleichungsform

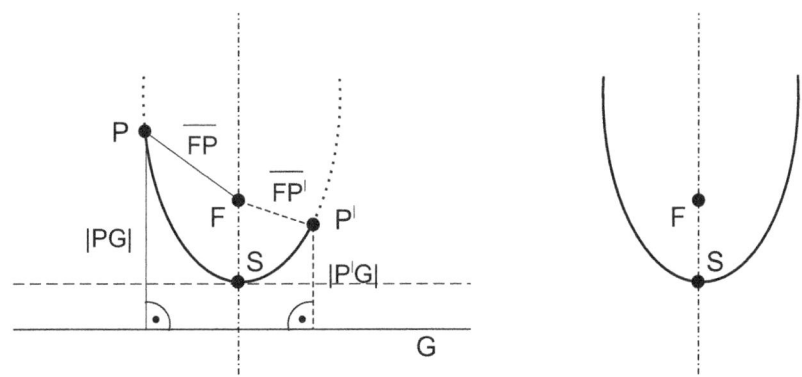

Abbildung 3.6: Geometrische Definition einer Parabel mithilfe einer Punktemenge.

eine Berechnung der Punkte auf der Kurve oder eine Transformation der Kurven eine komplexe Aufgabenstellung darstellen (Borrmann, 2011). Aus diesem Grund erfolgt die Abbildung einer Freiformkurve häufig anhand einer parametrischen Gleichungsform (x = f(u); y = g(u); z = h(u)), mit deren Hilfe sich die Koordinaten der Punkte unabhängig voneinander ermitteln lassen. Für die vier eingangs erwähnten Freiformkurventypen lauten die Gleichungen:

$$\text{Kubische Kurven:} \quad C(u) = \begin{bmatrix} F_1 & F_2 & F_3 & F_4 \end{bmatrix} \begin{bmatrix} p(0) \\ p(1) \\ p'(0) \\ p'(1) \end{bmatrix}$$

$$\text{Bézier-Kurven:} \quad C(u) = \sum_{i=0}^{n} P_i B_{i,n}(u) \qquad 0 \leq u \leq 1$$

$$\text{B-Spline-Kurven:} \quad C(u) = \sum_{i=0}^{n} P_i N_{i,p}(u) \qquad 0 \leq u \leq (n+1) - p$$

$$\text{NURBS-Kurven:} \quad C(u) = \frac{\sum_{i=0}^{n} \omega_i P_j N_{i,p}(u)}{\sum_{i=0}^{n} \omega_i N_{i,p}(u)} \qquad 0 \leq u \leq (n+1) - p$$

Innerhalb dieser vier Gleichungen stellt die Variable P_i die Position eines Kontrollpunktes, der griechische Buchstabe ω einen Wichtungsfaktor der Kontrollpunkte und die Variable F_i, B_i, N_i eine Basisfunktion zur Steuerung des Kurvenverlaufs dar. In allen vier Gleichungen wird der Verlauf der Freiformkurven durch eine Reihe von Kontrollpunkten P_j bestimmt, wobei der Verlauf der Kurve entweder direkt durch den Kontrollpunkt P_i (interpoliert) oder neben den Kontrollpunkt P_i (approximiert) verläuft (Krömker, 2008). Erfolgt zum Beispiel die Abbildung einer Freiformkurve anhand eines kubischen Ansatzes, so verläuft die Kurve stets direkt durch die Kontrollpunkte. Diese geometrische Eigenschaft wird durch die in der Basisfunktion F_i (engl. *blending functions*) hinterlegten Randbedingen (Tangente am Stützpunkt etc.) hervorgerufen. Im Gegensatz dazu liegen bei einer Bézier-Kurve, bei einer B-Spline-Kurve und einer NURBS-Kurve nur der Start- und Endpunkt direkt auf der Kurve (vgl. Abbildung 3.7a), wenn im Ansatz eine spezielle mathematische Randbedingung (vgl. Gleichung 3.8) eingehalten wird. Die verbleibenden Kontrollpunkte besitzen eine Art „gravitative" Eigenschaft auf den Kurvenverlauf, d. h. die Kurve verläuft in der Nähe des Kontrollpunkts (approximiert), durchläuft ihn aber nicht (vgl. Abbildung 3.7b). In der Regel wird dieser Abstand von der Anzahl der übereinanderliegenden Kontrollpunkte bestimmt. Aus diesem Grund wird der sich aus den einzelnen Kontrollpunkten ergebende Polygonzug als *Kontroll-Polygon* bezeichnet (de Boor, 2002). Veränderungen am Kontroll-Polygon bewirken eine direkte Veränderung des Verlaufes der Freiformkurve, was eine intuitivere Modifikation ermöglicht. Ob sich die Modifikation der Kontrollpunkte global oder lokal auf den Verlauf der Freiformkurve auswirkt, ist von dem gewählten Ansatz abhängig. Beispielsweise besitzt die Bézier-Kurve einen globalen Einfluss auf den Verlauf der Kurve und die B-Spline-Kurve und NURBS-Kurve einen lokalen Einfluss auf den Verlauf der Kurve.

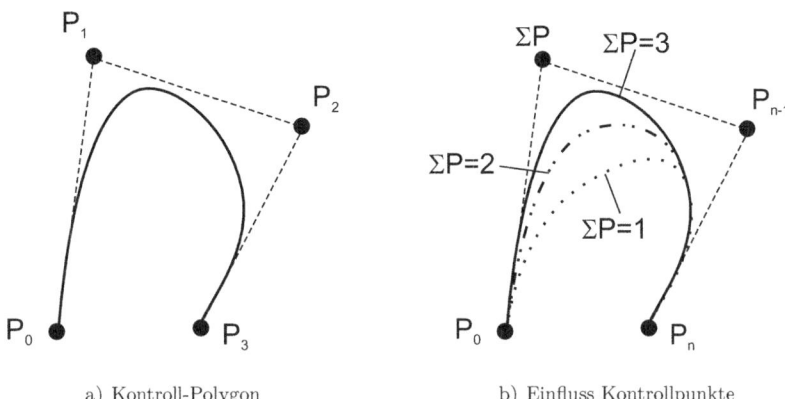

a) Kontroll-Polygon b) Einfluss Kontrollpunkte

Abbildung 3.7: a) Kontroll-Polygon einer Bézier-Kurve, das durch die vier Punkte P bestimmt wird; b) Einfluss von Kontrollpunkten auf den Verlauf der Bézier-Kurve, indem die Anzahl der übereinanderliegenden Kontrollpunkte $\sum P$ erhöht wird.

In der Praxis erfolgt die Umsetzung einer Freiformkurve häufig anhand eines B-Spline-Ansatzes. Zum einen lassen sich mithilfe dieses Ansatzes komplexe Kurvenverläufe schnell und intuitiv umsetzen, zum anderen besitzen die Kontrollpunkte einer B-Spline-Kurve nur einen lokalen Einfluss auf den Verlauf der Kurve. Insbesondere die lokale Manipulationseigenschaft stellt den wesentlichen Vorteil des B-Spline-Ansatzes gegenüber den anderen Methoden dar. Aus diesem Grund wird nachfolgend der mathematische Ansatz zur Abbildung einer B-Spline-Kurve genauer betrachtet.

- **Definition B-Spline-Kurve**

Eine B-Spline-Kurve stellt eine stückweise polynomielle Kurve dar, die sich durch eine Überlagerung der stückweisen Basisfunktion innerhalb eines definierten Kontroll-Polygons ergibt. Eine B-Spline-Kurve C(u) vom Grad p ist wie folgt definiert:

$$C(u) = \sum_{i=0}^{n} P_i N_{i,p}(u) \quad 0 \leq u \leq (n+1) - p \tag{3.5}$$

Hierbei repräsentieren die Terme P_i die (n + 1) Kontrollpunkte und $N_{i,p}$ die B-Spline *Basisfunktion*. Der Term u bildet die Parametervariable, welche mit dem Knotenvektor $U = u_0, \ldots, u_m$ aus der stückweisen Basisfunktion korrespondiert.

○ **B-Spline-Basisfunktion**

Die Basisfunktion einer B-Spline-Kurve vom Grad p = (k - 1) ergibt sich aus einem rekursiven Algorithmus *(Cox-de Boor recursion formula)*, innerhalb dem eine monoton wachsende Folge von (n + 1) Knoten $u_i < u_i+1 \in U = u_0, \ldots, u_m$ zur Berechnung des Verlaufes der Basisfunktion berücksichtigt werden. Per definitionem wird zwischen den beiden Fällen p = 0 (vgl. Gleichung 3.6) und p ≥ 1 (vgl. Gleichung 3.7) unterschieden.

$$N_{i,0} = \begin{cases} 1 \text{ wenn } t_i \leq u < t_{i+1} \\ 0 \text{ sonst} \end{cases} \tag{3.6}$$

$$N_{i,p+1}(u) = \frac{(u - t_i)}{t_{i+p} - t_i} N_{i,p} + \frac{(t_{i+p+1} - u)}{t_{i+p+1} - t_{i+1}} N_{i+1,p} \tag{3.7}$$

Beide Gleichungen beziehen sich auf den Knotenvektor U, der sich aus einer bestimmten Anzahl an Knoten u ergibt. Die Anzahl der erforderlichen Knoten u kann mithilfe der Beziehung m = n + p + 1 ermittelt werden, mit dessen Hilfe sich die Abhängigkeit des Knotenvektors U von dem Polynomgrad p der Kurve sowie der verwendeten Kontrollpunkte n + 1 berücksichtigen lässt. Konkret bedeutet dies, das zur Umsetzung einer B-Spline-Kurve mit einem Polynomgrad von p und n + 1 Kontrollpunkten n + p + 2 Knotenvariablen u_i erforderlich sind. Anschließend kann der Wert der einzelnen Kontenvariablen u_i mithilfe Gleichung 3.8 bestimmt werden,

$$\begin{aligned} t_i &= 0 & \text{wenn } i < p + 1 \\ t_i &= i - k + 1 & \text{wenn } p + 1 \leq i \leq n \\ t_i &= n - k + 2 & \text{wenn } i > n \end{aligned} \tag{3.8}$$

wobei die Laufvariable i im Bereich von 0 ≤ i ≤ m definiert ist. Erfolgt die Bestimmung des Knotenvektors U entsprechend Gleichung 3.8, so verläuft die B-Spline-Kurve durch den Start- und Endpunkt des gewählten Kontroll-Polygons (vgl. Abbildung 3.7b). Dieser Effekt resultiert aus der (p + 1)-fachen *Wichtung* des Start- und Endknotens, sodass sich der gewichtete Knotenvektor U wie folgt ausdrücken lässt (Nübel, 2005):

$$U = \underbrace{u_0, \ldots, u_0}_{p+1}, u_{p+1}, \ldots \ldots u_{m-p-1}, \underbrace{u_m, \ldots, u_m}_{p+1} \tag{3.9}$$

Nachdem die einzelnen Knotenvariablen u_i bestimmt wurden, werden diese in die Gleichung 3.6 bzw. 3.7 eingesetzt. Für den Fall p = 0 ergibt sich aufgrund der Definition von Gleichung 3.6 eine konstante Funktion mit Sprung, die einen von Null abweichenden Wert in dem rechtsoffenen Intervall u ∈ [u_i, u_{i+1}[besitzt (vgl. Abbildung 3.8).

Für lineare, quadratisch, kubische, biquadratische und höhergradige Funktionen mit p ≥ 1 erfolgt die Berechnung der Basisfunktion anhand einer linearen Kombination zweier Basisfunktionen, die einen um 1 reduzierten Polynomgrad (p - 1) besitzen (vgl. Gleichung 3.7). Diese Berechnungsvorschrift hat eine rekursive Analyse der Basisfunktion zur Folge (vgl. Abbildung 3.9). Resultiert aus der Gleichung 3.7 eine Division durch 0, so wird der Wert des Ergebnisses per definitionem auf 0 gesetzt.

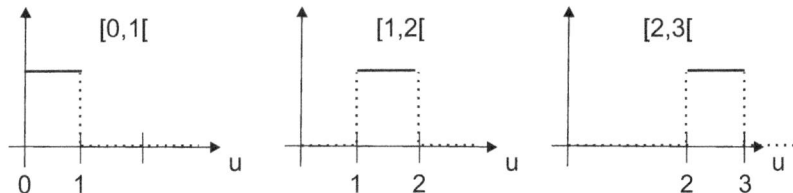

Abbildung 3.8: Grafische Darstellung der konstanten Basisfunktion für p=0 innerhalb der rechtsoffenen Intervalle [0,1[; [1,2[und [2,3[.

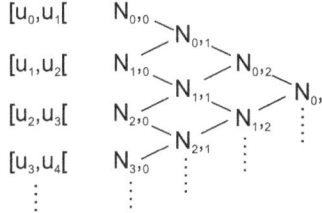

Abbildung 3.9: Dreiecksförmiges Schema zur Berechnung der rekursiv abhängigen B-Spline-Basisfunktion.

In Abhängigkeit des gewählten Polynomgrades p (vgl. Gleichung 3.6 u. Gleichung 3.7) sowie des korrespondierenden Knotenvektors U ergibt sich somit eine stückweise p-gradige Funktion, die innerhalb des gesamten $\mathbb{R}$ definiert ist. Diese stückweisen Polynome werden aber nur im geschlossenen Intervall [u_0, u_m] betrachtet, sodass die Funktion nur in den (p + 1) benachbarten Teilintervallen einen von 0 abweichenden Wert besitzt (vgl. Abbildung 3.10). Aus diesem Grund bewirken eine Modifikation eines Knotenvektors und die damit verbundene B-Spline-Basisfunktion nur eine lokale Veränderung des Kurvenverlaufs. In Abbildung 3.10 wurden die verschiedenen Basisfunktionen für einen linearen und einen quadratischen Polynomgrad zusammengefasst. Anhand dieser Basisfunktionen kann erkannt werden, dass die Summe der einzelnen Basisfunktionswerte $N_{i,p}$ an einer beliebigen Stelle u_i stets den Wert 1 ergibt. Eine affine Transformation der B-Spline-Kurve lässt sich dadurch sicherstellen (Nübel, 2005). Ein weiterer Vorteil des B-Spline-Ansatzes besteht darin, dass die Anzahl der Kontrollpunkte (n + 1) keine Abhängigkeit zum gewählten Polynomgrad p besitzt. Dem Anwender ist somit freigestellt, wie viele Kontrollpunkte (n + 1) er zur Umsetzung der B-Spline-Kurve einsetzt und mit welchem Polynomgrad p die Abbildung des Kurvenverlaufes erfolgen soll.

3.1.1.3 Eignung von B-Spline-Kurven zur Konstruktion eines 3D-Trassenverlaufs

Im Jahr 2015 erfolgt die Planung einer Trasse mithilfe einer impliziten Konstruktionsmethode (vgl. Abschnitt 2.1), sodass keine geometrischen Elemente existieren, die eine praxisgerechte Umsetzung eines 3D-Trassenverlaufes anhand von trassendefinierenden Raumelementen wie z. B. einer 3D-Klothoide ermöglichen. Aus diesem Grund wurde untersucht, inwiefern sich die verschiedenen Spline-Ansätze zur Konstruktion eines räumlichen Trassenverlaufes einsetzen lassen. Als Untersuchungskriterien wurden neben den lokalen bzw. globalen Manipulationseigenschaften der Einfluss von Kontrollpunkten auf den Verlauf der Kurve sowie die Stetigkeit des Kurvenver-

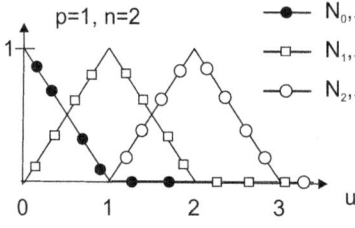 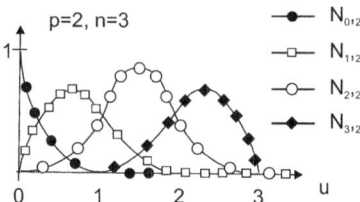

a) Lineare B-Spline-Basisfunktion b) Quadratische B-Spline-Basisfunktion

Abbildung 3.10: a) Lineare B-Spline-Basisfunktion mit p = 1 und 3 Kontrollpunkten; b) quadratische B-Spline-Basisfunktion mit p = 2 und 4 Kontrollpunkten.

Tabelle 3.1: Zusammenhang zwischen dem Polynomgrad der B-Spline-Basisfunktion und der Kontinuität einer B-Spline-Kurve.

Polynomgrad	Kontinuität
p = 0	Unzusammenhängende Punkte
p = 1	C0 (verbundene lineare Segmente)
p = 2	C1 (tangentiale Kontinuität)
p = 3	C2 (Krümmungskontinuität)

laufes eingesetzt. Als Resultat der Untersuchung ergibt sich, dass sich die *B-Spline-Kurve* am Besten zur Modellierung eines räumlichen Trassenverlaufs eignen würde, da der B-Spline-Ansatz eine frei wählbare Anzahl von Knotenpunkten (Achsabsteckpunkte) erlaubt und einen stetigen Verlauf der Trasse gewährleistet. Diese Kontinuität wird vor allem durch den Polynomgrad p bestimmt (vgl. Tabelle 3.1), der, wie zuvor beschrieben, bei einer B-Spline-Kurve beliebig gewählt werden kann (Borrmann, 2011). Werden die in der Tabelle 3.1 abgebildeten Zusammenhänge berücksichtigt, so ist zur Umsetzung eines 3D-Trassenverlaufs ein B-Spline-Ansatz mit einem Polynomgrad von $p \geq 3$ erforderlich.

3.1.2 Grundprimitive in $\mathbb{R}^3$

Auf Basis der im Abschnitt 3.1.1 vorgestellten 2D-Primitve lassen sich beliebige 3D-Flächen- bzw. Volumenkörper modellieren. Jedoch kann unter bestimmten geometrischen Randbedingungen (z. B. einfache Querschnittsform) auf eine prozedurale Definition des Modellierungsgrundkörpers verzichtet werden, indem standardisierte *3D-Primitive* zur Modellierung eines Körpers eingesetzt werden. Diese 3D-Primitive spiegeln einen Grundkörper wider, dessen Abmessungen (Durchmesser, Länge, Höhe) sich durch einen statischen oder modifizierbaren Modellparameter (vgl. Abschnitt 4.2) definieren lassen. Grundkörper, wie beispielsweise ein Quader oder ein Zylinder (vgl. Abbildung 3.11), stellen derartige 3D-Grundprimitive dar, die zusammen mit 3D-Linien standardmäßig in jedem CAD-System hinterlegt sind. Aber auch eine Definition neuer 3D-Primitve ist möglich (Vajna, et al. 2009, A. Borrmann 2011), indem ein Extrusions-,

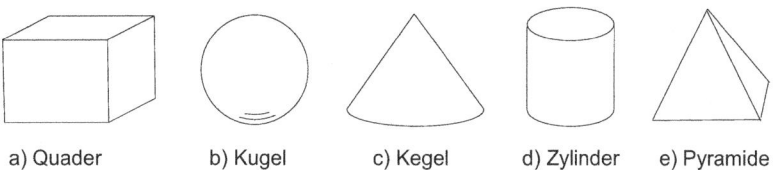

Abbildung 3.11: Primitive in $\mathbb{R}^3$ als Würfel, Kugel, Kegel, Zylinder und Pyramide.

Rotations- oder Sweep-Verfahren eingesetzt wird (vgl. Abschnitt 3.2.3.3). Ein flexiblerer Modellierungsprozess ist die Folge.

3.2 Geometrische Modellrepräsentationen

Ziel der geometrischen Modellbildung ist es, einen virtuellen Prototyp des realen Objektes mit strukturellen Vereinfachungen anhand eines geeigneten Modellierungsansatzes abbilden zu können (Romberg, 2005; Abulawi, 2012). Hierzu wird das reale Bauteil in einem CAD-System konstruiert. Im Ergebnis wird das Bauteil in Form einer rechnergestützten Modellstruktur mithilfe verschiedener Elementtypen (Punkte, Linien, Flächen, Körper) dargestellt. Entsprechend der Dimension des höchsten Elements (vgl. Tabelle 3.2) ergibt sich entweder ein *Kanten-, Flächen-, Zellen-* oder *Volumenmodell* (vgl. Abbildung 3.12).

3.2.1 Kantenmodell

Innerhalb eines Kantenmodells (engl. *wireframe models*) wird die Kontur des Körpers anhand einer finiten Menge an Linienelementen beschrieben, wobei die Linienelemente bzw. Kurvenelemente selbst durch die Position der Punkteelemente bestimmt werden. Dadurch, dass ausschließlich Kanten zur Abbildung des Modells eingesetzt werden, lässt sich die Datenstruktur eines Kantenmodells mit einem sehr geringen Aufwand speichern. Zudem können eine schnelle Modifikationen und eine schnelle Transformation des 3D-Körpers sowie Berechnung von Schnittkurven durchgeführt werden. Nachteile in diesem Ansatz bestehen darin, dass aufgrund der fehlenden Flächeninformation eine mehrdeutige Interpretation des Modells möglich ist (vgl. Ab-

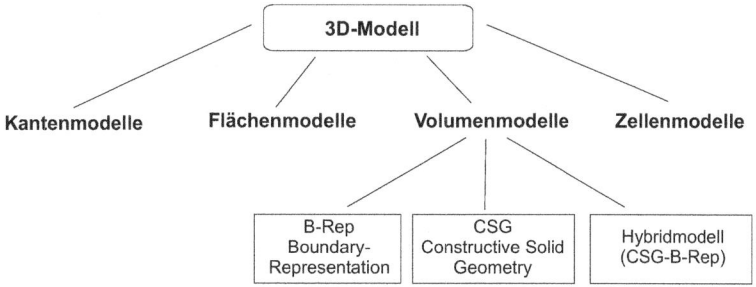

Abbildung 3.12: Taxonomie der verschiedenen Repräsentationsformen zur Abbildung eines 3D-Modells nach Encarnação et al. (1997, S. 88).

Tabelle 3.2: Gruppierung der vier Typen bzw. Elemente mit Beispielen aus der Infrastrukturplanung in Anlehnung an Anderl & Mendgen (1996) und Borrmann (2007).

Dimension	Typ	Element (Bauteil)
0-Dimension	Punkt	Punkt (Höhenlinse, Kreuzungspunkt, Lagerpunkt)
1-Dimension	Linie	Freiformkurve, Strecke, Achse (Entwässerungs-, Stromleitung, Bauwerksachse)
2-Dimension	Fläche	Hilfs-, Bezugsebenen, Freiformflächen (Gelände-, Baugrundflächenmodell)
3-Dimension	Körper	Würfel, Kegel, Zylinder (Baugrund, Widerlager, Flügel, Überbau, Tunnelröhre, Schacht)

bildung 3.13), sowie dass keine Informationen über den Flächen- und Volumeninhalt aus dem Kantenmodell abgeleitet werden können (Neuberg, 2003). Selbst das anwenden von Volumen- und Flächenoperationen (Sichtbarkeiten, Schnittableitungen, Schattierungs- und Kollisionsanalysen) ist kaum möglich, sodass Kantenmodelle nur in Ausnahmefällen zur Modellierung eines 3D-Modells eingesetzt werden. Primär werden *Kantenmodelle* zur Definition einer Randkurve eines Flächenmodells oder innerhalb eines Volumenmodells zur geometrischen Beschreibung einer 2D-Profilskizze bzw. Trajektionsachse eingesetzt (Vajna et al., 2009).

3.2.2 Flächenmodell

Erfolgt die Umsetzung eines 3D-Modells anhand eines Flächenmodells, so werden die einzelnen Oberflächen bzw. die Hülle des Modells mithilfe von Regel- und Freiformflächen abgebildet. Hierzu werden die einzelnen Flächensegmente entweder durch eine Rotation bzw. Extrusion eines 2D-Profils generiert oder aus einer Reihe von 3D-Randkurven zu einem Flächenmodell zusammengesetzt (Vajna et al., 2009). Im Gegensatz zu einem Kantenmodell ist aufgrund des flächenbasierten Ansatzes eine Berechnung verdeckter Kanten oder Schatteneffekte möglich, die eine eindeutige Interpretation der geometrischen Form des Objektes gewährleisten. Selbst geschlossenen Körper lassen sich somit beschreiben, wobei sich aufgrund der fehlenden Orientierung

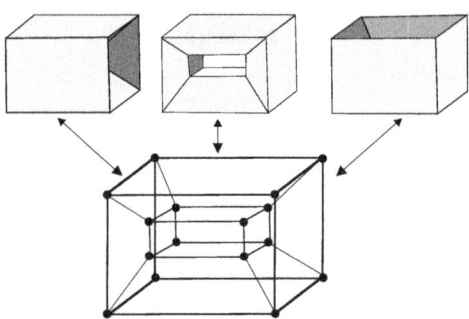

Abbildung 3.13: Mehrdeutigkeit eines Kantenmodells nach Bungartz et al. (2002, S. 66).

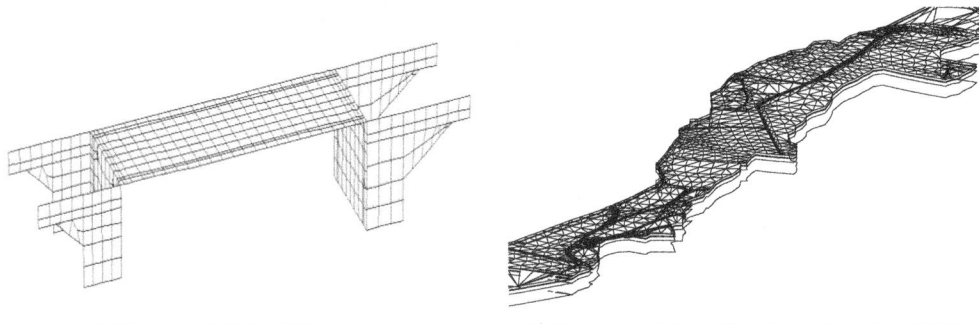

a) Flächenmodell für FEM-Analyse   b) Flächenmodell zur Repräsentation eines DGM

Abbildung 3.14: a) Flächenmodell eines Brückenbauwerks zur Finiten Element-Analyse; b) Abbildung eines digitales Geländemodells in Form eines facettierten Flächenmodells.

der Flächen keine Aussage über eine innere oder äußere Positionierung am Körper treffen lässt. Da Flächenmodelle keine normal zur Fläche gerichtete geometrische Ausdehnung besitzen, wird diese geometrische Eigenschaft im Allgemeinen als eine semantische Information (Attribut bzw. Parameter) an das Flächenmodell angefügt. Aus diesem Grund wird dieser Repräsentationstyp auch als ein *dimensionsreduziertes* Modell bezeichnet (Borrmann, 2011), das innerhalb des Bausektors vor allem zur Tragwerksanalyse (FE-Netz), aber auch zur Abbildung von digitalen Gelände- oder Schichtenmodellen eingesetzt wird (vgl. Abbildung 3.14).

3.2.3 Volumenmodell

Ein virtuelles Modell, das die Oberfläche eines realen physikalischen Körpers mithilfe von Teilflächen beschreibt, wird als Volumenmodell (engl. *solid*) bezeichnet, wenn die Hülle des Körpers in Form einer geschlossenen Oberfläche vorliegt und aufgrund der Orientierung der Teilflächen eine Unterscheidung zwischen innen und außen möglich ist (Vajna et al., 2009; Borrmann, 2011). Zur Umsetzung dieser Randbedingungen wurden verschiedenen Ansätze entwickelt, wobei sich die beiden Ansätze der *expliziten* und *impliziten* Volumenmodellierung durchgesetzt haben. In Abbildung 3.15 werden diese beiden Ansätze inklusive verschiedener Modellierungsformen dargestellt. Zur Umsetzung eines *parametrisch-assoziativen* Infrastrukturmodells sind aber nur die drei Varianten *BRep-Modelle*, *CSG-Modelle* und *Sweep-Modelle* von Bedeutung.

3.2.3.1 Definition eines Boundary-Representation-Modells (BRep)

Bei einem Boundary-Representation-Modell wird die begrenzende Hülle des Volumenmodells durch eine finite Menge an zusammenhängenden Flächen beschrieben. Ein BRep-Modell kann daher als ein erweitertes Flächenmodell betrachtet werden, das aufgrund der Orientierung der Flächen eine Unterscheidung zwischen Objektinnerem und Objektäußerem ermöglicht. Hierzu wird für jede Fläche ein *Normalenvektor* (Materialvektor, Rechtehandregel[2]) ermittelt, anhand dessen sich die Orientierung der Fläche definieren lässt (Romberg, 2005). Diese Orientierung wie-

---
[2]Hierzu wird der Daumen in Richtung der Flächennormalen ausgerichtet, sodass die Finger die Orientierung der Fläche anzeigen.

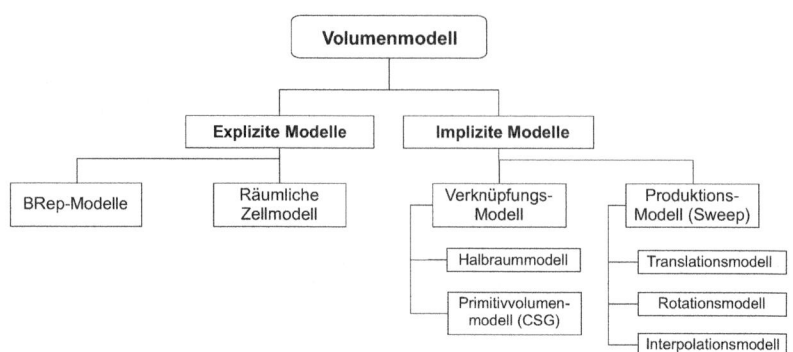

Abbildung 3.15: Taxonomie der verschiedenen Modellierungsformen zur Abbildung eines Volumenmodells in Anlehnung an Romberg (2005, S. 10).

- **Eigenschaften eines expliziten Modells:** Hierbei wird die geometrische Struktur des Modells in einem Datenschema abgespeichert, das die Oberfläche des Körpers indirekt mithilfe der geometrischen Primitive Punkte, Kanten und Flächen beschreibt.

- **Eigenschaften eines impliziten Modelles:** Bei einem impliziten bzw. prozeduralen Modell wird nicht die explizite Geometrie gespeichert, sondern die Vorschrift, die zur Abbildung des Modells erforderlich ist.

derum spiegelt die Umrandung der Fläche in Form von Kanten wider, wobei diese einen geraden oder gekrümmten Verlauf besitzen können (Goswami, 2004). Eine Abbildung von komplexen Körpern in Form eines Freiformflächenmodells ist somit möglich. Der Verlauf der Kanten selbst resultiert aus einer linearen oder mehrfachgekrümmten Verbindung (Freiformkurve) einzelner im Raum positionierter Punkte.

Eine weitverbreitete Möglichkeit zur Abbildung eines BRep-Modells ist die Nutzung einer hierarchischen *Halbkanten-Datenstruktur*, mit deren Hilfe sich die Beziehungsgeflechte zwischen Knoten, Kanten und Flächen bzw. *topo-logischen* Informationen speichern lassen (vgl. Abbildung 3.16). Hierzu werden folgende Entitäten verwendet:

- **Shell:** Ein Schell spiegelt die Menge zusammenhängender Flächen (*Faces*) wider, welche die Hülle des Körpers begrenzen.
- **Face:** Faces werden im Allgemeinen durch die Umrandungen (*Loops*) einer Fläche bestimmt.
- **Loop:** Ein Loop stellt die Kontur einer Fläche dar, die sich aus einer Reihe von ungerichteten Kanten (*Edges*) ergibt.
- **Edge:** Edges sind Flächenkanten, die durch verschiedenen Knoten (*Vertices*) beschrieben werden.
- **Vertex:** Ein Vertex stellt eine eindeutige Position im Raum dar.

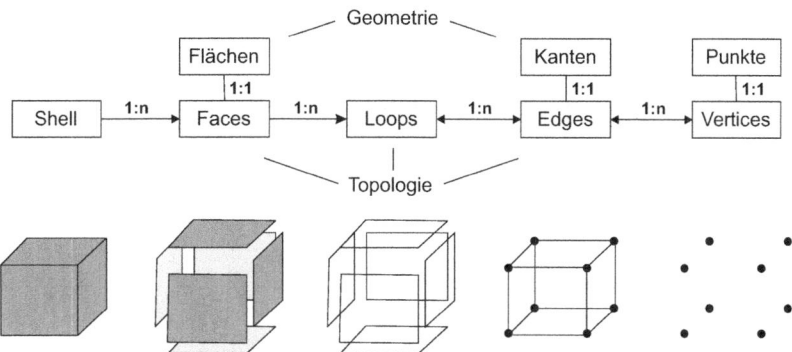

Abbildung 3.16: Grafische Darstellung der geometrischen und topologischen BRep-Datenstruktur am Beispiel eines Quaderobjektes in Anlehnung an Schallehn (2008, S. 45).

Da die Oberfläche eines Volumenmodells an jeder Stelle zweidimensional ist und da die Oberfläche immer geschlossen sein muss, können sich entlang jeder Fläche (*Face*) maximal zwei Kanten (*Edge*) treffen (Romberg, 2005). Diese Eigenschaft lässt sich in der oben beschriebenen Datenstruktur berücksichtigen, indem jeder *Edge* zwei Halbkanten (*Coedge*) zugeordnet werden. Eine *Coedge* spiegelt somit die Richtung eines *Face-Objektes* wider, wobei zwei benachbarte *Coedges* stets entgegengesetzt zueinander verlaufen (vgl. Abbildung 3.17).

Grafisch lassen sich diese Zusammenhänge entweder in Form eines gerichteten Grafen oder tabellarisch anhand von Listen bzw. Tabellen darstellen (Neuberg, 2003; Borrmann, 2011), was eine zügige Auswertung des BRep-Modells ermöglicht.

Trotz dieser topologischen Beschreibung sowie der Halbkantenstruktur repräsentiert nicht jedes BRep-Modell bzw. jeder BRep-Graf ein gültiges Volumenmodell, sodass weitere Voraussetzungen zur Abbildung eines gültigen Modells eingehalten werden müssen (Neuberg, 2003). Einige dieser Kriterien sind wie folgt definiert:

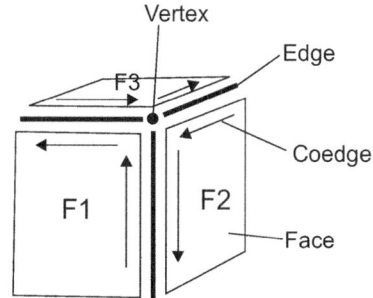

Abbildung 3.17: Grafische Darstellung eines Halbkantenmodell nach Romberg (2005, S. 16).

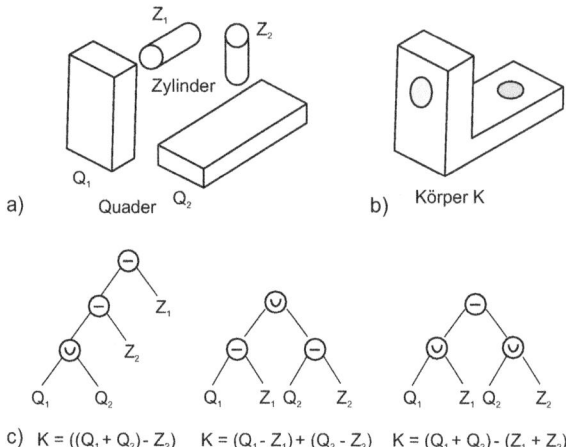

Abbildung 3.18: a) Zwei Quader- und zwei Zylinderprimitive, die als Basis zur Modellierung des CSG-Modells dienen; b) Körper K, der sich aus der mengentheoretischen Kombination der vier Grundkörper aus Abbildung a) ergibt; c) drei verschiedenen CSG-Bäume, welche die erforderlichen booleschen Operationen zur Umsetzung des CSG-Modells beschreiben, die drei CSG-Bäume liefern ein äquivalentes Volumenmodell K aus Encarnação et al. (1997, S. 101).

- Erfüllung der Euler- bzw. Euler-Poincare-Gleichung (vgl. Neuberg, 2003);
- um jede Ecke existiert ein einziger geschlossener Ring von Flächen;
- Flächen können sich nur an einer gemeinsamen Ecke oder Kante schneiden.

Werden diese zusätzlichen Bedingungen erfüllt, so müssen zur vollständigen Beschreibung eines BRep-Modells noch die geometrischen Eigenschaften des Modells in die bereits vorhandene Datenstruktur gespeichert werden. Hierbei erfolgt die Speicherung der Geometrie getrennt von der topologischen Struktur, indem der geometrische Verlauf der Flächen R(u,v) sowie der Kanten R(u) mithilfe von parametrischen Gleichungen und die Position der Punkte durch ihre Koordinatentripel P(x,y,z) in der Datenstruktur abgelegt werden (Goswami, 2004).

3.2.3.2 Definition eines Constructiv-Solid-Geometry-Modells (CSG)

In einem CSG-basierten-Modellierungsansatzes werden einfache Grundkörper (vgl. Abschnitt 3.1.2) oder vom Anwender neu definiert 3D-Primitve zu einem komplexeren Körper zusammengefasst. Hierzu werden die einzelnen im Raum positionierten Grundkörper mithilfe einer mengentheoretischen (booleschen) Operation kombiniert, indem eine der drei booleschen Operationen Vereinigung (∪), Subtraktion (-) und Verschneiden (∩) angewandt wird.

Die sich aus dem Kombinationsprozess ergebenden geometrischen und mengentheoretischen Informationen werden entsprechend ihrer logischen und prozeduralen Reihenfolge in einen sogenannten *binären Konstruktionsbaum* bzw. „CSG-Baum" gespeichert. Ein CSG-Baum spiegelt somit den Prozess zur Herstellung des physikalischen Körpers wider (Romberg, 2005). Dabei stellt die Wurzel des CSG-Baums, das Bauteil, die Knoten des CSG-Baumes, die boolesche

Operationen und die Blätter des CSG-Baumes, die jeweiligen Primitive dar (vgl. Abbildung 3.18c). Zudem kann aus Abbildung 3.18c erkannt werden, das zur Abbildung eines äquivalenten CSG-Modells mehrere Abbildungsvorschriften existieren, die sich im Wesentlichen in ihrer Konstruktionsreihenfolge unterscheiden. Daher gestaltet sich der Vergleich von Bauteilen, die mithilfe eines CSG-basierten Ansatzes modelliert wurden, als eine schwierige Aufgabenstellung (Neuberg, 2003).

Aufgrund dieser prozeduralen Dokumentation der Historie gilt das Prinzip der CSG-Modellierung als Vorläufer der *parametrisch-assoziativen* Modellierung (Vajna et al., 2009), in der neben der Dokumentation der Historie die geometrische Form des Modells mittels Modellparametern sowie assoziativen Kopplungen gesteuert werden kann (vgl. Kapitel 4).

3.2.3.3 Definition eines Sweep-Modells

Erfolgt die Modellierung eines virtuellen Körpers auf Basis eines zweidimensionalen Profils, so lässt sich das 3D-Modell durch eine Verschiebung oder Rotation der offenen oder geschlossenen Skizzenkontur entlang einer Leitlinie bzw. um eine Achse erzeugen. Entsprechend dem gewählten Sweepingverfahren ergibt sich ein *Translationsmodell*, ein *Rotationsmodell* oder ein *Interpolationsmodell*, das entweder ein Flächenmodell oder ein Volumenmodell repräsentiert (Vajna et al., 2009).

- Translationsmodell

Zur Umsetzung eines Translationsmodells wird die Kontur K bzw. die Fläche F eines 2D-Profils entlang eines linearen oder gekrümmten Pfades V um einen bestimmten Betrag Δ v verschoben. Der durch die Translationsbewegung überstrichene Raum spiegelt die zu beschreibende Fläche bzw. den Körper wider (vgl. Abbildung 3.19a). Im Folgenden wird der Begriff Translation bzw. Extrusion für eine Verschiebung eines 2D-Profils entlang eines *linearen* Pfades und der Term Trajektion für eine Bewegung eines 2D-Profils entlang einer *gekrümmten* Leitlinie verwendet.

- Rotationsmodell

Im Gegensatz zum *Translationsmodell* wird das offene oder geschlossene 2D-Profil nicht entlang eines Pfades, sondern um eine gerade oder gekrümmte Achse mithilfe einer winkel-spezifischen Kreisbewegung ω rotiert. Der aus der Rotationsbewegung resultierende Raum spiegelt die zu beschreibende Fläche bzw. Körper wider (vgl. Abbildung 3.19b).

- Interpolationsmodell *(Lofting)*

Bei einem Interpolationsmodell erfolgt die Generierung der 3D-Fläche bzw. des 3D-Körpers ähnlich wie beim Translationsmodell, indem mehrere 2D-Profile abschnittsweise entlang eines Pfades verschoben werden. Aufgrund der abschnittsweisen Translation bzw. Trajektion lässt sich ein Sweepmodell konstruieren, das sich an den geometrischen Randbedingungen der einzelnen Profilquerschnitte sowie der Leitlinien orientiert (vgl. Abbildung 3.19c). Ein fließender Übergang eines Rechteckprofils in einen Kreisquerschnitt ist aufgrund des interpolieren Ansatzes möglich, das in der Computergrafik als *Morphing* bezeichnet wird.

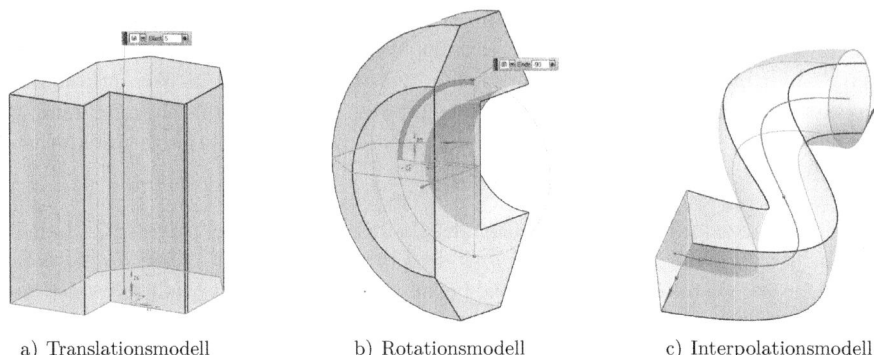

a) Translationsmodell   b) Rotationsmodell   c) Interpolationsmodell

Abbildung 3.19: Darstellung der drei Verfahren zur Modellierung einer Fläche bzw. Körper; a) Extrusion der Profilkontur bzw. -fläche (orange Linien) entlang eines linearen Vektors (blaue Linie) um den Betrag $\Delta v{=}5$, b) Rotation der Profilkontur bzw. -fläche (orange Linien) um eine Achse mit dem Winkel $\omega = 90°$; c) Interpolation eines Rechteckprofils (grüne Linien) zu einem Kreisprofil (orange Linie) entlang eines beliebig gekrümmten Pfades (grüne Kurve).

Aufgrund des 2D-profil-basierten Modellierungsaufbaus werden diese drei Sweep-Methoden auch als 2½D-Modelle bezeichnet, die sich intern durch die geometrischen Daten des 2D-Profils sowie die Leitkurve beschreiben lassen. Innerhalb der *parametrisch-assoziativen* Modellierung stellen diese drei Verfahren die Standardmethode zur Umsetzung eines Produktes dar, da sie dem Anwender eine komplexreduzierte Denkweise in Form von Schnitten und Ansichten erlaubt (Abulawi, 2012).

3.2.4 Vor- und Nachteile der verschiedenen Repräsentationsformen

Jede dieser Modellrepräsentationstypen besitzt gewisse Vor- und Nachteile, sodass moderne CAD-Systeme i. d. R. einen *hybriden* Ansatz verwenden, der die Modellierung eines physikalischen Bauteils in Form einer Kombination aus einem Kanten-, Flächen- und Volumenmodell erlaubt (Spitzer & Weiss, 1999). Selbst zur Modellierung eines Volumenmodells wird ein *hybrider* Ansatz eingesetzt. Dabei erfolgt die Umsetzung des Modells auf Basis eines abgewandelten CSG-Ansatzes, während aus performance-technischen Gründen die Visualisierung des Modells anhand eines BRep-Modells durchgeführt wird (Borrmann, 2011). Hierzu werden die im CSG-Baum gespeicherten geometrischen Daten in eine BRep-Repräsentation umgewandelt, indem die erforderlichen geometrischen BRep-Objekte aus der impliziten CSG-Modellbeschreibung abgeleitet werden (Romberg, 2005). Jedoch wird in der 3D-Modellierung nicht auf den klassischen CSG-Ansatz zurückgegriffen, sondern auf einem Sweep-Ansatz, da die Kombination von 3D-Grundprimitiven nicht dem ingenieurmäßigen Planungsprinzip entspricht und deutliche Grenzen in der Formgestaltung aufweist.

3.3 Zusammenfassung

In diesem Kapitel wurden verschiedene geometrische Grundlagen vorgestellt, die notwendig sind, um ein virtuelles Infrastrukturmodell umsetzen zu können. Eingangs wurden hierzu unterschiedliche 2D- und 3D-Primitive beschrieben und es wurde auf die Besonderheiten und der Einsatzfähigkeit von Freiformkurven zur Umsetzung einer 3D-Trassenraumkurve eingegangen. Da sich mithilfe dieser geometrischen Grundkomponenten noch kein eindeutiges Modell abbilden lässt, wurden im letzten Abschnitt eine Reihe von geometrischen Modellrepräsentationen präsentiert, die erforderlich sind, um eine praxisgerechte Modellierung eines *parametrisch-assoziativen* Infrastrukturinformationsmodells durchführen zu können. Modelle, die mithilfe dieser Methoden sowie mithilfe von geometrischen Grundprimitiven erzeugt wurden, stellen jedoch einen starren Zustand dar, sodass die Wiederverwendbarkeit des Modells sehr eingeschränkt ist. Der sich hierdurch ergebende höhere Konstruktionsaufwand führt häufig zu unwirtschaftlichen Ergebnissen. Aus diesem Grund wird im nächsten Kapitel auf die Grundlagen einer *parametrisch-assoziativen* Modellierung eingegangen, mit deren Hilfe sich geometrische Modifikationen sehr schnell adaptieren lassen.

Kapitel 4

Parametrisch-assoziative Modellierungsansätze

Die im Abschnitt 3.2 vorgestellten Modelltypen spiegeln ein *statisches* Modell wider, das eine Instanz eines geometrischen Modells repräsentieren kann (Shea, 2011). Eine Anpassung dieser Instanz an neue geometrische Randbedingungen lässt sich nur durch einen zeitintensiven Rekonstruktionsprozess realisieren, indem das Löschen der Objekte, ihre Neuerzeugung und die Kombination der Objekte wiederholt werden. Jedoch führt diese Art der Modellanpassung zu unwirtschaftlichen Ergebnissen, insbesondere bei Planungen, die einen iterativen Prozess erfordern. Untersuchungen haben zudem belegt, dass ca. 80 % eines geometrischen Modells einem variablen Kontext unterliegen, sodass Shah & Mäntylä (1995) bereits Mitte der 1990er Jahre einen Paradigmenwechsel von der geometrischen zur *parametrisch-assoziativen* Modellierung für den Maschinenbau forderten.

Im Unterschied zur Methode der geometrischen Modellierung bietet das Verfahren der *parametrisch-assoziativen* Modellierung den Vorteil, dass geometrische Objekte mithilfe von Kontrollmechanismen wie uni- bzw. bidirektionalen Elementverknüpfungen als Referenzen, Parameter oder geometrische Zwangsbedingungen (engl. *Constraints*) dynamisch-assoziativ an die neuen geometrischen Randbedingungen angepasst werden können. Das Ergebnis ist ein constraint-basiertes sowie verknüpftes Modell, das eine konsistente und effektive Planung sowie eine interaktive Steuerung des Modells ermöglicht (Harrich, 2014). Dieses *assoziative* Verfahren besitzt eine Reihe von Besonderheiten, die zusammen mit den theoretischen Grundsätzen der constraint-basierten Modellierung in den nachfolgenden Abschnitten vorgestellt werden. Außerdem wird in diesem Kapitel ein Verfahren beschrieben, das eine Vereinfachung des Parametrisierungsprozesses bewirkt. Im Zuge dieser Arbeit werden die Begriffe *constraint-basierte assoziative* Modellierung und *parametrisch-assoziative* Modellierung synonym verwendet.

4.1 Grundlagen zur assoziativen Modellkopplung

Zur Modellierung eines komplexen 2D-Modells sowie eines 3D-Modells müssen zahlreiche geometrische Objekte erzeugt werden, die sich anhand einer Vielzahl an Konstruktionsschritten erstellen lassen. Erfolgt keine Dokumentation dieser Konstruktionsschritte, so wird das Modell als ein explizites bzw. *historien-freies* Modell bezeichnet, das in der bau-spezifischen Planungswelt den Stand der Technik darstellt. Hingegen haben sich in der Fertigungsindustrie CAD-Systeme etabliert, die eine Dokumentation der einzelnen Konstruktionsschritte in Form einer baumstrukturorientierten Modellhistorie ermöglichen. Aufgrund der Speicherung des Konstruktionsprozesses wird diese Art der Modellierung als *historien-basierte* Modellierung bezeichnet. Da sich beide Ansätze zur Umsetzung eines *parametrisch-assoziativen* Modells einsetzen lassen, sollen diese beide Ansätze kurz vorgestellt werden.

4.1.1 Historien-freie Modellierung

Bei der Anwendung eines historien-freien Modellierungsansatzes, der in der Literatur vermehrt als direkte Modellierung (engl. *direct modeling*) bezeichnet wird (Straßmann, 2008; Vajna et al., 2009; Hamilton, 2014), speichert das CAD-System nur den letzten Konstruktionszustand des Modells ab. Eine Dokumentation der erforderlichen Referenzobjekte – die zur assoziativen Kopplung des Modells notwendig sind – findet nicht statt, sodass die vorhandenen assoziativen Nachbarschaftsbeziehungen innerhalb eines systeminternen Topologiemodells[1] abgebildet werden müssen (Abulawi, 2012). Selbst der Einsatz einer Parametrik (vgl. Abschnitt 4.5) oder einer chronologiebasierten Modellierungsstruktur ist nicht vorgesehen (Sidorenko et al., 2014). Modifikationen am Modell lassen sich somit nur anhand einer simultanen Auswertung der expliziten Modellgeometrie umsetzen (Schmid, 2008). Aus diesem Grund basieren historien-freie Modelle – die häufig auch als explizite Modelle bezeichnet werden – ausschließlich auf einer BRep-basierten Modellrepräsentation (vgl. Abschnitt 3.2), da sich aufgrund des ausgewerteten Modellzustandes eine direkte Modifikation am Modell durchführen lässt (Pratt, 1998; Hamilton, 2014). In der Praxis wird der historien-freie Ansatz vor allem zur Erstellung von Entwurfsaufgaben eingesetzt, da aus dem Blickpunkt der parametrischen Modellierung eine sehr schnelle Umsetzung von Varianten möglich ist, obwohl hierzu eine aufwendige Auswertung des expliziten Modells erforderlich wird.

4.1.2 Historienbasierte Modellierung

Im Gegensatz zur historien-freien Modellierung wird bei der historien-basierten Modellierung jeder einzelne durch den Anwender ausgeführte Konstruktionsschritt im CAD-System abgespeichert. Hierzu werden die verschiedenen Schritte in Form einer gerichteten Baumstruktur (engl. *history-tree*) abgelegt, deren Aufbau sich analog zur Speicherungsstruktur eines CSG-Modells (vgl. Abschnitt 3.2.3.2) verhält (Vajna et al., 2009). Aus einem technischen Blickwinkel lässt sich ein Konstruktionsschritt als eine Erzeugungsfunktion interpretieren, anhand der ein geometrisches Kanten-, Flächen- oder Volumenelement generiert oder eine zur Modifikation des Modells erforderliche Transformations-, Vervielfältigungs- oder Referenzierungsoperation ausgeführt werden kann. Selbst Attribute, Parameter oder Constraints (vgl. Abschnitt 4.3) stellen

---

[1] Innerhalb eines Topologiemodells werden die Nachbarschaftsbeziehungen von Elementen abgebildet, anhand deren sich die Struktur eines Flächenbegrenzungsmodells beschreiben lässt (Bernardi et al., 1990).

wichtige Elemente dar, die zusammen mit den Erzeugungsfunktionen eine chronologie-orientierte Modellhistorie abbilden. Im Folgenden werden diese Elemente als Historienelemente bezeichnet. Zur eindeutigen Identifizierung der einzelnen Historienelemente wird jedes dieser persistenten Objekte mit einem spezifischen Namen sowie einem eindeutigen Symbol versehen (Abulawi, 2012). Konstrukteure können dadurch den Entstehungsprozess des Modells bzw. die Konstruktionsabsicht interpretieren und eine zielgerichtete Modifikation der Struktur und/oder der angewandten Erzeugungsfunktionen durchführen. Diese interaktive Steuerungsmöglichkeit gilt als Basis für einen intuitiven Modellierungsprozess, was eine signifikante Steigerung der Leistungsfähigkeit sowie Akzeptanz des modellbasierten 3D-Planungsparadigmas innerhalb der Produktmodellierung bewirkt (Schäfer et al., 2002).

Die aus dem Konstruktionsprozess ableitbare Struktur bzw. Modellierungschronologie kann entweder eine einstufige oder eine gering- bis mehrstufige Baumstruktur widerspiegeln (Vajna et al., 2009), die im Allgemeinen durch die zu modellierende Aufgabenstellung bestimmt wird. Bei einfachen Modellierungsaufgaben genügt häufig eine einstufige Struktur, innerhalb der die Historienelemente entsprechend des Modellierungsprozesses sequenziell sowie in einer einzigen Ebenenstruktur angeordnet werden (vgl. Abbildung 4.1a). Ist eine Verfeinerung des Modells erforderlich, so lassen sich die einzelnen einstufigen Historienelemente in weitere Historienelemente unterteilen. Eine gering bis mehrstufige Verzweigung der Modellierungsstruktur ist die Folge (vgl. Abbildung 4.1b), das allerdings eine Reihe von Beziehungsgeflechten zwischen den verschiedenen Historienelementen hervorruft. Im Allgemeinen werden diese zusätzlichen Abhängigkeiten automatisiert vom CAD-System angeordnet, wobei viele CAD-Systeme eine manuelle Definition von Abhängigkeiten ermöglichen.

Auf Basis dieser ein- bzw. mehrstufig verzweigten Modellstruktur lassen sich Modifikationen sehr schnell im historien-basierten Modell berücksichtigen, indem die Auswertung der neuen Modellierungschronologie entweder anhand einer streng *chronologie-orientierten* oder eine *sequenziell rekonstruierenden* Methode durchgeführt wird (Kohl & Roller, 1998). Erfolgt beispielsweise die

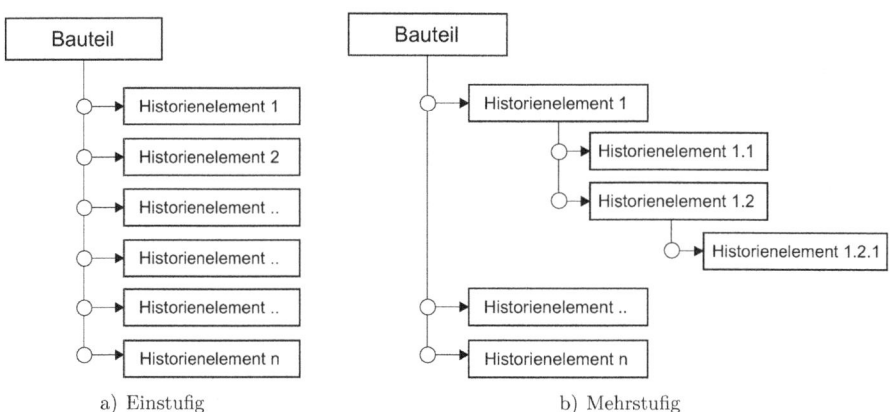

Abbildung 4.1: Abstraktes Beispiel einer einstufigen bzw. mehrstufigen Modellierungschronologie nach VDI-2209 (2009, S. 32).

Auswertung des Modells auf Basis einer streng chronologie-orientierten Methode, so werden die einzelnen Historienelemente entsprechend ihrem Entstehungsprozess aktualisiert. Hierbei wird die zur Modellauswertung erforderliche Sequenz anhand eines Zeitstempels ermittelt, der jedem Historienelement während des initialen Erzeugungsprozesses zugewiesen wird. Eine starre Auswertungsreihenfolge ist die Folge, wobei der Auswertungsvorgang ausschließlich vom modifizierten Historienelement aus startet. Um dennoch eine Veränderung des starren Auswertungsprozesses ermöglichen zu können, wird dem Anwender erlaubt, einzelne Historienelemente oder Gruppen von Historienelementen zu verschieben, was eine Steigerung der Flexibilität bewirkt. Alternativ kann die Auswertung der Historienelemente anhand einer sequenziellen Rekonstruktion erfolgen, innerhalb derer die Konstruktionsreihenfolge unberücksichtigt bleibt (ohne Zeitstempel). Hierbei erfolgt die geometrische Auswertung des Modells unter Berücksichtigung der Modellabhängigkeiten, die vor jeder Modifikation ermittelt werden. Ein optimaler Rekonstruktionsprozess lässt sich somit gewährleisten.

Unabhängig von der gewählten historien-basierten Auswertungsmethode ist die Dauer des Auswertevorgangs nicht nur von der Methode, sondern auch von der Komplexität des Modells bzw. der Modellstruktur sowie der Leistungsfähigkeit des CAD-Systems abhängig. Eine generelle Aussage, welche Auswertungsmethode sich besser zur Modellierung eines infrastruktur-spezifischen Modells eignet, ist daher nicht möglich.

4.1.3 Ansätze zur Umsetzung einer assoziativen Kopplung

In der Fertigungsindustrie erfolgt standardmäßig die Modellierung eines 3D-Modells auf Basis eines historien-basierten Ansatzes, der in der Praxis mithilfe einer *parametrisch-assoziativen* Konstruktionsmethode umgesetzt wird (Braß, 2009; Krieg et al., 2013). Dabei ergibt sich die Flexibilität des Modells durch die Anwendung eines parametrischen Ansatzes (vgl. Abschnitt 4.3), was eine schnelle Anpassung an neue geometrische Randbedingungen ermöglicht. Ist die Abbildung des Konstruktionswissens bzw. eine Interpretation der Konstruktionsabsicht erforderlich, so lässt sich dies durch den Einsatz einer chronologie-orientierten Dokumentation der Historienelemente herstellen. Änderungen eines einzelnen Objektes bzw. einer Vielzahl von Objekten lassen sich somit konsistent an die neuen geometrischen Randbedingungen anpassen. Allerdings müssen hierzu die einzelnen geometrischen Objekte assoziativ miteinander gekoppelt werden (Borrmann, 2011). Hierbei werden die zur assoziativen Kopplung benötigten geometrischen Referenzobjekte in der Historie oder im Topologiemodell gespeichert, wodurch sie sich anschließend zur Ausführung weiterer Erzeugungsfunktion einsetzen lassen (Abulawi, 2012; Ferzak, 2014).

Im Allgemeinen stellen geometrische Referenzobjekte entweder ein lokales oder globales Koordinatensystem oder einen Referenzpunkt, eine Systemachse bzw. eine Bezugsebene dar. Auch Kanten- und Flächenelemente von bereits modellierten Freiformflächen oder Volumenkörpern lassen sich als Referenzobjekte zur Modellierung eines *parametrisch-assoziativen* Modells einsetzen (Vajna et al., 2009). Insbesondere die Möglichkeit, neue Modelle auf Basis von bestehenden Modellen in Form einer *Referenzobjekt-Flächenmodell-Kopplung* oder in Form einer *Referenzobjekt-Körpermodell-Kopplung* lokal im Raum positionieren zu können, bildet eine der wesentlichen Kerntechnologien zur Umsetzung einer *parametrisch-assoziativen* Konstruktion. Nach Abulawi (2012) wird diese Fähigkeit als *Assoziativität* eines CAD-Systems bezeichnet.

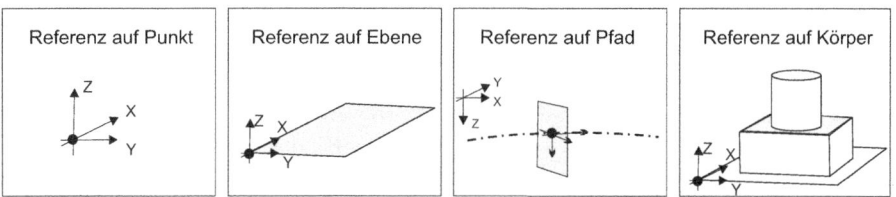

Abbildung 4.2: Typen zur assoziativen Kopplung von Referenzobjekten.

Geometrisch lässt sich diese Assoziativität anhand der vier Kopplungstypen Referenz auf Punkt, Referenz auf Ebene, Referenz auf Achse/Pfad und Referenz auf Körper herstellen (vgl. Abbildung 4.2). Vor allem im Rahmen eines skizzen-basierten Modellierungsansatzes, in dem das Körpermodell durch eine Trajektion des 2D-Profils entlang eines Pfades generiert wird (vgl. Abschnitt 3.2.3), bildet der Typ Referenz auf Pfad eine zentrale Rolle zur Umsetzung eines assoziativen Modells.

Aus technischer Sicht stellt eine assoziative Verknüpfung eine Relation dar, die mit dem Zeiger (Pointer) aus der Informatik verglichen werden kann (Forsen, 2003). Im CAD-System werden hierzu die Referenzobjekte (Eltern) bzw. deren Erzeugungsfunktion entweder als eine *assoziative*

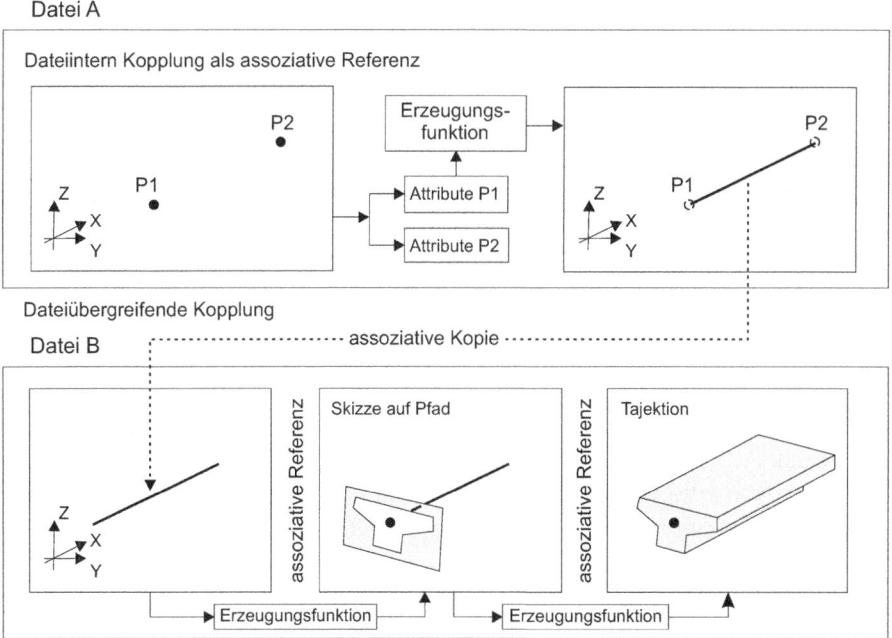

Abbildung 4.3: Darstellung einer Kopplung von zwei Punkten zur Modellierung einer Linie mithilfe einer assoziativen Referenz sowie Modellierung eines Volumenobjektes, das sich auf Basis der Linie aus Datei A erzeugen lässt, indem eine Verknüpfung der Linie in die Datei B als assoziative Kopie erfolgt.

Referenz oder als eine *assoziative Kopie* in das zu modellierende geometrische Objekt (Kind) übergeben. Die dabei entstehende Abhängigkeit zwischen den beiden Objekten wird als Eltern-Kind-Beziehung bezeichnet. Erfolgt die Kopplung des Modells auf Basis einer assoziativen Kopie (z. B. WAVE-Links in Siemens NX (Schmid, 2008)), so werden die geometrische Datenstruktur des Elternelements sowie dessen Attribute direkt auf das Kindelement übertragen. Die eindeutige Zuordnung des originalen Objektes zu dem kopierten Objekt erfolgt anhand einer Objektreferenz, die als Name, ID oder Speicherpfad vorliegt. Wird das Referenzobjekt mithilfe einer assoziativen Referenz erzeugt, dann speichert das CAD-System nur die Attribute des Elternelements im Kindelement ab (Abulawi, 2012). Beim Aufruf einer Erzeugungsfunktion werden diese Attribute zur Modellierung des neuen Objektes berücksichtigt, sodass sich zum Beispiel aus den Koordinaten (Attribute) zweier Punkte (Eltern) eine Linie (Kind) erzeugen lässt (vgl. Abbildung 4.3).

- **Eigenschaften einer assoziativen Referenz:**
    - Modifikationen eines Elternelements bewirken eine automatische Anpassung des Kindelements.
    - Elternelemente können innerhalb der Erzeugungsfunktion durch andere Elternelemente ausgetauscht werden.
    - In der Historie werden keine zusätzlichen Elemente abgelegt.
    - Bei Verlust des Elternelements erfolgt eine Auflösung der Kopplung, was eine Löschung des Kinderelements zur Folge hat.

- **Eigenschaften einer assoziativen Kopie:**
    - Modifikationen eines Elternelements bewirken eine automatische Anpassung des Kinderelements.
    - Elternelemente können innerhalb der Erzeugungsfunktion durch andere Elternelemente mit identischer Datenstruktur ausgetauscht werden.
    - In der Historie wird eine geometrische Kopie des Referenzobjektes angelegt.
    - Bei Verlust des Elternelements bleibt die Kopie des Referenzobjektes in einem schreibgeschützten Zustand erhalten, sodass Kinderelemente weiter existieren können.
    - Ist ein Zugriff auf das Elternelement möglich, so erfolgt eine Reaktivierung der assoziativen Kopplung.
    - Assoziativen Kopien erfordern einen höheren Speicherungs- und Aktualisierungsaufwand.
    - Eine assoziative Kopie verursacht eine komplexere Modellabhängigkeit, die während des Planungsprozesses eine konsequente Planungsstrukturierung erfordert.

Zusätzlich zu diesen Merkmalen unterscheiden sich assoziative Kopplungselemente darin, ob sie eine assoziative Kopplung innerhalb einer Modelldatei (dateiintern), zwischen verschiedenen Modelldateien in einem System (dateiübergreifend) oder zwischen zwei unterschiedlichen Systemen (systemübergreifend) herstellen können (Abulawi, 2012). Bei einer dateiinternen und einer dateiübergreifenden Kopplung werden die Referenzobjekte innerhalb eines CAD-Systems gekoppelt, sodass sich z. B. ein komplexeres Modell aus mehreren kleineren Modellen rekonstruieren lässt (vgl. Abschnitt 5.1). Im Gegensatz dazu werden bei einer systemübergreifenden Kopplungen unterschiedliche Modellrepräsentationen (engl. *model views*) miteinander verknüpft, wodurch sich eine Steigerung der Einsatzfähigkeit des 3D-Modells bewirken lässt. Eines der bekanntesten Beispiele ist die Ableitung von 2D-Konstruktionszeichnungen aus einem 3D-Modell (Fiermonte, 2013). Aber auch die Kopplung eines *3D-Konstruktionsmodells* mit einem *3D-Simulationsmodell* zählt zu diesen erweiterten Einsatzfeldern.

Beide Ansätze besitzen gewisse Vor- und Nachteile, sodass sich sowohl das Verfahren der assoziativen Kopie als auch das Verfahren der assoziativen Referenz zur Modellierung eines *parametrisch-assoziativen* Modells einsetzen lassen (vgl. Abbildung 4.3). Wann welches Verfahren anzuwenden ist, wird durch die Konstruktionsaufgabe bestimmt. Dabei sollten assoziativen Kopien vor allem zur Verknüpfung von dateiübergreifenden Objekten und der Ansatz der assoziativen Referenzen zur Kopplung von dateiinternen Komponenten eingesetzt werden (Schmid, 2008; Abulawi, 2012). Nachdem in diesem Abschnitt verschiedene Verfahren zur *assoziativen* Kopplung von geometrischen Objekten vorgestellt wurden, sollen in den anschließenden Abschnitten auf die theoretischen Grundlagen der *parametrischen* bzw. *constraint-basierten* Modellierung eingegangen werden.

4.2 Parameterdefinition

Der Begriff Parameter (altgr. *para* „neben, bei" und *métron* „Maß") definiert eine spezielle Kenngröße, die zur Lösung einer spezifischen Aufgabe benötigt wird. Ursprünglich wurde der Ausdruck „Parameter" in der Mathematik zur Beschreibung einer Gleichung in Form einer Parameterdarstellung (z. B. g: $\vec{r} = \vec{r_0} + \lambda \cdot \vec{u}$) verwendet. Heutzutage wird dieser Begriff jedoch in den verschiedensten Bereichen der Wissenschaft, des Finanzwesens, der Informatik oder des Ingenieurwesens zur Repräsentation unterschiedlichster Informationstypen eingesetzt (vgl. Abbildung 4.4). Im Allgemeinen lassen sich diese Informationstypen bzw. Parametertypen in zwei Gruppen unterteilen:

- **spezifische Parameter**
    - Attribute, die eine spezifische Eigenschaft eines Objektes beschreiben.
    - Dimension[2], welche die geometrische Form eines Objektes definiert.
    - Faktoren, die einen konstanten Wert für ein spezielles Gebiet repräsentiert.

- **allgemeine Parameter**
    - Argumente, die verschiedenste Informationstypen darstellen können
    - Variablen, welche eine Von-Bis-Kenngröße repräsentieren.

---

[2]In Anlehnung an den englischen Begriff *dimension*, der für „Abmessung" steht, wird der Begriff dimensional im Rahmen dieser Arbeit im Sinne von „in Bezug auf eine Abmessung" verwendet.

Im Bereich des Bauingenieurwesens werden hauptsächlich spezifische Parameter eingesetzt, wobei der genaue Parametertyp vom Einsatzgebiet abhängt. Hierbei wird vor allem zwischen einem geometrischen und einem nicht-geometrischen (semantischen) Parametertyp unterschieden. Im Bereich der Tragwerksanalyse werden vor allem Attributparameter wie die Druckfestigkeit f_{ck} eines Betons oder der Winkel der inneren Reibung φ einer Bodenschicht verwendet. Dieser Parametertyp dient jedoch nicht nur zur nicht-geometrischen Beschreibung eines Objektes, sondern bildet auch ein Bindeglied zwischen dem Planungs- und Analysemodell. Die geometrische Diskretisierung des Analysemodells selbst erfolgt in der Regel anhand eines expliziten und somit nicht parametrischen Kantenmodells (Rank et al., 2000; Meißner & Maurial, 2000). Im Gegensatz dazu wird in der konstruktiven Hochbauplanung immer häufiger ein implizites Verfahren benutzt, das anhand von Dimensionsparametern eine Spezifizierung des Planungsmodells ermöglicht. Dieser spezielle Parametertyp wird nach STEP-Part:108 (2005) als *Modellparameter* bezeichnet. Insbesondere in der parametrischen Modellierung besitzen Modellparameter eine zentrale Rolle, da sie einerseits eine schnelle und konsistente Anpassung des Modells ermöglichen und andererseits komplexe Randbedingungen abbilden können. Dazu werden die verschiedenen Modellparameter mithilfe von arithmetischen und logischen Operatoren zu einem Ausdruck, wie z. B. **wenn** {b $\geq$ d} **dann** {b = d} **sonst** {b = 0.75} verknüpft.

Jedoch wird der Begriff *Modellparameter* in den verschiedenen CAD-Systemen unterschiedlich dargestellt, sodass es häufig zu Fehlinterpretationen seitens der Nutzer kommt. Eine passende Interpretation des Begriffes wird von der Firma ProEngineer vorgeschlagen, die einen *Modellparameter* als einen Parameter einstuft, der explizit von einem Anwender in das Modell integriert werden muss (Brökel et al., 2008). Diese Interpretation entspricht der Definition aus ISO 10303, ist aber für manche Modellierungsaufgaben unpassend, da anhand dieser Interpretation z. B. keine implizit erzeugten Parameter berücksichtigt werden. Aus diesem Grund wurden von Kim et al. (2008) fünf Kriterien vorgeschlagen, die eine feinere Unterteilung der verschiedenen Mo-

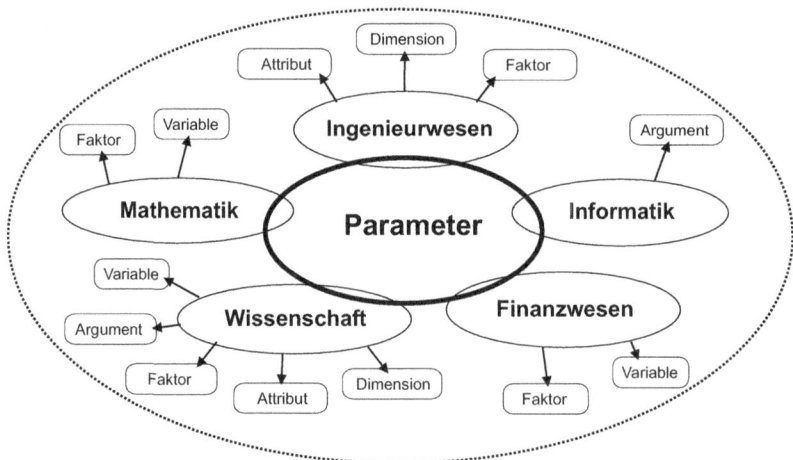

Abbildung 4.4: Bezeichnung und Gruppierung von Parametern in den verschiedenen Fachdisziplinen.

Tabelle 4.1: Eigene Beschreibung der Kriterien nach Kim et al. (2008, S. 736) zur Kategorisierung von Parametern, die standardmäßig in der parametrischen Modellierung zum Einsatz kommen.

Nr.	Kriterium	Beschreibung
1	numerisch ⇔ nicht-numerisch	numerische Zahl *(1,25)* ⇔ semantische Beschreibung wie z. B. Objektfarbe *(Blau)*
2	gebunden ⇔ ungebunden	Parameter, die eine direkte Veränderung eines geometrischen Objektes bewirken *(Zylinder → r)* ⇔ Parameter, die weitere Parameter steuern *(Zylinder → r = 5t + 1)*, ohne dabei direkt an ein Objekt gebunden zu sein
3	dimensional ⇔ nicht-dimensional	z. B. Wert einer Vermaßungskette ⇔ Anzahl (n) von Löchern
4	implizit ⇔ explizit	resultiert aus einer Prozedur *(z. B. Schnittpunkt)* ⇔ wird von einem Anwender direkt erzeugt
5	abhängig ⇔ unabhängig ⇔ frei	besitzt eine Relation zu anderen Parametern *(h = 0,5·b)* ⇔ besitzt keine Abhängigkeit zu anderen Parametern *(b = 1)* ⇔ hat keinen Einfluss auf eine Zwangsbedingung *(E_{Modul} = 21.000 kN/cm^2)*

dellparameter erlauben. Diese fünf Kriterien werden zusammen mit je einem Beispiel in Tabelle 4.1 dargestellt.

Im Zuge dieser Arbeit werden die Modellparameter entsprechend dieser Unterteilung verwendet. Vor allem, da zur Parametrisierung eines Infrastrukturmodells die drei Modellparameter dimensionale Abstands- und Winkelparameter, Featureparameter und Gleichungsparameter erforderlich sind. Darüber hinaus wird im Rahmen dieser Arbeit der Begriff *Parameter* auch im Kontext zur Beschreibung semantischer Informationen eingesetzt. Diese semantischen Informationen werden häufig in Form eines zusätzlichen Attributparameters an die geometrischen Objekte gekoppelt.

4.3 Constraints

Im Rahmen der parametrischen Modellierung werden Constraints zur Integration von geometrischen Zwangsbedingungen innerhalb eines Modells bzw. einer Skizze eingesetzt. Hierzu werden die geometrischen Primitive (vgl. Abschnitt 3.1) entweder mithilfe von 2D-Constraints oder mithilfe von 3D-Constraints parametrisiert, sodass eine geometrische Steuerung des Modells bzw. der Skizzenform möglich ist. Inwiefern der Prozess zur Parametrisierung eines geometrischen Objektes[3] abläuft, wird durch die räumliche Ausdehnung des geometrischen Objektes sowie der verwendeten parametrischen Modellierungsmethode (vgl. Abschnitt 5.1) bestimmt.

---
[3]Im Rahmen dieser Arbeit wird ein Profil bzw. ein Körper der sich aus verschiedenen 2D Primitiven bzw. 3D Primitiven (Linie, Quader etc.) zusammensetzt, als ein geometrisches Objekt bezeichnet.

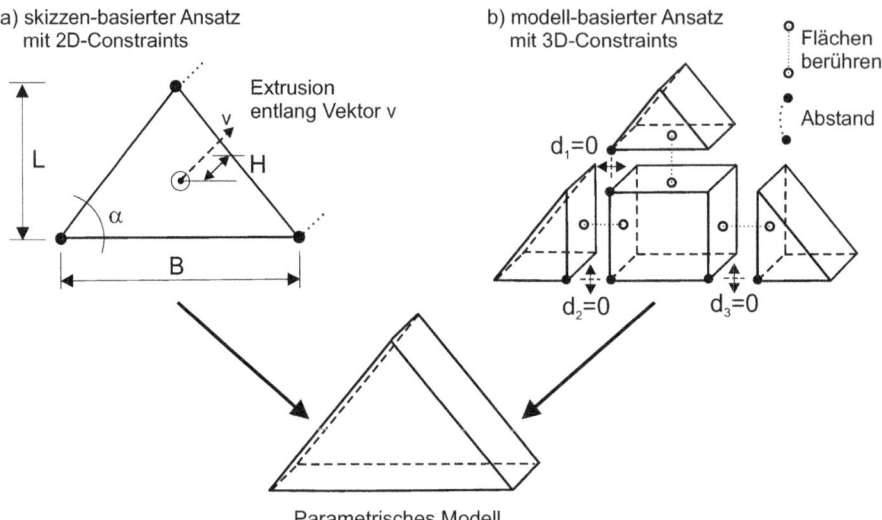

Abbildung 4.5: Parametrische Modellierung eines dreiseitigen geraden Prismas mithilfe von 2D- bzw. 3D-Constraints.

Lässt sich beispielsweise das *parametrisch-assoziative* Modell anhand einer zentralen Modellstruktur umsetzen (vgl. Abschnitt 5.1), so erfolgt die Modellierung des Modells auf Basis von 2D-Profilskizzen. In diese Profilskizzen wird zuerst die ungefähre geometrische Form bzw. das Profil (Regelquerschnitt) des geometrischen Objektes mithilfe von 2D-Primitiven (Linie, Kreis, Spline etc.) konstruiert, die anschließend mit verschiedene 2D-Constraints (vgl. Abschnitt 4.3.1) ergänzt werden. Nachdem die exakte geometrische Form des Objektes durch eine Anpassung der Modellparameter erfolgte, kann diese entlang eines Vektors oder eines Pfades zu einem Flächen- oder Volumenkörper extrudiert bzw. rotiert werden (vgl. Abbildung 4.5a und Abbildung 4.6). Vor allem zur Umsetzung von einfacheren parametrischen Modellen gilt dieser *skizzen-basierte* Ansatz als Standardverfahren (Anderl & Mendgen, 1996). Besteht jedoch die Planungsaufgabe aus einem komplexeren Bauwerk wie einer Trasse oder einer Stahlbrücke, so erfolgt die Modellierung des *parametrisch-assoziativen* Modells, indem mehrere kleinere parametrische Modelle[4] mithilfe von 3D-Constraints zu dem gewünschten Bauwerksmodell bzw. einer Baugruppe (engl. *assembly*) zu einem Gesamtmodell rekombiniert werden. Hierzu wird eine Reihe von verschiedenen parametrischen Kopplungsmechanismen (Berühren von Flächen, Abstand von Flächen etc.) eingesetzt (vgl. Abbildung 4.5b), welche im Abschnitt 4.3.2 diskutiert werden. In der parametrischen Modellierung wird dieses Modellierungsverfahren als Bottom-up-Modellierung bezeichnet. Eine detaillierte Beschreibung des Bottom-up-Ansatzes erfolgte in Abschnitt 5.1.2.

In vielen kommerziellen CAD-Systemen erfolgt die Integration der Constraints entweder anhand eines *konstruktiven* Ansatzes oder anahnd eines *regel-basierten* Ansatzes (Anderl & Mendgen, 1996). In einem regel-basierten Ansatz werden die Constraints anhand eines Automatismus angeordnet, in dem ein heuristisches Verfahren zur Auswahl eines geeigneten Constraints verwendet

---

[4]Diese Modelle wurden wiederum auf Basis eines *skizzen-basierten* Ansatzes erstellt.

wird. Gesucht wird ein Constraint, das die geometrische Eigenschaft des nicht parametrisierten Objektes am besten widerspiegelt. Dies ist zum Beispiel der Fall, wenn eine fast senkrecht konstruierte Linie durch das Constraint vertikal parametrisiert wurde. Dieser Automatismus kann sehr nützlich, aber auch hinderlich sein, sodass in vielen kommerziellen Systemen diese Art der Parametrisierung optional aktiviert werden kann. Im Gegensatz zum regel-basierten Ansatz müssen beim konstruktiven Ansatz die Constraints explizit durch den Anwender definiert werden. Somit lassen sich beliebig komplexe Modelle parametrisieren. Jedoch verursacht dieser Ansatz häufig einen iterativen Trial-and-Error-Prozess, da oftmals nicht klar ist, welche Constraints sich zur Abbildung des gewünschten Modellverhaltens eignen, insbesondere dann, wenn Constraints nicht nur in der Ebene $\mathbb{R}^2$, sondern auch im Raum $\mathbb{R}^3$ eingesetzt werden.

Mathematisch betrachtet lassen sich Constraints mithilfe einer finiten Anzahl an algebraischen Gleichungen oder Gleichungen aus Prädikaten[5] beschreiben (Latham & Middleditch, 1996; Hoffmann et al., 2001; Kale et al., 2012), wobei die Prädikate mithilfe von Punkten (P_1) und die algebraischen Gleichungen durch Koordinaten (x_1, y_1) formuliert werden. Damit eine Lösung des Gleichungssystems in einer angemessenen Zeit erfolgen kann, werden in der parametrischen Modellierung nur Gleichungen mit einem maximalen Polynomgrad von 2 eingesetzt (Owen, 1991; Bouma et al., 1995). Besonders in der Praxis ist dies ein entscheidendes Kriterium. Diese Constraint-Gleichungen können eine lineare algebraische Gleichung (Linie), aber auch aufgrund der quadratischen Ansatzfunktion der Kreisgleichung eine nicht-lineare algebraische Gleichung darstellen (Owen, 1991; Bettig & Shah, 2001). Im Folgenden werden die Gleichungen, die notwendig sind, um Constraints zu definieren, als *Constraint-Gleichungen* bezeichnet.

In einer Constraint-Gleichung werden die geometrischen Eigenschaften des Primitivs (wie z. B. Modellparameter oder Punktekoordinaten) in Form von Variablen integriert. Da eine Variable zugleich einen geometrischen Freiheitsgrad[6] DoF (engl. *Degree of Freedom*) eines geometrischen Primitivs repräsentiert, besteht eine Kopplung zwischen dem Constraint und dem geometrischen Primitiv. Diese Kopplung bildet den Grundstein der constraint-basierten Modellierung, insbesondere deshalb, weil eine constraint-spezifische Manipulation des geometrischen Primitivs möglich ist. Jedoch bedingt dieser Manipulationsprozess, dass zuvor eine gültige Lösung der Constraint-Gleichungen ermittelt wurde. Standardmäßig erfolgt die Lösung der Constraint-Gleichungen mithilfe eines speziellen *Constraint-Satisfaction-Algorithmus* (vgl. Abschnitt 4.6), wobei sich nur dann eine gültige Lösung ergibt, wenn die Anzahl m der Constraint-Gleichungen mit der Anzahl n der vorhandenen Variablen korreliert (m = n) (Bettig & Shah, 2003). Zudem kann anhand der Anzahl der Constraint-Gleichungen eine Wertigkeit für einen Constraint (ν = m) bestimmt werden. Diese Wertigkeit wird im Rahmen dieser Arbeit als Constraint-Wertigkeit bezeichnet und legt fest, wie viele DoF durch das Constraint fixiert werden können (vgl. Tabelle 4.3).

Aufgrund dieser algebraischen Zusammenhänge und der Eigenschaft, dass sich Constraints sowohl in der Ebene $\mathbb{R}^2$ als auch im Raum $\mathbb{R}^3$ anordnen lassen, können eine Reihe von konstruktiven

---

[5]Mithilfe von Prädikaten können Regeln durch simple Vorschriften beschrieben werden, beispielsweise die Länge einer Linie: d(P_1,P_2,1) (Borning, 1979; Brüderlin, 1988).
[6]Der Begriff geometrischer Freiheitsgrad stellt die Translations- und Rotationsmöglichkeiten eines geometrischen Primitivs dar (vgl. Tabelle 4.2.). In Abschnitt 4.4 wird dieser Begriff beschrieben und es wird die Anzahl der DoFs wichtiger geometrischer 2D-Primitive vorgestellt.

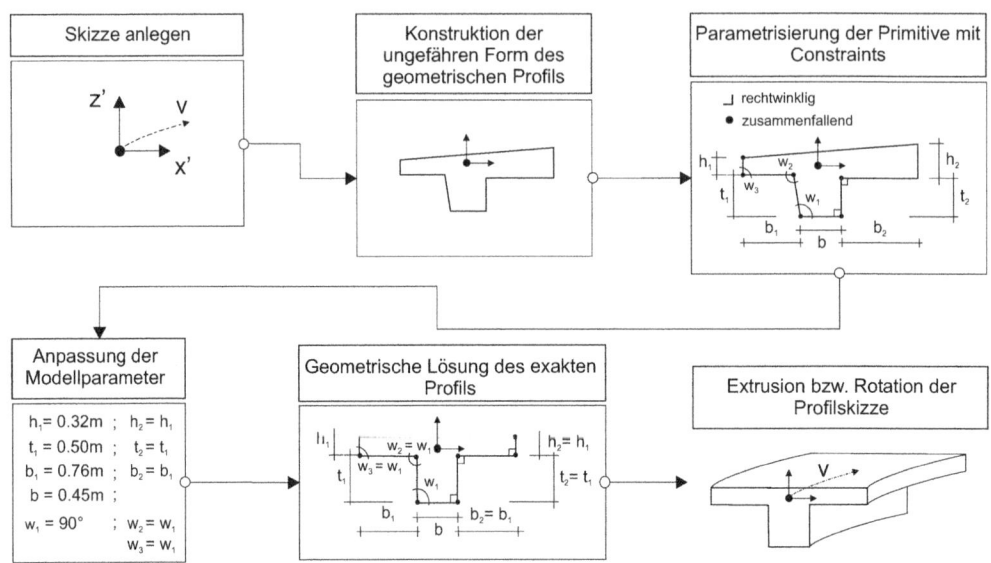

Abbildung 4.6: Flussdiagramm, in dem die einzelnen Parametrisierungsschritte zur Umsetzung eines skizzen-basierten Modells dargestellt sind.

Tabelle 4.2: Anzahl der DoFs für ausgewählte geometrische Elemente. Weiter Elemente werden in Abschnitt 4.4 abgebildet.

Element	DoFs in $\mathbb{R}^2$	DoFs in $\mathbb{R}^3$
Punkt	2	3
Linie	4	6
Kreis	3	6

Vorgaben aus dem Umfeld der Ingenieurtechnologie (konstruktive Regeln, Normen und Fachwissen) abgebildet (Borrmann et al., 2009) sowie das Verhalten der einzelnen Primitive und somit das Verhalten des geometrischen Objektes virtuell simuliert werden. Speziell die wirklichkeitsgetreue Simulation des geforderten Objektverhaltens (engl. *object behavior*) – definiert als die Art und Weise, wie sich ein geometrisches Objekt an eine neue Randbedingung anpasst (Eastman et al., 2011) – spielt eine zentrale Rolle in der *parametrisch-assoziativen* Modellbildung.

Neben dieser standardmäßigen Aufgabenstellung muss das Constraint-System so gestaltet sein, dass das gewünschte Objektverhalten auch unter veränderten Randbedingungen erhalten bleibt. Hierzu müssen sich alle Primitive, die von einer Modifikation betroffen sind, automatisch und konsistent an die neue Situation anpassen (Bettig & Hoffmann, 2011). Dies kann je nach Komplexität des gewünschten Objektverhaltens dazu führen, dass eine Verknüpfung der verschiedenen Constraints erforderlich wird, was ein komplexes nicht-lineares System aus Constraint-Gleichungen hervorruft sowie eine unübersichtliche Parameterstruktur verursacht (vgl. Abbildung 4.7).

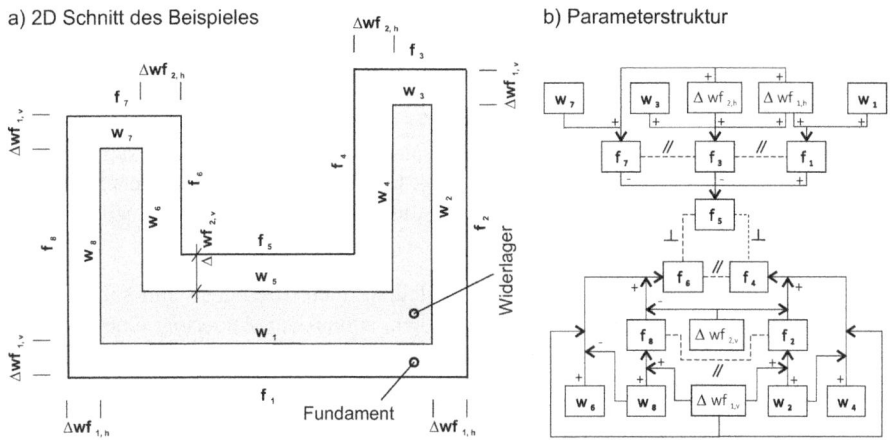

Abbildung 4.7: a) Auszug einer komplexen Parameterstruktur am Beispiel eines 2D-Schnittes eines Brückenwiderlagerfundamentes; b) Mithilfe des gerichteten Grafen können die verschiedenen Abhängigkeiten der einzelnen Parameter sowie die mathematische Aggregation (Addition oder Subtraktion) der Parameter zu einem abhängigen Parameter abgebildet werden.

Constraints stellen somit ein wichtiges Werkzeug zur Modellierung eines parametrischen Modells dar, sodass eine Reihe von verschiedenen 2D- und 3D-Constraints sowie Assembly-Constraints (Baugruppenzwangsbedingungen) entwickelt wurde. Einige dieser Constraints werden in den folgenden Abschnitten vorgestellt.

4.3.1 Constraints in $\mathbb{R}^2$

In der parametrischen Modellierung erfolgt die Spezifizierung der geometrischen Primitive (Punkt, Linie, Kreis etc.) durch den Einsatz von funktionsspezifischen[7] und geometrischen Constraints, wobei Shah & Mäntylä (1995) diese Constraints in $\mathbb{R}^2$ wiederum in die vier Typen *ground* Constraints, *logische* Constraints, *dimensionale* Constraints und *algebraische* Constraints unterteilen. Allerdings stellen ground Constraints[8] eine Sonderform eines logischen Constraints dar, sodass Bettig & Shah (2001) lediglich zwischen folgenden drei Constraint-Typen unterscheiden:

- geometrisch logische Constraints (in der Literatur wird dieser Typ häufig auch als geometrische oder explizite Constraints bezeichnet),
- geometrisch dimensionale bzw. parametrische Constraints und
- ingenieurspezifisch algebraische bzw. parameter-relationale Constraints.

---

[7]Funktionsspezifische-Constraints definieren einen gültigen Zustand, der von einen geometrischen Objekt zu erfüllen ist (Hoffmann & Joan-Arinyo, 2005; Pishtov, 2009), wie z. B. die Nutzfläche eines Raumes $A_{Nutz} = 12$ m².

[8]Ground Constraints fixieren das geometrische Primitiv parallel bzw. in einem Winkel zu einer Koordinatenachse oder fixieren das Primitiv an einem Punkt in der Ebene bzw. im Raum (Imrak, 2002).

4.3.1.1 Logische Constraints

Logische Constraints werden in der parametrischen Modellierung zur indirekten Anpassung eines geometrischen Primitivs infolge einer objektbezogenen Randbedingung (parallel zu, senkrecht auf, gleich Lang wie etc.) eingesetzt (Imrak, 2002). Hierbei erfolgt die Steuerung der geometrischen Primitive anhand von logischen Mechanismen, die ihren Ursprung in der darstellenden Geometrie besitzen, wie Parallelität, Tangentialität, Orthogonalität oder Kollinearität. Ein Auszug der in der Praxis eingesetzten logischen Constraints ist symbolisch und textuell in der Tabelle 4.3 zusammengefasst.

Aufgrund des logischen Mechanismus ist eine Modellparameter-bezogene und somit interaktive Modifikation des logischen Constraints nicht möglich, sodass zur Änderung eines Modells entweder der logische Constraint gelöscht oder das geometrische Objekt durch eine umständliche geometrische Modifikationsfunktion verändert werden muss. Wurden beispielsweise zwei Linien mit einem parallel logischen Constraint parametrisiert, so ist eine parametrische Modifizierung der Richtung bzw. des Winkels der beiden Linien nicht möglich. Hierzu ist eine Entfernung des logischen Constraints erforderlich. Diese starre Parametrisierung bietet aber den Vorteil, dass sich die geforderten geometrischen Konstruktionsbedingungen dauerhaft abbilden lassen.

Erfolgt die Modifikationen eines parametrisierten Objekts, so werden die logischen Constraints innerhalb des parametrischen Modellierungssystems bzw. dessen Constraint-Solver berücksichtigt, indem die Koordinaten des modifizierten geometrischen Primitivs in die jeweiligen Constraint-Gleichungen eingesetzt werden. Anschließend wird das modifizierte Gleichungssystem erneut gelöst. Eine gültige Lösung lässt sich nur finden, wenn alle an die Bedingung gekoppelten Variablen bzw. Koordinaten an die neuen Eingangsparameter angepasst werden konnten. Sollen z. B. eine Linie L_1 mit den Punkten $(P_1; P_2)$ senkrecht zur Linie L_2 mit den Punkten $(P_3; P_4)$ angeordnet werden sowie der Endpunkt der Linie L_1 mit dem Anfangspunkt der Linie L_2 dauerhaft verbunden sein (vgl. Abbildung 4.8), so kann dies durch den Einsatz der beiden logischen Constraints senkrecht (vgl. Abbildung 4.8b) und zusammenfallend (vgl. Abbildung 4.8c) erfolgen. Hieraus resultiert ein Gleichungssystem, das sich aus zwei constraint-spezifischen Gleichungen zusammensetzt. Innerhalb dieser beiden Gleichungen werden die jeweiligen Start- und Endpunktkoordinaten der beiden Linien als Variablen eingesetzt und gelöst (vgl. Abbildung 4.8a).

- für das Constraint Senkrecht:

$$(x_2 - x_1) \cdot (x_4 - x_3) + (y_2 - y_1) \cdot (y_4 - y_3) = 0 \tag{4.1}$$

- für das Constraint Zusammenfallend:

$$(I)\ x_2 - x_3 = 0 \tag{4.2a}$$

$$(II)\ y_2 - y_3 = 0 \tag{4.2b}$$

Anhand dieser drei Gleichungen lässt sich deutlich erkennen, welchen signifikanten Einfluss die Veränderung eines Koordinatenpaars auf die weiteren Koordinatenpaare besitzt und welche linearen Zusammenhänge zwischen den Gleichungen bestehen. Zudem wird deutlich, welche Beziehung zwischen der Wertigkeit eines Constraints ν und der Anzahl der Gleichungen m zur

Tabelle 4.3: 14 standardmäßige Constraints, die zur Definition einer geometrischen Zwangsbedingung in einem CAD-System zur Verfügung stehen.

	Nr.	Symbol	ν	Beschreibung des Constraints
global-logische Constraints	(1)		F	*Vollständig Fixiert:* Alle Freiheitsgrade eines geometrischen Primitivs einschließlich deren Positionierung werden fixiert.
	(2)		F	*Fixiert:* Legt die Position des Primitivs in der Ebene fest.
	(3)		1	*Horizontal:* Ein oder mehrere geometrische Primitive sind horizontal entsprechend eines Koordinatensystems ausgerichtet.
	(4)		1	*Vertikal:* Eine oder mehrere geometrische Primitive sind vertikal entsprechend eines Koordinatensystems ausgerichtet.
	(5)		1	*Konstant:* Fixiert die Größe eines oder mehrerer geometrischen Primitive.
	(6)		2	*Zusammenfallend:* Zwei geometrische Primitive besitzen einen gemeinsamen Punkt, indem sich beide Primitive berühren.
lokal-logische Constraints	(7)		1	*Schnittpunkt:* Zwei geometrische Primitive haben einen gemeinsamen Punkt, der aber nicht auf den Primitiv liegen muss.
	(8)		1	*Gleich:* Definiert die Größe eines geometrischen Primitivs anhand eines Referenzobjektes.
	(9)		1	*Senkrecht:* Zwei geometrische Primitive sind orthogonal zueinander positioniert.
	(10)		1	*Parallel:* Zwei oder mehrere Linien verlaufen parallel zueinander.
	(11)		1	*Tangential:* Zwei geometrische Primitive sind tangential zueinander positioniert
	(12)		2	*Kollinear:* Zwei oder mehrere Linien besitzen die gleiche Steigung
	(13)		2	*Konzentrisch:* Zwei oder mehrere Kreise besitzen den gleichen Kreismittelpunkt
	(14)		S	*Spiegeln:* Spiegelt ein geometrisches Primitive einschließlich seiner Constraints entlang einer Symmetrieachse.

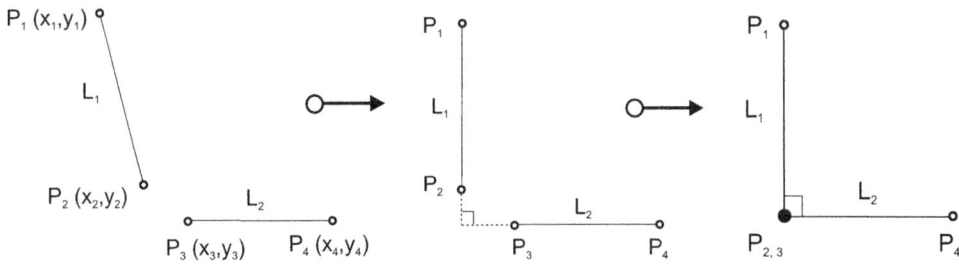

Abbildung 4.8: Parametrische Konstruktion eines rechtwinklig verlaufenden Linienobjekts.

mathematischen Definition des Constraints bestehen (Gleichung (4.1) ⇒ m = ν = 1 bzw. Gleichung (4.2) ⇒ m = ν = 2). Weitere Constraint-Gleichungen, die eine Abbildung von logischen Constraints ermöglichen, können Shah & Mäntylä (1995), Anderl & Mendgen (1996), Martínez & Félez (2005), Bettig (2006) und Kale et al. (2012) entnommen werden.

In der Praxis erfolgt die Definition von geometrischen Abhängigkeiten primär durch den Einsatz von logischen Constraints, was mit gewissen Vor- und Nachteilen verbunden ist. Nachfolgend sind einige dieser Punkte aufgelistet:

+ **Vorteile:**
    - Logische Constraints ermöglichen die Abbildung einer übersichtlichen Parametrisierungsstruktur.
    - Logische Constraints lassen sich sehr schnell integrieren.
    - Mehrere Primitive können anhand einer logischen Zwangsbedingung definiert und gesteuert werden.
    - Logische Constraints gewährleisten eine dauerhafte Zwangsbedingung.

− **Nachteile:**
    - Logische Constraints können Lösungen liefern, die nicht den Entwurfsvorgaben entsprechen („Multiple Solution Problem" vgl. Abschnitt 4.6).
    - Das Resultat ist stark von dem implementierten Constraint-Satisfaction-Algorithmus und von der Reihenfolge der angewandten Constraints abhängig (vgl. Abschnitt 4.6).
    - Bei logischen Constraints sind keine Modellparameter vorhanden, die eine direkt (interaktive) Anpassung des Constraints ermöglichen.
    - Die Umsetzung von Modellvariationen bzw. -modifikationen, ist aufgrund der fehlenden interaktiven Steuerungsmöglichkeit aufwendiger.

Aus der Liste der Nachteile muss insbesondere der letzte Punkt „fehlende interaktive Steuerungsmöglichkeit" als eine maßgebende Einschränkung gesehen werden (Vajna et al., 2009),

Tabelle 4.4: Einsatzmöglichkeiten von geometrischen Constraints in Abhängigkeit der Primitivtypen und Kombination der Primitiven.

Geometrische Primitive	Punkt	Linie	Kreis	Spline	---
• **Punkt**	fixiert, zusammenfallen	vollständig fixiert, fixiert, Schnittpunkt, zusammenfallend	vollständig fixiert, fixiert, Schnittpunkt, zusammenfallend	vollständig fixiert, fixiert, Schnittpunkt, zusammenfallend	fixiert
/ **Linie**	vollständig fixiert, fixiert, Schnittpunkt	vollständig fixiert, fixiert, Schnittpunkt, zusammenfallend, kollinear, horizontal, vertikal, parallel, senkrecht, tangential, gleich, konstant	vollständig fixiert, fixiert, Schnittpunkt, zusammenfallend, senkrecht, tangential	vollständig fixiert, Schnittpunkt, zusammenfallend, senkrecht, tangential	vollständig fixiert, Schnittpunkt, horizontal, vertikal, konstant
◯ **Kreis**	vollständig fixiert, fixiert, Schnittpunkt, zusammenfallend	vollständig fixiert, fixiert, Schnittpunkt, zusammenfallend, senkrecht, tangential	vollständig fixiert, fixiert, konzentrisch, senkrecht, tangential, gleich	vollständig fixiert, Schnittpunkt, zusammenfallend, senkrecht, tangential	vollständig fixiert, fixiert
∫ **Spline**	vollständig fixiert, Schnittpunkt, zusammenfallend	vollständig fixiert, Schnittpunkt, zusammenfallend, senkrecht, tangential	vollständig fixiert, senkrecht, tangential	vollständig fixiert, senkrecht, tangential	vollständig fixiert, glatt, einheitlich, uneinheitlich

sodass während der Parametrisierung stets abzuwägen gilt, ob sich logische Constraints für die vorliegende Aufgabe eignen.

Um diesen Entscheidungsprozess zu unterstützen, wird daher eine Unterteilung der 14 vorgestellten logischen Constraints in die zwei Gruppen *global-logische* und *lokal-logische* Constraints vorgeschlagen. Hierbei beinhalten global-logische Constraints logische Constraints (vgl. Tabelle 4.3, Nr. 1-6), die ein geometrischen Primitiv anhand einer globalen Referenz (wie z. B. einer Koordinatenachse) ausrichten. Zudem sind in der Gruppe der global-logischen Constraints, die Sonderfälle der ground Constraints enthalten (vgl. Tabelle 4.3, Nr. 1-5), mit denen sich eine Position bzw. eine vertikale oder horizontale Ausrichtung eines Primitivs definieren lässt. Die verbleibenden acht logischen Constraints werden in die zweite Gruppe der lokal-logischen Constraints eingeordnet (vgl. Tabelle 4.3, Nr. 7-14). Diese Constraints richten ein geometrisches Primitiv anhand einer lokalen Referenz aus, indem sie die lokalen geometrischen Eigenschaften eines beliebigen Primitivs (meistens desjenigen Primitivs, das als erstes selektiert wurde) zur Anpassung der weiteren Primitive aus der Selektion ($N \geq 2$) verwenden. Ein Beispiel hierfür ist eine parallele Ausrichtung mehrerer Linien mithilfe eines parallel-logischen Constraints.

Als ein weiterer wichtiger Unterschied zwischen diesen beiden Gruppen gilt, dass sie unterschiedlich viele Freiheitsgrade fixieren. Ein global-logischer Constraint fixiert aufgrund seiner globalen Referenzierung $\nu \cdot N$ Freiheitsgrade, wobei N die Anzahl der selektierten Primitive und ν die bereits zuvor beschriebene Wertigkeit eines Constraints ist. Die jeweiligen *Constraint-Wertigkeiten* der 14 verschiedenen logischen Constraints können aus der dritten Spalte in der Tabelle 4.3 entnommen werden. Im Gegensatz zu global-logischen Constraints bleibt bei einem lokal-logischen Constraint das referenzierte Primitiv zur Berechnung der fixierten Freiheitsgrade unberücksichtigt, da die Eigenschaften des referenzierten Primitivs nicht als Variable (Modellparameter), sondern als Konstante mit in die Constraint-Gleichung einfließen. Hieraus folgt, dass ein lokal-logischer Constraint $\nu \cdot [N-1]$ Freiheitsgrade fixiert und dass bei einer Elimination des referenzierten Primitivs auch die Abhängigkeit zu den anderen Primitiven verloren gehen.

Neben diesen Besonderheiten gilt es zudem zu beachten, dass sich logische Constraints nicht beliebig einsetzen lassen. Wann welcher logische Constraint verwendet werden darf, hängt zum einen von dem zu konstruierenden Objektverhalten ab, wie z. B. dass ein Fundament immer horizontal auszurichten sein muss und zum anderen von der Art des geometrischen Primitivs bzw. der Kombination verschiedener Primitive wie z. B. die Kombination einer Linie mit einem Kreis ab. Speziell die gewählte Kombination zur Konstruktion eines geometrischen Objektes beeinflusst stark die Auswahlmöglichkeit an logischen Constraints. Hierzu ist in Tabelle 4.4 eine Matrix dargestellt, die angibt, bei welcher Primitivkombination sich welche logischen Constraints anwenden lassen.

4.3.1.2 Dimensionale Constraints

Im Gegensatz zu logischen Constraints kontrollieren dimensionale Constraints ein Primitiv aktiv, indem sie dem Anwender einen interaktiv-steuerbaren sowie dimensionalen Modellparameter zur Verfügung stellen. Stark vereinfacht können dimensionale Constraints als eine Art *„dynamische Vermaßungskette"* interpretiert werden (Simion & Simion, 2007)), die entweder die Größe, den Abstand oder die Richtung eines geometrischen Primitivs mithilfe eines Parameters spezifizieren. Zur Unterscheidung dieser Dimensionen haben sich in der parametrischen Modellierung drei verschiedene dimensionale Constrainttypen entwickelt, die nach Imrak (2002) wie folgt definiert werden:

- Linear-dimensionale Constraints

Dimensionale Constraints, die einen Abstand zwischen zwei Punkten, zwei Linien oder zwischen einem Punkt und einer Linie bestimmen, werden als linear-dimensionale Constraints bezeichnet (vgl. Abbildung 4.9a). Dieser Constrainttyp ermöglicht es, horizontale, vertikale, parallele sowie ausgerichtete Abstände abzubilden.

- Winkel-dimensionale Constraints

Soll jedoch die Richtung einer Linie bzw. der Winkel zwischen zwei Linien oder eines Kreissegmentes parametrisiert werden, so ist ein winkel-dimensionaler Constraint einzusetzen (vgl. Abbildung 4.9b). Winkel-dimensionale Constraints stellen eine allgemeinere Form eines linear-dimensionalen Constraints dar, da sich hieraus die verschiedenen Untertypen des linear-dimensionalen Constraints ableiten lassen (Anderl & Mendgen, 1996). Zum Beispiel reflektiert ein horizontal linear-dimensionaler Constraint intern einen winkel-dimensionalen Constraint mit einem Winkelparameter $\alpha = 0°(180°)$, und ein parallel linear-dimensionaler Constraint einen winkel-dimensionalen Constraints mit einem Winkelparameter $\alpha = 90°(270°)$, wobei sich die

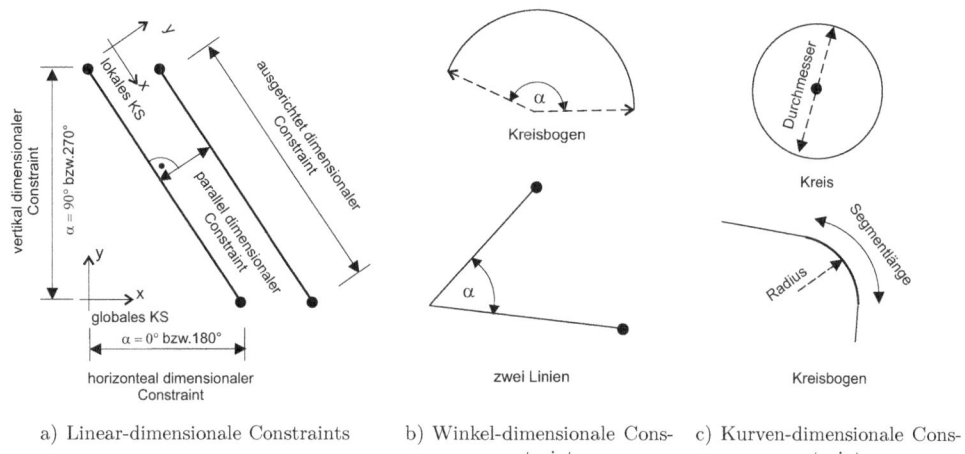

a) Linear-dimensionale Constraints   b) Winkel-dimensionale Constraints   c) Kurven-dimensionale Constraints

Abbildung 4.9: Exemplarische Darstellung der drei verschiedenen dimensionalen Constraintstypen anhand von Linien- und Kreisprimitiven.

Referenzierung des Winkelparameters entweder auf ein globales Koordinatensystem oder auf ein lokales Koordinatensystem bezieht (vgl. Abbildung 4.9a).

- Kurven-dimensionale Constraints

Kurvenförmige Primitive, wie z. B. ein Kreis, eine Ellipse oder Segmente davon, werden mathematisch durch einen Radius oder einen Durchmesser spezifiziert. Die Parametrisierung dieser Primitive erfolgt anhand eines kurven-dimensionalen Constraints (vgl. Abbildung 4.9c), der entweder den Radius-, den Durchmesser oder die Länge eines Kreissegmentes festsetzt.

In mathematischer Hinsicht steuert ein dimensionaler Constraint das geometrische Primitiv, indem es den dimensionalen Parameter in der jeweiligen Constraint-Gleichung als Variable berücksichtigt (wie z. B. Φ). Außerdem lassen sich alle dimensionalen Constraints durch eine einzige Constraint-Gleichung definieren, sodass dieser Constrainttyp ausschließlich eine *Constraint-Wertigkeit* von 1 besitzt ($C(\nu)^1 = 1$). Aus diesem Grund ist ein dimensionaler Constraint nur in der Lage, den Freiheitsgrad eines geometrischen Primitivs um einen Freiheitsgrad zu reduzieren. Einzige Ausnahme bildet hierbei die Parametrisierung des Abstandes zwischen zwei Linien (Owen, 1991). Für diesen speziellen Fall gilt, dass sich nur ein Abstand definieren lässt, wenn die beiden Linien parallel zueinander verlaufen. Hieraus folgt, dass neben der Constraint-Gleichung zur Definition des Abstands noch zusätzlich eine Gleichung benötigt wird, die diese Parallelität sicherstellt. Folglich sind zur Abbildung dieses dimensionalen Constrainttyps zwei Gleichungen erforderlich, sodass dieser Constraint eine *Constraint-Wertigkeit* von 2 besitzt ($C(\nu)^2 = 2$). Nachfolgend sind die mathematischen Gleichungen dargestellt, die notwendig sind, um die drei verschiedenen dimensionalen Constrainttypen sowie den Sonderfall des Abstandes zwischen zwei Linien definieren zu können (Owen, 1991; Kale et al., 2012).

- **Linear-dimensionale Constraints**
  - Abstand D zwischen Punkt (P$_1$) und Punkt (P$_2$) in $\mathbb{R}^2$:

$$(x_2 - x_1)^2 + (y_2 - y_1)^2 = D^2 \tag{4.3}$$

  - Abstand D zwischen Linie L$_1$ (P$_1$; P$_2$) und Linie L$_2$ (P$_3$; P$_4$) in $\mathbb{R}^2$:

$$\left| \frac{(y_2 - y_1)}{(x_2 - x_1)} \right| - \left| \frac{(y_4 - y_3)}{(x_4 - x_3)} \right| = 0 \tag{4.4a}$$

$$(x_3 - x_1)^2 + (y_3 - y_1)^2 \cdot \left(\frac{\left(\frac{y_2-y_1}{x_2-x_1}\right) - \left(\frac{y_3-y_1}{x_3-x_1}\right)}{\sqrt{\left(\frac{y_2-y_1}{x_2-x_1}\right)^2 + 1} \cdot \sqrt{\left(\frac{y_3-y_1}{x_3-x_1}\right)^2 + 1}} \right)^2 = D^2 \tag{4.4b}$$

- **winkel-dimensionale Constraints**
  - Winkel ϑ zwischen Linie L$_1$ (P$_1$; P$_2$) und Linie L$_2$ (P$_3$; P$_4$) in $\mathbb{R}^2$:

$$\left| \arctan \frac{(y_2 - y_1)}{(x_2 - x_1)} - \arctan \frac{(y_4 - y_3)}{(x_4 - x_3)} \right| = \Phi \tag{4.5}$$

- **kurven-dimensionale Constraints**:
  - Radius R eines Kreises mit dem Mittelpunkt (P$_M$) in $\mathbb{R}^2$:

$$((x - x_M)^2 + (y - y_M)^2)^2 = R^2 \tag{4.6}$$

Anhand dieser mathematischen Definition lässt sich der wesentliche Unterschied zwischen einem *logischen* und einem *dimensionalen* Constraint identifizieren. Im Gegensatz zur logischen Constraint-Gleichung (s. Gleichung 4.1 oder Gleichung 4.2) taucht bei der dimensionalen Constraint-Gleichung stets auf der rechten Seite ein interaktiv steuerbarer Modellparameter wie z. B. D, R oder Φ auf. Erst dadurch wird eine interaktive Modifikation des parametrischen Modelles möglich. Modellparameter können mit einem konstanten Wert (1,5 m) (engl. *as dimension*), mit einem Zuweisungsausdruck (Breite = 2,33 m) (engl. *as parameter*) oder mit einer komplexen algebraischen Gleichung belegt werden.

4.3.1.3 Algebraische Constraints

Eine algebraische Gleichung stellt einen mathematischen Ausdruck dar, mit dem Beziehungen zwischen bzw. Abhängigkeiten von/zu verschiedenen Operanden (Variablen) definiert werden können. Hierzu werden die verschiedenen Operanden mithilfe von mathematischen *Operatoren* wie Plus (+), Minus (-), Geteilt (÷) oder Mal (*) verknüpft, sodass sich eine komplexe Gleichung zusammensetzen lässt (Woodbury, 2010). Algebraische Constraints sind somit in der Lage, komplexe Verhaltensmuster eines Objektes zu simulieren, indem sie z. B. die verschiedenen Modellparameter als Operanden zur Definition einer *Parameter-Parameter*-Beziehung oder einer *Parameter-Bedingung*-Beziehung einsetzen.

Eine Parameter-Parameter-Beziehung ergibt sich dann, wenn sich der neu zu erstellende Modellparameter auf einen bereits zuvor definierten Modellparameter bezieht. Im Allgemeinen lassen sich mithilfe dieser Methodik verschiedene geometrische Regeln aus dem Bereich des konstruktiven Ingenieurbaus abbilden, wie z. B. dass das Verhältnis der Fundamentbreite ($B_{Fundament}$) einer Winkelstützmauer zu der Gesamthöhe (H_0) der Winkelstützmauer mindestens 1:2 betragen soll. Diese Bedingung lässt sich wie folgt in einer algebraischen Constraint-Gleichung darstellen:

$$B_{Fundament} = \frac{H_0}{2} \qquad (4.7)$$

Jedoch lassen sich anhand dieser Parameterbeziehung nur unidirektionale und gerichtete Parameterabhängigkeiten berücksichtigen, da eine *zyklische* Parameterdefinition zu Problemen bei der Lösung des nicht-linearen Gleichungssystems führen würde. Dieses Problem wird im Abschnitt 4.6 noch genauer beschrieben.

Algebraische Constraints können aber nicht nur verschiedene Parameter miteinander verknüpfen, sondern ermöglichen es auch, *Gleichheits-, Ungleichheits-* und *Zustandsbedingungen* in Form einer Parameter-Bedingung-Beziehung zu überprüfen (Ault, 1999). Hierzu werden logische Kontrollmechanismen aus der Informatik (If... Then... Else oder Case etc.) eingesetzt, sodass anhand eines booleschen Werts (Wahr) oder (Falsch) der Zustand der Bedingung kontrolliert werden kann. Entsprechend dem Verzweigungsergebnis wird erst danach eine bestimmte Parameterdefinition ausgeführt.

Werden diese beiden Beziehungstypen innerhalb eines algebraischen Constraints kombiniert, so lassen sich sehr komplexe Beziehungen bzw. Objektverhaltensmuster innerhalb eines parametrischen Modells konstruieren. Aus diesem Grund werden in der parametrischen Modellierung algebraische Constraints auch als *wissensbasierte* Constraints bezeichnet (Vajna et al., 2009). Exemplarisch wurde hierzu die algebraische Constraint-Gleichung aus dem Beispiel der Parameter-Parameter-Beziehung (vgl. Gleichung 4.7) um eine Parameter-Bedingung-Beziehung erweitert, mit der kontrolliert werden kann, ob die höhenabhängige Fundamentbreite eine bestimmte Mindestlänge einhält. Die Definition dieses algebraischen Constraints kann der nachfolgenden Gleichung entnommen werden:

$$B_{Fundament} =: \textbf{If} \quad \{\frac{H_0}{2} \leq 0.5 + 3D_{Wand}\} \quad \textbf{Then}$$
$$\{0.5 + 3D_{Wand}\}$$
$$\textbf{Else}$$
$$\{\frac{H_0}{2}\} \qquad (4.8)$$

4.3.2 Constraints in $\mathbb{R}^3$

Erfolgen die Modellierung und die Parametrisierung eines geometrischen Modells nicht auf Basis eines skizzen-basierten Ansatzes, sondern wird das geometrische Objekt direkt im Raum erzeugt (vgl. Abschnitt 3.1.2), so lassen sich die Freiheitsgrade des räumlichen Objektes mithilfe von 3D-Constraints oder durch assoziative Kopplungselemente (vgl. Abschnitt 4.1) begrenzen.

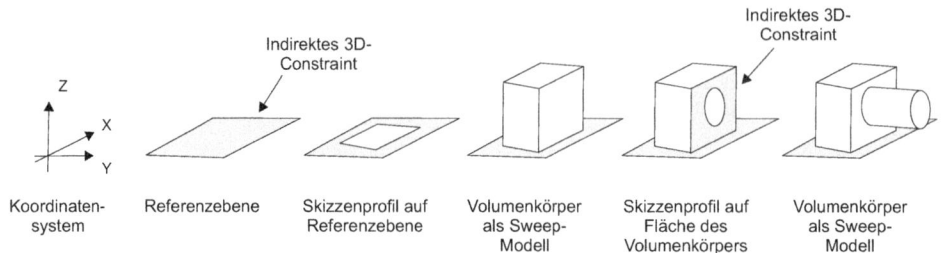

Abbildung 4.10: Prozessuale Definition von indirekten 3D-Constraints, indem verschiedene geometrische Objekte assoziative gekoppelt werden, nach Abramovici & Meimann (2007, S. 112).

Der wesentliche Unterschied zwischen den beiden Typen besteht in der Definition und Lösung der geometrischen Abhängigkeiten. Bei der Anwendung von assoziativen Kopplungselementen wird eine gerichtete Eltern-Kind-Beziehung zwischen den einzelnen Geometrieobjekten erzeugt, welche sich durch ein prozedurales Lösungsschema berechnen lassen. Im Gegensatz dazu können mithilfe von 3D-Constraints räumliche Abhängigkeiten definiert werden, die ein ungerichtetes Beziehungsschema repräsentieren, dessen Lösung anhand eines nicht-linearen Gleichungssystems möglich ist. Im Folgenden werden assoziative Kopplungselemente als *indirekte 3D-Constraints* und räumliche Constraints, die sich unabhängig der geometrischen Erzeugungsprozedur integrieren lassen, als *direkte 3D-Constraints* bezeichnet. Diese beiden Typen sollen nachfolgend überblicksmäßig vorgestellt werden.

4.3.2.1 Indirekte 3D-Constraints

Indirekte 3D-Constraints stellen geometrische Abhängigkeiten dar, die indirekt während des geometrischen Erzeugungsprozesses generiert werden, indem geometrische 3D-Primitive bzw. Objektflächen assoziativ miteinander gekoppelt werden (vgl. Abschnitt 4.1). Eine konsistente sowie prozedural gesteuerte Anpassung des Modells bzw. der Konstruktionsabsicht ist die Folge, da Veränderungen eines hierarchisch höher angeordneten Objekts eine Anpassung nachgelagerter geometrischer Objekte bewirken (vgl. Abbildung 4.10). Insbesondere zur *parametrisch-assoziativen* Modellierung eines Infrastrukturprojektes besitzen indirekte 3D-Constraints eine zentrale Rolle. Beispielsweise lässt sich dadurch eine Kopplung der räumlichen Trassenraumkurve in die einzelnen Teil-Modelle des *parametrisch-assoziativen* Infrastrukturmodells herstellen (vgl. Kapitel 6). Veränderung an der Trassenführung können somit konsistent in die einzelnen Teil-Modelle übertragen werden.

4.3.2.2 Direkte 3D-Constraints

Direkte 3D-Constraints können entweder an einem einzelnen räumlich geometrischen Objekt (Punkt, Line, Spline etc.) oder an einem Gesamtmodell angewandt werden, sodass eine Unterteilung der direkten 3D-Constraints in die beiden Kategorien primitiv-bezogene 3D-Constraints und Baugruppenzwangsbedingungen (engl. *assembly constraints*) erfolgt.

- Primitiv-bezogene 3D-Constraints

Nach Abulawi (2012) werden primitiv-bezogene 3D-Constraints dazu eingesetzt, historienfreie, nicht-assoziative 3D-Primitive im Raum zu positionieren sowie deren Abmessungen anhand eines Modellparameters steuern zu können. Hierzu werden die räumlichen Freiheitsgrade eines 3D-Primitivs eingeschränkt, indem parallele, tangentiale, koplanare, koaxiale und dimensionalen Abhängigkeiten relativ zu anderen 3D-Primitiven bzw. Koordinatensystemen hergestellt werden (Schmid, 2008). Die mathematische Definition und Funktionsweise dieser 3D-Constraints basiert auf den gleichen theoretischen Grundlagen, die bereits in Abschnitt 4.3.1 vorgestellt wurden. In der Praxis werden primitiv-bezogene 3D-Constraints nur in Ausnahmefällen zur Parametrisierung eines Modells eingesetzt, da aufgrund der räumlichen Geometrie eine hohe Anzahl an geometrischen Freiheitsgraden mithilfe von 3D-Constraints zu beschränken ist. Eine unüberschaubare Parametrisierungsstruktur ist die Folge, was einen praxisgerechten Einsatz des Modells erschwert.

- Assembly Constraints

Im Gegensatz zu den primitiv-bezogenen 3D-Constraints werden Assembly Constraints dazu eingesetzt, bereits modellierte Bauteile bzw. einer Gruppe von Bauteilen relativ zu einem anderen Bauteil oder eine Gruppe von Bauteilen positionieren zu können. Hierzu werden die Bauteile bzw. wird die Gruppe von Bauteilen mithilfe einer Translations- oder Rotationsbewegung in die Endposition manövriert, indem verschiedene räumliche Abhängigkeiten definiert werden, die

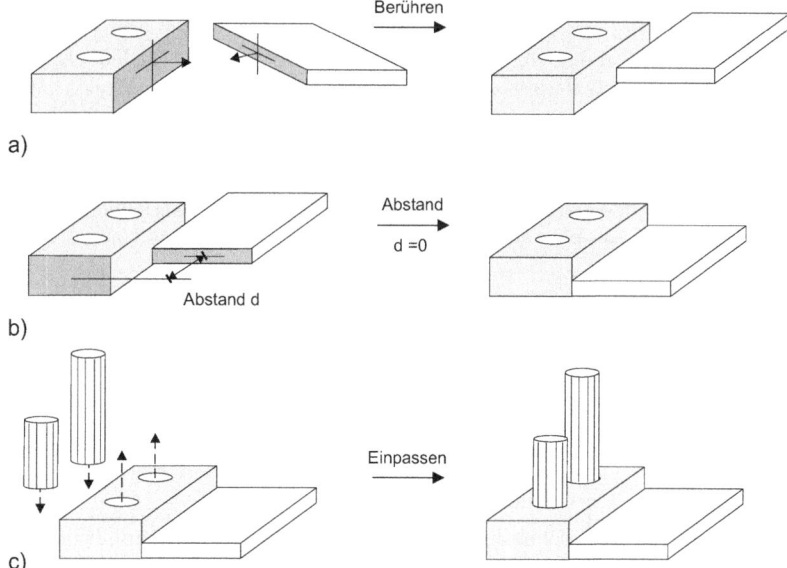

Abbildung 4.11: Beispiele verschiedener Assembly Constraints; a) 3D-Constraint berühren, ermöglicht eine Kopplung zweier Körperflächen; b) Constraint Abstand, ermöglicht eine parametrische Abstandsdefinition zwischen zwei Körpern; c) Constraint einpassen, ermöglicht die Integration eines Körper A in einen anderen Körper B.

einen Flächenkontakt, eine Ausrichtung des Bauteils oder einen bestimmten Abstand des Bauteils zu einem anderen Bauteil herstellen können (vgl. Abbildung 4.11). Ein Auszug gängiger Assembly Constraints ist in Tabelle 4.5 dargestellt. Da häufig mehrere Assembly Constraints zur korrekten räumlichen Ausrichtung des Bauteils erforderlich sind, werden Assembly Constraints im Gegensatz zu den primitiv-bezogenen 3D-Constraints nicht im Bauteil selbst, sondern im prozedural hierarchisch höchsten Modellbauteil – der Baugruppe – gespeichert (vgl. Abschnitt 5.2). Erst dadurch ist eine Anwendung mehrerer Assembly Constraints an einem Bauteil möglich (Abulawi, 2012). Vor allem bei der Anwendung eines Bottom-up-Konstruktionsansatzes, innerhalb dessen kleinere Modelle zu einem komplexeren Modell verknüpft werden (vgl. Abschnitt 5.1.2), bilden Assembly Constraints den Stand der Technik.

4.3.3 Parametrisierungszustand eines Modells

Primäre Aufgabe der in Abschnitt 4.3.1 und in Abschnitt 4.3.2 vorgestellten 2D- bzw. 3D-Constraints ist es, ein Modell in einen bestimmten parametrischen Zustand zu überführen, sodass eine Abbildung des geforderten Modellverhaltens möglich ist. Dazu müssen die geometrischen Freiheitsgrade (DoFs$_{(Obj)}$) eines geometrischen Objektes, das sich aus einer Reihe von geometrischen Grundobjekten (Primitiven) wie Linien, Kreissegmenten oder Quadern zusammensetzt, mithilfe von Constraints spezifiziert werden. Geometrisch repräsentiert ein Freiheitsgrad die Rotations- und Translationsfähigkeit eines geometrischen Objektes, die Abhängig von der Form des geometrischen Objektes von der Dimension des Raumes ist (vgl. Abschnitt 4.4.1). Constraints hingegen bilden das Pendant zu einem geometrischen Freiheitsgrad, der die Bewegungsmöglichkeiten eines geometrischen Objektes einschränkt. Entsprechend der Anzahl an Constraints ($C_{(Obj)}$), die in ein geometrisches Modell integriert wurden, ergibt sich ein parametrisch entweder *unter-bestimmtes*, *voll-bestimmtes* oder *über-bestimmtes* Modell (Hidalgo & Joan-Arinyo, 2012).

Tabelle 4.5: Auszug verschiedener Assembly Constraints, die zur Definition einer räumlichen Zwangsbedingung innerhalb eines kommerziellen CAD-Systems zur Verfügung stehen.

Assembly Constraint	Beschreibung des Constraints
fixieren	die Position des Bauteils/Baugruppe ist im Raum fest verankert
ausrichten	eine Bauteilfläche wird zu einer anderen Bauteilfläche oder einer Achse ausgerichtet
berühren	zwei Flächen aus unterschiedlichen Bauteilen berühren sich
parallel/senkrecht	positioniert zwei geometrische Körper senkrecht oder parallel zueinander
konzentrisch	richtet kreisförmige Körper anhand ihres räumlichen Mittelpunktes aus
Einpassen	ein Bauteil wird in ein anderes Bauteil eingepasst
Abstand, Winkel	ein Punkt/eine Fläche eines Bauteils wird in einem bestimmten Abstand oder Winkel zu einem anderen Bauteil angeordnet

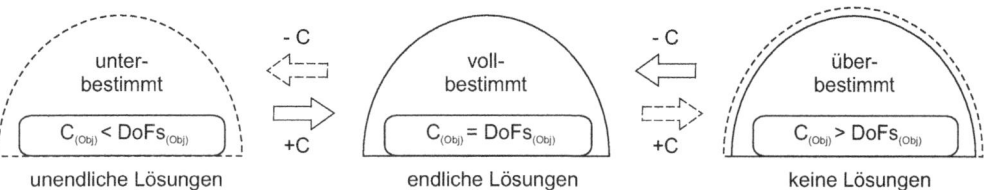

Abbildung 4.12: Beziehungen zwischen parametrisch unter-, voll- und über-bestimmten Modellen.

- **Parametrisch unter-bestimmt**

Besitzt z. B. ein parametrisiertes Modell bzw. ein parametrisiertes Primitiv mindestens noch einen Freiheitsgrad, der noch nicht durch einen Constraint belegt wurde, so wird dieses Modell bzw. Primitiv als ein parametrisch unter-bestimmtes (engl. *under-constrained*) Modell bzw. Primitiv bezeichnet. Aufgrund der vorhandenen Unterbestimmtheit stehen dem System zur Instanziierung des Modells bzw. Primitivs eine infinite Anzahl an geometrischen Lösungen zur Verfügung (Hoffmann, 2005). Diese Unterbestimmtheit weist darauf hin, dass weitere Constraints in das Modell bzw. Primitiv zu integrieren sind.

- **Parametrisch voll-bestimmt**

Erfolgt eine Parametrisierung aller Freiheitsgrade, so ergibt sich ein parametrisch voll-bestimmtes (engl. *well-constrained*) Modell bzw. Primitiv. Dieses Modell (Primitiv) liefert im Gegensatz zum parametrisch unter-bestimmten Modell (Primitiv) eine finite Anzahl an gültigen geometrischen Lösungen und ist zudem aufgrund der vollständigen Spezifikation der Freiheitsgrade in der Lage, ein korrektes Objektverhalten abzubilden. Jedoch spiegelt nicht jede identifizierte Lösung das gewünschte geometrische Objekt bzw. ein gültiges Verhalten wider (Eggli et al., 1997; Kale et al., 2012). Dieser Effekt wird in der Literatur als *Multiple Solution Problem* bezeichnet (vgl. Abschnitt 4.6) und lässt sich auf die finite Lösungsmenge θ aus dem nicht-linearen Gleichungssystem zurückführen.

- **Parametrisch über-bestimmt**

Setzt sich das Gleichungssystem (vgl. Beispiel in Abschnitt 4.3.1) aus mehr Constraint-Gleichungen als frei zur Verfügung stehende Freiheitsgraden zusammen, so kann u. U. keine Lösung des geometrischen Constraint-Problems identifiziert werden (vgl. Abschnitt 4.6). Dieses Modell bzw. Primitiv wird als ein parametrisch über-bestimmtes (engl. *over-constrained*) Modell (Primitiv) eingestuft und bedingt, dass linear-unabhängige Constraints entfernt werden müssen (Latham & Middleditch, 1996).

Letztendlich liefert die Bestimmtheit des Modells (Primitivs) dem Anwender eine Aussage über die Variabilität und Lösbarkeit des Modells. Dabei ist die Generierung eines parametrisch voll-bestimmten Modells stets als oberstes Ziel zu sehen. Aus diesem Grund muss während des Parametrisierungsprozesses kontinuierlich die Bestimmtheit des Modells, aber auch der einzelnen Primitive überprüft werden. Insbesondere die Kontrolle der einzelnen parametrisierten Primitive (lokale Überprüfung) ist sehr wichtig, da beispielsweise ein parametrisches Modell voll-bestimmt sein kann, obwohl einzelne Primitive parametrisch über-bestimmt sind (vgl. Abbildung 4.13). Diese Inkonsistenz resultiert aus der globalen Berechnung der Bestimmtheit des Modells, die

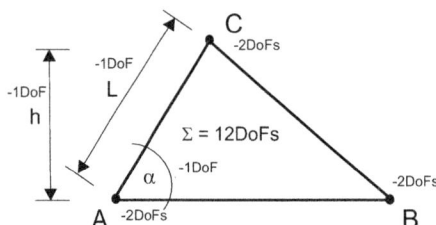
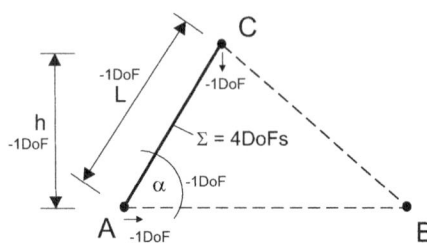

a) Parametrisch voll-bestimmtes Modell, das zur globalen Transformation des Modells noch drei Freiheitsgrade besitzt

b) Parametrisch lokal über-bestimmtes Primitiv aus Abbildung 4.13a

Abbildung 4.13: Beispiel eines parametrisch voll-bestimmten Modells, das eine lokal parametrische Über-Bestimmtheit aufweist.

Eigenschaften:

- $L_1 = L_3$; $L_2 = L_4$
- $\angle\alpha\ P_4\ P_1\ P_2 = \angle\gamma\ P2\ P3\ P_4$
- $\angle\beta\ P_1\ P_2\ P_3 = \angle\delta\ P3\ P_4\ P_1$
- je zwei benachbarte Winkel wie z. B. $\alpha + \beta$ ergeben $180°$
- Punktsymmetrie am Diagonalenschnittpunkt

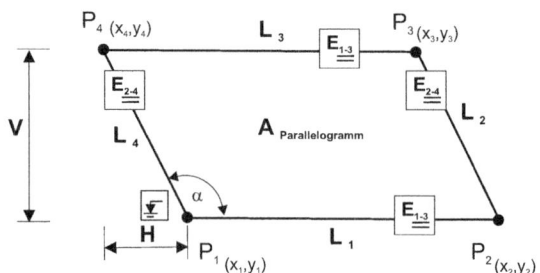

Abbildung 4.14: Parametrisiertes Parallelogramm zur Veranschaulichung der einzelnen Constraintsgleichungen.

sich als Gesamtbilanz aus der Anzahl der Freiheitsgrade und der Anzahl der Constraints ergibt (vgl. Abschnitt 4.4.1). Lokale parametrische Zustände werden hierbei nicht berücksichtigt. Dies gilt sowohl für den ebenen Fall $\mathbb{R}^2$ als auch den räumlichen Fall $\mathbb{R}^3$.

4.3.3.1 Beispiel eines parametrisch voll-bestimmten Modells in $\mathbb{R}^2$

Soll z. B. ein parametrisch voll-bestimmtes Parallelogramm (vgl. Abbildung 4.14) – das topologisch aus vier Knoten (P_1, P_2, P_3, P_4), vier Kanten (L_1, L_2, L_3, L_4) und einer Fläche (A) besteht – erzeugt werden, so muss eine bestimmte Anzahl an Constraints zur eindeutigen Definition des geometrischen Modellverhaltens angeordnet werden. In Bezug auf das Parallelogramm stellen die Parallelität sowie die gleichen Längen von gegenüberliegenden Seiten ein derartiges Modellverhalten dar. Weitere Modellverhalten werden in der Eigenschaftenliste in Abbildung 4.14 dargestellt. Damit sich dieses Modellverhalten abbilden lässt, könnte folgendes Parametrisierungsszenario angewandt werden:

Im ersten Schritt werden zur Parametrisierung des vertikalen und horizontalen Abstand zwischen den Punkten P_1 und P_4 zwei linear-dimensionalen Constraints angeordnet. Anschließend wird der Winkel (α) zwischen der Linie L_1 und L_4 mithilfe eines winkel-dimensionalen Constraints spezifiziert und die identischen Länge zwischen der Linie L_1 und L_3 bzw. Linie L_2 und L_4 wird mithilfe des lokal-logischen Constraint gleich definiert. Damit eine konsistente Verbindung zwischen den jeweiligen Linien in den Ecken des Parallelogramms hergestellt werden kann, werden die jeweiligen Endpunkte der Linien mit den global-logische Constraint zusammenfallend parametrisiert. Danach wird die Breite des Parallelogramms festgelegt, indem ein algebraischer Constraint erzeugt wird, der den Breitenparameter aus einer vorgegebenen Fläche ableitet. Am Ende des Parametrisierungsvorgangs muss nur noch der Punkt P_1 durch den global-logischen Constraint fixiert fest in der Ebene positioniert werden, sodass sich ein parametrisch voll-bestimmtes Modell ergibt. Das Ergebnis dieser Parametrisierungssequenz ist in Abbildung 4.14 dargestellt.

Neben dieser grafischen Darstellung lassen sich aus diesen Constraints 16 Gleichungen ableiten, die sich zur Lösung des constraint-basierten Modells einsetzen lassen:

+ **Einwertig** (ν^1):

Gleiche Länge L_1 u. L_3 : (1) $(x_2 - x_1)^2 + (y_2 - y_1)^2 - (x_4 - x_3)^2 - (y_4 - y_3)^2 = 0$

Gleiche Länge L_2 u. L_4 : (2) $(x_3 - x_2)^2 + (y_3 - y_2)^2 - (x_1 - x_4)^2 - (y_1 - y_4)^2 = 0$

Winkelbestimmung : (3) $\alpha = 110°$

Vertikale Länge L_4 : (4) $(y_4 - y_1)^2 = V^2$

Horizontale Länge L_4: (5) $(x_4 - x_1)^2 = H^2$

Definition Fläche A : (6) $x_2 \cdot y_3 - x_1 \cdot y_1 - x_2 \cdot y_2 + x_1 \cdot y_2 = 12$

+ **Zweiwertig** (ν^2):

Fixierung Punkt P_1 : (7) $x_1 - 2 = 0$ (8) $y_1 - 5 = 0$

Ecke Linie L_4 u. L_1 : (9) $x_{1(\in L_4)} - x_{1(\in L_1)} = 0$ (10) $y_{1(\in L_4)} - y_{1(\in L_1)} = 0$

Ecke Linie L_1 u. L_2 : (11) $x_{2(\in L_1)} - x_{2(\in L_2)} = 0$ (12) $y_{2(\in L_1)} - y_{2(\in L_2)} = 0$

Ecke Linie L_2 u. L_3 : (13) $x_{3(\in L_2)} - x_{3(\in L_3)} = 0$ (14) $y_{3(\in L_2)} - y_{3(\in L_3)} = 0$

Ecke Linie L_3 u. L_4 : (15) $x_{4(\in L_3)} - x_{4(\in L_4)} = 0$ (16) $y_{4(\in L_3)} - y_{4(\in L_4)} = 0$

Anhand dieses einfachen Beispiels kann bereits erkannt werden, welche komplex-geometrischen, aber auch *mathematischen* Aufgabenstellungen die korrekte Parametrisierung eines Modells sowie Lösung des Gleichungssystems hervorrufen. Die Ermittlung eines gültigen Modells, bei dem alle geometrischen Constraints erfüllt sind, ist im Allgemeinen nur mithilfe eines *Constraint-Solvers* möglich (vgl. Abschnitt 4.6). In einem Constraint-Solver werden die Constraints entweder mithilfe eines sequenziellen Verfahrens oder mithilfe eines simultanen Verfahrens berechnet, sodass sich daraus entweder ein *prozedural-parametrisches* oder ein *variationales* Modell ergibt. Aufgrund der besonderen Bedeutung dieser beiden Modelltypen und dafür erforderlichen Constraint-Solver, werden diese beiden Komponenten im Abschnitt 4.5 genauer beschrieben. Zunächst soll aber eine neu entwickelte Methode vorgestellt werden, mit deren Hilfe sich der Parametrisierungszustand eines Modells direkt am 2D-Profil identifizieren lässt.

4.4 Methode der direkten Freiheitsgradanalyse

Innerhalb eines parametrischen Modells werden verschiedene geometrische Constraints dazu eingesetzt, um das geometrische Verhalten des Modells bzw. Teile des Modells definieren und steuern zu können (vgl. Abschnitt 4.3). Häufig erfolgt dieser Parametrisierungsprozess anhand von geometrischen 2D-Constraints, deren Anordnung im 2D-Profil keinen bestimmten Regeln folgt. Ein willkürlicher Parametrisierungsablauf sowie eine unüberschaubare Parametrisierungsstruktur ist die Folge, was eine Interpretation sowie Wiederverwendung des constraint-basierten Modells erschwert.

Aus diesem Grund wurde im Zuge dieser Arbeit eine Methode entwickelt, mit deren Hilfe eine Definition von geometrischen Constraints direkt am Profil und unabhängig von einem CAD-System möglich ist. Hierzu wird die Anzahl der vom Modell zur Verfügung gestellten Freiheitsgrade $DoFs_{(Obj)}$ mit der Anzahl der von den Constraints reduzierten Freiheitsgrade $C_{(Obj)}$ verglichen. Als Ergebnis erhält man einen ganzzahligen Wert $\Delta P_{(Obj)}$, der eine Auskunft über den Parametrisierungszustand eines Modells liefert (vgl. Abschnitt 4.3.3). Der wesentliche Vorteil des Verfahrens besteht darin, dass die Analyse der Freiheitsgrade ohne die komplexe und zeitintensive Herleitung eines Constraint- bzw. Methoden-Grafen (vgl. Abschnitt 4.6.4) oder durch die Anwendung anderer aufwendiger Verfahren (Theoreme etc.) möglich ist. Somit lässt sich das Analyseverfahren direkt am *constraint-basierten* Modell zu einem beliebigen Zeitpunkt anwenden. Hierzu wurden verschiedene primitiv-bezogenen Faktoren sowie *Constraint-Wertigkeiten* eingeführt, wobei die Wertigkeiten ν der geometrischen Constraints bereits in Abschnitt 4.3 vorgestellt wurden. Aus diesem Grund wird nachfolgend nur noch auf die Herleitung der primitiv-bezogenen Faktoren $F_{(Prim)}$ sowie auf die Definition der algebraischen Gleichung zur Durchführung der direkten Analyse der Freiheitsgrade eingegangen. Da in den meisten kommerziellen CAD-Systemen (vgl. Kapitel 4, Tabelle 4.7) die Parametrisierung und Modellierung eines 3D-Modells anhand eines skizzen-basierten Ansatzes erfolgen, werden in dieser Arbeit nur geometrische Primitive und Constraints aus der euklidischen Ebene $\mathbb{R}^2$ berücksichtigt. Eine Erweiterung des Ansatzes für Primitive (3D-Linie, Würfel etc.) in dem euklidischen Raum $\mathbb{R}^3$ ist jederzeit möglich (vgl. Tabelle 4.2).

4.4.1 Freiheitsgrade der geometrischen Primitive in $\mathbb{R}^2$

In Anlehnung an Abschnitt 4.3 spiegelt ein geometrischer Freiheitsgrad wider, inwieweit sich ein geometrisches Primitiv (Punkte, Linien, Würfel etc.) in seiner Form, Größe und Position in der Ebene $\mathbb{R}^2$ bzw. im Raum $\mathbb{R}^3$ verändern lässt (Eggli et al., 1997). In der Ebene stehen hierzu einem einzelnen Primitiv 3 Freiheitsgrade - 2 für Translation (z. B. u_x, u_y) und 1 für die Rotation (z. B. φ_z) - zur Verfügung. Befindet sich dagegen das geometrische Primitiv im Raum $\mathbb{R}^3$, so erhöht sich die Anzahl der Freiheitsgrade um den Wert 3 (z. B. u_z, φ_x und φ_y), was sich auf die zusätzlichen Dimension des Raums zurückführen lässt. Jedoch ist die Anzahl der Freiheitsgrade nicht nur von der Dimension des Raumes, sondern auch von der räumlichen Form des Primitivs abhängig. Zum Beispiel kann ein Punkt, der sich in der Ebene befindet, wegen seiner beiden Freiheitsgrade in die x- und y-Richtung verschoben werden. Eine Rotation des Punktes selbst bewirkt aufgrund seiner rotationssymmetrischen Eigenschaft keine Veränderungen (Kramer, 1991), sodass ein Punktprimitiv stets einen konstanten Wert von 2 Freiheitsgraden

($F_{2DPunkt} = 2$ DoFs in $\mathbb{R}^2$) besitzt. Dieses Prinzip lässt sich auch zur Ermittlung der Freiheitsgrade eines dreidimensionalen Punktes anwenden ($F_{3DPunkt} = 3$ DoFs in $\mathbb{R}^3$).

Im Allgemeinen können geometrische Primitive durch eine Vielzahl von mathematischen Ansätzen beschrieben werden, wobei im Kontext der constraint-basierten Modellierung eine Definition durch Punkte von besonderem Interesse ist (Anderl & Mendgen, 1996). Nach Berling et al. (1993) bilden Punkte eine Schnittstelle zu den verschiedenen Primitiven (vgl. Abbildung 4.15), da diese geometrisch mithilfe einer finiten Anzahl an Punkten (z. B. Start- und Endpunkt einer Linie) und mathematisch (z. B. Variable x_1 in einer algebraischen Gleichung) anhand eines irreduziblen Polynoms[9] {x,y,z | f(x,y,z) = 0} beschrieben werden können (Hoffmann et al., 2001; Borrmann, 2007, S. 83). Unter Berücksichtigung dieses Ansatzes wird angenommen, dass sich die Anzahl der Freiheitsgrade jedes Primitivs (Punkt, Linie, Kreis, Spline etc.) berechnen lässt, indem die Anzahl der Punkte N – die für eine eindeutige Beschreibung des Primitives notwendig sind – mit den Freiheitsgraden eines Punktes ($F_{(Punkt)}$) multipliziert wird (Anderl & Mendgen, 1996; Luzón et al., 2005). Letztendlich kann dadurch für jedes Primitiv ein primitiv-bezogener Faktor $F_{(Prim)}$ hergeleitet werden:

$$F_{(Prim)} = N \cdot F_{(Punkt)} \tag{4.9}$$

Beispielsweise kann eine endliche Linie eindeutig durch zwei Punkte (N = 2) definiert werden. Durch das Einsetzen der Anzahl der Punkte in die Gleichung 4.9 ergibt sich, dass eine Linie in $\mathbb{R}^2$ 4 Freiheitsgrade[10] ($F_{(Linie)} = 2 \cdot F_{(Punkt)} = 4DoFs$) und in $\mathbb{R}^3$ 6 Freiheitsgrade besitzt (vgl. Tabelle 4.2). Mathematisch kann dieses Ergebnis bestätigt werden, da für eine eindeutige Berechnung der Start- und Endpunkte einer Linie z. B. in $\mathbb{R}^2$ 4 Parameter (x- und y-Koordinate, ein Richtungsvektor $\vec{s}$ und eine Länge d) erforderlich sind (vgl. Abschnitt 3.1.1).

Analog zu diesem Vorgehen können die Freiheitsgrade der restlichen geometrischen Primitive in $\mathbb{R}^2$ bzw. $\mathbb{R}^3$ ermittelt werden, wobei im Fall eines Kreises bzw. einer Ellipse der ermittelte Freiheitsgrad aus Gleichung 4.9 aufgrund der linearen Abhängigkeit der Variablen bzw. der rotationssymmetrischen Eigenschaften (Kramer, 1991) um einen Freiheitsgrad reduziert werden muss. Mathematisch wird dieser Zusammenhang über folgende Gleichung beschrieben:

$$r = \sqrt{(x_i - x_m)^2 + (y_i - y_m)^2} \tag{4.10}$$

In Abbildung 4.15 werden weitere Primitive zusammen mit der Berechnung des primitiv-bezogenen Faktors (F_{Prim}) dargestellt, die standardmäßig zur Konstruktion eines 2D-Skizzenprofiles eingesetzt werden.

Auf Basis dieser geometrischen Primitive lässt sich eine Vielzahl von geometrischen Formen abbilden, indem die offenen geometrischen Primitive wie z. B. Linie, Kreisbogen oder Splines zu

---

[9] Ein irreduzibles Polynom kann nicht in ein einfacheres Polynom zerlegt werden, z. B. $x^2 + 1$ in $\mathbb{Q}$.
[10] Eine ∞ Linie wird als eine Gerade bezeichnet und besitzt aufgrund der unendlichen linearen Ausdehnung nur 2 DoFs.

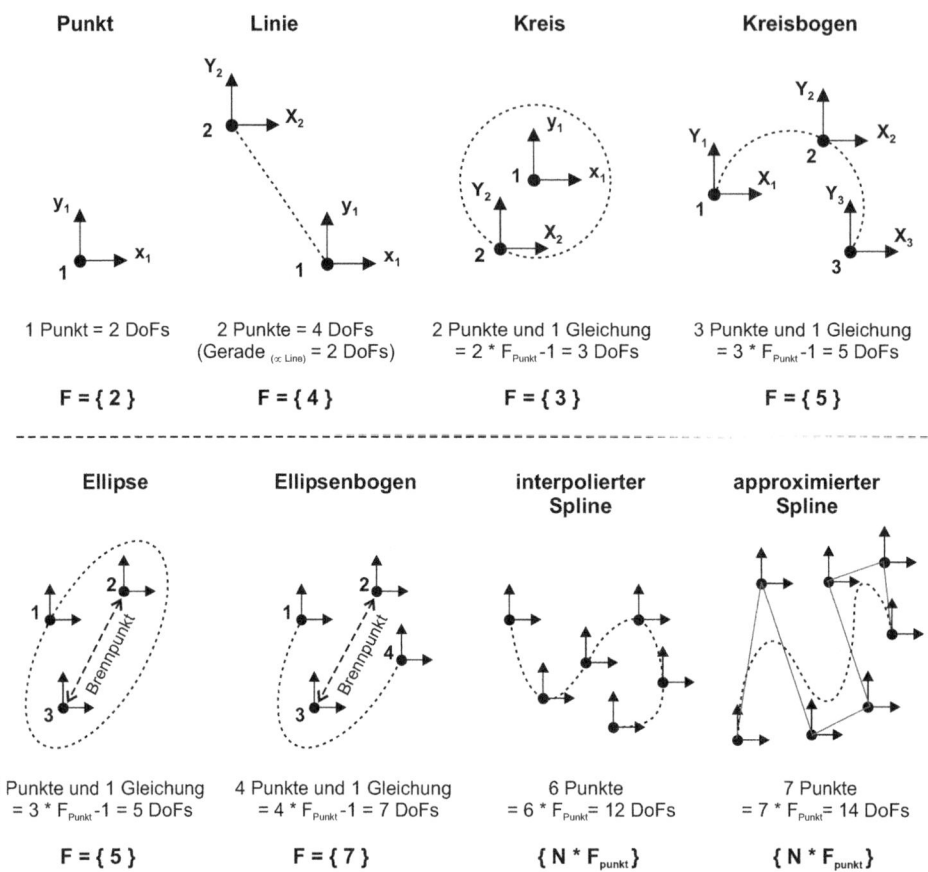

Abbildung 4.15: Darstellung der Primitiven mithilfe einer Menge an Punkten sowie der Ermittlung des primitiv-bezogenen Faktors F für den Fall $\mathbb{R}^2$.

einem komplexeren Objekt gekoppelt werden. Die Anzahl der Freiheitsgrade, die das zusammengesetzte Objekt besitzt, wird als Dimension DoFs$_{(Obj)}$ des Modells bezeichnet (Eggli et al., 1997) und ergibt sich aus der Akkumulation der Freiheitsgrade der einzelnen Primitive. Vereinfacht lässt sich diese Modelldimension berechnen, indem zuerst identische Primitive E$_{(Prim)}$ zusammengefasst werden und anschließend das Ergebnis mit dem dazugehörigen primitiv-bezogenen Faktor F$_{(Prim)}$ multipliziert wird. Abschließend werden die einzelnen Produkte zur Dimension des Modells aufsummiert. Dieser Vorgang lässt sich mathematisch wie folgt zusammenfassen:

$$DoFs_{(Obj)} = \sum \{F_{(Prim)} \cdot \sum_{i=1}^{n} E_{(Prim)}\} \qquad (4.11)$$

Die ermittelte Dimension liefert eine Aussage über die Variabilität eines parametrischen Modells bzw. informiert den Anwender, wie viele Constraints (Parameter, Koordinaten) anzuordnen sind, sodass das Modell parametrisch *voll-bestimmt* ist. Grundsätzlich gil: Je mehr Freiheitsgrade durch verschiedene Constraints fixiert werden, desto höher ist die Qualität des parametrischen Modells in Bezug auf Kontrollierbarkeit, Modifizierbarkeit und geometrischer Gültigkeit (Fudos & Hoffmann, 1996b).

4.4.2 Analyse der reduzierten Freiheitsgrade in $\mathbb{R}^2$

Primäre Aufgabe der geometrischen Constraints ist es, die Freiheitsgrade eines geometrischen Objektes einzuschränken, sodass ein gewünschtes Modellverhalten repräsentiert werden kann (vgl. Abschnitt 4.3). Hierbei wird nach jeder Anwendung eines Constraints eine constraint-spezifische Anzahl an geometrischen Freiheitsgraden fixiert (Lee & Kim, 1998). Wie viele Freiheitsgrade sich durch ein geometrisches Constraint reduzieren lassen, ist von der mathematischen Definition des Constraints sowie von der Anzahl der eingesetzten Primitive abhängig. Abulawi (2012) unterscheidet hierzu die geometrischen Constraints in die folgenden drei *Primitiv-Constraint-Typen*:

– **Mono-Primitive-Constraint:** logische und dimensionale Constraints, die sich nur auf ein Primitiv beziehen (Länge, Radius, fixieren)

– **Bi-Primitive-Constraint:** logische und dimensionale Constraints, die sich auf zwei Primitive beziehen (Abstand, Winkel, zusammenfallend, Schnittpunkt, Kontakt)

– **Multi-Primitive-Constraint:** logische Constraints, die mehrere Primitive anhand eines Primitivs ausrichten (parallel, horizontal, kollinear, konzentrisch)

Anhand dieser Kategorisierung lassen sich die verschiedenen logischen und dimensionalen Constraints einer primitiv-bezogenen *Constraint-Wertigkeit* (ν) zuordnen. Untersuchungen im Zuge dieser Arbeit haben ergeben, dass bei der Anwendung von Mono- und Bi-Primitiven-Constraints stetig eine konstante Anzahl von 1 oder 2 Freiheitsgraden reduziert wird. Multi-Primitive-Constraints hingegen reduzieren das zu parametrisierende Objekt um eine Anzahl an Freiheitsgraden, die sich aus der mathematischen Wertigkeit des Constraints und der Anzahl N der ausgewählten Primitive ableiten lässt (vgl. Tabelle 4.6). Neben diesen constraint-spezifischen Eigenschaften muss während des Parametrisierungsprozesses darauf geachtet werden, dass die hinzugefügten Constraints keine lokale Über-Bestimmung von einzelnen geometrischen Primitiven verursachen (vgl. Abschnitt 4.3.3), insbesondere dann, wenn Multi-Primitive-Constraints, wie beispielsweise die beiden lokal-logischen Constraints kollinear und konzentrisch, zum Einsatz kommen, da diese beiden Constraints indirekt ein parallel Constraint bzw. ein zusammenfallend Constraint mit abbilden. Eine genauere Analyse der durch die Constraints reduzierten Freiheitsgrade ist erforderlich.

Erfolgt z. B. die Parametrisierung eines geometrischen Objektes anhand eines Constraints kollinear und eines Constraints parallel, so ergibt sich eine Constraint-Kombination, die eine lokale Überbestimmung des geometrischen Objektes hervorruft. Allerdings verursacht diese lokale

Überbestimmung keinen Konflikt am Objekt selbst, da häufig im parametrischen Modellierungssystem ein Algorithmus hinterlegt ist, der in Abhängigkeit der Parametrisierungsreihenfolge die Ausrichtung der geometrischen Objekte entweder anhand des Constraints parallel oder des Constraints kollinear durchführt. Dabei wird die *Constraint-Wertigkeit* eines der beiden Constraints vermindert. Beispielsweise wurde zuerst das Constraints parallel auf die geometrischen Objekte angewandt, so werden dadurch N - 1 Freiheitsgrade reduziert (vgl. Tabelle 4.6). Gleichzeitig bedeutet dies, dass die Wertigkeit ν des Constraints kollinear um den Wert 1 reduziert werden muss, da die Ausrichtung des Objektes bereits durch das Constraints parallel erfolgte. Im umgekehrten Fall reduziert das Constraints kollinear 2(n - 1) Freiheitsgrade (vgl. Tabelle 4.6), sodass aufgrund der vollen Wertigkeit des Constraints kollinear das Constraints parallel keinen Einfluss auf die Freiheitsgrade des Objektes besitzt. In den Abbildungen 4.16a - 4.16c ist eine derartige Constraint-Kombination am Beispiel eines quer-festen Brückenlagers dargestellt und es werden die einzelnen Parametrisierungszustände beschrieben. Zudem wird in Abbildung 4.16e der Einfluss der Parallel-kollinear-Constraint-Kombination auf das global-logische Constraint horizontal erläutert. Ähnliche Überlegungen sind bei einer Konzentrisch-zusammenfallend-Constraint-Kombination zu berücksichtigen. Neben diesen beiden Sonderfällen existiert eine Vielzahl an weiteren Kombinationsmöglichkeiten (vgl. Abbildung 4.17). Diese Kombinationen lassen sich durch eine *lokale Freiheitsgradanalyse* sehr gut bewerten, indem der Analysevorgang auf ein einzelnes Primitiv beschränkt wird. Hierzu wird das Primitiv aus dem Gesamtprofil losgelöst und mithilfe der *direkten Freiheitsgradanalyse* untersucht. Dabei ist eine gleichmäßige Verteilung der reduzierten Freiheitsgrade an den gekoppelten Primitiven, wie z. B. bei einem Constraint zusammenfallend, erforderlich (vgl. Abbildung 4.19).

Erfolgt eine Berücksichtigung dieser Randbedingungen, so kann nach jeder Integration eines neuen Constraints die reduzierte Anzahl an Freiheitsgraden $C_{(Obj)}$ ermitteln werden. Hierzu

Tabelle 4.6: Einteilung der 14 geometrischen Constraints aus Kapitel 4, Tabelle 4.3 in die verschiedenen Wertigkeitsgruppen zur Ermittlung der reduzierten Freiheitsgrade.

Constraint Fixiert $C(\nu^1)$		Constraint Fixiert $C(\nu^1)$		Constraint Fixiert $C(\nu^2)$ bzw. $C(\nu^R)$	
$N \geq 1$		$N \geq 2$		$N \geq 2$	
H	N DoFs	⌐	1 DoF	⌐	2 DoFs
V	N DoFs	⊘	N-1 DoFs	//	2(N-1) DoFs
C	N DoFs	//	N-1 DoFs	⊕	2(N-1) DoFs
Abstand	1 DoF	⊥	N-1 DoFs	🔒	$F_{(Prim)}$
Winkel	1 DoF	E	N-1 DoFs	△	$\sum C_{(Obj)}$

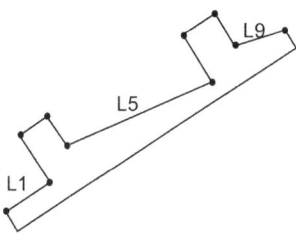

a) Ungefähre geometrische Form der Stahlunterkonstruktion des quer-festen Lagers

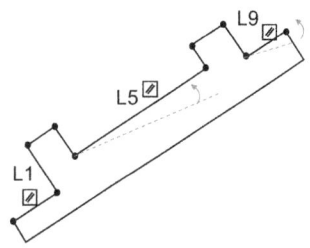

b) Parametrisierung der Linien L1, L5, L9 anhand eines lokal-logischen Constraints parallel → $C_{(parallel)} = (n-1) = 3-1 = 2$ DoFs

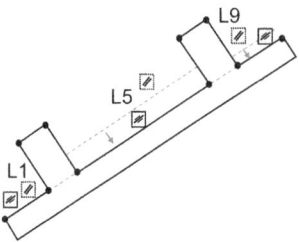

c) Parametrisierung der Linien L1, L5, L9 mithilfe des lokal-logischen Constraints kollinear → $C_{(kollinear)} \neq 2(n-1)$, sondern $(n-1) = 3-1 = 2$ DoFs, da der Winkel bereits zuvor durch das Constraint parallel parametrisiert wurde

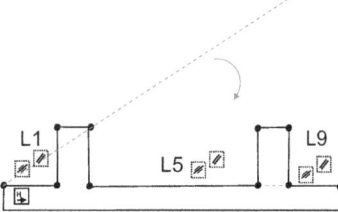

d) Ausrichtung der Linien L1, L5, L9 anhand eines global-logischen Constraints horizontal → $C_{(horizontal)} \neq n$, sondern 1 DoF, da nur noch der Winkel (α_1) der Referenzlinie (L1) parametrisierbar ist. Der Winkel der Linie L5 und L9 ist aufgrund des logischen Constraints parallel parametrisch an den Winkel α_1 gekoppelt ($\alpha_5 = \alpha_1$)

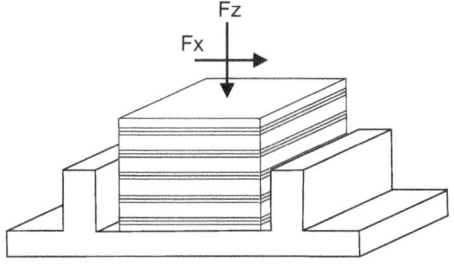

e) Parametrisches Modell des quer-festen Brückenlagers

Abbildung 4.16: Sonderfall bei der Ermittlung der reduzierten Freiheitsgrade.

wird die Gesamtsumme aus den einzelnen Teilsummen an ein- (ν^1), zwei- (ν^2) und mehrwertigen

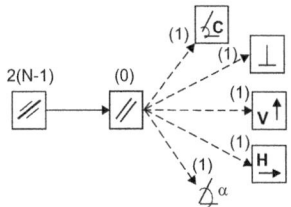 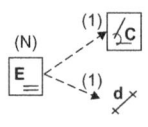 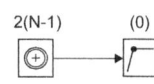

a) Mögliche Constraint-Kombinationen im Bezug auf die Richtung der Primitive

b) Mögliche Constraint-Kombinationen im Bezug auf die Ausdehnung der Primitive

c) Mögliche Constraint-Kombination im Bezug auf die Positionierung der Primitive

Abbildung 4.17: Auswahl von möglichen Constraint-Kombinationen, die einen gegenseitigen Einfluss auf die Anzahl der fixierten Freiheitsgrade verursachen. Die reduzierbaren DoFs stehen in Klammern.

(ν^R) Constraints (vgl. Tabelle 4.6) gebildet:

$$C_{(Obj)} = C(\nu^1) + C(\nu^2) + C(\nu^R) \tag{4.12}$$

4.4.3 Direkte Freiheitsgradanalyse

Auf Basis dieser beiden Komponenten, die im Wesentlichen das geometrische Constraint-Problem beschreiben, kann eine Auswertung des Parametrisierungszustandes eines geometrischen Objektes direkt am Modell durchgeführt werden. Hierzu werden die geometrischen Freiheitsgrade DoFs$_{(Obj)}$ des Modells mithilfe Gleichung 4.11 ermittelt und mit der Anzahl der fixierten Freiheitsgrade C$_{(Obj)}$ aus Gleichung 4.12 gegenübergestellt, sodass eine Aussage über den Parametrisierungszustand des Modells möglich ist. Jedoch können aufgrund dieser globalen Untersuchung keine lokal über-bestimmte geometrische Primitive erkannt werden. Diese Einschränkung kann aber unter der Berücksichtigung der lokalen Freiheitsgradanalyse, der Parametrisierungsreihenfolge sowie den symmetrischen Eigenschaften des geometrischen Modells behoben werden.

Letztendlich ergibt sich aus der Analyse ein globaler Restwert, der als Restdimension bzw. Parametrisierungsgrad $\Delta P_{(Obj)}$ des Modells bezeichnet wird, wobei für eine Starrkörper-Transformation in $\mathbb{R}^2$ 3 Freiheitsgrade (D = 3 DoFs) und in $\mathbb{R}^3$ 6 Freiheitsgrade (D = 6 DoFs) freibleiben müssen (Lee & Kim, 1998; Hoffmann et al., 2001; Jubierre, 2009). Erst mithilfe dieser verbleibenden Freiheitsgrade lassen sich die einzelnen Bauteile korrekt positionieren und zu einem Gesamtmodell rekombinieren (vgl. Abschnitt 4.6.4). Fasst man diese beiden Gleichungen zu einer Formel zusammen, so ergibt sich eine Gleichung, mit deren Hilfe eine direkte und vor allem schnelle Identifizierung des vorhandenen Parametrisierungsgrades $\Delta P_{(Obj)}$ eines beliebigen Modells möglich ist (vgl. Gleichung 4.13).

$$\Delta P_{(Obj)} = \text{DoFs}_{(Obj)} - C_{(Obj)} \; (- D) \tag{4.13}$$

Methode der direkten Freiheitsgradanalyse

Im Gegensatz zu den bestehenden Verfahren aus Abschnitt 4.6.4, die zur Ermittlung des Parametrisierungsgrades $\Delta\,\mathrm{P}_{(Obj)}$ einen Constraint-Grafen benötigen, kann anhand der Gleichung 4.13 der *Parametrisierungsgrad* eines Modells sehr schnell ermittelt werden. Eine Parametrisierung von wichtigen geometrischen Modellparametern ist somit zu einem frühen Zeitpunkt möglich, oder bestehende Entwurfskonzepte können auf mögliche Parametrisierungsfehler untersucht werden. Aber auch bei der CAD-basierten Parametrisierung von Skizzenprofilen lässt sich die direkte Freiheitsgradanalyse einsetzten, um eine geeignete Parametrisierung der Skizzen bzw. zur Modifikation bestehender Skizzen umzusetzen.

Damit die direkte Freiheitsgradanalyse auch von einer Vielzahl an Endanwendern (Ingenieure, Bauzeichner, Studenten etc.) verwendet werden kann, wurde die Gleichung 4.13 vereinfacht, sodass dem Anwender nur noch die Anzahl identischer Primitive E_{Prim} bekannt sein muss.

mit:
$$\begin{aligned}
C_{(Obj)} &= C(\nu^1) + C(\nu^2) + C(\nu^R) \\
DoFs_{(Obj)} &= \sum \{F_{(Prim)} \cdot \sum_{i=1}^{n} E_{(Prim)}\} \\
&= 2 \cdot Obj_{(Punkt)} + 3 \cdot Obj_{(Kreis)} + 4 \cdot Obj_{(Linie)} \\
&\quad + 5 \cdot Obj_{(Kreisbogen, Ellipse)} + 7 \cdot Obj_{(Ellipsenbogen)} + DoFs_{(Spline)}
\end{aligned}$$

mit: $\quad DoFs_{(Spline)} = \begin{cases} 2\sum Punkte_{(Spline)} & \text{wenn: offen} \\ 2\sum Punkte_{(Spline)} + 2 & \text{wenn: geschlossen} \end{cases}$

Konstrukteure sind somit in der Lage, den Parametrisierungszustand $\Delta\,\mathrm{P}_{(Obj)}$ des geometrischen Modells nach jeder Anordnung eines neuen Constraints ermitteln zu können. Wie bereits in Abschnitt 4.3.3 angedeutet, stellt der Parametrisierungsgrad $\Delta\,\mathrm{P}_{(Obj)}$ einen dreistufigen Indikator dar, anhand dessen sich die Flexibilität, die Robustheit und die Qualität eines parametrischen Modells kategorisieren lassen.

unter-bestimmt:	$\Delta P_{(Obj)} > 0$	(4.14a)
voll-bestimmt:	$\Delta P_{(Obj)} = 0$	(4.14b)
über-bestimmt:	$\Delta P_{(Obj)} < 0$	(4.14c)

4.4.4 Beispiele der direkten Freiheitsgradanalyse

Zur Darstellung des Ablaufes der direkten Freiheitsgradanalyse wird ein einfaches geometrisches Beispiel angeführt, anhand dessen das grundlegende Prinzip des Verfahrens aufgezeigt werden

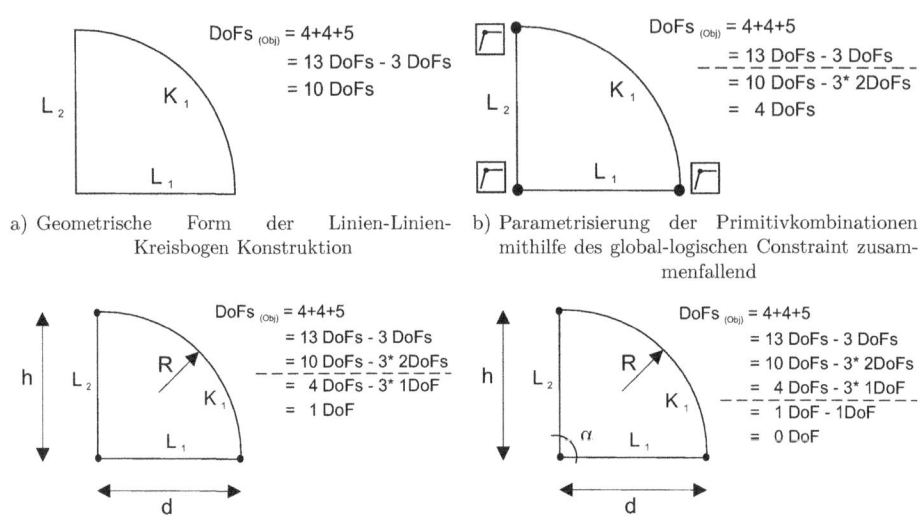

Abbildung 4.18: Beispiel zur Durchführung einer direkten Freiheitsgradanalyse, die eine konzeptionelle Parametrisierung eines skizzen-basierten Entwurfes ermöglicht.

soll. Dieses Beispiel setzt sich aus verschiedenen geometrischen Primitiven (Punkte, Linien, Kreise und Kreisbögen) zusammen, die standardmäßig zur Umsetzung eines Skizzenprofils eingesetzt werden. Außerdem wird anhand des Beispiels erläutert, wie sich lokal über-bestimmte Primitive identifizieren lassen.

In diesem Beispiel handelt es sich um einen Linie-Linie-Kreisbogen Konstruktion (vgl. Abbildung 4.18a), die beispielsweise eine Eckausrundung eines Pfeilerquerschnitts darstellen kann. Da dieses geometrische Objekt keine Achssymmetrie aufweist, stehen aufgrund der zwei Linien sowie des Kreisbogens 13 DoFs zur Parametrisierung des Skizzenprofils zur Verfügung. Von diesen 13 DoFs müssen 3 DoFs für eine Starrkörper-Transformation erhalten bleiben, sodass letztendlich nur 10 DoFs mithilfe von geometrischen Constraints fixiert werden dürfen.

Als Erstes werden, wie in Abbildung 4.18b eingetragen, die Start- bzw. Endpunkte der Linien und des Kreises durch ein global-logisches Constraint zusammenfallend aneinander gekoppelt ($\sum C = 6$ DoFs). Dadurch können keine Lücken zwischen den einzelnen Primitiven entstehen. Als Nächstes werden die Ausdehnung der jeweiligen Linien sowie der Radius des Kreisbogens mithilfe von dimensionalen Constraints parametrisiert ($\sum C = 3$ DoFs). Um die Länge des Kreisbogens anhand eines Modellparameters steuern zu können, wird der Winkel zwischen den beiden Linien mit einem winkel-dimensionalen Constraint versehen (vgl. Abbildung 4.18d), wobei die Linie L_1 das referenzierte Primitiv darstellt ($\sum C = 1$ DoF). Diese Information ist wichtig, da sich dadurch eindeutig festlegen lässt, bei welchem Primitiv die Rotationsfähigkeit eingeschränkt wird und bei welchem nicht (in diesem Fall bei der Linie L_2). Werden die einzelnen reduzierten Freiheitsgrade entsprechend der Parametrisierungsreihenfolge kontinuierlich von den noch

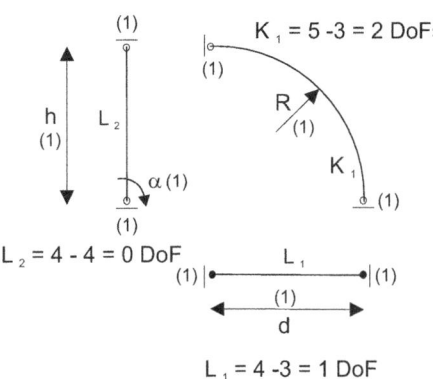 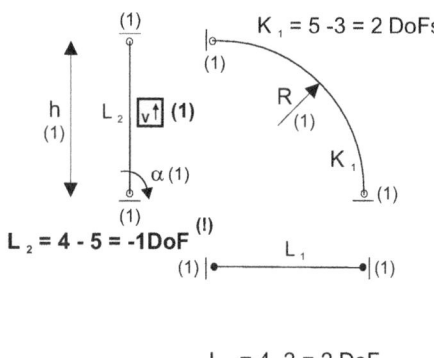

a) Lokale Analyse des Parametrisierungsgrads zur Kontrolle der einzelnen Primitive hinsichtlich Über-Bestimmtheit. Hierzu muss der Parametrisierungsgrad jedes einzelnen Primitivs ≥ 0 DoF sein. Zudem muss die Summe der einzelnen lokalen Parametrisierungsgrade ≥ 3DoFs ergeben, um ein parametrisch voll-bestimmtes Modell zu erhalten

b) Beispiel eines lokal über-bestimmten Primitivs obwohl global ein voll-bestimmtes Ergebnis vorliegt. Hierzu wurde zusätzliche der global-logische Constraint „vertikal" an die Linie L_2 angebracht und der linear-dimensionale Constraint von der Linie L_1 entfernt

Abbildung 4.19: Darstellung einer lokalen Freiheitsgradanalyse sowie eines lokal über-bestimmten geometrischen Primitivs aus dem Beispiel in Abbildung 4.18. Die durch die geometrischen Constraints reduzierten DoFs stehen in Klammern.

vorhandenen Freiheitsgraden subtrahiert, so ergibt sich nach jeder Integration eines Constraints der Parametrisierungsgrad $\Delta P_{(Obj)}$ des Modells (vgl. Abbildung 4.18b - 4.18d).

Wie bereits in Abschnitt 4.4.2 erwähnt, können einzelne lokal über-bestimmte Primitive auftreten, die sich durch die globale Freiheitsgradanalyse nicht erkennen lassen. Jedoch kann dieses Problem durch eine lokale Freiheitsgradanalyse vermieden werden. Hierzu werden die jeweiligen Primitive einschließlich ihrer Constraints separat betrachtet. Wichtig hierbei ist, dass einerseits bekannt ist, welche Primitive als Referenzobjekt für den Constraint fungieren, und andererseits, dass eine gleichmäßige Verteilung des global-logischen Constraint zusammenfallend auf die betroffenen Primitive erfolgt (z. B. Translation in x- oder y-Richtung). Durch diese Aufteilung wird jedem Primitiv 1 DoF zur Reduktion der Freiheitsgrade zugeordnet (vgl. Abbildung 4.19a). Erfolgt nun eine direkte Analyse der Freiheitsgrade mithilfe der Gleichung 4.13, so kann der lokale Parametrisierungsgrad $\Delta P_{(Obj)}$ bestimmt werden. Die anschließende Beurteilung des Parametrisierungsgrades erfolgt mithilfe der im Abschnitt 4.4.3 beschriebenen Gleichung 4.14. Eine derartige lokale Freiheitsgradanalyse wurde für das in Abbildung 4.18 angeführte Beispiel durchgeführt, die Ergebnisse werden in Abbildung 4.19a dargestellt. Zur Veranschaulichung eines parametrisch lokal über-bestimmten Primitivs wurde die Parametrisierung des Beispiels modifiziert, sodass eine lokal über-bestimmte Linie L_2 entsteht, obwohl die globale Freiheitsgradanalyse ein parametrisch *voll-bestimmtes* Modell ergibt (vgl. Abbildung 4.19b). Letztendlich lassen sich mithilfe der direkten Freiheitsgradanalyse Probleme bei der Parametrisierung eines 2D-Profils schnelle erkennen, die während der Ausführung einer constraint-basierten Modellierungsmethode auftauchen können.

4.5 Methoden der constraint-basierten Modellierung

Seit Anfang der 1990er Jahre konnten sich unter dem Paradigma der parametrischen bzw. constraint-basierten Modellierung zwei Verfahren zur Erstellung eines *parametrisch-assoziativen* Modells durchsetzen (Hoffmann, 2005). Zum einen das Verfahren der *variationalen* Modellierung (engl. *varational modeling*) und zum anderen der *prozedural-parametrischen* Modellierung (engl. *procedural-parametric modeling*). Beide Verfahren beruhen auf den Grundlagen der geometrischen Modellbildung (vgl. Kapitel 3). Sie weisen jedoch signifikante Unterschiede in ihrer Wiederverwendbarkeit und Variabilität auf. Am Modell selbst lässt sich dieser Unterschied kaum erkennen, da beide Verfahren die gleichen geometrischen Primitive zur Darstellung des constraint-basierten Modells verwenden. Jedoch werden zur Lösung der im Modell beinhalteten Constraints unterschiedliche Constraint-Satisfaction-Algorithmen eingesetzt, die das System aus Constraint-Gleichungen entweder mithilfe eines sequenziellen Ansatzes oder mithilfe eines simultanen Ansatzes lösen. Diese Algorithmen werden in Abschnitt 4.6 genauer vorgestellt.

Erfolgt die Lösung des parametrisierten Modells auf Basis eines sequenziellen Ansatzes, so werden die Constraints entsprechend einer fest definierten Reihenfolge ausgewertet. Im Gegensatz dazu wird bei einem simultanen Ansatz die Lösung des Systems aus nicht-linearen Constraint-Gleichungen anhand eines einzigen Lösungsschritts durchgeführt. Aufgrund dieser unterschiedlichen Auswertesystematik ergeben sich zwei verschiedene Modellstrukturen, die in den verschiedenen kommerziellen CAD-Systemen (vgl. Tabelle 4.7) entweder als ein *prozedural-parametrisches* Modell oder als ein *variationales* Modell abgebildet werden. Inwiefern sich diese beiden Modelle voneinander unterscheiden, wird in den Abschnitten 4.5.1 und 4.5.2 detailliert vorgestellt. Besonders in der Praxis spielt diese Unterscheidung eine wichtige Rolle, da in den verschiedenen Planungsphasen eines Bauwerks unterschiedliche Anforderungen gesetzt werden. Zum einen wird das Verfahren der variationalen Modellierung primär in der Entwurfsphase eingesetzt, da sich damit umfangreiche Variantenstudien zur Identifizierung einer optimalen Bauwerkskonstruktion oder einer Linienführung identifizieren lassen (Berling & Rosendahl, 1993). Sind jedoch die Randbedingungen eines Bauwerkes wie die Stützweite oder die Breite einer Brücke bereits eindeutig definiert, so kann das exakte Bauwerksmodell direkt anhand eines prozedural-parametrischen Modellierungsansatzes umgesetzt werden. Aufgrund des prozeduralen Prozesses lassen sich Modifikationen direkt steuern und sehr schnell umsetzen, sodass sich dieser Modellierungsansatz sehr gut für Planungsaufgaben in der Phase der Ausführungsplanung eignet.

Tabelle 4.7: Kommerzielle constraint-basierte CAD-Systeme.

Firma Produkt	Siemens NX	Autodesk Inventor/ AutoCAD	Dassault CATIA	PTC Creo	Rhinoceros Rhino	Bricsys BricsCAD PRO
Modellier-kern	Parasolid	Shape Manager	ACIS	Granite One	NURB Surface	ACES
Geometric Constraint-Solver	D-Cubed (2D/3D DCM)	D-Cubed (2D DCM)	D-Cubed (2D/3D DCM)	D-Cubed (2D/3D DCM)	LEDAS (3D LGS)	LEDAS (2D LGS)

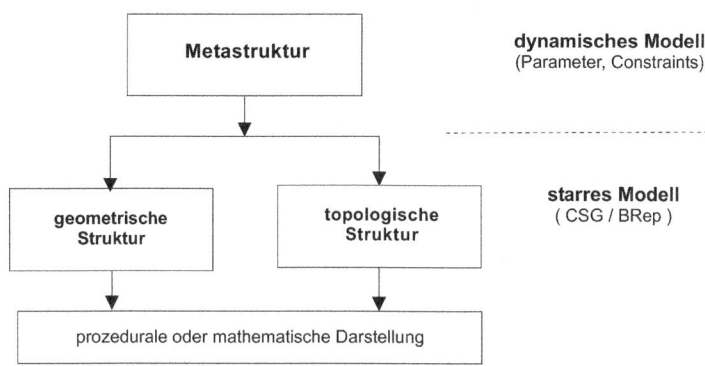

Abbildung 4.20: Datenstruktur eines constraint-basierten Modells (Shah & Mäntylä, 1995).

Es ist zu beachten, dass im Jahr 2015 kaum mehr zwischen diesen beiden Modellierungsansätzen unterschieden wird, da in vielen constraint-basierten CAD-Systemen beide Ansätze berücksichtigt werden, sodass der variationale Modellierungsansatz und der prozedural-parametrische Modellierungsansatz in den folgenden Abschnitten genauer betrachtet wird.

4.5.1 Prozedural-parametrischer Modellierungsansatz

In einem prozedural-parametrischen Modellierungsansatz werden geometrische und nichtgeometrische Abhängigkeiten entsprechend ihrer *Konstruktionsreihenfolge* beschrieben (Berling et al., 1993), wobei die Definition der Abhängigkeiten nicht nur durch explizite Modellparameter, sondern auch mithilfe von Constraints – die eine Verknüpfung zu anderen geometrischen Objekten herstellen – umgesetzt werden (ISO:10303-Part:108, 2005; Imrak, 2002). Die Verwaltung dieser Abhängigkeiten erfolgt mithilfe einer zusätzlichen Metastruktur, die auf der geometrischen und topologischen Datenstruktur eines geometrischen Modells aufbauen (vgl. Abbildung 4.20).

Entsprechend diesen Annahmen definieren Hoffmann & Joan-Arinyo (2002) ein prozedural-parametrisches Modell als eine abgeleitete Instanz eines generischen Modells[11], das sich aus der Auswertung der fest definierten Modellparameter und implizit definierten Constraints[12] sowie der Anwendung eines deterministischen (stabil ablaufenden) Modellierungsverfahrens (CSG) nach Requicha & Voelcker (1977) ergibt. Konkret bedeutet dies, dass die Form des instanziierten Modells stets affin zur Grundform des generischen Modells ist (Quader bleibt Quader, nur mit unterschiedlichen Ausdehnungen). Aus dem Blickwinkel der Informatik lässt sich somit ein prozedural-parametrisches Modell als eine Instanz einer generischen Klasse interpretieren, die sich aus einer konstanten Anzahl direkt an die Datenstruktur gekoppelten Modellparametern

---

[11] Ein generisches Modell definiert eine semi-algebraische Punktmenge (wie. z. B. BRep/CSG-Modell).

[12] Nach STEP-Part:108 (2005) ergibt sich ein implizit definierter Constraint durch die Ausführung einer Sequenz von Konstruktionsschritten, wie z. B. eine Verschneidung von zwei Linien, was geometrisch einen gemeinsamen Schnittpunkt erzeugt. Eine parameter-spezifische Modifikation des impliziten Constraints ist nicht möglich.

(1) $H_{Quader} = 10$

(2) $B_{Quader} = \dfrac{H_{Quader}}{2.5} + 1,15$

(3) $L_{Quader} = \dfrac{B_{Quader}}{0.5} + \dfrac{H_{Quader}}{\sqrt{2}}$

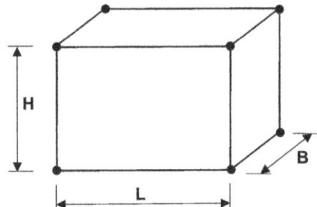

Abbildung 4.21: Sequenzielle Parameterabhängigkeiten zur Instanziierung eines Quaders.

(Variablen) und einer vordefinierten Auswahl an geeigneten Lösungsalgorithmen zusammensetzt (Ault, 1999).

Wie im Abschnitt 4.5 erwähnt, erfolgt die Auswertung der expliziten Modellparameter bzw. der impliziten Constraints sequenziell, sodass sich die Modellparameter nur auf Basis eines bereits zuvor ausgewerteten Modellparameters oder eines initialen Modellparameters, wie z. B. die Fläche eines Quaders A, berechnen lassen. Dieses Prinzip ist in Abbildung 4.21 anhand eines einfachen Beispiels dargestellt. Hierbei wird eine Instanz eines parametrisierten Quadermodells gezeigt, das sich aus der sequenziellen Auswertung der Modellparameter H $_{Quader}$, B $_{Quader}$ und L $_{Quader}$ ergibt. Die Auswertung des prozedural-parametrischen Modells kann z. B. anhand eines gerichteten *azyklischen* Constraint-Grafen erfolgen, der die Abhängigkeiten zwischen den einzelnen Geometrien und den Modellparametern bzw. Constraints beschreibt (Sapossnek, 1991). Aufgrund der Orientierung des Constraint-Grafen lässt sich eine Auswertungsreihenfolge ableiten, die anschließend zur sequenziellen Lösung des Systems aus Constraint-Gleichungen verwendet wird. Eine genauere Beschreibung dieses Verfahrens wird in Abschnitt 4.6.4 vorgestellt. Häufig wird diese Auswertungsreihenfolge in Form einer prozeduralen Konstruktionsreihenfolge bzw. Modellhistorie im CAD-System dokumentiert (vgl. Abschnitt 4.1.2). Mithilfe dieser Historie ist zum eine eine interaktive und gezielte Modifikation der jeweiligen Konstruktionsschritte möglich und zum anderen kann eine konsistente Rekonstruktion des Modells gewährleistet werden (Ault, 1999). Aufgrund dieser Eigenschaft wird dieser Ansatz auch als ein historien-basierter Modellierungsansatz bezeichnet.

Allerdings besitzen prozedural-parametrische Modellierungssysteme aufgrund der fixen Definition von Parametern und aufgrund des prozeduralen Ablaufes auch einige Einschränkungen. Zum einen können Constraints aufgrund des expliziten und sequenziellen Lösungsansatzes nicht objektübergreifend miteinander gekoppelt werden (Ault, 1999; Bidarra & Bronsvoort, 2000) und zum anderen müssen nach jeder Modifikation sämtliche Konstruktionsschritte erneut berechnet werden. Zudem lassen sich bestehende Constraint kaum entfernen bzw. neue Constraints kaum ergänzen (Shah & Mäntylä, 1995), da zur Lösung der Constraint-Gleichungen stets ein parametrisch *voll-bestimmtes* Modell vorliegen muss (Schussel & Chung, 1995; Vajna et al., 2009). Daher eignet sich der prozedural-parametrische Modellierungsansatz vor allem für Modellierungsaufgaben, die in einem fortgeschrittenen Planungsstand auftreten. In der Praxis müssen jedoch immer mehr Planungsaufgaben umgesetzt werden, insbesondere im Bereich der Infrastrukturplanung, die eine hohe Flexibilität erfordern und somit einen universellen Ansatz benötigen. Aus diesem Grund ist dort der Ansatz der variationalen Modellierung dem der prozedural-parametrischen Modellierung vorzuziehen.

4.5.2 Variationaler Modellierungsansatz

Bereits Mitte der 1960er Jahre entwickelte Ivan Sutherland (1964) das CAD-System „Sketchpad", das auf einem stark vereinfachten Ansatz der variationalen Modellierung basiert (Anderl & Mendgen, 1996). Aufbauend auf seinen Erkenntnissen wurden weitere parametrische Forschungsansätze, z. B. der im Abschnitt 4.5.1 vorgestellte prozedural-parametrische Modellierungsansatz, entwickelt. Imrak (2002) und Hoffmann (2001) bezeichnen den prozedural-parametrischen Modellierungsansatz, sogar als ein Teilgebiet des variationalen Modellierungsansatzes. Jedoch bestehen Unterschiede, die bereits am Anfang des Abschnittes 4.5 angesprochen wurden.

In dem Ansatz der variationalen Modellierung werden, wie beim prozedural-parametrischen Modellierungsansatz, Constraints und Modellparameter zur Definition der geometrischen Abhängigkeiten eingesetzt. Auch die Verwaltung der Modellparameter und Constraints erfolgt anhand einer Metastruktur, wobei diese Zwangsbedingungen mithilfe einer logischen Sprache beschrieben werden (Sapossnek, 1991; Berling et al., 1993). Wie in Abschnitt 4.3 bereits erläutert, werden hierzu die Modellparameter und Koordinaten als Variablen oder Prädikate deklariert und in einer Constraint-Gleichung integriert (Owen, 1991; Fudos et al., 2004). Aufgrund der deklarativen Definition der Variablen können diese beliebig oft eingesetzt werden, ohne dabei eine spezielle Lösungssequenz berücksichtigen zu müssen (Bouma et al., 1995). Somit lassen sich die Abhängigkeiten anhand eines ungerichteten Constraint-Grafen darstellen, der z. B. zusammen mit einem numerischen Lösungsverfahren (vgl. Abschnitt 4.6.1) eine simultane Lösung des Gleichungssystems ermöglicht (Pishtov, 2009). Diese Eigenschaft bildet den wesentlichen Unterschied zum prozedural-parametrischen Modellierungsansatz. Aufgrund der simultanen Auswertung ergibt sich ein variationales Modell, das sehr flexibel auf Änderungen reagieren kann.

Mathematisch betrachtet lässt sich die höhere Flexibilität der variationalen Modellierung gegenüber der prozedural-parametrischen Modellierung anhand einer algebraischen Gleichung erklären. Im Allgemeinen können algebraische Gleichungen entweder als eine explizite oder als eine implizite Form dargestellt werden, wie sie z. B. nachfolgend für die allgemeingültige Beschreibung einer Parabel ausformuliert sind:

$$x = \frac{-b \pm \sqrt{b^2 - 4ac}}{2a} \qquad ax^2 + bx + c = 0 \qquad (4.15)$$

Anhand einer expliziten Gleichungsdarstellung lassen sich einzelne Parameter, z. B. der Wert x direkt ermitteln, indem die bekannten Parameter a, b und c und das Vorzeichen der Wurzel in die Gleichung 4.15 eingesetzt werden. Das Ergebnis ist schnell ermittelt, eindeutig und entspricht den Eigenschaften eines prozedural-parametrischen Modellierungsansatzes. Jedoch kann aufgrund der Formulierung der Gleichung eine Auswertung nur für einen bestimmten Parameter erfolgen. Dies unterbindet eine beliebige Kopplung von Constraints und Modellparametern, da eine Lösung der Gleichung nur dann möglich ist, wenn alle anderen Parameter bekannt sind (Shah & Mäntylä, 1995; Ault, 1999). Eine sequenzielle Lösung wie im *procedural-parametrischen* Modell ist die Folge. Im Gegensatz dazu muss bei der impliziten Gleichungsdarstellung erst nach dem gesuchten Parameter, z. B. x, aufgelöst werden. Dies führt dazu, dass sich mehrere Lösungen für den Parameter x ergeben können und sich somit die Anzahl der gültigen Varianten

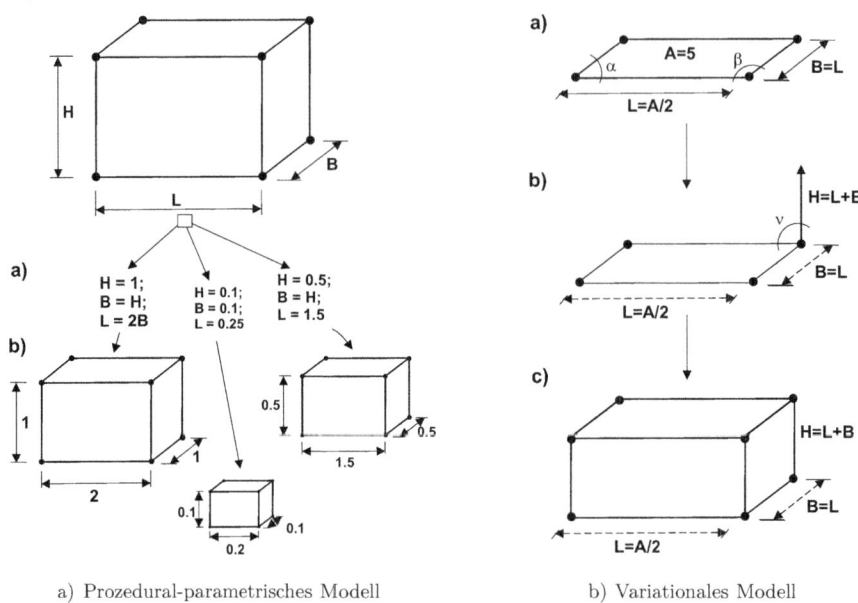

a) Prozedural-parametrisches Modell b) Variationales Modell

Abbildung 4.22: Grafische Gegenüberstellung des Parametrisierungsprozess einer prozedural-parametrischen Modellierung und einer variationalen Modellierung.

erhöht. Außerdem können die Abhängigkeiten beliebig definiert werden, da die Gleichung nach den Parametern a, b, c und x aufgelöst werden kann. Dies hat zur Folge, dass die Modellparameter bzw. Constraints unabhängig von einer Reihenfolge angeordnet, miteinander gekoppelt und berechnet werden können (Shah & Mäntylä, 1995). Werden die Eigenschaften einer impliziten Gleichungsform mit den Eigenschaften eines *variationalen* Modells verglichen, so können viele Parallelen identifiziert werden (Shah & Mäntylä, 1995).

Aber auch grafisch lässt sich die flexiblere Einsatzmöglichkeit der variationalen Modellierung gegenüber der prozedural-parametrischen Modellierung belegen. Hierzu wurde in Abbildung 4.22 der Parametrisierungsvorgang der beiden Modelle dargestellt. In der prozedural-parametrischen Modellierung ergeben sich durch die Spezifikation der vordefinierten Modellparameter (H, L, B) verschieden große Quadermodelle (vgl. Abbildung 4.22a). Im Allgemeinen können diese Modellparameter auch verknüpft werden, wobei die Reihenfolge der Parameterverknüpfung von der im CAD-System implementierten Auswertungsreihenfolge abhängig ist. Sollen andere Größen verändert werden, wie der Winkel zwischen zwei Linien in der Quadergrundfläche, so ist dies nicht möglich, da sich keine zusätzlichen Constraints bzw. Modellparameter integrieren lassen (vgl. Abschnitt 4.5.1). Im Gegensatz dazu werden in der variationalen Modellierung keine Constraints vorgegeben. Diese werden erst nachträglich in das zu parametrisierende geometrische Objekt (Profil, Körper) eingefügt. Beispielhaft wurde hierzu in Abbildung 4.22b ein Quadermodell dargestellt, indem eine Extrusion des Quadergrundprofils zum Quaderkörper durchgeführt wird. Hierbei wurde das Profil um eine bestimmte Anzahl an Constraints ergänzt, sodass sich das gewünscht Modell bzw. Modellverhalten abbilden lässt. Die Anordnung und Verknüpfung

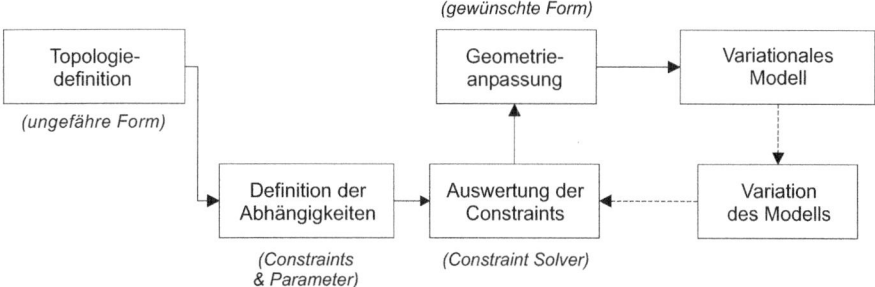

Abbildung 4.23: Standardmäßiger Ablauf zur Parametrisierung eines Modells.

dieser Constraints kann aufgrund der simultanen Auswertung der Constraints-Gleichungen beliebig erfolgen (vgl. Abbildung 4.22b). Selbst die Veränderung des Extrusionswinkels lässt sich sehr schnell anpassen, sodass aus dem orthogonalen Quader ein schiefwinkliger Quader entsteht. Aufgrund dieser Flexibilität sowie der *profil-basierten* Parametrisierungsmethodik lassen sich neue Randbedingungen schnell und effektiv in einem bestehenden Modell berücksichtigen.

Häufig erfolgt die Modellierung eines variationalen Modells auf Basis von zweidimensionalen Profilen (Skizzen), wobei die Parametrisierung der Profile anhand eines allgemeingültigen Parametrisierungsprozesses nach (Shah & Mäntylä, 1995) erfolgt (vgl. Abbildung 4.23) abläuft. Hierbei wird die grobe Kontur des zu entwickelnden geometrischen Objekts konzipiert, bevor sich das Profil um Constraints und Modellparameter ergänzen lässt. Zur Integration der Constraints kann eine beliebige Reihenfolge ausgewählt und explizit durch den Anwender angeordnet werden, wobei die Constraints im Profil als Symbole (vgl. Abschnitt 4.3.1.1, Tabelle 4.3) oder „dynamischen Vermaßungsketten" angezeigt werden (Hoffmann, 2001). Nachdem die Parametrisierung der geometrischen Kontur erfolgt ist, wird die konkrete Kontur des geometrischen Profils erzeugt, indem die vorhandenen Modellparameter an die geforderten Abmessungen angepasst werden. Anschließend wird eine simultane Auswertung des constraint-basierten Gleichungssystems durchgeführt. Im Gegensatz zur prozedural-parametrischen Modellierung ist hierzu kein parametrisch *voll-bestimmtes* Modell erforderlich, sodass nicht alle geometrischen Freiheitsgrade fixiert sein müssen (Schussel & Chung, 1995). Zur Lösung der Constraint-Gleichungen werden die fehlenden Constraints fiktiv ergänzt, dabei kann entweder ein heuristisches Verfahren[13] (Bouma et al., 1995) oder eine grafen-basierte Analysemethode (vgl. Abschnitt 4.6.4) eingesetzt werden. Die anschließende Modellierung des Volumenkörpers erfolgt auf Basis der evaluierten 2D-Profilskizze, indem ein Verfahren zur Volumenmodellierung zum Einsatz kommt (Borrmann et al., 2012). Eine Aufzeichnung der Modellierungshistorie ist wie im prozedural-parametrischen Modellierungsansatz möglich, jedoch nicht zwingend erforderlich[14]. Sind zu einem späteren Zeitpunkt Anpassungen erforderlich, so können die Modellparameter aufgrund der *deklarativen* De-

---

[13] Identifizierung von möglichen Constraints bzw. geometrischen Lösungen durch eine Variation der geometrischen Eigenschaften (Position, Richtung) der Primitive (Owen, 1991).

[14] In einigen kommerziellen CAD-Systemen kann die Modellierung des Modells historien-frei ausgeführt werden. Diese Art der Modellierung wird als Synchronous Technology (Menezes, 2010) oder als direkte Modellierung (engl. *direct modeling*) bezeichnet (Ushakov, 2008).

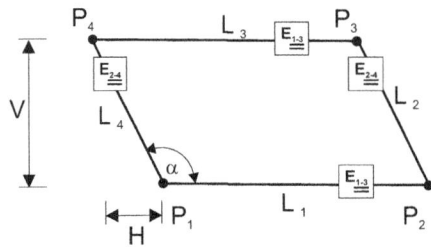
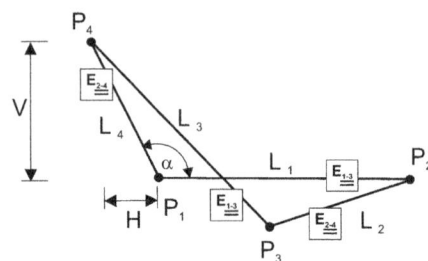

a) Initial parametrisiertes Skizzenprofil (Paralellogramm)

b) Gültige Variante des parametrisierten Skizzenprofils (Anti-Parallelogramm)

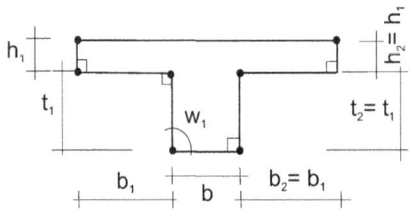
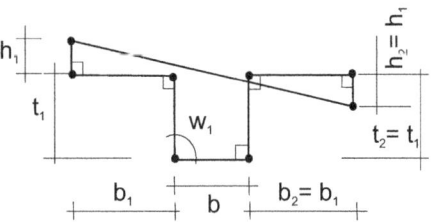

c) Initial parametrisiertes Skizzenprofil (Platenbalken)

d) Gültige Variante des parametrisierten Skizzenprofils

Abbildung 4.24: Grafische Darstellung fehlerhafter geometrischen Lösung bzw. Variante von parametrisierten Skizzenprofilen, obwohl alle Constraints erfüllt werden. Zudem ist aufgrund der selbstschneidenden Profile eine Modellierung eines gültigen Modells nicht möglich.

finition der Variablen anhand einer globalen Parameterliste modifiziert werden (Imrak, 2002). Diese Parameterliste steht dem Endanwender sowohl innerhalb des skizzen-basierten Prozesses als auch innerhalb des prozeduralen Modellierungvorgangs zur Verfügung. Da diese Art der Parametrisierung den Standardfall in der Praxis darstellt, wird die variationale Modellierung oftmals auch als deklarative, 2D-skizzen-basierte Modellierung bezeichnet (Sapossnek, 1991).

Allerdings besitzt dieses Verfahren auch Nachteile, die vor allem während der Modellvariation auftreten. Zum einen zählt hierzu, dass die Identifizierung der Lösung länger dauert als beim prozedural-parametrischen Modellierungsansatz, und dass sich die Handhabung in der Praxis als komplizierter gestaltet. Der gravierendste Nachteil der variationalen Modellierung besteht aber darin, dass die ermittelte Lösung ein inkonsistentes Modell repräsentieren kann bzw. eine Variante darstellt, die nicht dem initialen Entwurfsgedanken (engl. *design intent*) entspricht (vgl. Abbildung 4.24). Speziell dieser Effekt, der dem nicht-linearen Gleichungssystem geschuldet ist, stellt ein großes Problem im variationalen Modellierungsansatz dar. In der Literatur wird dieses Problem als *Multiple Solution Problem* bezeichnet und ist Gegenstand verschiedener Forschungsarbeiten (Bettig & Shah, 2003; Kale et al., 2012). Eine genauere Beschreibung erfolgt in Abschnitt 4.6.

Nichtsdestotrotz stellt der Ansatz der variationalen Modellierung ein leistungsfähiges Verfahren zur Modellierung von komplexen geometrischen Bauwerken dar. Speziell in den ersten Planungs-

Tabelle 4.8: Gegenüberstellung der Nachteile der prozedural-parametrischen Modellierung und der Vorteile der variationalen Modellierung.

Nachteile: *Prozedurales System*	**Vorteile:** *Variationales System*
– alle Objekt müssen analog der Historie erneut berechnet und rekonstruiert werden – erlaubt keine objektübergreifende Kopplung von Constraints und Parametern – vollständige Spezifizierung aller Freiheitsgrade erforderlich – eine Datenstruktur definiert den Einsatz von Constraints und Parametern – eingeschränkte Variabilität – Erweiterungen des parametrischen Modells kaum realisierbar	– löst Abhängigkeiten simultan – eine assoziative Kopplung der Constraints ist objektübergreifend möglich – keine Spezifizierung aller Freiheitsgrade erforderlich – beliebig und visuell Anordnung der Constraints und Parameter möglich – skizzen-basierten Ansatz erlaubt eine direkte Modifikation der sind Constraints und Parameter – sehr hohe Flexibilität und Erweiterbarkeit

phasen, in denen verschiedene Formen und grundlegenden Entwurfsideen zu identifizieren sind, könnte mithilfe des variationalen Modellierungsansatzes eine Verbesserung des Planungsprozesses sowie der damit verbundenen wirtschaftlichen Ausführung des Bauwerks bewirkt werden. Ein Anwendungsbeispiel ist z. B. die Trassenplanung, bei der viele topografische Randbedingungen einzuhalten sind. Selbst bei der ästhetischen oder tragwerksplanerischen Gestaltung von Brücken- oder Gebäudekonstruktionen ließe sich mithilfe des variationalen Modellierungsansatzes eine qualitative Steigerung der Planungsleistung erzielen. Wie sich dieser constraint-basierte Ansatz zur Modellierung eines Infrastrukturbauwerkes einsetzen lässt, wird in Kapitel 6 anhand eines Leitfadens vorgestellt.

4.5.3 Hybrides Model

Obwohl beide Verfahren aufgrund ihrer Entwicklungsgeschichte sehr viele Gemeinsamkeiten aufweisen, wird deutlich, dass dort, wo das eine Verfahren seine Stärken besitzt, das andere Verfahren Defizite aufweist. Besonders gut erkennbar wird dies, wenn die Vor- und Nachteile der beiden Verfahren gegenübergestellt werden (vgl. Tabelle 4.8 und 4.9) .

Mit dem Ziel, die Nachteile der jeweiligen Verfahren zu eliminieren, haben einige Wissenschaftler, z. B. Borning (1979), Owen (1991) sowie Verroust et al. (1992), versucht, beide Verfahren in einem *hybriden* System zu vereinen. Hierzu werden zwei Modelle vorgehalten, die zum einen das Bauwerk anhand einer prozedural-parametrischen Modellierung (primäres Modell) initialisieren und zum anderen durch eine variationale Modellierung (sekundäres Modell) repräsentieren. Der Konstruktionsprozess startet mit der Generierung des primären Modells. Anschließend wird das sekundäre Modell aus dem primären Modell abgeleitet, indem das Modell aus der prozedural-

Tabelle 4.9: Gegenüberstellung der Vorteile der prozedural-parametrischen Modellierung und der Nachteile der variationalen Modellierung.

Vorteile: *Prozedurales System*	**Nachteile:** *Variationales System*
– schnelle Antwortzeiten zur Lösung der Constraints – liefert konsistente geometrische Lösungen – die Konstruktionshistorie ist reproduzierbar – der Einsatz der Methode ist intuitiv anwendbar – die CAD system bezogene Integration ist einfach	– nicht-lineares Gleichungssystems verursacht eine aufwendige und zeitintensive Auswertung – mehrere Lösungen sind möglich – zeichnet keine Konstruktionsreihenfolge auf – komplexer in der Handhabung – höherer Aufwand zur Umsetzung in einem parametrischen CAD-System

parametrischen Modellierung mithilfe einer software-internen Prozedurstruktur sowie einem auf der BRep-Methode basierenden Volumenmodellierer in ein variational modelliertes Modell konvertiert wird. Durch die Nutzung der positiven Eigenschaften des sekundären Modells können zusätzlich variationale Aufgabenstellungen, z. B. die Erstellung von Varianten, die Optimierung eines Modells oder die Durchführung einer kinematischen „Was-ist" Analyse (Shah & Mäntylä, 1995), behandelt werden. Erfolgt zu einem späteren Zeitpunkt eine Modifikation des primären Modells, so wird das sekundäre Modell umgehend gelöscht und anhand der modifizierten Historie sowie des zuvor beschriebenen Prozesses neu erzeugt (STEP-Part:108, 2005). Es gibt aber auch hybride CAD-Systeme, wie Siemens NX, welche die einzelnen Schritte zur Modellierung des gesamten Modells anhand eines prozedural-parametrischen Modellierungsansatzes ausführen, aber die Definition des geometrischen Profils selbst auf Basis eines variationalen Modellierungsansatzes umsetzen. Dadurch ist einerseits eine Reduzierung der Modellierungskomplexität bei gleichbleibender Flexibilität möglich und andererseits kann der Aufwand zur Verwaltung und Remodellierung des constraint-basierten Modells vermindert werden.

Im Jahr 2015 wird dieser *hybride* Ansatz immer häufiger in den verschiedenen parametrischen CAD-Systemen integriert (ISO:10303-Part:55, 2005). Jedoch gibt es nach wie vor viele Systeme, die entweder auf einem prozedural-parametrischen oder auf einem variationalen Modellierungsansatz basieren, wobei der Anteil der variationalen Systeme überwiegt. Aufgrund der deutlichen Unterschiede zwischen den beiden Modelltypen ist es wichtig, dass dem Anwender von Anfang an bewusst ist, welches constraint-basierte CAD-System er verwendet und ob es sich generell für die zu tätigende Modellierungsaufgabe eignet (Ault, 1999; Imrak, 2002).

4.6 Constraint-Solver

Ein parametrisches Modellierungssystem setzt sich aus den drei Kernkomponenten geometrische Modellierung, Integration von Constraints und Lösung der Constraints zusammen (Anderl & Mendgen, 1996). Die ersten beiden Komponenten, die bereits ausführlich in Kapitel 3 sowie in Abschnitt 4.3 vorgestellt wurden, können aktiv vom Anwender in einem CAD-System zur Umsetzung eines constraint-basierten Modells ausgewählt werden. Damit sich anschließend eine gültige Lösung des parametrisierten Modells im CAD-System instanziieren lässt, müssen die Constraints zusammen mit den geometrischen Objekten (vgl. Abschnitt 4.3) in ein Set an algebraischen Constraint-Gleichungen bzw. ein Constraint-Netzwerk transformiert werden (Bouma et al., 1995). Diese Transformation kann jedoch zu Problemen bei der Lösung der Constraint-Gleichungen führen. In der Literatur wird dieser Effekt als ein *geometrisches Constraint-Problem* bzw. *constraint satisfaction Problem* (CSP) bezeichnet.

- **Geometrisches Constraint-Problem**
  In der constraint-basierten Modellierung besteht das geometrische Constraint-Problem (E, O, C)[15] aus einer finiten Anzahl an geometrischen Primitiven O und einer definierten Menge an geometrischen Constraints C, die zwischen den geometrischen Primitiven in einem vorgegebenen Raum E (im Allgemeinen euklidisch) angeordnet sind (Hoffmann et al., 1998). Zudem wird dieses Problem in Abhängigkeit des Parameters (bekannt oder unbekannt) in ein prozedural-parametrisches oder variational-geometrisches Constraint-Problem unterteilt (Lipson et al., 1999; Hoffmann & Joan-Arinyo, 2002), das entweder sequenziell oder simultan gelöst werden kann. Bei beiden Constraint-Problemen erfolgt die Lösung der Constraint-Gleichungen in zwei Phasen. In der ersten Phase wird das geometrische Constraint-Problem (E,O,C) mithilfe eines geeigneten Algorithmus in ein Set an logischen Prädikaten erster Ordnung $\varphi\,(\vec{p}\,',p_1,\cdots,p_i)$ (vgl. Abschnitt 4.6.2) bzw. grafisch in einen Constraint-Grafen $\mathbb{G}(V,E)$ (vgl. Abschnitt 4.6.4) überführt. Anschließend werden die Prädikate bzw. der Graf mithilfe eines geeigneten Algorithmus analysiert, sodass in der zweiten Phase eine Lösung der Constraints erfolgen kann. Als Resultat ergibt sich bei einem parametrisch voll-bestimmten Modell (vgl. Abschnitt 4.3.3) eine geometrische Instanz, die sämtliche Constraints konsistent erfüllt. Jedoch haben Bouma et al. (1995) festgestellt, dass sich hierbei nicht nur eine einzige Lösung, sondern 2^{N-2} gültige Lösungen θ ergeben, wobei N die Anzahl der geometrischen Primitive darstellt. Im Allgemeinen wird diese Eigenschaft als *Multiple Solution Problem* bezeichnet (Buchanan & de Pennington, 1993).

- **Multiple Solution Problem**
  Unter dem Begriff Multiple Solution Problem wird die Existenz mehrerer geometrischer Lösungen für ein constraint-basiertes Modell verstanden, die den Anforderungen der Zwangsbedingungen simultan gerecht werden können. Grafisch lässt sich das Multiple Solution Problem sehr gut anhand des „Apollonischen Problems" veranschaulichen (Owen, 1991). Hierbei wird das Problem beschrieben, dass bei der Konstruktion eines Kreises durch drei Objekte (Punkte, Linien oder Kreise) mehrere geometrische Lösungen möglich sind. Wird z. B. ein Kreis durch drei Geraden konstruiert, so ergeben sich vier geometrische Lösungen $\{R_1; R_2; R_3; R_4\}$

---

[15] Im Kontext dieser Arbeit wird vereinfacht angenommen, dass alle Variablen zu einem Constraint bzw. einer Primitiven zugeordnet sind.

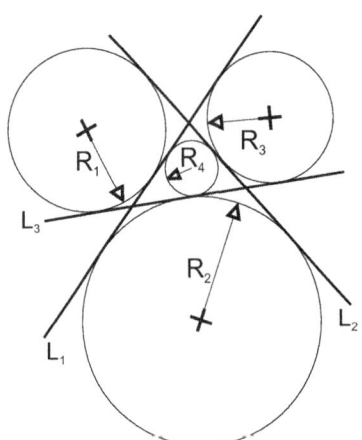 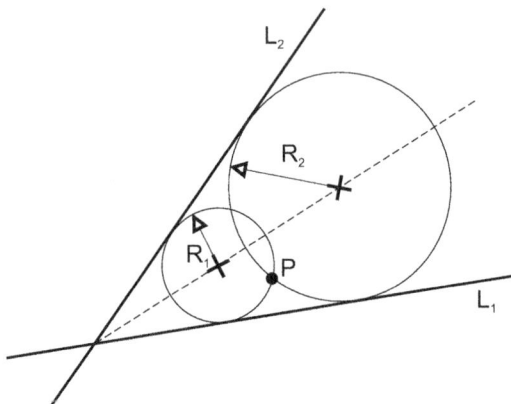

a) Apollonius Problem (LLL): vier mögliche Kreise aus drei Linien

b) Apollonius Problem (PLL): zwei mögliche Kreise aus zwei Linien und einem Punkt

Abbildung 4.25: Zwei der zehn Typen des Apollonius Problems.

die in Abbildung 4.25a dargestellt sind. Soll ein Kreis durch einen Punkt und zwei Geraden verlaufen, so sind zwei Lösungen möglich $\{R_1; R_2\}$ (vgl. Abbildung 4.25b). Bereits anhand dieses einfachen geometrischen Beispiels kann die Bedeutung des Multiple Solution Problem in der constraint-basierten Modellierung erkannt werden.

Zur Eingrenzung dieses Problems wurden die verschiedenen *Constraint-Satisfaction-Algo-
rith-
men* um heuristische Ansätze (Bouma et al., 1995) bzw. die geometrischen Constraints um zusätzliche Informationen (Aldefeld, 1988; Shimizu et al., 1991; Shuichi & Masayuki, 1997) wie z. B. ein Vorzeichen (Emmerik, 1991; Solano & Brunet, 1993) erweitert. Ein komprimierter Überblick über diese und weitere Ansätze wird von Bettig & Shah (2003) gegeben. In der Industrie werden aus praktischen Gründen jedoch diejenigen Verfahren bevorzugt, deren identifizierte Lösung eine gute Übereinstimmung mit dem initialen Entwurf des Models besitzt (Fudos & Hoffmann, 1997).

Da zur Berücksichtigung des NP-komplexen[16] Contraint-Problems (Saxe, 1979) und des Multiple Solution Problems ein sehr hoher Rechenaufwand erforderlich ist, gestaltet sich eine händische Lösung der Constraint-Gleichungen als schwierig. Aus diesem Grund wurde die Entwicklung eines *Constraint-Solvers* notwendig. Erst durch den Einsatz dieser Kernkomponente war die Identifizierung einer geeigneten Lösung[17] aus der Lösungsmenge θ in einer angemessenen Zeit möglich. Entscheidend hierzu war die Umsetzung eines geeigneten Constraint-Satisfaction-Algorithmus, der festlegt, auf welche Art und Weise das durch den *prozedural-parametrischen* bzw. *varia-*

---

[16]NP (nichtdeterministische polynomielle Zeit).
[17]Eine Lösung ist eine gültige Instanz eines geometrischen Objektes, das alle Zwangsbedingungen erfüllt (Hoffmann et al., 1998; Sitharam et al., 2004).

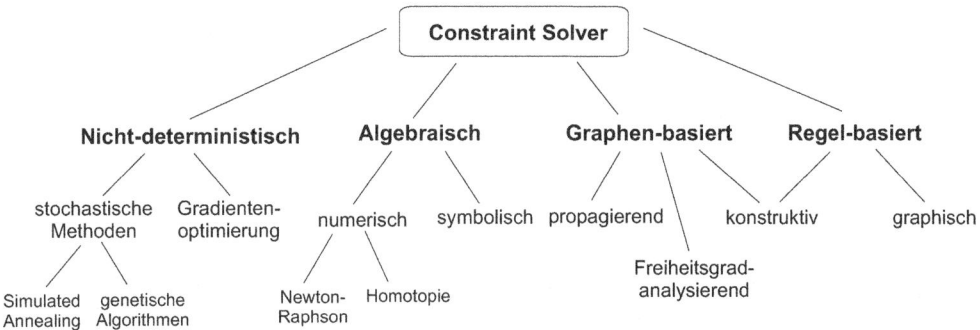

Abbildung 4.26: Taxonomie der Constraint-Solver nach Lipson et al. (1999, S. 4).

tional geometrischen Ansatz verursachte geometrische Constraint-Problem gelöst werden kann (Latham & Middleditch, 1996; Fudos & Hoffmann, 1997). Hierzu wurde eine Reihe von unterschiedlichen Constraint-Satisfaction-Algorithmen entwickelt (Borning, 1979; Brüderlin, 1988; Owen, 1991; Kale et al., 2012), wobei die Wichtigsten davon entweder auf einem

- algebraischen,
- regel-basierten,
- theorem-prüfenden oder
- grafen-basierten

Ansatz basieren (vgl. Abbildung 4.26). Wann welcher Algorithmus anzuwenden ist, hängt zum einen von der systeminternen Beschreibung der Constraints - in Form von Prädikaten, Koordinaten oder Grafen - ab (Anderl & Mendgen, 1996), und zum anderen davon, ob es sich bei dem zu lösenden Problem um ein prozedural-parametrisches oder variational-geometrisches Constraint-Problem handelt (Hoffmann, 2005). Außerdem hat sich in den letzten Jahren eine Vielzahl von *hybriden* Constraint-Solvers etabliert, in denen die Vorteile der verschiedenen Ansätze kombiniert wurden (Bouma et al., 1995). Da der Constraint-Solver eine Kernkomponente zur erfolgreichen Umsetzung eines *parametrisch-assoziativen* Modells darstellt, werden in den nachfolgenden Abschnitten die wichtigsten Ansätze vorgestellt.

4.6.1 Algebraischer Ansatz

Im algebraischen Ansatz werden die Constraints und das hieraus resultierende geometrische Constraint-Problem in ein nicht-lineares Gleichungssystem überführt und anhand eines geeigneten mathematischen Verfahrens simultan gelöst (Lipson et al., 1999). Dieser Ansatz spielt besonders in der Softwareindustrie eine wichtige Rolle, da er zum einen eine dimensionslose Analyse gewährleistet und zum anderen nicht auf *geometrische Theoreme* (vgl. Abschnitt 4.6.3) zurückgreifen muss. Außerdem lassen sich mithilfe des Ansatzes geometrische Constraints als symbolische Gleichungen im Gleichungssystem berücksichtigen (Thierry, 2011). Aufgrund dieser positiven Eigenschaften kann ein algebraischer Constraint-Solver effizient in eine CAD-Software implementiert werden. Für diese Aufgabenstellung wurden einige Unteransätze entwickelt, die sich nach Joan-Arinyo (2009) in ein *numerisches* und ein *symbol-basiertes* Verfahren kategorisieren lassen.

- **Numerischer Algorithmus**

Der erste Constraint-Solver, der zur Lösung von geometrischen Constraints entwickelt wurde, basiert auf einem iterativen und nummerischen Algorithmus, der Mitte der 1960er Jahre von Ivan Sutherland (1964) in das parametrisches CAD-System „Sketchpad" integriert wurde (Bouma et al., 1995; Anderl & Mendgen, 1996). Hierbei werden die Constraints anhand der Koordinaten der Primitive in ein System aus impliziten Gleichungen überführt und anschließend mithilfe eines iterativen Verfahrens, z. B. mithilfe einer *numerischen Relaxation* (Sutherland, 1964; Borning, 1979), einer *Homotopie* (Allgower & Georg, 1993; Lamure & Michelucci, 1995) oder einer *Newton-Raphson-Iteration*, gelöst. Light & Gossard (1982) definierten hierzu einen passenden constraint-spezifischen Newton-Raphson-Algorithmus:

$$X^{(k+1)} = X^{(k)} - F^{(k)} \cdot F'^{(k)} \tag{4.16}$$

In Gleichung 4.16 repräsentieren die Variable $X^{(k)}$ den Startvektor im k-ten Iterationsschritt, der Wert $F^{(k)}$ den Vektor der vorhanden Constraint-Gleichung, $F'^{(k)}$ die entsprechende invertierte Jacobi-Matrix und $X^{(k+1)}$ den Ausgangsvektor für den Iterationsschritt k + 1 (Anderl & Mendgen, 1996). Letztendlich wird die Iteration des Algorithmus solange durchlaufen, bis eine gute Approximation der Koordinatenpaare durch ein Abbruchkriterium, z. B. eine Toleranz, erreicht wurde (Thierry, 2011).

Allerdings lässt sich mithilfe dieser Methoden nur genau eine Lösung aus dem Lösungsraum θ identifizieren, und das auch nur dann, wenn das initiale Objekt nahe dem gewünschten Zielobjekt konstruiert wurde. Weitere Defizite in dem Verfahren bestehen darin, dass sich das nicht-lineare Gleichungssystem aufgrund der schlechten Konvergenz nur umständlich in kleinere Unterprobleme zerlegen lässt und dass keine Lösung identifiziert werden kann, wenn das Model parametrisch *unter-bestimmt* bzw. *über-bestimmt* ist (Hoffmann & Joan-Arinyo, 2002; Joan-Arinyo, 2009). Nichtsdestotrotz wechseln viele kommerzielle Constraint-Solver zu einem algebraischen Ansatz, wenn anhand der standardmäßig verwendeten Methode keine Lösung möglich ist (Fudos et al., 2004).

- **Symbol-basierter Algorithmus**

Ein Constraint-Solver, der einen symbol-basierten Ansatz nutzt, reduziert in einem Pre-Prozessschritt die Anzahl der Constraint-Gleichungen des Systems, indem einfach zu lösende Gleichungen (wie z. B. $x_1 - 5 = 0$) zuerst gelöst werden. Anschließend wird das reduzierte nicht-lineare Gleichungssystem mithilfe eines *Buchberger-Gröbner-Basis-Algorithmus* (Buchberger, 1985) oder *Wu-Ritt-Algorithmus* (Wu, 1986) in ein trianguliertes Gleichungssystem mit gleicher Wurzel transformiert (Anderl & Mendgen, 1996). Aufgrund des triangulierten Systems kann auf eine simultane Lösung des Gleichungssystems verzichtet werden, da eine sequenzielle Lösung der Constraint-Gleichungen möglich ist. Dieser schrittweise Vorgang hat aber eine exponentielle Lösungszeit zu Folge, sodass der symbol-basierte Ansatz sich in der Praxis nicht

Tabelle 4.10: Bedeutung und Grad der Prädikate nach Sohrt & Brüderlin (1991, S. 392).

Prädikat	Grad	Bedeutung
$p(P_1, pos)$	1	Position des Punktes P_1 ist pos
$v(P_1, P_2, vec)$	2	Vektor zwischen P_1 und P_2 ist vec
$tr(P_1, P_2, P_3, trg)$	3	Dreieck mit den Punkten P_1, P_2, P_3 ist trg
$s(P_1, P_2, slp)$	4	Neigung des Vektors P_1 zu P_2 ist slp
$a(P_1, P_2, P_3, ang)$	5	Winkel zwischen den Punkten P_1, P_2, P_3 ist ang
$d(P_1, P_2, dst)$	6	Abstand zwischen dem Punkt P_1 und P_2 ist dst

durchsetzen konnte (Fudos et al., 2004). Aus diesem Grund wurden von Kondo (1992) und Buchanan & de Pennington (1993) verschiedene Erweiterungen vorgeschlagen.

4.6.2 Regel-basierter Ansatz

In der darstellenden Geometrie und in der computergestützten Modellierung gelten geometrische Konstruktionsregeln als grundlegende Voraussetzung zur Umsetzung eines geometrischen Modells (Brüderlin, 1985). Beispielsweise würde das Verfahren zur Konstruktion einer Tangente an einem Kreis mithilfe eines Lineals und Zirkels (engl. *ruler and compass*) eine geometrische Konstruktionsregel aus der darstellenden Geometrie darstellen. Selbst in der constraint-basierten Modellierung werden diese Regeln zusammen mit axiomatischen Ansätzen zur automatisierten Identifizierung einer geeigneten Lösung eingesetzt, wobei die Constraints als Prädikate $\{d(P_1, P_2, 2.5)\}$ in den konstruktiven Regeln, z. B. {intersection(circle(p[P_1, 1])), line(p[P_1, 90])}, berücksichtigt werden (Fudos et al., 2004). Die Bedeutung der in den Regeln verwendeten Schlüsselwörter kann aus Tabelle 4.10 entnommen werden. Anhand der in der Regel beinhalteten Konstruktionsvorschriften gilt es, eine geometrische Lösung zu identifizieren, indem unter der Berücksichtigung der vorhandenen Constraints eine eindeutige und vollständige Rekonstruktion des geometrischen Objekts durchlaufen wird (Anderl & Mendgen, 1996). Nach Brüderlin (1985) ist eine vollständige Rekonstruktion[18] des Modells genau dann möglich, wenn sich die Position eines Punktes P_i genau anhand eines Positionsprädikats $p(P_i, Pos_i)$ spezifizieren lässt. Jedoch ist diese Bedingung nicht trivial lösbar (Borning, 1979), da es dem Anwender erlaubt ist, widersprüchliche Constraints sowie lineare Abhängigkeiten zwischen den Constraint-Variablen zu definieren.

Die ersten regel-basierten Constraint-Solver wurden in den 1980er Jahren von Borning (1981), Brüderlin (1985) und Sunde (1986) entwickelten. Hierzu verwendeten sie einfache Regeln, die sie mithilfe einer logisch-orientierten Programmiersprache, z. B. Prolog oder Smaltalk, beschrieben, sodass sich daraus ein Constraint-Schema ergab, das einen AND-OR-Baum darstellt (Verroust et al., 1992). Die Analyse des Schemas erfolgt anhand eines speziellen Schlussfolgerungsmechanismus (engl. *logical inference mechanism*), der zum einen das Constraint-Schema mithilfe eines

---
[18] Durch den Einsatz eines Knut-Bendix-Algorithmus konnte die Identifizierung aller möglichen Lösungen garantiert werden.

○ **Re-write Regel:** $\Psi \to \Omega$

Ψ (pre-condition)

$\{p(P_1[0,0]),\ d(P_1,\ P_3,\ 1), \alpha(P_3, P_1,\ P_2, 90),\ s(P_1, P_2, 0)\}$

$\to \Omega$ (post-condition)

$\{p(P_1[0,0]),\ p(P_3,\ \text{intersection}(\text{circle}(p(P_1,\ 1)),\ \text{line}(p(P_1, 90)))))\}$

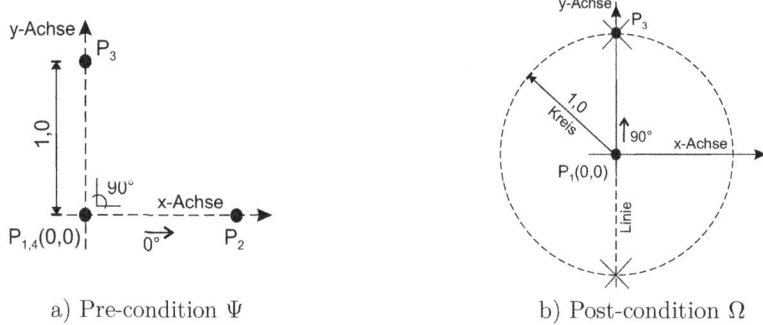

a) Pre-condition Ψ b) Post-condition Ω

Abbildung 4.27: Geometrische Interpretation des Re-write-Algorithmus aus Anderl & Mendgen (1996, S. 160); a) Definition des geometrischen Objektes anhand von vier Prädikaten, die einen Gesamtgrad von 16 besitzen: Punkt P_1 ist definiert durch ein Koordinatenpaar $(0,0) \to$ (Grad = 1), P_2 verläuft horizontal zu $P_1 \to$ (Grad = 5), P_3 ergibt sich aus der Definition des Winkels $\angle P_3 P_1 P_2 = 90° \to$ (Grad = 4) und der Abstand zwischen P_1 und P_3 beträgt $1 \to$ (Grad = 6); b) reduzierte Regel, die nur noch aus zwei Prädikaten mit einem Gesamtgrad von $2 < 16$ besteht und das parametrisierte Objekt eindeutig anhand der Punktprädikate und einer Kreis-Lineal-Konstruktion spezifiziert .

Depth-first-search-Algorithmus[19] durchsucht und zum anderen prüft, ob die definierten Constraints sofort oder erst durch eine Anpassung der geometrischen Objekte erfüllt werden können (Hoffmann & Joan-Arinyo, 2002). Ist eine Anpassung der geometrischen Objekte notwendig, so darf dies nur auf der Grundlage einer gültigen Konstruktionsregel erfolgen. Werden die einzelnen Konstruktionsschritte dokumentiert, so lässt sich daraus eine prozedurale Konstruktionsreihenfolge ableiten (Brüderlin, 1993), anhand der eine effiziente Modifikation bzw. Interpretation des constraint-basierten Modells durchgeführt werden kann. Sollte sich jedoch keine gültige Lösung ergeben, so wird entweder ein *backtracking* bzw. *unification* Verfahren angewend (Brüderlin, 1985) oder es wird nach der Ausführung einer Fehlermeldung die Analyse abgebrochen.

Allerdings lassen sich mithilfe des Verfahrens keine inkonsistente Modellzustände identifizieren, sodass eine Erweiterung des Ansatzes aus Brüderlin (1993) und Joan-Arinyo & Soto (1997a,b) vorgeschlagen wurde. Diese Erweiterung sieht vor, die initial definierten Regeln Ψ (engl. *pre-conditions*) anhand eines Re-write-Algorithmus in einfachere Regeln Ω (engl. *post-conditions*) mit einem adäquaten Verhalten zu transformieren. Ziel ist es, die Prädikate der Regel Ψ durch die Anwendung von Konstruktionsmechanismen wie z. B. Schnittpunkt- oder Tangentenkonstruk-

---

[19] Der Depth-first-search-Algorithmus stellt ein Verfahren zur Suche von Knoten in einem Grafen dar. Dabei wird immer nur ein Pfad nach dem anderen in die Tiefe untersucht.

tionen in geometrische Axiome[20] mit einem geringeren Grad zu substituieren (vgl. Abbildung 4.27), sodass eine schrittweise Positionsermittlung der Punkte durchgeführt werden kann (Sohrt & Brüderlin, 1991). Der Re-write-Algorithmus stoppt, wenn eine weitere Deduktion von Regeln nicht mehr möglich ist (Brüderlin, 1993) bzw. das Axiom nur noch aus Positionsprädikaten besteht. Exemplarisch werden hierzu in Abbildung 4.27 eine Regeltransformation sowie die jeweilige geometrische Interpretation der initialen Regel Ψ und der abgeleiteten Regel Ω, die eine vollständige Lösung liefert, dargestellt.

Parallel zu den Re-write-Verfahren haben Aldefeld (1988), Roller et al. (1989) und Joan-Arinyo & Soto-Riera (1999) einen Ansatz entwickelt, der das parametrisierte Objekt ausschließlich anhand von dimensionalen Constraints – den sogenannten Constraint-distance-Sets (CD) und Constraint-angle-Sets (CA) nach Sunde (1987) – beschreibt. Dies wiederum ermöglicht, dass eine simultane Lösung des nicht-linearen Gleichungssystems nur unter der Berücksichtigung von konstruktiven Ruler-and-Compass-Regeln möglich ist (Anderl & Mendgen, 1996).

Ein modernerer regel-basierter Ansatz, der zur parametrischen Modellierung von Bauwerken eingesetzt werden kann, wurde von Niemeijer et al. (2013) vorgestellt. In diesem Ansatz werden neben den geometrischen Konstruktionsregeln auch funktionale Regeln berücksichtigt. Diese funktionalen Regeln beschreiben die Eigenschaften und den Nutzen des Bauwerks, sodass sich anhand dieser Regeln eine Reihe von verschiedenen geometrischen Constraints ableiten lässt. Anschließend kann mithilfe der ermittelten Constraints eine Modellierung bzw. Modifikation des constraint-basierten Modells erfolgen. Im weiteren Sinne spiegelt dieser Prozess ein modifiziertes Re-write-Verfahren wider, da eine (komplexere) semantische Regel in eine (einfachere) algebraische Regel überführt wird. Siehe hierzu das folgende Beispiel:

→ **funktionale Regel:**

„*die Breite des Brückenpfeilers muss kleiner gleich der Breite des Brückenüberbaus sein*"

....

→ **algebraischer Constraint:**

$$\mathbf{b}_{Pfeiler} \leq \mathbf{b}_{Überbau}$$

Insbesondere bei einer Baumaßnahme, die auf einer *funktionalen* Ausschreibung basiert, besitzt dieser Ansatz wesentliche Vorteile gegenüber anderen Verfahren, da eine Vielzahl an Constraints automatisiert aus der semantischen Bauwerksbeschreibung ermittelt werden kann. Änderungen würden sich somit schnell und ohne ein objekt- und raumbezogenes Detailwissen vom Bauherrn umsetzen lassen. Für eine ausführliche Beschreibung dieses Ansatzes wird auf Niemeijer et al. (2013) verwiesen.

Trotz all dieser Fortschritte benötigt der regel-basierte Ansatz immer noch sehr viel Zeit, um eine geeignete Lösung zu identifizieren. Dies stellt eine gravierende Einschränkung des Verfahrens dar, sodass der regel-basierte Ansatz derzeit als ungeeignet für den täglichen Einsatz in der Praxis eingestuft werden muss. Der Einsatz einer anderen Methode, z. B. des *Theorem-Provings-Ansatzes* oder des *grafen-basierten Ansatzes*, wird empfohlen.

---

[20] Geometrische Axiome lassen sich als eine Gleichung mit geometrischen Prädikaten formulieren (Sohrt & Brüderlin, 1991).

Tabelle 4.11: Beweis des Theorems, dass zwei Winkel eines Quadrangle (Bild links) gleich sind, wenn die beiden Dreiecke kongruent sind (Donnelly, 2013). Die hierfür erforderlichen Axiome und deren Beweise sind rechts tabellarisch zusammengefasst und wurden aus Matsuda (2004, S. 26) entnommen.

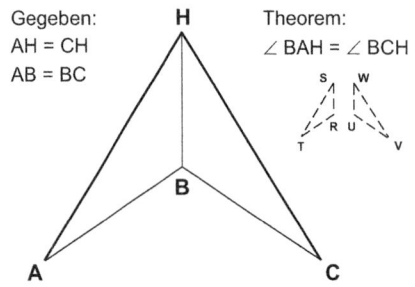

Axiome	Begründung	
$AB = BC$	Gegeben	
$AH = CH$	Gegeben	
$BH = HB$	Identisch	
$\triangle\,HBA \equiv \triangle\,HBC$	SSS	(3,2,1)
$\angle\,BAH = \angle\,BCH$	CPCTC	(4)

4.6.3 Theorem-proving Ansatz

Die Methode des Theorem-Proving basiert auf verschiedenen Ansätzen aus der Mathematik und der darstellenden Geometrie, mit denen eine Lösung des constraint-spezifischen Problems möglich ist. Hierzu wird das geometrische Constraint Problem anhand einer Reihe von gegebenen oder identifizierten Axiomen beschrieben, sodass zusammen mit einem mathematischen Theorem bzw. geometrischen Postulat das gewünschte Ziel anhand einer Schlussfolgerung bewiesen werden kann. Exemplarisch ist hierzu in Tabelle 4.11 eine derartige Beweisführung anhand eines Quadrangle dargestellt. Hierbei gilt es, das Theorem zu beweisen, dass die Winkel $\angle$ BAH und $\angle$ BCH gleich sind, indem verschiedene Axiome und **S**ide-**S**ide-**S**ide-Postulate (SSS-Postulat) bzw. **C**orresponding-**P**arts-of-**C**ongruent-**T**riangles-are-**C**ongurent-Postulate (CPCTC-Postulat) eingesetzt werden (Greenberg, 1993).

In der Literatur wird die Methode des Theorem-Proving auch als eine State-Space-Suche bezeichnet, da sie zur Identifizierung der Axiome entweder ein *deduktives* oder ein *konstruktives* Verfahren verwendet (Matsuda & VanLehn, 2004). In einem deduktiven Verfahren werden die verschiedenen Axiome hergeleitet, indem entweder die initialen Annahmen anhand einer Vorwärtsverkettung (engl. *forward chaining*) oder die Schlussfolgerung mithilfe einer Rückwärtsverkettung (engl. *backward chaning*) analysiert werden (Rege, 1995). Im Gegensatz dazu wird beim konstruktiven Ansatz, das initiale geometrische Objekt anhand von gültigen[21] Ruler-and-Compass-Regeln solange konfiguriert, bis sich die erforderlichen Axiome ergeben. Chou et al. haben hierzu einen Constraint-Solver entwickelt, der Axiome automatisiert anhand einer speziellen „Area Method" (Zhang et al., 1995) identifiziert. Eine detaillierte Beschreibung dieser Methode ist in den beiden Arbeiten von Chou et al. (1996a) „Part I. Multiple and Shortest Proof Generation" und Chou et al. (1996b) „Part II. Theorem Proving With Full-Angles" gegeben.

Nach Abschluss der Axiomsanalyse erfolgt auf Basis dieser Axiome der Beweis des gewünschten Theorems. Wurden z. B. die Axiome auf Basis eines konstruktiven Verfahrens identifiziert, so lässt sich das Problem anhand eines entweder *axiomatischen* oder *algebraischen* Paradigmas untersuchen (Chou, 1988). Bei einem axiomatischen Verfahren, das den Standardfall darstellt,

---

[21] Eine ungültige Ruler-and-Compass-Regel ist z. B. die Quadratur eines Kreises oder die Trisektion eines Winkels, da diese Aufgabe nicht mithilfe eines Lineals und Zirkels konstruierbar ist.

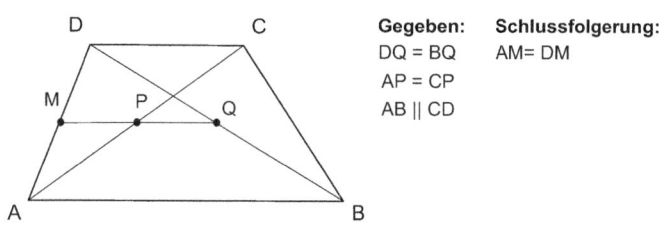

a) Ausgangsproblem

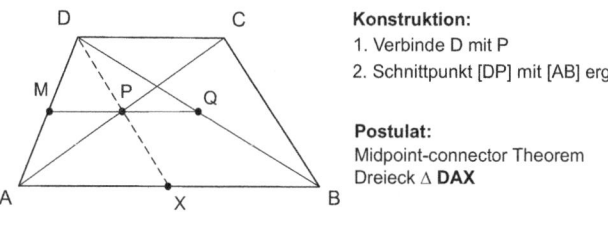

b) Konstruktive Lösung I

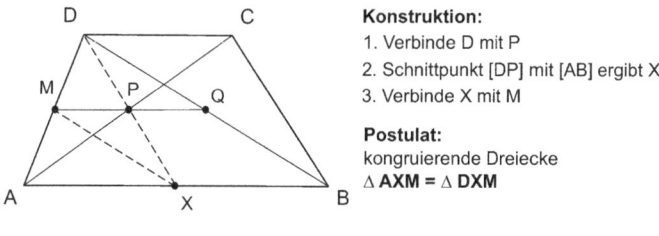

c) Konstruktive Lösung II

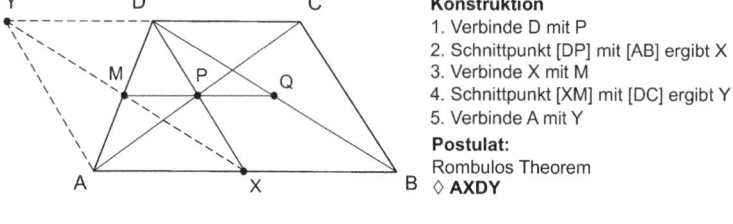

d) Konstruktive Lösung III

Abbildung 4.28: Beispiel eines konstruktivem Theorem-Proving-Verfahrens, in dem bewiesen wird, dass die Trapezkante AM = MD ist Matsuda & VanLehn (2004, S. 32); a) Trapezgeometrie inklusive vorgegebenen Axiomen und zu beweisender Schlussfolgerung; b) Nachweis der Schlussfolgerung mithilfe eines Midpoint-Connector-Theorems; c) Konstruktiver Prozess zum Beweis der Schlussfolgerung anhand eines Kongruierenden-Dreieck-Theorems; d) Einsatz eines Rhombus-Theorems zum Beweis des Ziels.

wird eine Sequenz an Schlussfolgerungen durch eine Reihe von Axiomen und Begründungen sowie Anwendung eines heuristischen Verfahrens formuliert. Anschließend wird versucht, mithilfe dieser Schlussfolgerungen einen Beweis des geforderten Theorems (Ziels) erbringen zu können (vgl. Matsuda & VanLehn, 2004). Jedoch kann aufgrund der Anwendung eines heuristischen Verfahrens nicht eindeutig belegt werden, ob alle möglichen Lösungen identifiziert wurden. Zur Darstellung dieses Prozesses ist in Abbildung 4.28a ein Trapez abgebildet, an dem bewiesen wurde, dass durch den Einsatz von verschieden konstruktive Regeln und Postulaten (vgl. Abb 4.28b - 4.28d) der Punkt M stets der Mittelpunkt der Strecke AD ist.

Im zweiten Verfahren - dem sogenannten algebraischen Verfahren - werden die identifizierten Axiome zur Beweisführung in ein algebraisches Gleichungssytem überführt, wobei die Transformation entweder mithilfe eines *Eliminationverfahrens* nach Wang (1995), mithilfe des *Buchberger-Gröbnerbase-Algorithmus* (Kutzler & Stifter, 1986; Winkler, 1990) oder mithilfe des Wu-Ritt-Algorithmus (Wu, 1986, 1999) durchgeführt wird. Beim Wu-Ritt-Algorithmus erfolgt der Beweis des Theorems mithilfe eines vierstufigen Ansatzes, indem **1.**) ein algebraisches Gleichungssystem formuliert, **2.**) eine Traingulierung des Gleichungssystems mithilfe einer Polynomdivision erfolgt, **3.**) das Restpolynom bestimmt und **4.**) eine Analyse des Degenerationszustands umgesetzt wird. Nach Abschluss dieser Schritte ist eine positive oder negative Bewertung des Resultats möglich.

Im ursprünglichen Theorem-proving Ansatz musste der Anwender geeignete Axiome bzw. Postulate entweder aus einer Bibliothek auswählen oder manuell vorgeben (Fikes & Nilsson, 1971), sodass ein industrieller Einsatz nicht möglich war. Erst durch die Einführung einer automatisierten Axiomsanalyse nach Wu (1978) wurde eine kommerzielle Anwendung des Theorem-proving Ansatzes denkbar. Jedoch muss 2015 immer noch eine Vielzahl an allgemeingültigen Techniken und Regeln berücksichtigt werden, sodass derzeit dieser Ansatz keine Alternative zu einem *algebraischen* oder *grafen-basierten* Ansatz darstellt (Joan-Arinyo, 2009).

4.6.4 Grafen-basierter Ansatz

In einem grafen-basierten Ansatz wird das geometrische Constraint-Problem anhand einer Grafenanalyse gelöst. Das Verfahren unterteilt sich dabei in zwei Phasen (Jubierre, 2009). In der ersten Phase wird das parametrisierte Objekt in einen Constraint-Grafen $\mathbb{G}$ transformiert (Lipson et al., 1999; Ait-Aoudia et al., 2009), sodass anschließend anhand eines geeigneten Analyseverfahrens ein methoden-spezifischer Lösungsweg ermittelt werden kann. Dieser Lösungsweg wird dann in der zweiten Phase dazu eingesetzt, die neuen Koordinaten des parametrisierten Objektes sequenziell oder simultan berechnen zu können (Hoffmann, 2005). Anschließend wird das gültige Modell im CAD-System grafisch instanziiert.

Speziell zur Umsetzung der ersten Phase existiert eine Reihe von verschiedenen Analyseansätzen sowie Notationen, mit deren Hilfe eine Transformation des geometrischen Constraint-Problems in einen Constraint-Grafen möglich ist (Lipson et al., 1999). Zum Beispiel transformieren Bouma et al. (1995) das constraint-basierte Modell in einen Constraint-Grafen $\mathbb{G}(V, E)$, indem sie alle geometrischen Primitive p (Punkte, Linien, Kreise etc.) und Modellparameter d als Knoten V(p, d) und die Constraints c, die auf die Primitive angewandt wurden, als Verbindungskanten E(c) zwischen den Knoten abbilden (vgl. Abbildung 4.29b). Jedoch lassen sich anhand dieser Notation nur *bi-connected* Constraints[22] (Owen, 1991) bzw. geometrische Primitive mit maximal zwei Freiheitsgraden berücksichtigen (Lamure & Michelucci, 1998). Aufgrund dieser Einschränkung verwenden Lipson et al. (1999), in ihrem konstruktiven Ansatz zur Lösung von geometrischen Constraints eine von Latham & Middleditch (1996) vorgestellte Grafennotation. Im Gegensatz zur Notation nach Bouma et al. (1995), werden in dieser Vorschrift ausschließlich Punktprimitive als Knoten abgebildet. Diese Eingrenzung bewirkt, dass auch geometrische Primitive mit mehr als zwei Freiheitsgraden, wie z. B. ein Kreis mit variablem Radius, im Constraint-Grafen berücksichtigt werden können (Lipson et al., 1999). Außerdem lassen sich nicht nur die geometrischen Punkte, sondern auch die Constraints als Knoten darstellen, was eine Abbildung von Bi-connected, aber auch von Single-connected-Abhängigkeiten in Form von Kanten E zwischen den Primitiv-Knoten und den Constraint-Knoten ermöglicht (vgl. z. B. Knoten A in Abbildung 4.29c). Aufgrund dieser Vorschrift kann der Constraint-Graf als ein *bipartiter* Graf $\mathbb{G}(V(p,d,c),E)$ dargestellt werden (Serrano & Gossard, 1989; Serrano, 1991).

Zu den Zielen dieser Grafentransformation zählen, die frühzeitige Erkennung von geometrischen Constraint-Problemen und die Identifizierung geeigneter Lösungssequenzen zur Berechnung der geometrischen Zwangsbedingungen. Zum Beispiel kann mithilfe der Grafenanalyse, die Bestimmtheit $\Delta P_{(Obj)}$ des Constraint-Grafen ermittelt werden, indem ein grafen-spezifisches *Knoten-Kanten-Abzählkriterium* nach Henneberg (1911) oder Laman (1970) eingesetzt wird (vgl. Abschnitt 4.6.4.3). Diese Bestimmtheit liefert eine Aussage, welche Methode sich zur Analyse des Constraint-Grafen eignet. Jedoch kann dieser Abzählalgorithmus nur an dem Constraint-Grafen, wie er z. B. von Bouma et al. (1995) verwendet wurde, angewandt werden. Bei anderen Constraint-Grafen führt diese Gleichung zu keinem korrekten Ergebnis.

Möglich ist aber auch eine Lösung der Constraints, ohne dabei das eigentliche geometrische Constraint-Problem selbst analysieren zu müssen, indem der Constraints-Graf nach Latham & Middleditch sequentiell ausgewertet wird (Lipson et al., 1999). Als Erstes wird hierzu nach einem Single-connected[23] Constraint gesucht, anhand dem sich die Position eines Punktes in der Ebene oder dem Raum eindeutig spezifizieren lässt. Anschließend kann von diesem bekannten Primitiv-Knoten aus eine sequenzielle Lösung der weiteren Primitiv-Knoten erfolgen, vorausgesetzt der zu lösende Primitiv-Knoten ist mit mindestens zwei anwendbaren[24] Constraint-Knoten verbunden. Zum Beispiel kann in Abbildung 4.29a der Primitiv-Knoten A infolge des der beiden Single-connected Constraint-Knoten f_1 und f_2 eindeutig positioniert werden, sodass der Primitiv-Knoten B aufgrund der zwei anwendbaren Constraint-Knoten d_1 und h_1 ($\mu = 2 \rightarrow (\mu - 1) = (2 - 1) = 1 \rightarrow$ ein bekannter Knoten ist erforderlich $\rightarrow$ Knoten A) berechnet werden kann.

Jedoch kann die Bedingung der zwei anwendbaren Constraint-Knoten nicht immer erfüllt werden, wie es z. B. in Abbildung 4.29c der Fall ist. Zudem stellt die Berechnung der Bestimmtheit

---

[22] Wie z. B. lokal-logische und dimensionale Constraints, die zwei Primitiven zugeordnet werden müssen und nur einen Freiheitsgrad reduzieren.
[23] Stellt einen Constraint dar, der nur eine Abhängigkeit zu einem Knoten besitzt, wie z. B. ein global-logischer Constraint.
[24] Nach Lipson et al. (1999) wird ein Constraint, der genau mit (μ - 1) bekannten Knoten verbunden ist, als anwendbar bezeichnet, wobei μ die Wertigkeit des Constraints im Grafen - im Allgemeinen die Anzahl der eingehenden Kanten - darstellt.

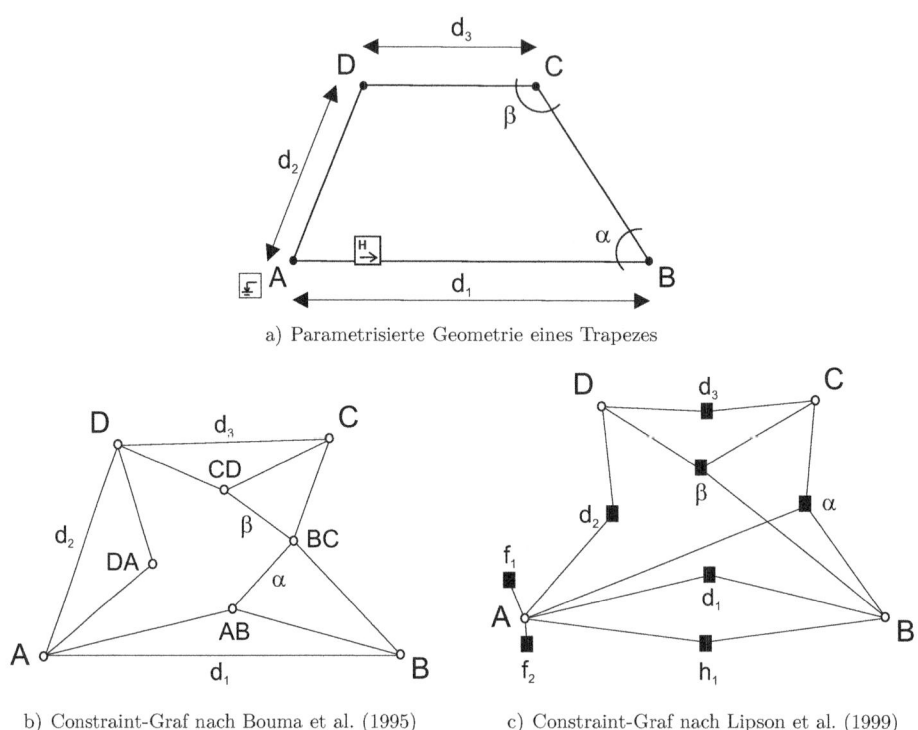

a) Parametrisierte Geometrie eines Trapezes

b) Constraint-Graf nach Bouma et al. (1995)   c) Constraint-Graf nach Lipson et al. (1999)

Abbildung 4.29: Beispiel einer Transformation einer parametrisch voll-bestimmten Trapezgeometrie in einen Constraint-Grafen; a) Constraints der Trapezgeometrie; b) resultierender Constraint-Graf nach Bouma et al. (1995) in dem alle Primitive (Punkte, Linien etc.) als Knoten sowie lokal-logische und dimensionale Constraints als Verbindungskanten dargestellt werden, wobei nicht beschriftete Kanten einen *zusammenfallend* logischen Constraints repräsentieren; c) korrespondierender Constraint-Graf nach Lipson et al. (1999), in dem nur die Punkte des Trapezes → ○ sowie alle Arten von Constraints → ■ als Knoten und deren Abhängigkeiten als Kanten dargestellt werden.

eines Modells nicht immer eine triviale Aufgabe dar[25], sodass eine genauere Untersuchung des Constraint-Grafen anhand eines geeigneten Grafenalgorithmus erforderlich wird. Hoffmann & Joan-Arinyo (2005) kategorisieren die verschiedenen Ansätze in die drei Verfahren

- Analyse der Freiheitsgrade,
- Methode der Contraint-Propagation
- und konstruktiver Ansatz,

wobei gegenwärtig der *konstruktive* Ansatz als Standardverfahren in der Industrie eingesetzt wird (Ait-Aoudia et al., 2009; Bettig & Hoffmann, 2011).

---

[25] Weitere Verfahren wurden hierzu entwickelt und sind z. B. in der Arbeit von Durand (1998) zusammengefasst.

4.6.4.1 Analyse der Freiheitsgrad

In diesem Ansatz wird eine mögliche Lösung des geometrischen Constraints-Problems identifiziert, indem mithilfe der primitiv-bezogenen Freiheitsgrade DoFs$_{(Obj)}$ sowie der constraint-spezifischen Freiheitsgrade C$_{(Obj)}$ eine grafische und freiheitsgrad-spezifische Analyse des Problems durchgeführt wird. Der wesentliche Vorteil in diesem Ansatz besteht darin, dass sich jeder Freiheitsgrad unabhängig von einem anderen Freiheitsgrad spezifizieren lässt, sodass eine Diskretisierung des gesamten Constraint-Problems in kleinere sowie lösbare Constraint-Probleme möglich ist. Darauf aufbauend wurden verschiedene Ansätze zur Analyse der geometrischen Freiheitsgrade untersucht. Die meisten dieser Ansätze verwenden als Startkomponente einen mit der Anzahl der Freiheitsgrade erweiterten Constraint-Grafen $\mathbb{G}(V, E, w)$. Hierbei erfolgt die Erweiterung des Constraint-Grafen, indem die *Primitiv-Knoten* mit dem entsprechenden primitiv-bezogenen Freiheitsgrad w(v) und die *Constraint-Knoten* mit den korrespondierenden constraint-spezifischen Freiheitsgraden w(e) beschriftet werden (Hoffmann et al., 2001). Ein derartiger Constraint-Graf ist in Abbildung 4.31b dargestellt. Erst danach kann die eigentliche Analyse des Constraint-Grafen $\mathbb{G}(V,E,w)$ durchgeführt werden. Nachfolgend wird der Ansatz zur Analyse der Freiheitsgrade anhand von drei ausgewählten Ansatzvarianten konkreter vorgestellt.

Die ersten grundlegenden Ansätze und Erkenntnisse zur Analyse der Freiheitsgrade stammen von Rossignac (1987) und Wang (1991). Jedoch konnten ihre Constraint-Solver nur zufriedenstellende Ergebnisse liefern, wenn bestimmte Bedingungen, wie z. B. eine vom Anwender definierte Ausführungssequenz, aufgestellt wurden. Aus diesem Grund entwickelte Kramer (1990) unter der Berücksichtigung der Erkenntnisse von Rossignac und Wang einen *anthropomorphen* Constraint-Solver, mit dem eine autonome und automatisierte Berechnung der geometrischen Lösung möglich ist.

- Kinematische Analyse

In Kramers Constraint-Solver „TLA"[26] wird das geometrische Constraint-Problem mithilfe von symbolisch-geometrischen Ansätzen sowie semantischen Operationsergebnissen, wie z. B. Messergebnissen, gelöst. Hierzu werden nicht die Modellparameter bzw. Variablen der Constraints (Hoffmann & Joan-Arinyo, 2002), sondern die Freiheitsgrade der Primitive berücksichtigt. Zudem verwendet Kramer (1990) verschiedene kinematische Starrkörper-Transformationen,[27] um eine Positionierung der geometrischen Objekte entsprechend einem angewandten Constraint, in $\mathbb{R}^2$ bzw. $\mathbb{R}^3$ simulieren zu können (vgl. Abbildung 4.30). Jedesmal, wenn eine Starrkörper-Transformation (engl. *rigid body motion*) ausgeführt wird, bewirkt der Constraint, der zur kinematischen Simulation des geometrischen Objektes notwendig ist, eine Reduktion der Freiheitsgrade (vgl. Abbildung 4.30b - 4.30d). Die kontinuierlich ansteigende Anzahl von Constraints führt dazu, dass sich die Summe der Freiheitsgrade *monoton* verringert (Kramer, 1991). Nachdem alle Freiheitsgrade des constraint-basierten Modells fixiert wurden, wird aus dem starrkörper-spezifischen Simulationsprozess ein „Aggregationsplan" (engl. *assembly plan*) abgeleitet, um anschließend in Phase (2) eine sequenzielle Lösung der Constraint-Gleichungen durchführen zu können. Mit der Entwicklung des Constraint-Solvers konnte Kramer (1992) zudem

---

[26] Akronym für "The Linkage Assistant" (Kramer, 1990).
[27] Ein geometrisches Objekt, das sich aus einer Menge an Primitiven zusammensetzt und dessen Position und Rotation relativ zueinander bekannt sind, wird als ein „starrer" Körper bezeichnet (Fudos & Hoffmann, 1996a). Dieser Körper oder Cluster kann nur als Ganzes transformiert werden.

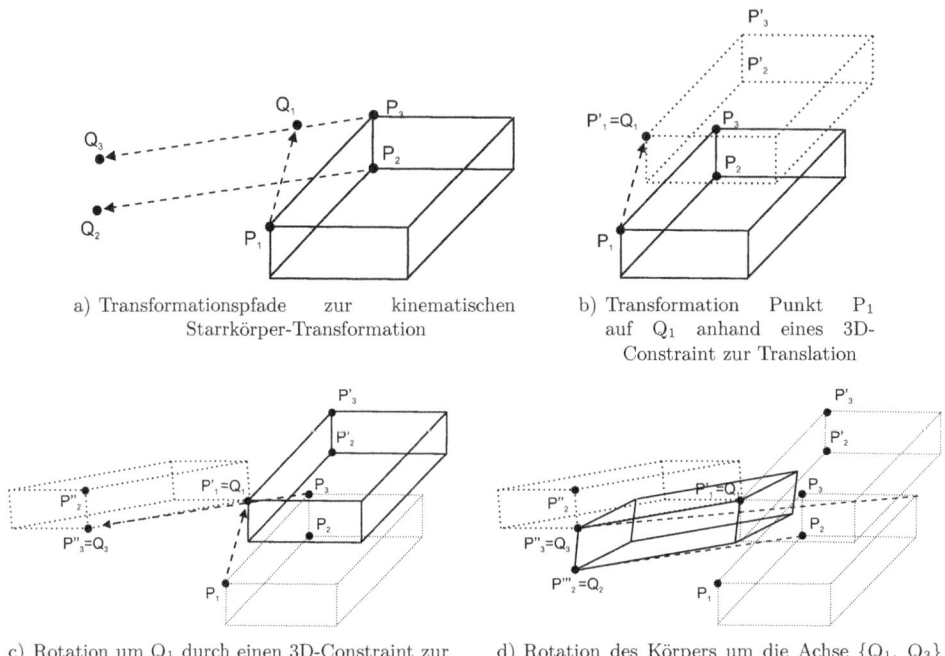

Abbildung 4.30: Kinematische Starrkörper-Transformation am Beispiel eines starren Quaderkörpers im dreidimensionalen Raum nach Kramer (1991, S. 374).

beweisen, dass der Constraint-Graf ein kanonisches Reduktionssystem (engl. *canonical rewriting system*) darstellt, mit dem eine Lösung des geometrischen Constraint-Problems, unabhängig einer vorgegebenen Sequenz und innerhalb einer polynomialen Zeit $O(n, m)$ (n = Anzahl der Knoten; m = Anzahl der Kanten), durchführbar ist (Kramer, 1991; Joan-Arinyo, 2009).

- **Connectivity Analyse**

Anders als Kramer (1991) erweitern Latham & Middleditch (1996) den Constraint-Grafen, indem sie den ungerichteten Constraint-Grafen $\mathbb{G}(V, E)$ anhand der Freiheitsgrade gewichten, sodass sich daraus ein gerichteter und gewichteter Constraint-Graf $\overline{\mathbb{G}}(V, E, w)$ ergibt (vgl. Abbildung 4.31). Hierbei erfolgt die Wichtung der Kanten E, indem die vorhandenen Freiheitsgrade eines Primitiv-Knotens mit den reduzierenden Freiheitsgraden der verbundenen Constraint-Knoten bilanziert werden. Anhand der individuellen Wichtung der Kanten E können diese vom Primitiv-Knoten zum Constraint-Knoten hin ausgerichtet werden. Im Falle einer *Null-Wichtung*[28] ist der Pfad unidirektional zum Constraint-Knoten hin und andernfalls bidirektional orientiert (vgl. Abbildung 4.31c). Aufgrund dieser Orientierungsmethode wird dieses Verfahren auch als „Connec-

---

[28] Eine Null-Wichtung existiert immer dann, wenn mehr constraint-spezifische Freiheitsgrade als primitivbezogene Freiheitsgrade am betrachteten Primitiv-Knoten vorliegen.

tivity Analysis" bezeichnet. Anschließend erfolgt die Analyse des gerichteten Constraint-Grafen, indem die Summe der Kantenwichtung mit der Summe der Freiheitsgrade der Primitv- bzw. Constraint-Knoten verglichen wird. Ein *über-bestimmtes* Modell liegt dann vor, wenn die Differenz zwischen der Summe der einzelnen Kantenwichtung $\sum w(e)$ und der Summe der constraint-spezifischen Freiheitsgrade $C_{(Obj)}$ größer als 0 ist. Analog dazu ergibt sich ein *unter-bestimmtes* Modell, wenn die Differenz aus der Kantenwichtungen $\sum w(e)$ und der Summe der primitiv-bezogenen Freiheitsgrade $DoFs_{(Obj)}$ ebenfalls größer als 0 ist. Da beide Ergebnisse stets eine natürliche Zahl (≥ 0) repräsentieren, kann das constraint-basierte Modell simultan unter- bzw. über-bestimmt sein (vgl. Abbildung 4.31c).

Nach Gao & Zhang (2003) ist das primäre Ziel dieses Ansatzes, anhand der Freiheitsgradanalyse den gesamten Grafen in kleinere Teilgrafen zu unterteilen. Dies ist aber nur dann möglich, wenn der Constraint-Graf ausgewogen „bilanziert" ist und somit ein → *voll-bestimmtes* Modell darstellt (vgl. Abbildung 4.31d). Diese ausgewogene Bilanzierung kann erreicht werden, indem z. B. bei einem *über-bestimmten* Modell Constraint-Knoten mit einer definierten Anzahl n an constraint-spezifischen Freiheitsgraden inklusive der korrespondierenden Anzahl m an Wichtungen eliminiert[29] werden (Zhang, 2011). Dadurch wird das *über-bestimmte* Modell um n-m Freiheitsgrade reduziert, sodass sich ein *voll-bestimmtes* (bilanziertes) Modell ergibt. Analog zu diesem Verfahren wird bei einem *unter-bestimmten* Modell, eine definierte Anzahl n an Constraint hinzugefügt. Mithilfe dieser beiden Ansätze ist zwar die Identifizierung einer gültigen geometrischen Lösung möglich. Allerdings lässt sich aufgrund der Entfernung bzw. Integration von Constraints nicht sicherstellen, dass die ermittelte Lösung das ursprünglich definierte Modellverhalten wiedergeben kann.

Nichtsdestotrotz lassen sich mithilfe des „Bilanzierungsalgorithmus" zweidimensionale, aber auch dreidimensionale geometrische Constraints-Probleme effizient lösen, da zum einen nur die Constraints erfüllt werden müssen, die zu dem identifizierten Teilgrafen gehören, und zum anderen aufgrund der Bilanzierung stets eine ausgeglichene Anzahl an primitv- und constraint-spezifischen Freiheitsgraden zur Lösung des Gleichungssystems zur Verfügung stehen. Letztendlich sind aufgrund dieser Eigenschaften eine inkrementelle Berechnung sowie die Positionierung der geometrischen Primitive möglich (Latham & Middleditch, 1996). Die Reihenfolge der Lösung basiert auf einer constraint-spezifischen Prioritätenregel. Sollte sich keine Bilanzierung des Grafen einstellen, so ist ein *numerisches* Verfahren zur Lösung des geometrischen Constraint-Problems anzuwenden (Bettig & Hoffmann, 2011).

- Flow-based-Methode

Ähnlich wie in dem Ansatz von Latham & Middleditch (1996) verwenden Hoffmann et al. (1998) die Wichtungen des beschrifteten Constraint-Grafen $\overline{G}(V, E, w)$, um eine Unterteilung des *Constraint-Problems* in kleinere Teilprobleme umzusetzen. Hierzu werden aber keine direkte Orientierung und Bilanzierung des Constraint-Grafen durchgeführt, sondern mögliche Teilgrafen bzw. *Cluster* anhand folgender algebraischer Gleichung ermittelt:

$$\sum_{e \in \mathbb{A}} e - \sum_{v \in \mathbb{A}} v > D \qquad (4.17)$$

---
[29] Alternativ können auch Primitive entfernt werden.

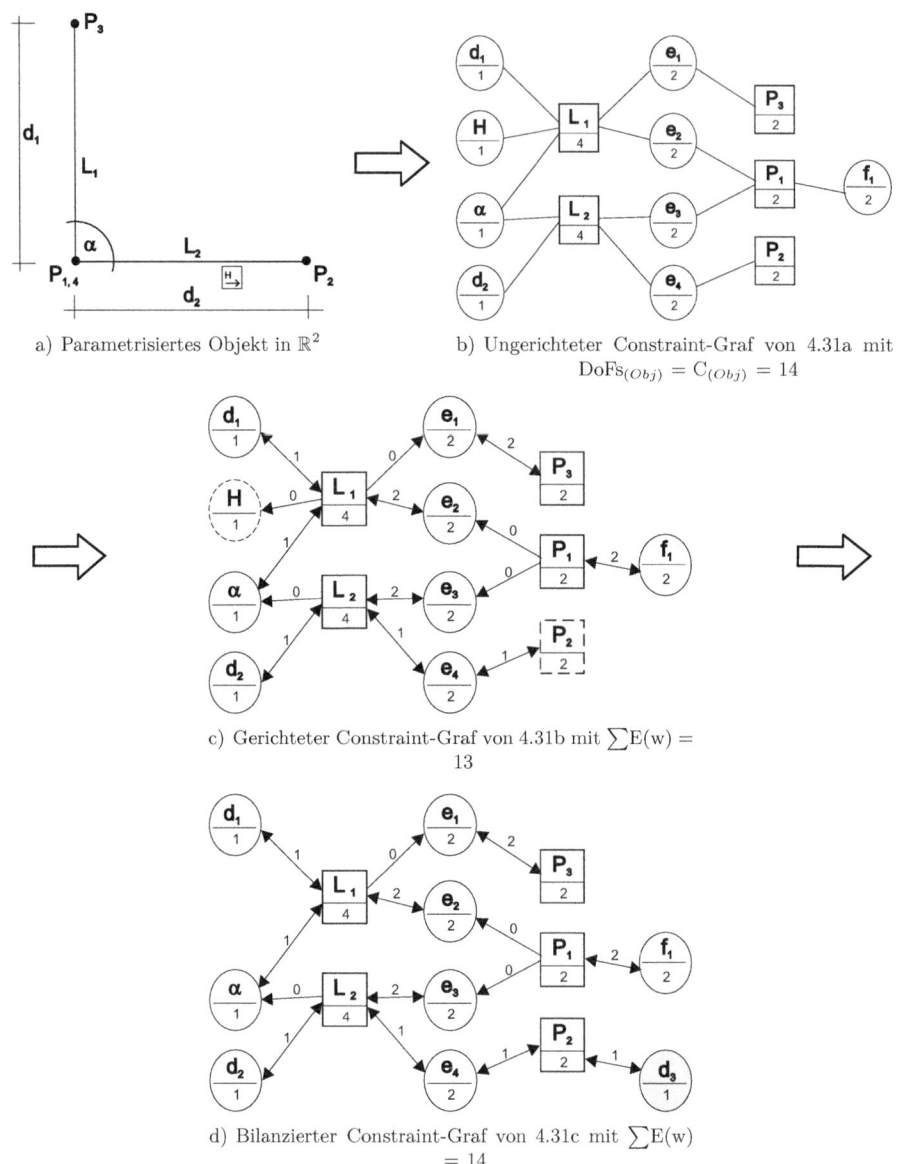

Abbildung 4.31: a) Einfache Winkelgeometrie zur Durchführung einer Analyse der Freiheitsgrade nach Latham & Middleditch (1996, S. 920); b) Ableitung des ungerichteten Constraint-Grafen aus dem parametrisierten Objekt; c) Wichtung und Orientierung des Grafen zur Erstellung eines gerichteten Grafen; d) Bilanzierung des einfach unter- und über-bestimmten gerichteten Constraint-Grafen, indem das horizontal logische Constraint mit der Wichtung m = 0 entfernt und durch ein dimensionales Constraint mit n = m = 1 am Punkt P_2 ersetzt wird ($\rightarrow \sum E(w) = 13 + m = 13 + 1 = 14$ und $C_{(Obj)} = 14 + (n - m) = 14 + (1 - 1) = 14 \rightarrow$ voll-bestimmt).

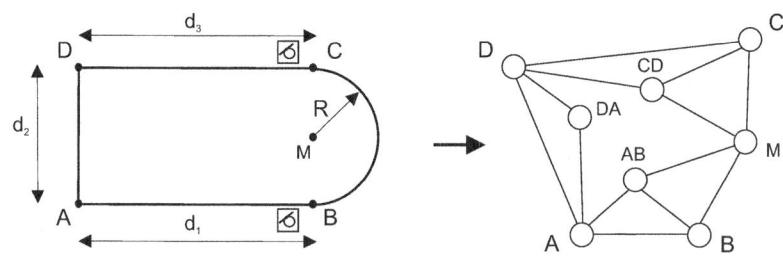

a) Parametrisiertes geometrisches Objekt inklusive Constraint-Graf

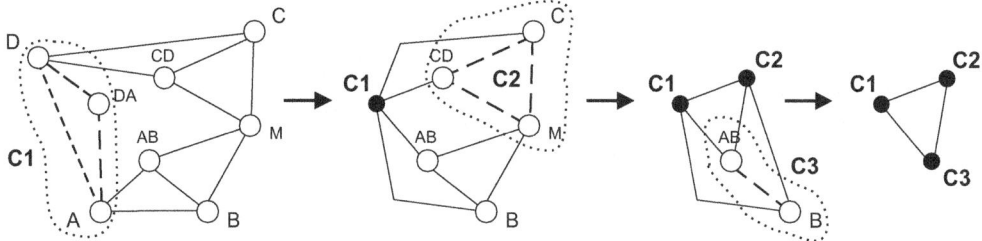

b) Schritte zur Ermittlung der minimal dichten Cluster sowie der Komprimierung des ursprünglichen Constraint-Grafen in lösbare Clusterknoten C1, C2, C3

Abbildung 4.32: Ablauf zur Identifizierung eines minimal dichten Constraint-Grafen unter der Anwendung der „Flow-based-Methode".

Mithilfe dieser Gleichung wird die Differenz zwischen der Summe der Teilwichtungen $v_{i,j}$ der involvierten Knoten V $\{1 \leq i, j \leq n\}$ und der Summe der Wichtungen e_i der gebundenen Kanten E $\{1 \leq i \leq n\}$ gebildet, sodass sich die „Dichte"[30] (engl. *density*) des untersuchten Clusters A (V,E,$v_{i,j}$,e_i) $\subseteq \overline{G}$ (V, E, w) berechnen lässt (Hoffmann et al., 2001). Die Gleichung 4.17 wird auch als „Density-Funktion" bezeichnet. Ziel ist es, einen bipartiten Teilgrafen mit möglichst geringer „Dichte" zu identifizieren, der keine Teilmenge eines zweiten Clusters B ist. Der Wert D stellt hierbei eine Konstante da, anhand der sich die notwendigen Freiheitsgrade zur Transformation des Clusters berücksichtigen lassen (vgl. Abschnitt 4.4.3).

Da in einem minimal „dichten" Teilgrafen das geometrische Constraint-Problem in kleinere Teilprobleme aufgeteilt werden kann (Latham & Middleditch, 1996; Hoffmann et al., 1998), ist eine Unterteilung des „globalen" nicht-linearen Gleichungssystems in mehrere kleinere „lokale" nicht-lineare Gleichungssysteme (Cluster) möglich. Innerhalb dieser lokalen Cluster lassen sich die Constraints aufgrund der einfachen Gleichungsstruktur sehr schnell lösen. Wurden alle lokalen Cluster des Teilgrafen gelöst, so transformiert der Constraint-Solver die lokalen Cluster in einen neuen Knoten, indem er die Cluster unter der Berücksichtigung der beteiligten Constraints relativ zueinander bzw. relativ zu einem globalen Koordinatensystem positioniert (Hoffmann et al., 2001). Dieser Prozess wird solange wiederholt, bis das „globale" nicht-lineare Gleichungssystem

---

[30] In diesem Ansatz bedeutet der Begriff „Dichte", inwieweit die Summe der Freiheitsgrade mit der Summe der Constraint korreliert bzw. wie groß („dicht") die Differenz ist.

zu einem gelösten Knoten komprimiert werden konnte (vgl. Abbildung 4.32). Aus diesem Grund wird dieses Verfahren auch als „flow-based-method" bezeichnet (Joan-Arinyo, 2009).

4.6.4.2 Ansatz der Constraint-Propagation

Die lokale Constraint-Propagation wurde als eine der ersten Methoden zur Lösung des constraint satisfaction Problems entwickelt und wurde bereits im Constraint-Solver von Sutherland (1964), Borning (1979) und Konopasek & Jayaraman (1985) rudimentär implementiert (Bouma et al., 1995; Latham & Middleditch, 1996). Vereinfacht ausgedrückt werden in diesem Ansatz alle Constraints sowie Variablen der Constraints auf Basis einer einzelnen bereits gelösten Constraint-Variable, wie z. B. $x_1 = 0$, propagierend (lat. *propagare*, ausbreiten) gelöst. Jedoch unterliegt dieser Ansatz starken Reglementierungen. So dürfen beispielsweise keine zyklischen Abhängigkeiten zwischen den Constraint-Gleichungen auftreten und die Anzahl der Freiheitsgrade eines Primitivs darf sich nicht von der Constraint-Wertigkeit des damit verbundenen Constraints unterscheiden. Diese Einschränkungen grenzt das Anwendungsgebiet des Propagationsansatzes stark ein, sodass dieser um verschiedene Komponenten wie einen *orientierten* Methoden-Grafen (Sannella, 1994; Vander Zanden, 1996), eine *Constraint-Hierarchie* (Borning et al., 1992) oder eine *Multi-Output-Methode* bzw. *Multi-Way-Constraints* (Sannella, 1994; Borning et al., 1996) erweitert wurde. Mithilfe dieser zusätzlichen Komponenten konnte eine universelle Anwendung des Verfahrens erzielt werden.

Analog zum Ansatz der *Analyse der Freiheitsgrade* wird in diesem Ansatz ein Graf zur Beschreibung des constraint-basierten Modells eingesetzt. Jedoch wird hierzu ein sogenannter *Methoden-Graf* erzeugt, der die Constraint-Gleichungen als Constraint-Knoten (symbolisiert als □) sowie die dazugehörigen Variablen als Variablenknoten (symbolisiert als ○) abbildet. Kanten wiederum definieren die multiple Abhängigkeit zwischen einer Constraint-Variable und den verschiedenen Constraint-Gleichungen, sodass anhand der Kanten indirekt erkannt werden kann, welche Komplexität das nicht-lineare Gleichungssystem besitzt (vgl. Abbildung 4.33b). Am Ende ergibt sich ein ungerichteter bipartiter Graf, der mithilfe einer entsprechenden *Propagationsmethode*, wie z. B. einer Freiheitsgrad-Propagation (Vander Zanden, 1996) oder einer Propagation entsprechend bekannter Variablen (Veltkamp & Arbab, 1992), azyklisch orientiert sowie gelöst werden kann (Hoffmann & Joan-Arinyo, 2005).

In einer abstrakten Form kann eine Propagationsmethode als ein Verfahren zur Orientierung des ungerichteten Grafen aufgefasst werden, der die bekannte Eingangsvariablen als Startknoten zur Berechnung weiterer Variablen bzw. Ausgangsvariablen verwendet. Anschließend werden die ermittelten Ausgangsvariablen als Eingangsvariablen propagiert, sodass sich eine sukzessive Orientierung des Methoden-Grafen durchführen lässt (Aish & Woodbury, 2005). Jedoch darf eine Ausgangsvariable nur genau durch eine Propagationsmethode spezifiziert werden (Bettig & Hoffmann, 2011), andernfalls tritt ein Methodenkonflikt[31] auf. Beispielsweise lässt sich aus der Multi-Way-Constraint-Gleichung IV: $d_1 = y_3 - y_1$ aus Abbildung 4.33a, folgende drei Propagationsmethoden ableiten:

---

[31] Nach Sannella (1994) tritt ein Methodenkonflikt auf, wenn mehrere Constraints dieselbe Variable spezifizieren. Im Graf äußert sich dies dadurch, dass mehrere Kanten zu einer Variablen hin gerichtet sind.

I	$y_2 - y_1 = 0$
II	$x_1 = 0$
III	$y_1 = 0$
IV	$y_3 - y_1 = d_1 \rightarrow 3$ Methoden
V	$x_2 - x_1 = d_2 \rightarrow 3$ Methoden
VI	$(x_2 - x_1)(x_3 - x_4) + (y_2 - y_1)(y_3 - y_4) = 0$
	$\rightarrow 8$ Methoden
VII	$x_4 - x_1 = 0$
VIII	$y_4 - y_1 = 0$

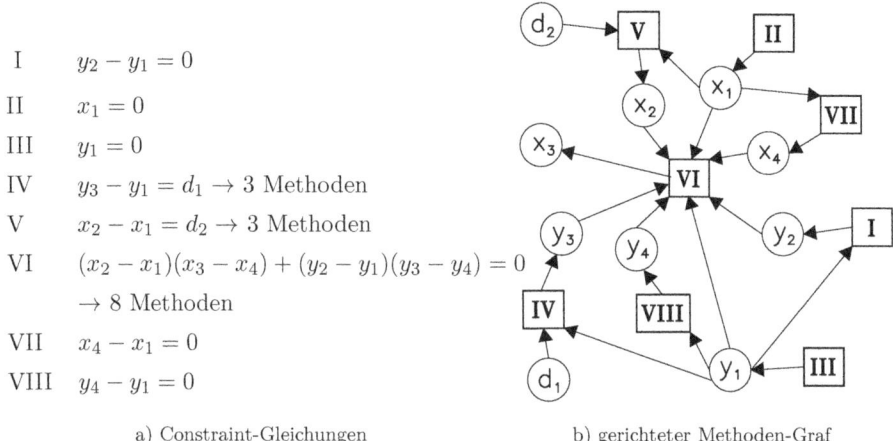

a) Constraint-Gleichungen b) gerichteter Methoden-Graf

Abbildung 4.33: a) Darstellung der definierten Constraint-Gleichungen aus dem parametrisierten Objekt von Abbildung 4.31a, sowie deren multiplen Methoden; b) Azyklisch gerichteter Methoden-Graf abgeleitet aus den Variablen und Constraints entsprechend der Notation nach Vander Zanden (1996).

$$d_1 \leftarrow y_3 - y_1, \; y_1 \leftarrow y_3 - d_1 \text{ und } y_3 \leftarrow y_1 + d_1 \tag{4.18}$$

Sind zwei der drei Variablen bekannt, so kann anhand einer der drei vorhandenen Methoden eine Lösung ermittelt werden (Sannella, 1994). Allerdings verursacht jede dieser Methoden eine andere Orientierung der Kanten im Methoden-Grafen (vgl. Abbildung 4.33b). Die Anzahl der möglichen Propagationsmethoden lässt sich direkt am Methoden-Grafen erkennen, indem die ein- und ausgehenden Kanten am betrachteten Constraint-Knoten aufsummiert werden. Ist eine der möglichen Methoden anwendbar, so kann eine Orientierung des Grafen erfolgen, indem ausgehend vom Knoten der Eingangsvariable ein gerichteter Pfeil zum Constraint-Knoten und vom Constraint-Knoten aus zum Knoten zur Ausgangsvariable angeordnet wird. Wird die Orientierung des Methoden-Grafen eingehalten, so lässt sich bei einem azyklisch gerichteten Grafen, der keinen Methodenkonflikt besitzt (Maloney, 1991), das geometrische Constraint-Problem inkrementell lösen. Mathematisch betrachtet bedeutet dies, dass das nicht-lineare Gleichungssystem in ein trianguliertes System überführt und mithilfe einer Rückwertssubstitution berechnet werden kann (Hoffmann & Joan-Arinyo, 2005).

Häufig ergibt sich jedoch kein zyklen- und konfliktfreier Methoden-Graf, vor allem dann, wenn das zu untersuchende Modell parametrisch unter- bzw. über-bestimmt ist, oder wenn vom Anwender zyklische Abhängigkeit bzw. algebraische Constraints mit Ungleichungen definiert wurden. Zur Berücksichtigung dieser Besonderheiten hat Borning et al. (1992) eine *hierarchische Wichtung* der Constraints vorgeschlagen. Hierzu hat er die Constraints in die Kategorien erforderlich, stark, mittel und schwach unterteilt und bewiesen, dass sich durch eine geeignete Wichtung der Constraints zum einen zyklische Grafen unterbinden und zum anderen algebraische Ungleichungen wie z. B. a ≤ b lösen lassen (Borning et al., 1996). Zudem können Constraint-Solver, die einen Constraint-Propagation-Ansatz berücksichtigen, aufgrund der *hierarchischen Wichtung* der Constraints, autonom entscheiden, wie sie sich bei einem unter- bzw. über-bestimmten Modell verhalten sollen (McCartney, 1995). Handelt es sich z. B. um ein über-bestimmtes Modell, so werden *schwächer* gewichtete Constraints zur Lösung des Problems einfach nicht berücksichtigt (Sannella, 1994).

Trotz aller Fortschritte kann ein Constraint-Solver, der auf einem Ansatz der Constraint-Propagation basiert, nicht gewährleisten, dass stets eine geeignete Lösung identifiziert werden kann (Fudos et al., 2004). Aus diesem Grund wird in vielen Aufsätzen (Lipson et al., 1999; Fudos et al., 2004; Hoffmann & Joan-Arinyo, 2005; Bettig & Hoffmann, 2011) darauf hingewiesen, den Ansatz der Constraint-Propagation ausschließlich komplementär zu einem leistungsfähigeren Verfahren wie z. B. einer *numerischen* Methode einzusetzen.

4.6.4.3 Konstruktiver Ansatz

In dieser Variante des grafen-basierten Ansatzes werden wie beim regel-basierten Ansatz gültige geometrische Konstruktionsregeln zur Lösung des constraint-spezifischen Problems eingesetzt (Hoffmann & Joan-Arinyo, 2005). Jedoch werden hierzu keine Gleichungen aufgestellt, sondern es wird ein aus dem constraint-basierten Modell abgeleiteter Constraint-Graf $\mathbb{G}$ (V, E) verwendet (Bettig & Hoffmann, 2011). Dieser globale Constraint-Graf wird mithilfe eines Analysealgorithmus in ein Set aus *voll-bestimmten* Teilgrafen bzw. Cluster zerlegt (Fudos et al., 2004) und gelöst, indem die im Cluster beinhalteten geometrischen Objekte relativ zueinander positioniert werden. Die Positionierung der einzelnen Objekte erfolgt hierbei unter Berücksichtigung der geometrischen Zwangsbedingungen, die sich anhand von gültigen Ruler-and-Compass-Regeln (vgl. Abschnitt 4.6.2) simulieren lassen (Fudos & Hoffmann, 1996a).

Nachdem die Berechnung der einzelnen Cluster C_j erfolgt ist, werden diese mithilfe einer geeigneten Starrkörper-Transformation (vgl. Abbildung 4.30) zu einem globalen Constraint-Grafen rekombiniert. Das Ergebnis ist ein globaler Konstruktionsplan (engl. *construction plan*) (Sitharam et al., 2004), der die einzelnen Lösungsschritte in Form von logischen Prädikaten erster Ordnung widerspiegelt (Lovász & Yemini, 1982). Diese Lösungssequenz wird anschließend zur Lösung des geometrischen Constraint-Problems verwendet, sodass letztendlich eine Abbildung des gültigen constraint-basierten Modells im CAD-System möglich ist. In Abbildung 4.34 sind diese einzelnen Analyseschritte grafisch zusammengefasst.

Im Constraint-Solver werden diese Analyseschritte in zwei Phasen aufgeteilt, wobei in Phase (1) Schritte zur konstruktiven Analyse und in Phase (2) Schritte zur Lösung des geometrischen Constraint-Problems gruppiert sind. Standardmäßig wird zur Analyse des Constraint-Grafen entweder das Verfahren der *Reduktionsanalyse* oder das Verfahren der *Dekompositionsanalyse* eingesetzt. Welches dieser beiden Verfahren in Phase (1) anzuwenden ist, wird durch die strukturelle[32] Bestimmtheit $\Delta P_{(Obj)}$ des Constraint-Grafen $\mathbb{G}$ bzw. des Clusters C_j vorgegeben. Zur Berechnung dieser Bestimmtheit kann z. B. ein grafen-spezifisches Abzählkriterium eingesetzt werden.

---

[32] Der Unterschied zwischen einem parametrisch und einem strukturell bestimmten Modell liegt darin, dass in einem constraint-basierten Modell auch Parameter mit den Wert 0 spezifiziert werden können, sodass das Modell parametrisch unter-bestimmt, aber der Graf strukturell voll-bestimmt ist (Ait-Aoudia et al., 1999).

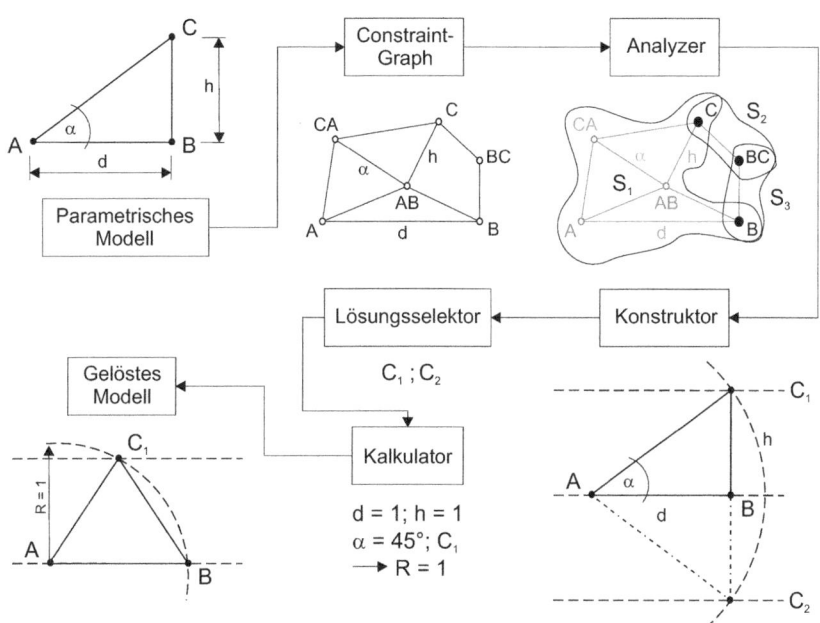

Abbildung 4.34: Ablauf der verschiedenen Prozesse in den beiden Phasen der konstruktiven Methode des grafen-basierten Ansatzes, wobei der erste Prozess die parametrische Modellbildung, die Prozesse 2-4 die Phase (1) und die letzten 3 Prozesse die Phase (2) bilden.

- Kriterium zur Ermittlung der grafen-spezifischen Bestimmtheit

Zur Ermittlung der Bestimmtheit eines Constraint-Grafen wurde von Henneberg (1911) ein grafen-spezifisches *Knoten-Kanten-Abzählkriterium* entwickelt, das zum Beispiel in den grafen-basierten Ansätzen von Fudos & Hoffmann (1997), Ait-Aoudia et al. (1999) sowie Joan-Arinyo et al. (2001) standardmäßig berücksichtigt wird. In diesem Abzählkriterium wird die Anzahl k der Kanten E mit der duplizierten Anzahl g der Knoten V und einem konstanten Faktor T_v verglichen. Dieser zusätzliche Faktor T_v ist erforderlich, da er bestimmt, wie viele Freiheitsgrade bestehen bleiben müssen, sodass eine *Starrkörper-Transformation* möglich ist. Dieser konstante Wert ist aber von der Dimension des Raumes abhängig und ergibt sich in der Ebene $\mathbb{R}^2$ zu 3 (u_x, u_y, $\varphi_z \to T_v = 3$ DoFs) und im Raum $\mathbb{R}^3$ zu 6 (u_x, u_y, u_z, φ_x, φ_y, $\varphi_z \to T_v = 6$ DoFs). Wird dieser zusätzliche Faktor berücksichtigt, so lassen sich zur Ermittlung der Bestimmtheit eines Constraint-Grafen folgende Gleichungen formulieren:

$$\begin{aligned} k &= 2 \cdot g - T_v \quad in \; \mathbb{G} \\ k' &= 2 \cdot g' - T_v \quad in \; C_j \end{aligned} \qquad (4.19)$$

Die Gleichung 4.19 lässt sich aber nur auf einem Constraint-Grafen $\mathbb{G}$ (V, E) anwenden, der die Primitive als Knoten V sowie die Constraints als Kante E zwischen den Knoten V abbildet. Allerdings können mithilfe dieser grafischen Notation nur Primitive mit einer maximalen Anzahl von 2 Freiheitsgraden und nur Constraints mit einer *Constraint-Wertigkeit* ν von 1 berücksichtigt werden. Aus diesem Grund müssen logische Constraints, die eine höhere Wertigkeit als 1 besitzen (wie z. B. konzentrisch oder kollinear), in eine Menge von *dimensionalen* bzw. *algebraischen* Constraints mit einer *Constraint-Wertigkeit* von 1 transformiert werden. Einzige Ausnahme bildet hierbei das logische Constraint zusammenfallend, da im Constraint-Grafen sowohl die Punkte als auch die Linien als Knoten abgebildet werden. Dadurch kann das zweiwertige Constraint zwischen den beiden Punkt-Knoten und dem Linien-Knoten aufgeteilt werden. Primitive, die mehr als zwei Freiheitsgraden besitzen (wie z. B. Kreisbögen oder Ellipsen), müssen ebenfalls in eine Menge von Punkten[33] transformiert werden (Fudos, 1993; Bouma et al., 1995). Jedoch ist eine derartige Transformation nicht für alle Primitive möglich, sodass ein anderes Kriterium anzuwenden ist.

Werden aber diese Randbedingungen eingehalten, so kann anhand der Gleichung 4.19 die *Bestimmtheit* des Constraint-Grafen ermittelt werden. Aus dem Ergebnis lassen sich folgende Rückschlüsse ableiten:

Definition 1:
Der Graf bzw. das Cluster ist strukturell „voll-bestimmt", wenn die Gleichung 2g - k = T_v bzw. 2g' - k' = T_v erfüllt ist. Dieses Ergebnis symbolisiert einen Starrkörper, der relativ zu anderen Starrkörpern positioniert werden kann, und stellt somit ein gültiges Cluster dar. In diesem Fall können zur Analyse des Grafen bzw. Clusters sowohl der Ansatz der Reduktionsanalyse als auch der Ansatz der Dekompositionsanalyse eingesetzt werden.

Definition 2:
Der Graf bzw. das Cluster ist strukturell „über-bestimmt", wenn die Gleichung 2g - k < T_v bzw. 2g' - k' < T_v ist. Damit eine fiktive Reduktion der überzähligen Constraints im Grafen erfolgen kann, ist eine Reduktionsanalyse erforderlich.

Definition 3:
Der Graf bzw. das Cluster ist strukturell „unter-bestimmt", wenn die Bestimmtheit 2g - k > T_v bzw. 2g' - k' > T_v ist und bedingt, dass aufgrund der fehlenden Constraints eine Dekompositionsanalyse am Grafen durchzuführen ist.

Nachdem die Bestimmtheit $\Delta P_{(Obj)}$ des Constraint-Grafen $\mathbb{G}(V, E)$ festgestellt wurde, kann der eigentliche Analyseprozess des globalen Constraint-Grafen erfolgen. Hierzu wird entsprechend den drei Definitionen entweder das von Owen (1991) entwickelte *Top-down-Verfahren* der Dekompositionsanalyse für einen unter-bestimmten Grafen oder eine *Bottom-up-Reduktionsanalyse* nach Fudos (1993) bzw. Bouma et al. (1995) für einen über- und voll-bestimmten Grafen eingesetzt. Primär unterscheiden sich diese beiden Verfahren darin, ob zur Lösung des constraintspezifischen Problems der globale Constraint-Graf in mehrere lokale Teilgrafen zerlegt (Reduktion) oder die lokalen Teilgrafen zu einem globalen Constraint-Grafen rekombiniert werden (Dekomposition). Damit diese beiden Ansätze den Anforderungen der Anwender entsprechen

---
[33]Der Kreisbogen kann z. B. anhand eines Mittelpunkts und eines Anfangs- und Endpunkts (Bouma et al., 1995), wie es in Abbildung 4.15 dargestellt wird, transformiert werden.

können, wurden sie im Laufe der Jahre kontinuierlich erweitert, sodass z. B. komplexe Primitive berücksichtigt (Hoffmann & Peters, 1995; Fudos & Hoffmann, 1996b), Constraints im Raum $\mathbb{R}^3$ gelöst (Hoffmann & Vermeer, 1994; Li et al., 2002; Mathis & Thierry, 2010), aber auch generelle Probleme (Joan-Arinyo et al., 2002a,b; Gao & Zhang, 2003; Zhang, 2011; Gao & Sitharam, 2013) behandelt werden können. Aus diesem Grund bilden die beiden Analyseansätze den Standard in aktuellen kommerziellen CAD-Systemen. Ein guter Überblick über die verschiedenen Erweiterungen wird von Bettig & Hoffmann (2011) gegeben.

- **Methode der Reduktionsanalyse**

Beim Ansatz der Reduktionsanalyse (engl. *reduction analysis*) wird das Constraint-Satisfaction-Problem gelöst, indem der Constraint-Graf $\mathbb{G}(V, E)$ rekursiv in eine Menge von Cluster rekombiniert wird. Aufgrund des Ablaufes – vom Kleineren zum Größeren – wird diese Methode auch als *Bottom-up-Methode* bezeichnet (Bouma et al., 1995). Nach Fudos et al. (2004) besteht ein Cluster aus mindestens zwei Knoten V' $\in$ V, die mit einer Kante E' $\in$ E verbunden sind. Dieser Cluster stellt ein *Bi-connected-Knotenpaar* dar, in dem die geometrischen Primitive relativ zueinander positioniert werden können. Die Positionierung der Primitive wird hierbei durchgeführt, indem die beteiligten Constraints anhand von gültigen geometrischen Konstruktionsregeln gelöst werden (vgl. Abbildung 4.34). Eine Lösung dieses Clusters C(V', E') ist immer möglich, da dieser stets einen strukturell voll-bestimmten Grafen mit drei Freiheitsgraden (n = 2; m = 1) in $\mathbb{R}^2$ repräsentiert und nach Definition 1 einem Starrkörper entspricht.

Somit lassen sich aus dem globalen Constraint-Grafen die einzelnen End-Cluster C_j sehr schnell identifizieren, indem ein spezieller *Clustering-Algorithmus* – der in Abbildung 4.35 illustriert ist – eingesetzt wird. Anhand dieses Clustering-Algorithmus ergeben sich stets identische End-Cluster, selbst dann, wenn der Algorithmus von einem anderen Bi-connected-Knotenpaar aus gestartet wird. Zudem identifiziert dieser Algorithmus ausschließlich ein End-Cluster, das sowohl grafisch als auch mathematisch ein trianguliertes System darstellt. Dieser End-Cluster wird im Folgenden als *Tri-connected* bezeichnet. Aufgrund des Tri-connected-Zustandes können die constraint-spezifischen Konstruktionsregeln in Form einer univariat quadratischen Gleichung f(x) dargestellt werden (Bettig & Hoffmann, 2011). Dadurch, dass ausschließlich Gleichungen vorkommen, die entweder einen linearen oder einen quadratischen Ansatz besitzen, ist eine einfache sowie schnelle Lösung des constraint-spezifischen Problems durchführbar.

Nachdem dieser Vorgang abgeschlossen wurde, erfolgt im nächsten Schritt eine Komprimierung bzw. Reduzierung des *geclusterten* globalen Constraint-Grafen $\mathbb{G}$, indem zwei bzw. drei *End-Cluster* C_j (V', E'), die paarweise einen Knoten V* bzw. eine Constraint-Kante E teilen (Bouma et al., 1995), zu einem übergeordneten Cluster $S_i(C_j)$ kombiniert werden. Dieser übergeordnete Cluster erfüllt wiederum die Definition eines Starrkörpers und wird in der Literatur als „Singleton" bezeichnet (vgl. Abbildung 4.35d). Konnte während des Analysevorgangs ein derartiger „Singleton" identifiziert werden, so lassen sich die Knoten V* des „Singletons" durch eine reale oder eine virtuelle Constraint-Kanten (engl. *virtual bounds*) zu einem „Skeleton", wie in Abbildung 4.36b dargestellt, verbinden (Ait-Aoudia et al., 1999). Daran anschließend erfolgt auf Basis des „Skeletons" eine Starrkörper-Transformation, welche die zwei bzw. drei End-Cluster C_j (V', E') relativ zueinander positioniert (vgl. Abbildung 4.36a). Hierzu werden wiederum diverse ruler-and-compass-spezifische Konstruktionsregeln, z. B. Basis-, Punkte-, Linien- oder Kreispositionierungs-Algorithmen, aber auch algebraische Formeln, eingesetzt (Bouma et al.,

○ Clustering-Algorithmus:

1. Auswahl eines beliebigen Knotenpaars V', die mit einer Kante E' verbunden sind → Start-Cluster C_{Start}.

1.1 Markierung der Kante E' im Constraint-Grafen (vgl. Abbildung 4.35a)

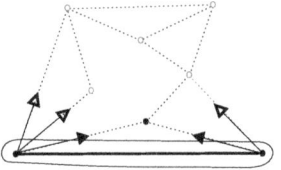

a) Start-Cluster

1.2 Erweiterung des Start-Clusters C_{Start} um einen weiteren Knoten V', wenn zwei noch nicht markierte Kanten E' aus dem Start-Cluster zu dem gemeinsamen Knoten V' zeigen (vgl. Abbildung 4.35a u. 4.35b ausgefüllte Pfeile)

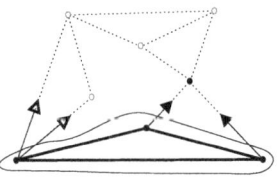

1.3 Wiederholung der Schritte 1.1 und 1.2, solange bis die Bedingung aus Schritt 1.2 nicht mehr erfüllt werden kann

b) Erweiterter Cluster

1.4 als Resultat ergibt sich ein End-Cluster C(V', E') der einen Tri-connected Teilgrafen repräsentiert, der nach Definition 1 einen Starrkörper bildet (vgl. Abbildung 4.35c)

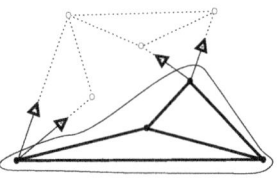

2. Auswahl eines neuen Start-Clusters im globalen Constraint-Grafen $\mathbb{G}(V, E)$ und Wiederholung der Schritte 1.1-1.4, um weitere End-Cluster identifizieren zu können

c) End-Cluster I

3. wenn alle Knoten V und Kanten E des globalen Constraint-Grafen $\mathbb{G}(V, E)$ zu einem der identifizierten End-Cluster $C_j(V',E')$ zugeordnet werden konnten, kann der Algorithmus beendet und mit der Reduktion des Constraint-Grafen fortgefahren werden

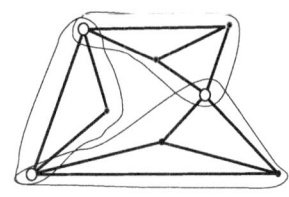

d) Die drei paarweisen Cluster bilden einen Singleton

Abbildung 4.35: Ablauf des Prozesses zur Identifizierung von End-Clustern anhand des Constraint-Grafen aus dem Beispiel in Abbildung 4.29

1995). Am Ende dieses Analyse- und Konstruktionsprozesses ergeben sich ein reduzierter Graf sowie eine prozedurale Sequenz an mathematischen Gleichungen, die in Phase (2) zur Lösung des geometrischen Constraint-Problems verwendet wird. Eine derartige Sequenz wurde z. B. von Luzón et al. (2005) beschrieben.

Kann jedoch der globale Constraint-Graf nicht vollständig in gültige End-Cluster bzw. in Singeltons unterteilt werden, da z. B. der Graf keine Bi-Konnektivität oder stark unsymmetrische

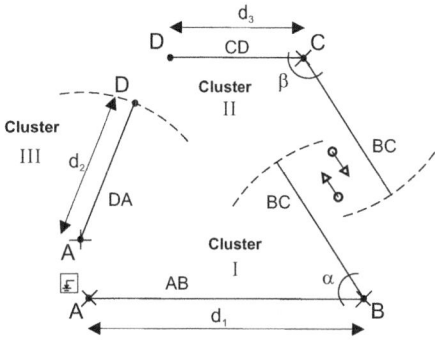 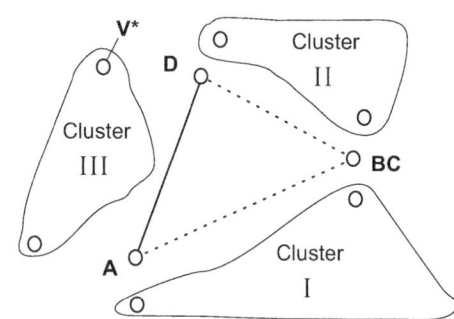

a) Geometrie, Constraints und Konstruktionsregeln der drei identifizierten End-Cluster aus Abbildung 4.35d

b) Skeleton des Singleton, wobei die durchgezogene Linie eine reale Kante E' und die gestrichelte Linie eine virtuelle Kante E* bildet

Abbildung 4.36: Zusammenführung der End-Cluster zu einen Singleton, das durch die Translationsbegrenzung der Linie BC und die Fixierung der Rotation des Punkts A konstruktiv spezifiziert wird

Verzweigungen aufweist, so müssen entweder mehr als zwei gemeinsame Knoten V* in einem End-Cluster (Fudos & Hoffmann, 1997) erlaubt oder zusätzliche virtuelle Kanten E* angeordnet werden (Joan-Arinyo et al., 2001).

- **Methode der Dekomposition**

Obwohl die Bottom-Up-Methode der Reduktionsanalyse ein leistungsfähiges Verfahren für strukturell über- und vollbestimmte Grafen darstellt, so ist die Reduktionsanalyse nicht in der Lage, bei einem strukturell unter-bestimmten Grafen eine geeignete Lösung zu identifizieren (Fudos & Hoffmann, 1997). Das Problem besteht darin, dass bei der Methode der Reduktionsanalyse die Constraints ausschließlich lokal analysiert werden, sodass Constraints, die einen globalen Einfluss auf die geometrischen Primitive haben, nicht erkannt werden können. Somit ist eine Transformation eines strukturell unter-bestimmten Grafen in einen strukturell voll-bestimmten Grafen nicht möglich. Eine globale Analyse des Constraint-Grafen wird notwendig.

Owen (1991) hat dieses Problem bereits Anfang der 1990er Jahre erkannt und daher ein *top-down-spezifisches* Analyseverfahren entwickelt, das mithilfe eines zweistufigen Algorithmus den globalen Constraint-Grafen $\mathbb{G}(V, E)$ rekursiv und global orientiert in dreiecksförmige Grafen bzw. Tri-connected-Grafen $\mathbb{G}'_i$ zerlegt. Dieser sogenannte *Dekompositionsalgorithmus* kann beendet werden und somit kann das constraint-spezifische Problem in Phase (2) gelöst werden, wenn alle global identifizierten Teilgrafen (Cluster) ausschließlich Dreiecke bilden (Joan-Arinyo et al., 2002b). Andernfalls lässt sich mithilfe dieses Ansatzes keine Lösung ermitteln, da hierzu algebraische Gleichungen mit einer Polynomordnung größer als 2 eingesetzt werden müssten. Als Schlüsselelement dieses Ansatzes gelten Tri-connected Constraint-Grafen $\mathbb{G}'_i$, die nach Hopcroft & Tarjan (1974) Grafen darstellen, die aus mehr als drei Knoten V' zusammensetzen und keinen Gelenkknoten besitzen. Dabei müssen die Knoten V' ausschließlich durch reale Kanten E^r bzw. virtuellen Kanten E^v verbunden sein. In diesen Tri-connected-Grafen besitzen die virtuellen Kanten E^v eine besondere Bedeutung, da sich anhand dieser Kanten zusätzliche Constraints identifizieren lassen, sodass mithilfe dieser Kanten ein strukturell *unter-bestimmter* Graf in einen strukturell *voll-bestimmten* Grafen überführt werden kann. Aus diesem Grund bezeichnen Fudos & Hoffmann (1997) diese Methode auch als ein *globales Dekompositionsverfahren*, das eine invertierte Form der zuvor vorgestellten *(lokalen) Reduktionsanalyse* darstellt.

Zur Umsetzung dieses globalen Dekompositionsverfahrens wird der Constraint-Graf $\mathbb{G}$ auf Basis der *Galios-Theorie* (Stewart, 1989; Everitt, 2007) sowie eines *Depth-first-Search-Algorithmus* (Fudos & Hoffmann, 1997) in lösbare dreiecksförmige Cluster zerlegt. Hierbei wird zuerst die Galios-Theorie dazu eingesetzt, einen geeigneten Startknoten a* (engl. *root*) identifizieren zu können (vgl. in Abbildung 4.37 den Knoten DA), von dem aus eine Unterteilung des Constraint-Grafen $\mathbb{G}$ in zwei bzw. drei Teilgrafen $\mathbb{G}'_i$ (engl. *split components*) gestartet werden kann. Anschließend erfolgt die Unterteilung des Constraint-Grafen anhand eines Depth-first-Search-Algorithmus, der um verschiedene grafen-spezifische Definitionen[34] erweitert wurde (Miller & Ramachandran, 1992; Hopcroft & Tarjan, 1972, 1974). Eine detaillierte Beschreibung dieser Erweiterungen werden von Owen (1991, S.401), Fudos & Hoffmann (1997, S.25) oder Joan-Arinyo et al. (2002b, S.106) vorgestellt. Letztendlich wird mithilfe des modifizierten Depth-first-Search-Algorithmus die *Konnektivität* des unter-bestimmten Grafen analysiert und anschließend an den identifizierten Trennstellen bzw. den „*articulation pair*", virtuelle Kanten E^v_i angeordnet. Dadurch ergibt sich ein voll-bestimmter Constraint-Graf, durch deren Hilfe eine Dekomposition des Grafen möglich ist.

Treten nach diesem Schritt immer noch komplexe Tri-connected Teilgrafen $\mathbb{G}'_i$ auf, so wird aus dem Teilgrafen eine der virtuellen Kanten E^v_i entfernt und die Dekomposition wiederholt. Dieser Analyseprozess iteriert solange, bis der Teilgraf nur noch aus „dreiecksförmigen" Teilgrafen besteht. Zur Veranschaulichung dieses zweistufigen sowie rekursiven Verfahrens wurde der Dekompositionsalgorithmus textuell zusammengefasst. Die aus den jeweiligen Schritten resultierenden Dekompositions- und Reduktionsergebnisse werden in Abbildung 4.37 anhand einer parametrisierten Rechteckgeometrie dargestellt.

- Dekompositionsalgorithmus:

1. Ermittlung eines geeigneten Startknotens a*, durch den eine Unterteilung des verbundenen Constraint-Grafen $\mathbb{G}'(V,E)$ erfolgen kann

2. Zerteilung des globalen Constraint-Grafen in zwei bzw. drei Bi-connected-Cluster $\mathbb{G}'_i$, indem die Teilung an dem „articulation node" a*durchgeführt wird. An der Trennstelle, wird eine virtuelle Kante E^v als gestrichelte Linie hinzugefügt (vgl. Abbildung 4.37, Dekomposition I).

3. Bestehen die Cluster $\mathbb{G}'_i$ nicht nur aus einem einzigen Dreieck, so müssen diese weiter zerlegt werden, indem

   a) eine der virtuellen Kante E^v_i aus dem Cluster $\mathbb{G}'_i$ entfernt wird (vgl. Abbildung 4.37, Reduktion I),

---

[34] Z. B. dürfen in einem Bi-connected Grafen keine mehrfach verzweigte Knoten „Gelenk-Knoten" (engl. *articulation nodes*) auftreten.

b) um anschließend zur Dekomposition des reduzierten Clusters $\mathbb{G}'_i$, Schritt 1 und 2 erneut durchführen zu können (vgl. Abbildung 4.37, Dekomposition II).

4. Die Schritte 1-3 iterierten solange, bis alle Cluster in ein einzelnes Dreieck mit realen und virtuellen Kanten zerlegt wurden (vgl. Abbildung 4.37, Reduktion II & Dekomposition III).

Da das in Abbildung 4.37 angeführte Beispiel ein strukturell unter-bestimmtes Modell darstellt, erfolgte die Analyse des Constraint-Grafen anhand des Dekompositionsalgorithmus. Dabei konnte bereits im ersten Schritt erkannt werden, an welchen geometrischen Primitiven zusätzliche Constraints anzuordnen sind, um ein strukturell voll-bestimmtes Modell zu erhalten. Hierbei bilden die beiden virtuellen Kanten E_1^v und E_2^v mögliche Constraints, da diese paarweise als virtuelle Kante E^v in den drei Clustern auftreten, ohne dabei einer realen Kante E^r anzugehören. Unter Berücksichtigung der geometrischen Eigenschaften des Modells können die virtuellen Kanten wie folgt interpretiert werden: Die virtuelle Kante E_1^v lässt sich entweder als ein winkeldimensionaler oder senkrecht lokal-logischer Constraint zwischen der Linie CD und Linie DA integrieren, oder die virtuelle Kante E_2^v kann als ein linear-dimensionalen Constraint zwischen dem Punkt C und der Linie DA angeordnet werden.

Nachdem die Analyse des Grafen in Phase (1) erfolgreich abgeschlossen wurde, lassen sich aus den identifizierten Dreiecken *univariate quadratische* Gleichungen ableiten, mit deren Hilfe die geometrischen Primitive in Phase (2) berechnet werden können. Im Allgemeinen erfolgt dieser Auswertevorgang, indem die einzelnen Schritte der Grafenanalyse in einer invertierten Reihenfolge simuliert werden (Owen, 1991; Fudos et al., 2004). Hierbei wird zuerst nach einem dreieckförmigen Cluster gesucht, der sich nur aus realen Kanten E^r zusammensetzt und somit nach Definition 1 einen Starrkörper bildet (vgl. z. B. Dreieck {A, AB, DA} in der Dekompositionsstufe III der Abbildung 4.37). Anschließend lassen sich die Koordinaten der geometrischen Primitive relativ zueinander berechnen, indem die korrespondierenden quadratischen Gleichungen bzw. gültigen Ruler-and-Compass-Regeln ausgewertet werden. Im nächsten Schritt wird diejenige Kante des zuvor positionierten Dreiecks, welche mit einer virtuellen Kante des benachbarten dreieckförmigen Clusters korrespondiert, zur Berechnung des neuen Clusters verwendet (vgl. z. B. virtuelle Kante E_5^v in der Dekompositionsstufe III der Abbildung 4.37). Zudem wird mithilfe einer *Starrkörper-Transformation* der neu berechnete dreiecksförmige Cluster an den bereits positionierten Cluster angeschlossen (Fudos & Hoffmann, 1997). Dies ermöglicht eine *sequenzielle* Lösung des *geometrischen Constraint-Problems*. Diese Schritte iterieren solange, bis alle dreiecksförmigen Cluster bzw. Koordinaten der geometrischen Primitive gelöst wurden bzw. sich aus der *sequenziellen* Positionierung der dreieckförmigen Cluster der ursprüngliche *globale* Constraint-Graf wieder ergibt.

Allerdings haben Untersuchungen ergeben, dass sich mithilfe des Ansatzes von Owen nicht immer alle Probleme - die durch eine Ruler-and-Compass-Regel konstruierbar sind - lösen lassen, sodass Fudos & Hoffmann (1997) eine Erweiterung des Dekompositionsalgorithmus vorschlugen. In dieser Erweiterung wird der globale Constraint-Graf anhand einer zuvor durchgeführten lokalen Reduktionsanalyse zerlegt. Anschließend werden die Cluster C_j zu einem Teilgrafen $\mathbb{G}'_i(C_j)$ - der einem „Singelton" entspricht (vgl. Abbildung 4.36b) - zusammengefügt (Joan-Arinyo et al., 2002b). Um in diesem Ansatz auch *unter-bestimmte* Modelle berücksichtigen zu

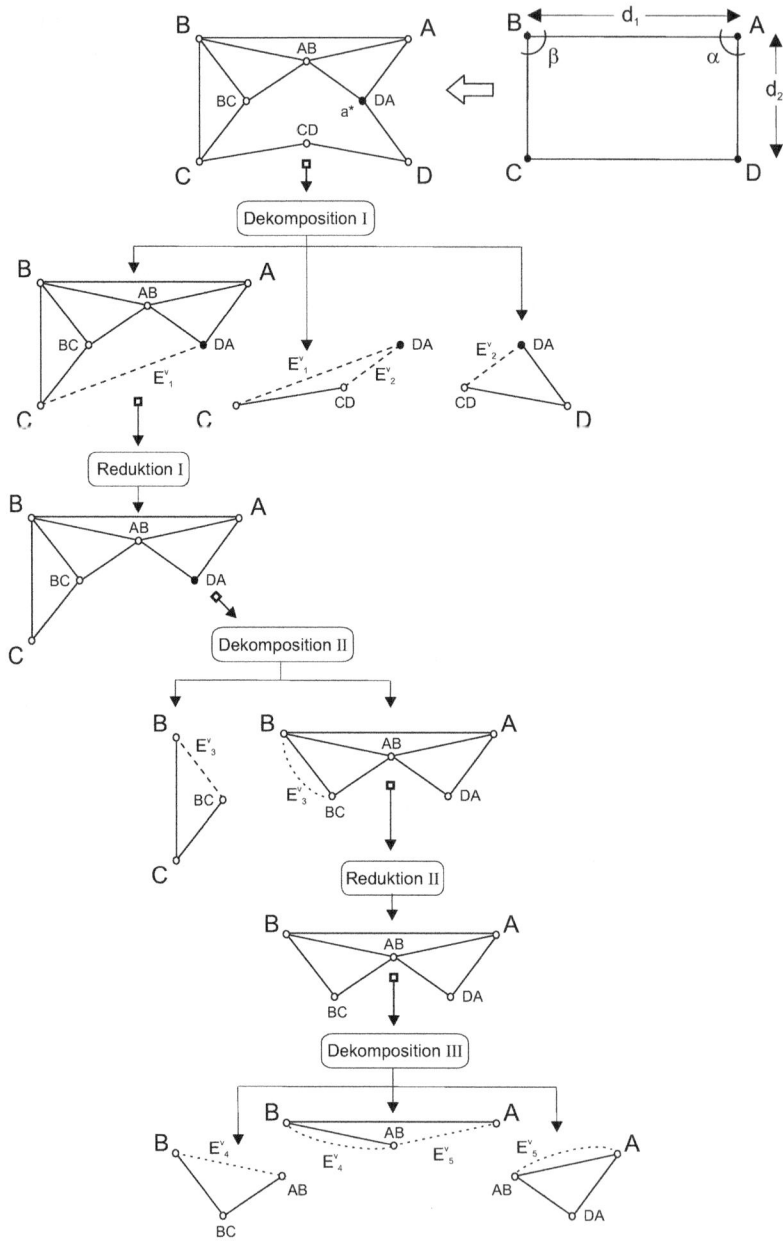

Abbildung 4.37: Grafische Darstellung der verschiedenen Schritte zur globalen Dekompositionsanalyse eines strukturell unter-bestimmten Rechteckquerschnittes.

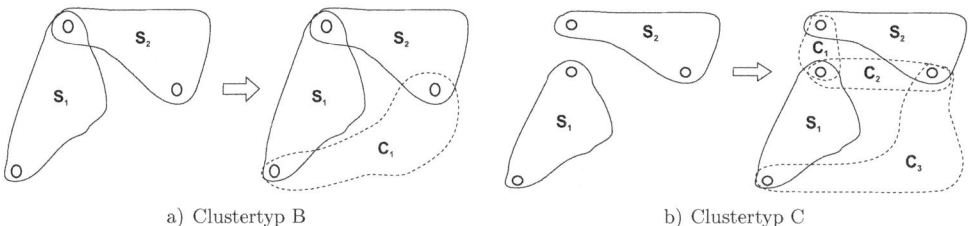

Abbildung 4.38: Die zwei zusätzlichen Clustertypen in dem hybriden Ansatz von Fudos & Hoffmann (1997, S. 19) . Clustertyp A entspricht einem „Singelton" (vgl. Abbildung 4.36b).

können, wurden drei *virtuelle Cluster* eingeführt (vgl. Abbildung 4.38a und Abbildung 4.38b), die entsprechend der geometrischen Eigenschaft der paarweisen Knoten[35] hinzugefügt werden. Aufgrund der abstrakten Definition der Cluster kann eine Kombination des Verfahrens mit der Methode der lokalen Reduktionsanalyse umgesetzt werden. Dies führt dazu, dass dieser hybride Ansatz allgemeingültig einsetzbar ist, da keine Abhängigkeit zu der strukturellen Bestimmtheit des Constraint-Grafen mehr besteht (Bettig & Hoffmann, 2011).

4.6.5 Analyse der bestehenden Verfahren

Jedes der vorgestellten Verfahren besitzt entsprechend dem jeweils zugrunde liegenden mathematischen, geometrisch-konstruktiven oder grafischen Ansätz Stärken, aber auch Schwächen zur Identifizierung einer geeigneten Lösung. Beispielsweise werden der regel-basierte Ansatz sowie der Theorem-Proving Ansatz aufgrund ihrer schlechten Laufzeit ausschließlich in der Forschung eingesetzt. Ausnahmen gibt es zu Experimentierzwecken, im mathematischen Schulunterricht oder zum Prototypenbau (Matsuda, 2004; Fudos et al., 2004). In der Praxis werden vor allem Constraint-Solver verwendet, die einem algebraischen oder grafen-basierten Ansatz unterstützen. Grund dafür ist, dass beide Ansätze eine allgemeingültige, effektive sowie robuste Lösung der constraint-spezifischen Aufgabenstellung gewährleisten (Hoffmann & Peters, 1995), insbesondere da mithilfe eines numerischen Solvers ein sehr großes System aus Constraint-Gleichungen gelöst werden kann. Eine Einschränkung der Anzahl an geometrischen Constraints ist somit nicht erforderlich. Außerdem können mithilfe des numerischen Ansatzes sowohl 2D-Constraints als auch 3D-Constraints berücksichtigt werden. Da aber Probleme zur Lösung von parametrisch *unter-* bzw. *über-bestimmten* Modellen auftreten, wird häufig ein grafen-basierter Ansatz in Form einer Reduktions- bzw. Dekompositionanalyse mitberücksichtigt. Dieser konstruktive Ansatz ist von der Bestimmtheit des Modells unabhängig und kann aufgrund der konstruktiven Methodik sowie der Unterteilung in Cluster sehr schnell eine geeignete Lösung ermitteln. Jedoch beschränkt sich der grafen-basierte Ansatz vor allem für Aufgabenstellungen in der euklidischen Ebene $\mathbb{R}^2$.

In der Wissenschaft werden diese beiden Ansätze oft nur einzeln betrachtet, jedoch fordert die Praxis ein Verfahren, mit dem sich eine breite Anzahl an geometrischen Constraint-Problemen lösen lässt. Viele Softwarehersteller sind daher bestrebt, einen *hybriden* Constraint-Solver wie D-Cubed oder Ledas in ihren parametrischen CAD-Systemen zu integrieren. Innerhalb dieses

---

[35]Die paarweisen Knoten, innerhalb eines Singeltons, dürfen nicht nur Linien repräsentieren.

hybriden Constraint-Solvers werden die Vorteile des einen Ansatzes dazu verwendet, die Nachteile des anderen Ansatzes auszugleichen. Dies geschieht z. B. durch eine Kombination eines *nummerischen* mit einem *grafen-basierten* Verfahren. Erst durch diese Kombination kann eine Vielzahl an constraint-spezifischen Aufgabenstellungen gelöst werden.

Jedoch besitzen die in den Abschnitt 4.6.1 - 4.6.4 beschriebenen Ansätze die Einschränkung, dass sie sich nicht ohne zusätzliche Komponenten *(Grafen, Axiome etc.)* sowie außerhalb eines CAD-Systems anwenden lassen. In einer frühen Planungsphase, wie z. B. während der konzeptionellen und meist „papier-orientierten" Entwurfsplanung, ist daher eine Definition von allgemeingültigen Modellparametern nicht möglich. In der architektonischen sowie bauingenieur-spezifischen Bauwerksplanung stellt aber genau diese Phase eine zentrale Komponente dar und trägt wesentlich dazu bei, die geforderten Planungsleistung über die gesamten Planungsphasen der HOAI hinweg erfolgreich umsetzen zu können. Es wird daher die Hypothese vertreten, dass durch eine Spezifikation von wichtigen Modellparametern bereits während der ersten *konzeptionellen Entwurfsphasen* sich eine signifikante Steigerung der *Planungsqualität* sowie eine effizientere Abwicklung des Parametrisierungsprozesses ergeben würden. Des Weiteren basiert der aktuelle Parametrisierungsprozess auf einem iterativen *„Trial-and-Error"*-Ansatz, dessen Erfolg sehr stark von den Erfahrungen und Kenntnissen des Konstrukteurs im Umgang mit einem parametrischen System abhängig ist. Als Folge werden zur Umsetzung dieser Planungsleistung hohe Anforderungen an den Anwender vorausgesetzt.

Damit diesen Einschränkungen entgegengewirkt werden kann, wurde im Zuge dieser Arbeit eine neue Methode entwickelt, mit der sich die Bestimmtheit bzw. der Parametrisierungsgrad $\Delta P_{(Obj)}$ eines Modells direkt anhand der geometrischen Primitive des Modells ermitteln lässt. Diese neu entwickelte Methode wird als *„direkte Freiheitsgradanalyse"* bezeichnet und wurde bereits in Abschnitt 4.4 ausführlich vorgestellt.

4.7 Zusammenfassung

In diesem Kapitel wurden die Grundlagen der constraint-basierten Modellierung vorgestellt. Eingangs wurde hierzu das Konzept der *assoziativen* Modellkopplung beschrieben und es wurde der Begriff „Parameter" definiert. Ferner wurden die verschiedenen Typen von 2D- und 3D-Constraints dargestellt und es wurden ihre mathematischen Hintergründe aufgezeigt. Darauf aufbauend erfolgte die Beschreibung einer neu entwickelten Methode zur *direkten Analyse der Freiheitsgrade*, mit deren Hilfe sich der Parametrisierungsprozess vereinfachen sowie strukturiert durchführen lässt. Komplexe Parametrisierungsaufgaben können somit bereits in einer frühen Entwurfsphase überprüft sowie bestehende parametrische Modelle zur Modifikation analysiert werden. Anschließend wurden zwei möglichen Varianten eines constraint-basierten Modells diskutiert sowie verschiedene Ansätze zur Umsetzung eines Constraint-Solvers vorgestellt, mit deren Hilfe eine Lösung der durch die Constraints verursachten geometrischen Randbedingungen möglich ist.

Kapitel 5

Grundlagen zur Definition eines infrastruktur-spezifischen Modellierungsleitfadens

Grundlage zur effektiven Umsetzung eines *parametrisch-assoziativen* Infrastrukturmodells bildet der Einsatz eines leistungsfähigen parametrischen Modellierungssystems. Die hierfür erforderlichen theoretischen Grundlagen (Constraints, Constraint-Solver etc.) sowie eine Reihe von verschiedenen parametrischen Modellierungskomponenten wurden bereits im Kapitel 4 vorgestellt. Jedoch lässt sich mithilfe dieser theoretischen und technischen Ansätze noch keine effektive Planung erzielen, da dem Anwender zu viele Optionen zur konstruktiven, strukturellen sowie prozesstechnischen Modellkonfiguration zur Verfügung stehen. Aus diesem Grund wird hier die Hypothese vertreten, dass neben dem Einsatz eines ausgereiften Modellierungssystems die Anwendung einer *fachspezifischen* Modellierungsstrategie sowie ein *teilautomatisierter* Konstruktionsablauf erforderlich sind. Erst dadurch lassen sich eine Vielzahl an semantischen sowie geometrischen Randbedingungen innerhalb des komplexen Modellierungsprozesses berücksichtigen und somit eine Steigerung der Planungsqualität sowie Optimierung der Planungszeiten erzielen.

Aufbauend auf dieser Hypothese wird im Rahmen dieser Arbeit eine infrastruktur-spezifische Strategie bzw. ein Modellierungsleitfaden erarbeitet. Im ersten Abschnitt des Kapitels werden hierzu verschiedene Modellierungs- und Automatisierungsansätze aus der Fertigungsindustrie analysiert sowie deren Anwendbarkeit innerhalb der Infrastrukturplanung beurteilt. Unter Berücksichtigung dieser Ansätze wird eine infrastruktur-spezifische Modellierungsstruktur beschrieben, die eine *parametrisch-assoziative* Modellierung einer Infrastrukturmaßnahme gewährleistet. Außerdem wird ein Konzept vorgeschlagen, das eine integriert ablaufende Konstruktion bestimmter infrastruktur-spezifische Modellierungsprozesse ermöglicht. Die Auswahl der Prozesse erfolgte anhand einer Komplexitätsmatrix nach Schuh (2005). Erst durch die Kombination dieser einzelnen Komponenten ergibt sich eine leistungsfähige und flexible Strategie zur Modellierung einer Infrastrukturmaßnahme, die am Ende dieser Arbeit anhand von zwei klassischen Ingenieurbauwerken – einem Brückenbauwerk und einem Tunnelbauwerk – validiert wird.

5.1 Allgemeine Modellierungsstrategien

Eine Modellierungsstrategie (engl. *design strategy*) spiegelt einen standardisierten sowie prozeduralen Ablauf einer Planungsaufgabe wider, mit der ein Anwender bzw. ein Planungsteam die Modellierung eines fachspezifischen Modells effektiv umsetzen kann (Cross, 2008). Im Laufe der letzten Jahrzehnte (Stand 2015) wurde hierzu eine Reihe von verschiedenen Strategien vorgeschlagen. Jedoch besitzt jede dieser Strategien die Einschränkung, dass sie sich nur innerhalb eines bestimmten Anwendungsgebietes (z. B. Automobil-, Anlagen- oder Flugzeugbau) erfolgreich einsetzen lässt, insbesondere da jede dieser Strategien auf die speziellen produkt- und kundenspezifischen Anforderungen (Fertigungsprozess, Material, Stückzahl etc.) aus dem jeweiligen Fachgebiet abgestimmt ist. Im Folgenden werden diese Strategien als *produkt-spezifische* Strategien bezeichnet. Untersuchungen von Lawson (1979) und Cross (2001) haben belegt, dass sich einige Strategien universal bzw. unabhängig von den Anforderungen des zu modellierenden Produktes einsetzen lassen. Somit können auch *produkt-neutrale* Modellierungsstrategien definiert werden. Beide Strategien besitzen hinsichtlich ihrer Flexibilität und Anwendbarkeit Vor- und Nachteile, sodass die These aufgestellt wird, dass zur Entwicklung einer flexiblen, aber zugleich praxisgerechten Modellierungsstrategie eine Kombination beider Strategien erforderlich ist. Im folgenden Abschnitt sollen diese beiden Strategietypen kurz vorgestellt werden.

5.1.1 Produkt-spezifische Modellierungsstrategien

Produkt-spezifische Modellierungsstrategien spiegeln Planungsschritte wider, die sich nur zur Modellierung eines speziellen Produktes eignen. In den letzten Jahrzehnten wurde hierzu eine Vielzahl von produkt-spezifischen Modellierungsstrategien in den Sektoren des Maschinen-, Anlagen- und Flugzeugbaus entwickelt, anhand denen eine wirtschaftliche sowie effektive Modellierung des Produktes möglich ist (vgl. Vajna et al., 2009; Chen et al., 2012). Innerhalb dieser produkt-spezifischen Strategien erfolgt die Strukturierung des Produktmodells auf Basis von zwei Kriterien, der „Funktion" des Produkts (engl. *product function*) sowie der „physikalischen Objekte" des Produkts (engl. *physical objects*) (Yu-liang & Wei, 2009). Anhand der Funktion des Produktes lassen sich die spezifischen Eigenschaften sowie das Verhalten des Produktmodells identifizieren, aber es lässt sich auch die erforderliche Auswertung des Produktes (z. B. Analyse, Visualisierung etc.) festlegen. Eastman et al. (1991) bezeichnet diese Funktion als *design intent* des Produktmodells. Gerade im Bauwesen müssen aufgrund der Vielzahl an Planungsbeteiligten unterschiedlichste Anforderungen bzw. Sichten (engl. *model views*) vom Produkt erfüllt werden, sodass für eine konsistente Planung des Produktmodells mehrere Funktionen (engl. *multiple function*) simultan vom Produktmodell bzw. der spezifischen Modellierungsstrategie erfüllt werden müssen (Libardi et al., 1988). Im Produktmodell selbst lassen sich diese Produktfunktionen mithilfe einer bestimmten Modellstruktur abbilden (Tay & Gu, 2002). Hierzu wird das spezifische Produktmodell in kleinere Teil-Modelle bzw. physikalische Objekte unterteilt (vgl. Abschnitt 5.2), die geometrisch durch 3D-Constraints (vgl. Abschnitt 4.3.2) miteinander verknüpft sind. Diese Unterteilung und die damit verbundene individuelle Modellierungsstrategie lassen sich aber nur für das spezielle Produkt einsetzen, gewährleisten aber eine Bearbeitung und Planung der Teil-Modelle durch eine Vielzahl an externen Planungsbüros.

5.1.2 Produkt-neutrale Modellierungsstrategien

Im Gegensatz zu einer produkt-spezifischen Modellierungsstrategie stellt eine produkt-neutrale Modellierungsstrategie einen Konstruktionsansatz dar, der die Modellierungsaufgabe in einer sehr abstrakten Form beschreibt. Hierbei steht nicht das Endergebnis, sondern der Konstruktionsprozess zur Erstellung des Produktes im Vordergrund. Als Beispiel lassen sich hierfür der *bauraum-basierte* Ansatz, *Top-down-* bzw. *Bottom-up-Ansatz* sowie der *problem-* bzw. *lösungsorientierte* Ansatz zur Modellierung eines Produktes erwähnen. Diese vier Ansätze werden in den nachfolgenden Abschnitten kurz beschrieben und es werden deren Einsatzfähigkeit sowie Kombinationsmöglichkeiten zur Umsetzung eines Infrastrukturmodells beurteilt.

- **Problem-/lösungsorientierter Modellierungsansatz**

Erfolgt beispielsweise die Erstellung eines Modells anhand einer problemorientierten Strategie, so wird die Modellierungsaufgabe bzw. das Modellierungsproblem solange systematisch analysiert, bis eine eindeutige und optimale Lösung identifiziert wurde. Hierzu werden zuerst logische Zusammenhänge sowie wichtige Modellierungskomponenten aus der Aufgabenstellung abgeleitet, um anschließend daraus eine optimale Lösungsstrategie entwickeln zu können (Cross, 2008). Im Gegensatz dazu wird beim Einsatz einer lösungsorientierten Strategie sofort nach einer Lösung bzw. Teillösung gesucht, ohne dabei das eigentliche Modellierungsproblem bzw. die genaue Funktion des Modells zu kennen. Entspricht die identifizierte Lösung nicht den geforderten Planungsanforderungen, so wird die vorhandene Lösung solange verbessert, bis sich ein optimales Ergebnis einstellt. Aufgrund des iterativen Vorgangs wird diese Strategie auch als Trail-and-Error-Prozess bezeichnet. Je nach verwendeter Strategie ergibt sich eine Modellierungsstruktur, die entweder einen willkürlichen Modellierungsablauf (engl. *random search*) oder einen systematischen Modellierungsablauf (engl. *prefabricated sequence*) widerspiegelt. Beispielsweise wird ein systematischer Modellierungsablauf erforderlich, wenn zur Produktion des Objektes die prozessualen sowie geometrischen Vorgaben aus dem virtuellen Modell benötigt werden (z. B. CNC-Fräse).

- **Bauraum-basierter Modellierung**

In der Automobilbranche werden Bauräume (Zonen) dazu eingesetzt, um komplexe sowie sehr große Produktmodelle konstruieren zu können (Vajna et al., 2009). Hierzu wird das Produkt in eine finite Anzahl an Bauräumen unterteilt, die mittels Referenzobjekten (Ebenen, Koordinatensysteme oder Leitkurven) *assoziativ* miteinander gekoppelt sind. Der Bauraum selbst stellt wiederum eine bestimmte geometrische Hülle (*engl.* boundig box) dar, innerhalb der sämtliche Bauteile eingepasst werden müssen, die zur Abbildung des Teil-Modells erforderlich sind. Eine Überschreitung dieser Hülle ist nicht erlaubt, sodass verschiedene Konstrukteure simultan am selben Produkt arbeiten können. Dieses Bauraumprinzip lässt sich auch im Bereich der Infrastrukturplanung wiederfinden. Hierbei wird das linienhafte Infrastrukturprojekt in Baulose[1] unterteilt, was eine Steigerung der Planbarkeit und Ausführbarkeit des Projektes bewirkt. Eine Adaption der „bauraum-basierten" Strategie zur modellbasierten Planung einer Infrastrukturmaßnahme ist generell möglich.

---

[1] Ein Baulos stellt einen Korridor einer Infrastrukturmaßnahme dar, der von einer bestimmten Organisation (Baufirma, Ingenieurbüro) zu planen und anzufertigen ist.

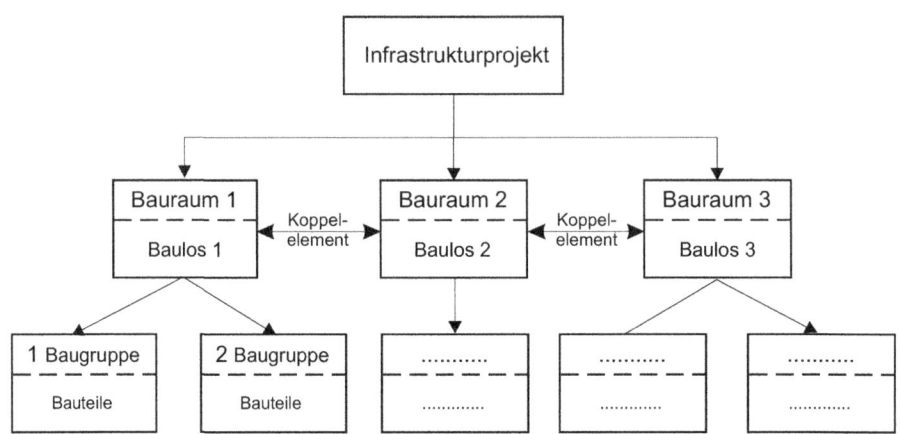

Abbildung 5.1: Grafische Darstellung von Bauräumen, die ein Baulos aus in der Infrastrukturplanung darstellen können.

- **Top-down-Modellierung**

Libardi et al. (1988, S. 1) definiert den Top-down-Ansatz wie folgt: *„A designer begins with an abstract concept and recursively divides it into logical subsystems and subassemblies until the level of components and parts is reached."*

Entsprechend dieser Definition erfolgt beim Top-down-Modellierungsansatz die Modellierung des Produkts in verschiedenen Schritten, wobei mit jedem Schritt eine kontinuierliche Detaillierung des Modells erfolgt. Hierzu wird im ersten Modellierungsschritt die grobe Kontur des Produktmodells in Form einer Produkthülle (engl. *bounding volume*) abgebildet (Vajna et al., 2009). Dieser Hüllkörper basiert auf einer Reihe von geometrischen Hilfselementen bzw. indirekten 3D-Constraints (vgl. Abschnitt 4.3.2), mit deren Hilfe sich die Form der groben Kontur konstruieren lässt. Das geometrische Konstrukt, das sich aus diesen Hilfselementen ergibt, wird in der Produktmodellierung als *Produkt-Skeleton* bzw. *Kontroll-Skeleton* bezeichnet (Aleixos et al., 2004). Im nächsten Modellierungsschritt wird das Produktmodell rekursiv verfeinert, indem das Produktmodell in kleinere Teil-Modelle unterteilt wird. Hierzu werden Teile des Produkt-Skeletons assoziativ in das neue Teil-Modell gekoppelt, sodass darauf aufbauend mit der Detailmodellierung der einzelnen Teil-Modelle begonnen werden kann (Chang, 2014). Durch die assoziative Kopplung der Teil-Modelle ergibt sich eine hierarchische Modellstruktur, die eine konsistente Steuerung des Produktmodells sicherstellt. Die Verfeinerung des Produktmodells erfolgt solange, bis eine realitätsnahe Abbildung der geforderten Produktfunktionen möglich ist bzw. eine minimale Abhängigkeitsbeziehung[2] innerhalb der hierarchischen Modellstruktur vorliegt (Libardi et al., 1988).

Außerdem können aufgrund der hierarchischen Modellstruktur sowie des Produkt-Skeletons verschiedene Teil-Modelle getrennt vom gesamten Produktmodell erzeugt werden, was das Prinzip

---
[2]Eine minimale Model-Model-Beziehung ist dann erreicht, wenn zur exakten Beschreibung des Modells keine weitere Dekomposition mehr erforderlich ist.

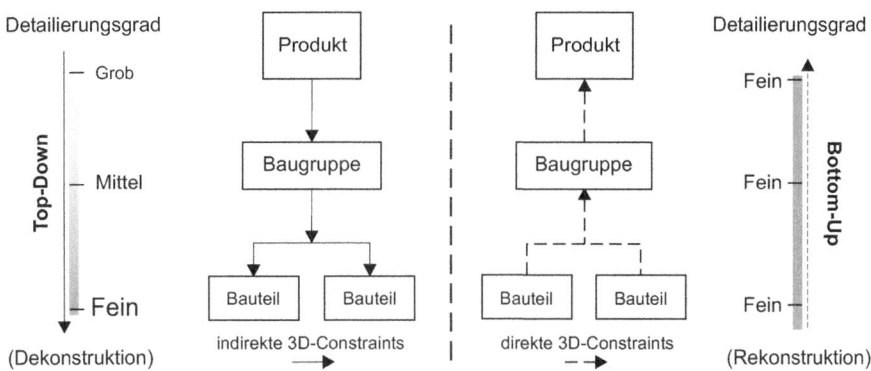

Abbildung 5.2: Schemenhafte Darstellung des Top-down- bzw. Bottom-up-Modellierungsansatzes in Anlehnung an Vajna et al. (2009, S. 220).

des verteilten Arbeitens unterstützt. Jedoch muss beim Top-down-Modellierungsansatz darauf geachtet werden, dass durch die rekursive Unterteilung des Produktmodells komplexe Modellabhängigkeiten entstehen können, welche die Modellflexibilität einschränken und die Wiederverwendbarkeit des Modells erschweren (Schmid, 2008). Im Jahr 2015 stellt der Top-down-Modellierungsansatz den Standardfall in der Praxis dar (Chen et al., 2012).

- **Bottom-up-Modellierung**

Im Gegensatz zum Top-down-Ansatz wird das Produktmodell bei einem Bottom-up-Modellierungsansatzes aus einer Menge an kleineren Detailmodellen zu einem größeren Modell rekombiniert (Vajna et al., 2009; Schmid, 2008). Hierbei werden die detaillierten Teil-Modelle entweder „neu" als ein eigenständiges Modell modelliert oder aus einer Produktmodelldatenbank entnommen (Schorr et al., 2011). Die Modellierung des Bauteils kann hierbei anhand entweder eines *linearen Verfahrens*, einer *Gesamtskizzentechnik* oder eines *feature-basierten*[3] Ansatzes erfolgen.

Erfolgt die Modellierung des Bauteils auf Basis eines linearen Verfahrens, so ergibt sich das Modell aus einer sukzessiven Modellierung (Extrusion, Trajektion, Rotation) einzelner 2D-Konturen, die innerhalb mehrerer globaler bzw. lokaler Referenzebenen definiert wurden (vgl. Kapitel 4, Abbildung 4.2). Dagegen wird bei der Gesamtskizzentechnik eine globale Skizze angelegt, in der die wesentlichen Hauptabmessungen des zu modellierenden Objektes hinterlegt sind (vgl. Abbildung 5.3). Anschließend lassen sich die einzelnen Abschnitte des Bauteils modellieren, indem auf die entsprechende Kontur aus der globalen Skizzenebene zurückgegriffen wird. Lässt sich der zu modellierende Körper anhand von standardisierten Grundkörpern abbilden, so ist der Einsatz eines feature-basierten Ansatzes möglich, indem Features (Nut, Bohrungen etc.) oder Formelemente eingesetzt werden (vgl. Vajna et al., 2009).

---

[3] Bei der feature-basierten Modellierung werden die Konstruktionsschritte, die zur Modellierung eines häufig auftretenden Details wie Nut, Aussparungen, Fasen etc. notwendig sind, zu einer Funktion, „dem Feature", zusammengefasst (Shah & Rogers, 1993; Ranta et al., 1996).

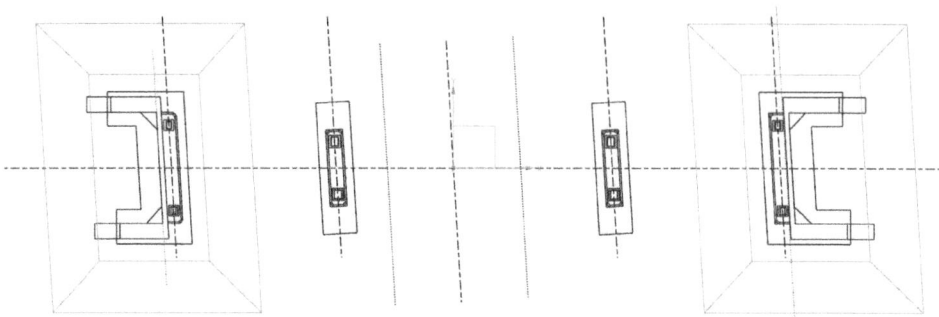

Abbildung 5.3: Gesamtskizzentechnik zur Modellierung einer 3-Feld-Brücke.

Nachdem die Modellierung der einzelnen Teil-Modelle mithilfe eines der zuvor beschriebenen Ansätze erfolgt ist, müssen diese von unten nach oben zu einem übergeordneten Teil-Modell bzw. dem Gesamtmodell rekombiniert werden. Jedoch besitzen die einzelnen Teil-Modelle keine globalen Kopplungselemente, wie es z. B. beim Top-down-Ansatz der Fall ist (Produkt-Skeleton), sodass die einzelnen Teil-Modelle mithilfe von direkten 3D-Constraints (vgl. Abschnitt 4.3.2) aneinandergekoppelt bzw. im Raum relativ zueinander positioniert werden müssen. Insbesondere bei der Anwendung einer *feature-basierten* Modellierungstechnik, anhand der eine effektive Modellierung bestimmter Detailformelementen (Bohrungen, Ausrundungen) möglich ist, besitzt der Bottom-up-Modellierungsansatz Vorteile gegenüber dem Top-down-Ansatz (Aleixos et al., 2004).

• **Einsatzfähigkeit des Top-down- bzw. Bottom-up-Modellierungsansatzes innerhalb der Infrastrukturmodellierung**

Wie bereits in Abschnitt 5.1.2 beschrieben, wird in einem Bottom-up-Ansatz das Produktmodell anhand einer finiten Menge an autark modellierten Teil-Modellen erstellt. Die Rekombination und die parametrische Kopplung des Produktmodells erfolgen direkt an den detaillierten Teil-Modellen, indem diese mit direkten 3D-Constraints lokal aneinandergekoppelt werden. Daher eignet sich der Bottom-up-Modellierungsansatz sehr gut für Planungsaufgaben, bei dem sich das Produktmodell mithilfe einer finiten Menge an Standardbauteilen (Wände, Stützen, Türen etc.) beschreiben lässt oder ein schneller Austausch von Standardkomponenten erforderlich ist. Erfolgt die Modellierung des Produktmodells anhand eines Top-down-Ansatzes, so nimmt der Detaillierungsgrad des Modells mit fortschreitendem Planungsverlauf zu. Aufgrund der kontinuierlichen Verfeinerung des Produktmodells („vom Groben zum Detaillierteren") sind global geometrische Kopplungselemente in Form von indirekten 3D-Constraints erforderlich. Ist die Modellstruktur bekannt, aber die Ausbildung der Details noch nicht, oder sind lange Planungszyklen zu erwarten (wie z. B. in der Trassenplanung), so ist der Top-down-Modellierungsansatz dem des Bottom-up-Modellierungsansatzes vorzuziehen. In Abbildung 5.2 ist das Prinzip der beiden Modellierungsansätze grafisch zusammengefasst.

Beide Ansätze besitzen ihre Stärken und Schwächen, sodass keiner der beiden Ansätze für sich alleine zur praxisgerechten Modellierung eines *parametrisch-assoziativen* Infrastrukturmodells geeignet ist. Aus diesem Grund wurde im Zuge dieser Arbeit ein Leitfaden entwickelt, der beide Modellierungsansätze kombiniert. Erst dadurch lassen sich die komplexen Bauteilabhängigkeiten sowie die extreme Ausdehnung des Planungskorridors berücksichtigen. Der Top-down-Ansatz stellt hierbei den primären Ansatz dar, da sich hiermit der Trassenverlauf als vererbte Leitlinie in sämtliche Modelebenen des Infrastrukturmodells integrieren lässt. Veränderungen an der Trassenführung können somit zügig und konsistent im 3D-Modell berücksichtigt werden. Jedoch ist aus softwaretechnischen sowie planungsprozess-technischen Gründen eine Unterteilung des Infrastrukturmodells in kleinere Teil-Modelle erforderlich. Erst dadurch ist eine Bearbeitung des Infrastrukturprojektes durch eine Vielzahl an Planungsbeteiligten einschließlich der damit verbundenen heterogenen Softwarelandschaft möglich. Die Anwendung eines Bottom-up-Ansatzes bildet somit einen wichtigen Meilenstein zur praxisgerechten Modellierung eines *parametrisch-assoziativen* Infrastrukturmodells. Inwieweit die Unterteilung bzw. eine Strukturierung des Infrastrukturmodells zu erfolgen hat, wird im folgend Abschnitt beschrieben.

5.2 Aufbau einer infrastruktur-spezifischen Modellstruktur

Zur Umsetzung eines flexiblen Infrastrukturmodells genügt es nicht, nur einen geeigneten Modellierungsansatz zu verfolgen, es ist auch die Anwendung eines strukturierten Modellierungsablaufes erforderlich. Wie bereits in Abschnitt 5.1.2 erwähnt, ist hierzu das zu planende Infrastrukturprojekt in kleinere Teil-Modelle zu unterteilen, sodass eine Reduktion der Planungskomplexität möglich ist. In Anlehnung an die Terminologie aus der Produktmodellierung (Vajna et al., 2009) werden hierzu die einzelnen Teil-Modelle als Bauteile (engl. *part*) sowie eine Gruppe aus mehreren Teil-Modellen als eine Baugruppe[4] (engl. *assembly*) bezeichnet. Neben der Reduktion der Komplexität bewirkt diese Unterteilung eine Verbesserung der Planungsqualität, da sich der Konstrukteur aufgrund der kleineren Planungsaufgaben intensiver mit der Ausbildung von konstruktiven Details befassen kann. Allerdings verursacht die Aufteilung des Infrastrukturmodells in kleinere Bauteile bzw. Baugruppen eine Reihe von geometrischen Abhängigkeiten, die notwendig sind, um die einzelnen Bauteile wieder zu einem Gesamtmodell rekombinieren zu können. Wird dieser Rekombinationsprozess in einer invertierten Abfolge ausgeführt, so ergibt sich entsprechend der gewählten Modellierungstechnik eine prozedurale Modellstruktur (vgl. Abschnitt 4.1.2), die grafisch einer hierarchisch, gerichteten Baumstruktur entspricht (Aleixos et al., 2004; Vajna et al., 2009). Im Allgemeinen besteht dieser gerichtete Graf aus einer *Wurzel* (Bauwerk) sowie einer Vielzahl an *Knoten* (Teilbauwerke) und *Blättern* (Bauteil), wobei die Anzahl der Knoten und Blätter vom zu modellierenden Infrastrukturbauwerk abhängig ist (vgl. Abbildung 5.4).

Zur Beschreibung dieser bauwerksabhängigen Modellstruktur[5] sowie zur Reduktion der Modellierungskomplexität werden nachfolgend die vier Modellierungsebenen *Steuerungsebene*, *Komponentenebene*, *Bauteilebene* und *Teileebene* eingeführt. Diese vier Modellebenen sind grafisch in der Abbildung 5.4 zusammengefasst und werden in Abschnitt 6.2.4 beispielhaft anhand eines Brückenmodells vorgestellt.

---
[4]Eine Baugruppe kann sowohl aus einzelnen Bauteilen als auch einzelnen Baugruppen bestehen.
[5]In der parametrischen Modellierung wird diese Struktur auch als Erzeugnisstruktur bezeichnet (Vajna et al., 2009).

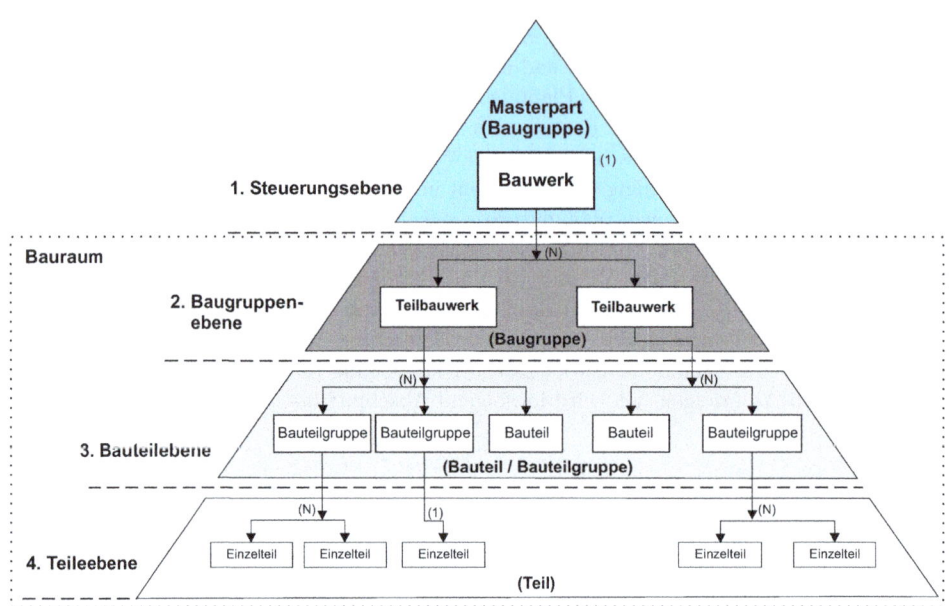

Abbildung 5.4: Grafische Darstellung der vier abstrakten Modellebenen zur Strukturierung eines Infrastrukturmodells.

5.2.1 Steuerungsebene

Die Steuerungsebene repräsentiert die Wurzel der Modellstruktur und stellt somit das Gesamtmodell dar. In der Produktmodellierung wird diese oberste Baugruppe als Masterpart (Schmid, 2008) oder als 3D-Master (Göhlich & Ahrens, 2002) bezeichnet und beinhaltet ausschließlich geometrische sowie semantische Informationen, die zur Steuerung des parametrischen Modells erforderlich sind (Vajna et al., 2009). Hierzu werden geometrische Steuerungselemente wie *Hilfsebenen, Hilfsskizzen* oder *Rotations-* und *Translationsachsen* in die Steuerungsebene integriert, mit deren Hilfe eine verteilte sowie konsistente Modellierung des Produktes möglich ist. Beispielsweise bildet der Verlauf der Trassierung eine der wichtigsten geometrischen Steuerungselemente innerhalb der Infrastrukturmodellierung, da diese Raumkurve den Verlauf aller beteiligten Bauteile bestimmt. Somit ist diese Raumkurve bzw. Leitlinie in das Masterpart zu integrieren und anschließend als eine assoziative Kopie in die verschiedenen Modellebenen zu koppeln (vgl. Abschnitt 4.1.3), sodass bei einer Änderung der Trassenführung nur die originale Raumkurve angepasst werden muss. Eine konsistente Anpassung der einzelnen Bauteile ist somit möglich. In Abschnitt 6.2 werden die Zusammensetzung sowie der Prozess zur Integration dieser Leitlinie im Detail vorgestellt.

Neben der Integration von geometrischen Steuerungsobjekten werden innerhalb der Steuerungsebene Modellparameter bzw. Parameterausdrücke hinterlegt, die eine globale Steuerung des Infrastrukturmodells ermöglichen (Stützweite, Kreuzungswinkel, Tunnelradius etc.). Hierzu werden die verschiedenen Modellparameter in einer globalen Parameterliste definiert und anschließend mit den verschiedenen Teil-Modellen verknüpft. Aufgrund des prozeduralen Modellaufbaus und der damit verbunden Parameterdefinitionen ist eine konfliktfreie Anpassung der einzelnen bauteil-spezifischen Parameterausdrücke möglich (vgl. Abschnitt 4.5.1).

5.2.2 Baugruppenebene

In der Baugruppenebene werden übergeordnete Bauteile eines Produktes angeordnet, die in der infrastruktur-spezifischen Planungspraxis als ein Teilbauwerk eingestuft werden. Diese Baugruppen repräsentieren ein eigenständiges Unterbauwerk, das sowohl in tragwerkstechnischer als auch in konstruktiver Hinsicht sich als ein einzelner Planungsabschnitt ausführen lässt. Jedoch werden in dieser Modellebene keine[6] geometrischen Modelle erzeugt, sondern es werden nur die in der Bauteilebene generierten geometrischen Bauteile mithilfe von direkten 3D-Constraints zu einer Baugruppe zusammengesetzt (Schmid, 2008). In der *parametrisch-assoziativen* Modellierung wird die Baugruppe auch als *Assembly* bezeichnet und dient ausschließlich als „Container" für geometrische und parametrische Daten. Im Brückenbau ist der Unterbau oder der Überbau bzw. im Tunnelbau sind die jeweiligen Tunnelröhren eine derartige Baugruppe.

5.2.3 Bauteilebene

Bauteile, die ein bestimmtes geometrisches Objekt einer Baugruppe abbilden, wie z. B. beim Unterbau das Widerlager oder der Pfeiler, werden in die Bauteilebene eingeordnet. Im Gegensatz zu einer Baugruppe wird innerhalb dieser Ebene das geometrische Objekt (Bauteil) direkt erzeugt und anschließend mit bauteil-spezifischen Modellparametern versehen (Vajna et al., 2009). Jedoch sind diese Bauteile geometrisch noch zu komplex aufgebaut, sodass sich Probleme beim Parametrisierungsablauf, bei der Modellrekonstruktion sowie beider Parameterverwaltung ergeben können. Daher ist eine weitere Unterteilung des Bauteils in noch kleinere Teile mit einer sehr einfachen geometrischen Struktur (z. B. 3D-Grundprimitive) sowie Bauteilabhängigkeiten erforderlich. Dies führt dazu, dass Bauteile innerhalb der Bauteilebene wiederum eine Baugruppe (engl. *sub assembly*) repräsentieren (Schmid, 2008). Der wesentliche Unterschied zu einer Baugruppe aus der Baugruppenebene besteht darin, dass sich innerhalb dieser Ebene nicht nur 3D-Constraints sondern auch geometrische Objekte berücksichtigen lassen. Im Folgenden wird diese Art der Baugruppe als Bauteilgruppe bezeichnet. Beispielsweise erfolgt die geometrische Modellierung des Schaftes eines Brückenpfeilers in der Bauteilebene „Pfeiler", wobei die Modellierung des dazugehörigen Lagersockels sowie des Brückenlagers in einer weiteren Unterebene, der sogenannten *Teileebene*, erfolgt.

5.2.4 Teileebene

Lassen sich bzw. müssen spezielle Bauteilbereiche detaillierter beschrieben werden, so erfolgt dies in der Teileebene. Innerhalb dieser Ebene können Details sehr exakt und umfangreich definiert werden. Des Weiteren gestaltet sich die Parametrisierung des speziellen Bauteils vergleichsweise einfach, da die Anzahl der geometrischen Primitive sowie die Anzahl der erforderlichen Constraints gering ist (Rosen, 1997). Im Bezug auf das Brückenbeispiel würde sich die Bauteilebene „Widerlager" in die Teileebenen „Lager, Flügel, Stirnwand" oder „Bohrpfähle" weiter unterteilen

---
[6]Einzige Ausnahme bilden geometrische Modelle, die sich aus planungsprozess-technischen oder geometrischen Gründen nicht mehr in kleinere Teil-Modelle zerlegen lassen.

lassen. Letztendlich könnten auch diese Ebenen wiederum verfeinert werden, wobei darauf zu achten ist, dass die Unterteilung nicht zu einer unübersichtlichen Struktur führt.

5.3 Automatisierung von Konstruktionsprozessen

Nachdem die einzelnen Komponenten zur Definition einer infrastruktur-spezifischen Modellierungsstruktur beschrieben wurden, erfolgt im nächsten Abschnitt ein Überblick von möglichen Ansätzen zur Umsetzung eines *automatisierten* infrastruktur-spezifischen Konstruktionsprozesses. In der Produktmodellierung spiegelt die Planung einer Konstruktion einen Prozess wider, mit dessen Hilfe sich ein physikalisches Objekt bzw. das sich daraus ergebende Gedankenmodell als ein rechnergestütztes Modell abbilden lässt. Der Abstraktionsprozess vom realen Modell zum Gedankenmodell zum virtuellen Modell, was ein sogenanntes semiotisches Dreieck bildet, spielt hierbei eine entscheidende Rolle (Wagner & Hackmack, 1997). Insbesondere deshalb, weil Fehlinterpretation innerhalb dieses Dreiecks häufig zu einer falschen Abbildung des physikalischen Modells führen (vgl. Vajna et al., 2009)! In der Regel erfolgt die Rekonstruktion des virtuellen Modells auf Basis verschiedener Konstruktionstechniken und Konstruktionsregeln, die entsprechend einer eindeutig definierten Konstruktionssequenz ausgeführt werden müssen. Innerhalb dieses Konstruktionsprozesses sind häufig Vor- und Rücksprünge erforderlich, wodurch eine Optimierung der Konstruktion ermöglicht wird. Wiederholungen von gleichen Konstruktionssequenzen innerhalb einer bestimmten Planungsphase oder über den gesamten Planungslebenszyklus sind die Folge (Abulawi, 2012), das häufig eine Steigerung der Planungskomplexität bewirkt.

5.3.1 Komplexität von Konstruktionsprozessen

Nach Ulrich & Probst (1995) ergibt sich die Komplexität eines Systems aus dem Verhältnis der Anzahl der vorhandenen Systemelemente (strukturelle Komplextreiber) zu der Summe der zu erwartenden Systemänderungen, die innerhalb einer definierten Zeitspanne auftreten können (dynamische Komplextreiber). Resultieren aus dem parametrisch-assoziativen Kopplungsprozess Abhängigkeiten zwischen den einzelnen Systemelementen, so werden diese als strukturelle/dynamische Komplextreiber in der Bewertung berücksichtigt (vgl. Abbildung 5.5a). Abulawi (2012) adaptierte diese neutrale Definition, sodass sich der Komplexitätsgrad eines *parametrisch-assoziativen* Konstruktionsprozesses anhand einer Matrix nach Schuh (2005) ermitteln lässt. Hierzu werden die Eigenschaften der verschiedenen Komplexitätstreiber in einer Matrix überlagert (vgl. Abbildung 5.5b), sodass eine Einstufung des Konstruktionsprozesses in die vier Komplexitätsstufen *einfach, kompliziert, komplex* und *hochkomplex* möglich ist.

Setzt sich beispielsweise der anzuwendende Konstruktionsprozess aus einer geringen Anzahl an Elementen zusammen und ist eine niedrige Modifikationsrate zu erwarten, so handelt es sich um einen *einfachen* Konstruktionsprozess. Erhöhen sich die Variabilität und/oder die Anzahl der Elemente, ist mit einem Anstieg der Komplexität zu rechnen. Unter Berücksichtigung dieser Zusammenhänge ist eine komplex-spezifische Klassifizierung der verschiedenen Prozesse zur Modellierung eines *parametrisch-assoziativen* Infrastrukturinformationsmodells möglich (vgl. Kapitel 6, Tabelle 6.1). Zudem lässt sich anhand des Komplexitätsgrads eine qualitative Aussage über

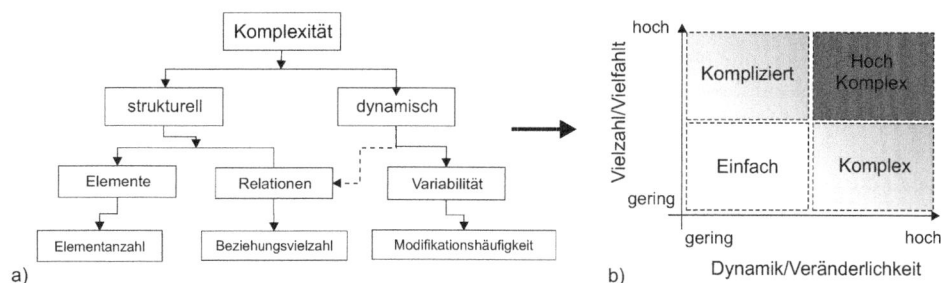

Abbildung 5.5: a) Komplexitätstreiber nach Abulawi (2012, S. 118); Matrix zur Abschätzung der Komplexität eines Konstruktionsprozesses in Anlehnung an Schuh (2005, S. 6).

die Automatisierbarkeit eines Kontruktionsprozesses liefern, mit dessen Hilfe eine Entscheidung für oder gegen die Umsetzung eines Automatisierungskonzeptes getroffen werden kann.

5.3.2 Automatisierungsansätze

Prinzipiell kann jede Konstruktion mithilfe eines automatisierten Prozesses umgesetzt werden, wobei aus wirtschaftlichen, technischen und psychologischen Gründen abzuwägen ist, ob eine Automatisierung des Konstruktionsprozesses als eine sinnvolle Maßnahme einzustufen ist (Bullinger et al., 1998). Konstruktionsprozesse, die einen einfachen Komplexitätsgrad aufweisen, lassen sich aus technischer Hinsicht schnell umsetzen. Dabei muss darauf geachtet werden, dass das zur Konstruktion benötigte Wissen explizierbar ist. Wirtschaftlich betrachtet kann die Einfachheit des Prozesses dazu führen, dass sich das Nutzen-Aufwand-Verhältnis eines automatisierten Prozesses gegenüber einer manuellen Eingabe nicht rechnet. Hingegen steigt der Komplexitätsgrad eines Konstruktionsprozesses an, so können mithilfe eines automatisierten Ablaufes wirtschaftlichere Ergebnisse erzielt werden. Jedoch ist aufgrund der Komplexität ein erhöhter technischer Aufwand zu berücksichtigen. Um dennoch komplizierte bis hochkomplexe Konstruktionsprozesse mit einem geringeren technischen Aufwand umsetzen zu können, schlagen Spur et al. (1993) und Abulawi (2012) vor, diesen Konstruktionsprozess nicht in Form eines *vollautomatisierten* Prozesses sondern als einen *teilautomatisierten* Prozess ablaufen zu lassen. Nachfolgend werden die wesentlichen Eigenschaften eines voll- bzw. teilautomatisierten Konstruktionsprozesses beschrieben.

- **Vollautomatisierter Konstruktionsprozess**

Ein vollautomatisiertes Konstruktionssystem erfordert bereits vor Ausführung des Prozesses eine Definition sämtlicher Parameter sowie Konstruktionsregeln, die notwendig sind, um den Prozess ablaufen zu lasen. Hierzu werden die benötigen Informationen entweder durch den Konstrukteur eingegeben oder konnten bereits in Form eines Algorithmus im System hinterlegt werden (Abulawi, 2012). Erst mit der Berücksichtigung dieser Daten kann eine autonome Modellierung der vollständigen Konstruktionsaufgabe erfolgen, indem der starre Konstruktionsprozess ausschließlich vom Konstruktionssystem ausgeführt wird. Untersuchungen haben jedoch gezeigt, dass sich der vollautomatisierte Ansatz nur dann wirtschaftlich einsetzen lässt, wenn eine geringe Variation der Modellrandbedingungen vorliegt oder wenn sich das Modell auf Basis eines Baukastensystems (standardisierte Bauteile) generieren lässt (Spur et al., 1993). Aus diesem Grund schlägt Abulawi (2012) vor, nur bestimmte Teilprozesse auf Basis eines vollautomatisierten Konstruktionsprozesses auszuführen, vor allem Teilprozesse, die eine Konvertierung oder Überprüfung von Modelldaten übernehmen sowie eine Ableitung von konsistenten 2D-Konstruktionsplänen ermöglichen (vgl. Fiermonte, 2013).

- **Teilautomatisierter Konstruktionsprozess**

Ist während des Konstruktionsvorgangs eine *interaktive* Steuerung des Modellierungsprozesses durch den Konstrukteur erforderlich, so ist dieser Prozess als ein teilautomatisierter Konstruktionsprozess auszuführen. Vor allem bei Konstruktionsaufgaben, die mehrere Lösungswege zur Umsetzung des Modells besitzen, sollte ein flexibles Automatisierungskonzept zum Einsatz kommen. Hierbei erfolgt die benutzer-spezifische Interaktion mithilfe eines Assistenzsystems (engl. *wizard*), innerhalb dessen vordefinierte Modellierungsparameter verändert werden können oder der Modellierungsprozess während des Konstruktionsablaufes beeinflusst (verzweigt) werden kann. Nach Spur et al. (1993) resultiert aus dem Einsatz eines interaktiv gesteuerten Konstruktionsprozesses nicht nur eine Steigerung der Flexibilität, sondern vielmehr wird dem Anwender die Möglichkeit zurückgegeben, kritische Modellierungspfade selbst entscheiden zu können. Diese Eigenschaft gilt als eine der wesentlichen Vorteile eines teilautomatisierten Konstruktionsprozesses (Abulawi, 2012).

Aus diesem Grund wurde in der Praxis eine Reihe von teilautomatisierten Konstruktionssystemen zur Modellierung von Standardbauteilen entwickelt. Beispielsweise lässt sich in dem parametrischen Modellierungssystem Siemens NX eine finite Anzahl von Treppenaufgängen konstruieren, indem die teilautomatisierte Standardfunktion „Musterelemente" (engl. *patterns*) eingesetzt wird (vgl. Abbildung 5.6a). Hierbei stellt ein „Musterelement" eine Programmfunktion von NX dar, mit dessen Hilfe sich eine beliebige Anzahl an identischen Modellkomponenten (Muster) als *assoziative Kopien* entlang eines bestimmten Pfades erzeugen lassen (Schmid, 2008). Am Beispiel der Treppenaufgänge werden hierzu im funktions-spezifischen Wizard die geometrische Kontur des Bauteils, die erforderlichen Modellparameter (Steigungsmaß, Trittbreite etc.) und der Richtungsvektor zur Modellierung der Treppenstufen (Anzahl, Treppenlaufhöhe etc.) angegeben, sodass eine teilautomatisierte sowie parameterbezogene Erzeugung der einzelnen Treppenläufe möglich ist (vgl. Abbildung 5.6b). Erfolgt zudem eine Kopplung der musterelement-spezifischen Modellparameter mit einem Modellparameter aus der Steuerungsebene, so lässt sich die Anzahl der Treppenaufgänge in Abhängigkeit von der Gesamthöhe des Treppenhauses erzeugen (vgl. Abbildung 5.6c). Der wesentliche Vorteil in diesem Verfahren besteht darin, dass anhand des parametrischen „Musterelements" neue Modellinstanzen schnell generiert, aber auch wieder gelöscht werden können, ohne dabei eingreifen zu müssen. Diese Art der teilautomatisierten Modellierung eignet sich vor allem zur Konstruktion von häufig wiederkehrenden Bauteilen mit konstanten geometrischen Randbedingungen, wie sie beispielsweise im Bereich von Bauwerksfassaden, Treppenhäusern oder Brückengeländern auftreten.

Ziel dieser Arbeit ist es aber, nicht nur bestehende Ansätze zur automatisierten Modellierung eines infrastruktur-spezifischen Modells zu identifizieren. Vielmehr sollen neue Ansätze sowie prototypenhafte Systeme entwickelt werden, mit deren Hilfe eine automatisierte Modellierung eines komplex geometrischen, prozessualen sowie konstruktionswissensbasierten Infrastrukturmodells möglich ist. Diese Ansätze sollen im Folgenden vorgestellt werden.

5.3.3 Softwaretechnische Konzepte

Das automatisierte Konstruktionssystem kann hierzu auf Basis einer *systemunabhängigen* (engl. *stand-alone-system*) oder einer *systemgebundenen* Softwarelösung umgesetzt werden (vgl. Abbildung 5.7). Beide Ansätze besitzen ihre Vor- und Nachteile, die im Folgenden als Entscheidungsgrundlage zur Entwicklung eines infrastruktur-spezifischen Konstruktionssystems näher betrachtet werden sollen.

5.3.3.1 Systemunabhängige Konstruktionssystem

Systemunabhängige Softwarelösungen bilden in sich geschlossene direkt ausführbare Systeme, die zur Umsetzung der geforderten Konstruktionsaufgabe keine fremden Ressourcen (Programmbibliotheken) einsetzen. Die Anwendung des autarken Softwaremoduls kann ohne ein zusätzliches Basis-System erfolgen. Zudem lassen sich Programmerweiterungen schnell umsetzen.

Allerdings müssen aufgrund des autarken Softwarekonzepts sämtliche Softwarekomponenten (Benutzeroberfläche, Modellierungsfunktionen etc.), die zur Ausführung des automatisierten Konstruktionsprozesses erforderlich sind, eigenverantwortlich entwickelt werden. Die sich hieraus ergebenden technischen, zeitlichen und rechtlichen Kriterien stellen oftmals eine große Hürde dar. Zudem wird häufig die Speicherung des generierten Modells anhand einer eigens entwickel-

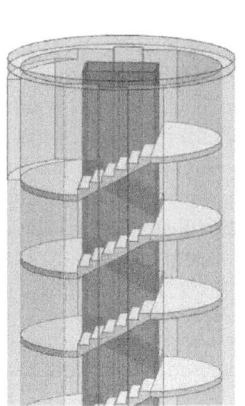
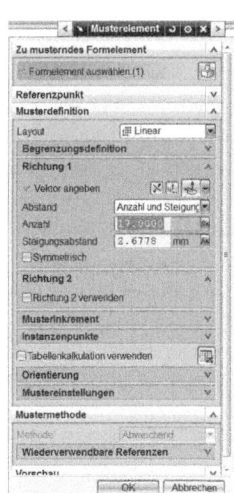
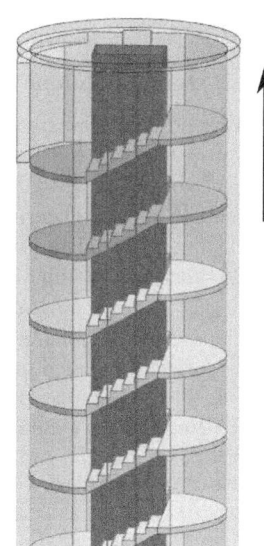

a) Treppenlaufmodell   b) Wizzard Musterformelement   c) Modifiziertes Treppenlaufmodell

Abbildung 5.6: a) Grundmodell der mithilfe der Funktion „Musterformelemente" erzeugten Treppenläufe; b) Wizard zur interaktiven Steuerung des teilautomatisierten Treppenkonstruktionsprozesses; c) Ergebnis des höhenmodifizierten Treppenhausmodells, innerhalb dem ein zusätzlicher Treppenlauf (blauer Körper) auf Basis des teilautomatisierten Modellierungsvorgangs ohne einen zusätzlichen benutzer-spezifischen Modellierungsaufwand eingefügt wurde.

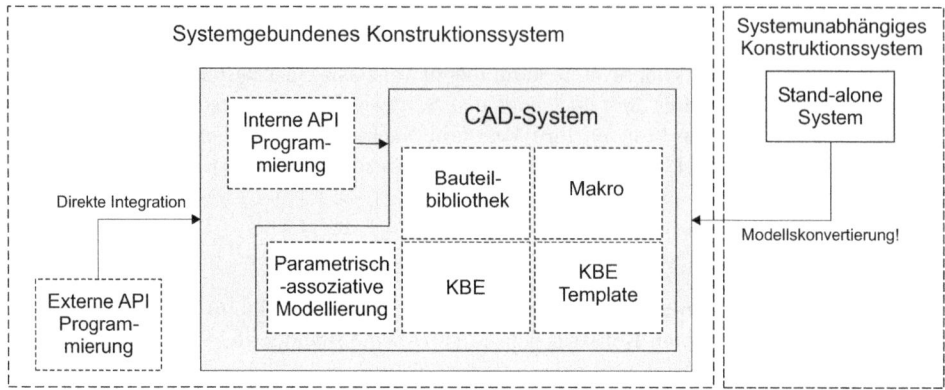

Abbildung 5.7: Ansätze eines systemgebundenen und systemunabhängigen Konstruktionssystems.

ten Datenstruktur durchgeführt, was eine Konvertierung der Modelldaten in ein standardisiertes CAD-Format kaum erlaubt. Eine konsistente Integration – insbesondere der Parametrik – sowie Kopplung des Modells entsprechend dem Master-Part-Prinzips (vgl. Abschnitt 5.2) ist kaum möglich (Abulawi, 2012). Aus diesem Grund wird die Stand-alone-Softwarelösung zur Automatisierung von Konstruktionsprozessen als eine ungeeignete Methode eingestuft (Katzenbach et al., 1995).

5.3.3.2 Systemgebundene Konstruktionssystem

Bei der Anwendung einer systemgebundenen Softwarelösung erfolgt der automatisierte Konstruktionsprozess auf Basis eines verfügbaren CAD-Systems. Innerhalb dieses Ansatzes werden die Standardfunktionen des CAD-Systems dazu eingesetzt, eine automatisierte Modellgenerierung, -bereinigung, -modifizierung, -konvertierung oder -kontrolle durchführen zu können (Abulawi, 2012). Eine aufwendige Programmierung von Grundfunktionen ist nicht notwendig, was als wesentlicher Vorteil gegenüber einer Stand-alone-Lösung gilt. Gleichzeitig wird die resultierende Systembindung auch als wesentlichster Nachteil erachtet, da es einen universellen Einsatz des Konstruktionssystems ausschließt. Die kontinuierliche Anpassung der Automatisierungsfunktionen an die fortschreitende Entwicklung des CAD-Basis-Systems führt zu einem zusätzlichen (nicht unerheblichen) Aufwand. Trotz dieser Nachteile bilden systemgebundene Konstruktionssysteme den Regelfall in der Praxis.

Softwaretechnisch lässt sich ein systemgebundenes Automatisierungssystem anhand von verschiedenen CAD-spezifischen Teilautomatisierungsansätzen realisieren. Diese Ansätze basieren auf

- KBE[7]-basierten Templates,
- prozedur-spezifischen Makroaufzeichnungen,
- parametrisch-assoziativen Bauteilbibliotheken,

---

[7] Knowledge Based Engineering stellt eine Technologie dar, mit deren Hilfe sich spezifisches Wissen und Regeln in einer Software autonom berücksichtigen lässt (Verhagen et al., 2012).

Tabelle 5.1: Bewertung der sechs CAD-spezifischen Teilautomatisierungsfunktionen in Anlehnung an Abulawi (2012).

Merkmale	Makro	Parametrisch-assoziative Modellierung	Parametrisch-assoziative Bauteilbibliotheken	KBE-basiertes CAD-System	KBE-basierte Templates	API-Programmierung
Ausführbarkeit						
generierend	•	•	•		•	•
bereinigend	•	•				•
modifizierend		•	•	•	•	•
kontrollierend				•	•	•
konvertierend	•					•
Programmierbarkeit						
sehr einfach	•					
leicht erlernbar		•	•	•		
Expertenwissen					•	•
Automatisierbarkeit						
starr (voll)	•					•
flexibel (teil)		•	•	•	•	•

– parametrisch-assoziativ gesteuerten Modellgenerierungen,
– KBE-basierten Integration von Konstruktionsregeln,
– Programmerweiterungen auf Basis des Application Programming Interface (API).

Diese sechs Ansätze lassen sich für verschiedene Aufgabengebiete einsetzen, die in Tabelle 5.1 zusammengefasst wurden. Hierzu wurden die Ansätze in ihrer Ausführbarkeit, Programmierbarkeit und Automatisierbarkeit bewertet. Unter Berücksichtigung dieser Bewertungsmatrix werden die drei Ansätze parametrisch-assoziative Modellierung, Makro-Programmierung und API-Programmierung als mögliche Ansätze zur Umsetzung eines infrastruktur-spezifisches Konstruktionssystems eingestuft. Diese sollen in den folgenden Absätzen kurz vorgestellt werden.

- Parametrisch-assoziative Modellierung

Mithilfe von geometrischen Constraints sowie der Anwendung einer hierarchischen Modellstruktur lassen sich *parametrisch-assoziatives* Modelle konzipieren, die eine automatisierte Modellierung der Konstruktion ermöglichen. Hierzu müssen modellsteuernde Parameter innerhalb der Steuerungsebene (Masterpart) angelegt und mit den *bauteil-spezifischen* Parametern aus der Baugruppen- bzw. Bauteilebene assoziativ gekoppelt werden. Erfolgt zudem die Modellierung der Bauteile anhand einer CAD-spezifischen Teilautomatisierungsfunktion, so kann das aus diesem Modellierungsprozess resultierende *parametrisch-assoziative* Modell bauteilgenerierend, aber auch eliminierend auf die Veränderung von geometrischen Randbedingungen reagieren (vgl. Abbildung 5.6). Zur Umsetzung dieses Automatisierungsansatzes ist keine explizite Programmierung erforderlich. Jedoch werden sehr gute Kenntnisse im Bereich der *parametrisch-assoziativen* Modellkonzeption (Aufbau und Struktur) vorausgesetzt.

- **Makro-Programmierung**

In vielen kommerziellen CAD-Systemen besteht die Möglichkeit, eine Abfolge von Konstruktionsschritten in Form eines Quellcodes in einer imperativen Programmiersprache (VB, Java, C#, C++) aufzeichnen zu lassen. Nach Lipinski (2015) wird dieses prozedurale Programm bzw. Untermodul als *Makro* bezeichnet, das sich als gleichbleibende Codesequenz beliebig oft aufrufen lässt. Die Übersetzung des Makros erfolgt mithilfe eines system-spezifischen Makroprozessors bzw. Präprozessors, der den interpretierten Makroprozess in das eigentliche Programm einbindet. Aufgrund des prozeduralen Ablaufes sind Verzweigungen innerhalb des Programmablaufes nicht möglich. Selbst eine interaktive Steuerung durch den Anwender kann nicht durchgeführt werden, sodass sich dieser Ansatz vor allem zur Umsetzung starrer Automatisierungsprozesse eignet (Abulawi, 2012).

- **API-Programmierung**

Ist eine flexible Automatisierung erforderlich oder muss zur Umsetzung des automatisierten Konstruktionsprozesses eine Vielzahl an geometrischen und prozessualen Randbedingungen berücksichtigt werden, so sollte das automatisierte Konstruktionssystem auf Basis einer programmspezifischen Schnittstelle erfolgen. Diese Schnittstelle wird als Application Programming Interface (API) bezeichnet, mit der auf die Standardfunktionen des Basissystems zugegriffen werden kann. Die Programmieraufgabe selbst erfolgt entweder mithilfe eines vom CAD-System zur Verfügung gestellten Editors *(interne Programmierung)* oder mithilfe einer externen Entwicklungsumgebung *(externe Programmierung)*. In beiden Fällen wird die Programmierung des Konstruktionsprozesses anhand einer höheren Programmiersyntax (VB, Java, C#, C++) durchgeführt.

Die interne Programmierung bietet den Vorteil, dass sich der quellcodebezogene Programmieraufwand und somit die erforderlichen Programmierkenntnisse minimieren lassen, indem aufgezeichnete Makros direkt geöffnet und modifiziert werden (Fischer & Hofer, 2008). Zudem stellen einige kommerzielle CAD-Systeme Programmier-Templates zur Verfügung, die eine interne grafische Programmierung der Konstruktionsaufgabe per Drag and Drop ermöglichen (vgl. Frieß, 2013).

Im Gegensatz zur internen Programmierung kann bei einer externen Programmierung die Entwicklung des Automatisierungssystems auf Basis einer leistungsfähigen Entwicklungsumgebung erfolgen. Hierzu werden die zur Modellierung der Konstruktionsaufgabe erforderlichen CAD-Funktionen in Form einer gekapselten Programmbibliothek (Klassen) an die externe Entwicklungsumgebung übergeben. Darauf aufbauend lassen sich sehr umfangreiche sowie flexible Konstruktionssysteme entwickeln, die unter bestimmten Voraussetzungen als Add-in-Programme im Basissystem integriert werden können. Ein weiterer Vorteil einer externen Programmierung besteht darin, dass sich ein assistenz-geführter Ablauf der Konstruktionsprozedur realisieren lässt (Siemon, 2001). Die ereignisorientierte Steuerung des Prozesses erfolgt hierbei mithilfe von benutzer-spezifischen Eingaben, die innerhalb einer Benutzeroberfläche (engl. *Graphical User*

Interface) definiert werden. Ein intuitiveres sowie akzeptableres Konstruktionssystem ist die Folge.

5.3.4 Beurteilung der Automatisierungsansätze

Aufgrund des *produkt-neutralen* Aufbaus der vorgestellten Ansätze ist eine Anwendung dieser Ansätze zur automatisierten Modellierung einer infrastruktur-spezifischen Konstruktionsaufgabe möglich. Jedoch sollten mithilfe dieser Ansätze nur Prozesse automatisiert werden, die eine Reduzierung von zeitaufwendigen Konstruktionsarbeiten bewirken sowie eine kognitive Entlastung des CAD-Anwenders durch das wissensbasierte System fördern. Die Auswahl eines geeigneten Ansatzes erfolgt unter Berücksichtigung der in Tabelle 5.1 zusammengefassten Kriterien. Dabei wurde festgelegt, dass sich zur Umsetzung eines infrastruktur-spezifischen Konstruktionssystems ein *teilautomatisiertes* Konzept am besten eignen würde. Die technische Realisierung dieses Automatisierungssystems sollte anhand einer *externen* API-Programmierung erfolgen, welche trotz der höheren Programmieranforderungen das leistungsfähigste und flexibelste Verfahren darstellt (vgl. Tabelle 5.1). Unter Berücksichtigung dieser Kriterien wurde ein Ansatz entwickelt, der eine teilautomatisierte Modellierung eines infrastruktur-spezifischen Basismodells ermöglicht. Im nachfolgenden Kapitel wird dieser Ansatz zusammen mit einem infrastruktur-spezifischen Modellierungsleitfaden zur Umsetzung eines *parametrisch-assoziativen* Infrastrukturinformationsmodells vorgestellt.

5.4 Zusammenfassung

In diesem Kapitel wurden verschiedene Verfahren beschrieben, mit deren Hilfe sich eine allgemeingültige Struktur zur Modellierung eines *parametrisch-assoziativen* Infrastrukturinformationsmodells ableiten lässt. Hierzu wurden produkt-spezifische und produkt-neutrale Konstruktionsansätze aus der Fertigungsindustrie vorgestellt und es wurde deren Anwendbarkeit im Infrastrukturbau beurteilt. Darauf aufbauend erfolgte die Definition einer allgemeingültigen Modellstruktur, mit deren Hilfe die Umsetzung eines PIM-Modells möglich ist. Bevor unterschiedliche Konstruktionsansätze und softwaretechnische Konzepte zur *automatisierten* Erstellung von infrastruktur-spezifischen Basismodellen diskutiert wurden, erfolgte die Beschreibung einer *Komplexitätsmatrix*. Hierzu wurden verschiedene Komplexitätstreiber und Komplexitätsstufen definiert, mit deren Hilfe eine Aussage über automatisierbare Konstruktionsprozesse aus dem PIM-Prozess möglich ist.

Kapitel 6

Konzepte zur Umsetzung des parametrisch-assoziativen Infrastrukturinformationsmodells

Nachdem im vorangegangenen Kapitel eine kurze Beschreibung der erforderlichen Grundlagen zur Umsetzung eines allgemeingültigen Modellierungsleitfadens erfolgte, sollen in diesem Kapitel die entwickelten Konzepte zur Modellierung eines *parametrisch-assoziativen* Infrastrukturmodells unter Anwendung eines infrastruktur-spezifischen Leitfadens vorgestellt werden.

6.1 Komponenten des PIM-Modells

Im Allgemeinen setzt sich ein *parametrisch-assoziatives* Infrastrukturinformationsmodell aus den fünf Teil-Modellen

- 3D-Geländemodell,
- 3D-Trassenmodell,
- 3D-Baugrundmodell,
- 3D-Baugrubenmodelle,
- und 3D-Bauwerksmodelle

zusammen (vgl. Abbildung 6.1), mit deren Hilfe sich folgende Planungsaufgaben abbilden lassen.

Innerhalb des 3D-Geländemodells erfolgt die Abbildung der Geländeoberfläche, indem die terrestrisch vermessenen Stützpunkte mithilfe eines speziellen Algorithmus zu einem digitalen Geländemodell (DGM) vernetzt werden. Anschließend lässt sich auf Basis dieses 3D-Geländemodells der Verlauf des 3D-Trassenmodells, bestehend aus Einschnitt-, Damm- und Bauwerkskörper (Straße oder Schiene), planen. Neben der modellgestützten Abbildung des 3D-Gelände- und 3D-Trassenmodells, bildet die dreidimensionale Abbildung des Baugrunds in Form eines 3D-Baugrundmodells eine weitere wichtige Modellkomponente zur Umsetzung eines *parametrischen-assoziativen* Infrastrukturinformationsmodells. Hierdurch lassen sich Schichten typisieren, Erd-

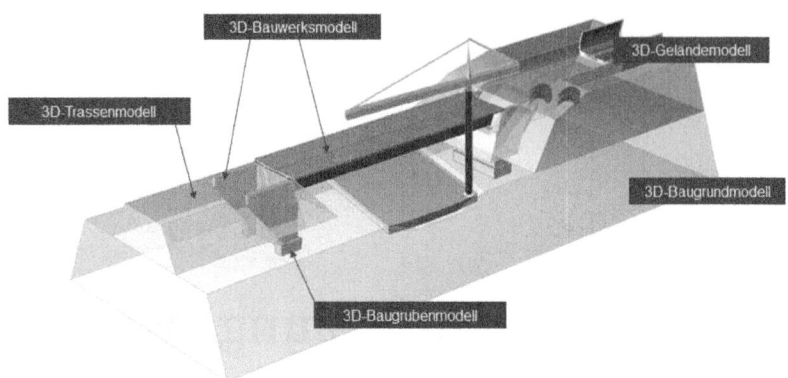

Abbildung 6.1: Teil-Modelle des Infrastrukturmodells aus Borrmann et al. (2009, S. 2).

aushubmassen ermitteln und die Standsicherheit von Erdbauwerken nachweisen. Zudem kann mithilfe des 3D-Baugrundmodells eine 3D-gestützte Modellierung von 3D-Baugrubenmodellen realisiert werden. Dies geschieht durch eine modellbasierte Integration von erdstabilisierenden Stützbauwerken wie beispielsweise Verbauten oder Bohrpfahlwänden. Innerhalb der Gruppe des 3D-Bauwerksmodells werden alle Bauwerke abgebildet, die zur Über- oder Unterführung der Trasse (Brücken, Tunnel) bzw. entlang der Trasse (Stützwände, Fluchtschächte) benötigt werden. Da der geometrische Verlauf dieser 3D-Bauwerksmodelle von dem Verlauf des 3D-Trassenmodells abhängig ist, stellt die *assoziative* Anbindung des 3D-Bauwerksmodells an das 3D-Trassenmodell eine wichtige Randbedingung zur Umsetzung des infrastruktur-spezifischen Modellierungskonzeptes dar.

Entsprechend dieser Planungsvorgaben und der in Abschnitt 5.2 getroffenen Modellstruktur müssen diese fünf Teil-Modelle zur Abbildung des Geländes, des Baugrunds, der Trasse und der Baugruben sowie der Bauwerke in die dritte Modellebene – der Bauteilebene – eingeordnet werden, da zur Konstruktion dieser Teil-Modelle eine direkte Modellierung der geometrischen Objekte innerhalb der Ebene erforderlich ist. Selbst eine Verfeinerung dieser Bauteile in der vierten Ebene – der Teileebene – kann unter Umständen erforderlich werden. Zudem sollten zur Vereinfachung der Struktur bzw. zur Reduzierung des Modellierungsaufwandes Teil-Modelle, die einen geometrischen und prozesstechnischen Zusammenhang besitzen, in ein übergeordnetes Teil-Modell entsprechend einer Baugruppe zusammengefasst werden. Zur Gruppierung der Teil-Modelle werden die Kriterien

- prozessualer Planungsablauf,
- gegenseitige Abhängigkeiten der Teil-Modelle,
- Häufigkeit der Modellmodifikation,
- Anzahl der Modelle innerhalb eines Teil-Modells,
- und Anzahl der an der Erstellung eines Teil-Modells beteiligten Organisationen

Komponenten des PIM-Modells 155

Tabelle 6.1: Auswertung der Kriterien zur Gruppierung der fünf Teil-Modelle.

Teil-Modell	Modell-abhängig-keiten	Modifi-kations-häufigkeit	Modell-anzahl	Anzahl der Planungs-beteiligten	Kom-plexitäts-grad
T1 Geländemodell	T2+T3	sehr gering	1	1	einfach
T2 Trassenmodell	T1+T3	mittel	1	1	einfach
T3 Baugrundmodell	T1+T2	sehr gering	1	1	einfach
T4 Baugrubenmodelle	T1-T3+T5	häufig	n-mal	n-mal	komplex
T5 Bauwerksmodelle	T1+T2+T3	sehr häufig	n-mal	n-mal	hoch komplex

eingesetzt, wobei die kriterienbasierte Beurteilung der eingangs erwähnten Teil-Modelle anhand der traditionellen Planungsprozesse im Infrastrukturbau (vgl. Abschnitt 2.1) erfolgte. Das Ergebnis dieser Analyse wurde in der Tabelle 6.1 zusammengefasst.

Anhand Tabelle 6.1 lässt sich erkennen, dass die drei Teil-Modelle Geländemodell (T1), Trassenmodell (T2) und Baugrundmodell (T3) ein ähnliches Kriterienschema aufweisen. Zum einem besitzen diese Teil-Modelle eine identische Anzahl sowohl an Modellinstanzen als auch an Planungsbeteiligten. Zum anderen treten geometrische Abhängigkeiten nur zwischen diesen drei Teil-Modellen auf. Außerdem sind Veränderung der ursprünglichen Geländeoberfläche sowie des Verlaufes der Baugrundschichten kaum[1] zu erwarten, sodass die beiden Teil-Modelle T1 und T3 einen sehr starren Modellzustand abbilden. Eine einmalige Modellierung der Teil-Modelle T1 und T3 ist somit ausreichend. Selbst das Trassenmodell (T2) erfährt nur innerhalb der Entwurfsplanung eine häufige Modifikation, wobei diese Anpassung nur in Form von kleineren[2] Variationen auftreten. Unter Berücksichtigung dieser Merkmale ist eine Zusammenfassung der drei Teil-Modelle Gelände-, Trassen- und Baugrundmodell inklusive der damit verbundenen Modellierungsprozesse zu einem übergeordneten Modell bzw. Prozess möglich. Im Folgenden wird dieses übergeordnete Modell als „3D-Trassen-Baugrund-Modell" bezeichnet und aufgrund seiner übergeordneten Funktion in die Ebene der „Baugruppe" eingeordnet (vgl. Abschnitt 5.2). Das 3D-Trassen-Baugrund-Modell besitzt einen einfachen Komplexitätsgrad, sodass sich der erforderliche Modellierungsprozess mithilfe eines automatisierten Konstruktionssystems umsetzen lässt (vgl. Abschnitt 6.2.2).

Im Gegensatz dazu sind die beiden Teil-Modelle T4 und T5 komplexer, da sie sowohl eine häufige Modifikation erfahren als auch eine starke prozessuale sowie geometrische Abhängigkeit zu dem 3D-Trassen-Baugrund-Modell besitzen. Insbesondere die Vielzahl an 3D-Baugruben- und 3D-Bauwerksmodellen, die im Zuge einer Infrastrukturmaßnahme von einer Vielzahl an Planungsbeteiligten zu modellieren sind, erfordert eine eigene Struktur. Aus diesem Grund lassen sich diese beiden Teil-Modelle nicht zu einem übergeordneten Modell zusammenfassen.

Wie in Abbildung 6.2 dargestellt, konnte unter Berücksichtigung dieser Teil-Modellgruppierung eine infrastruktur-spezifische Modellstruktur hergeleitet werden. Hierzu wurden die abstrakten

---
[1] Veränderungen treten kaum im Bezug auf den Lebenszyklus einer Infrastrukturmaßnahme auf.
[2] Modifikationen der Trassenpunkte im Meterbereich, da der mögliche Planungskorridor bereits durch eine Vielzahl an Randbedingungen wie bestehende Bauwerke oder Naturschutzgebiete fest definiert ist.

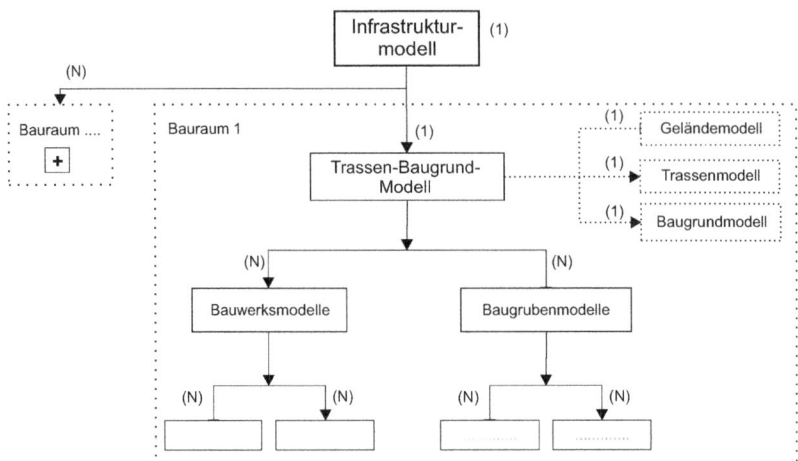

Abbildung 6.2: Grafische Darstellung der infrastruktur-spezifischen Modellstruktur.

Komponenten aus der allgemeinen Modellstruktur (vgl. Abschnitt 5.2, Abbildung 5.4) durch die infrastruktur-spezifischen Ebenen ersetzt. Als Ergebnis ergibt sich eine infrastruktur-spezifische Modellstruktur, die eine praxisgerechte Modellierung eines *parametrisch-assoziativen* Infrastrukturinformationsmodells ermöglicht.

6.2 Konzepte zur Modellierung eines Infrastrukturmodells

Unter Berücksichtigung der zuvor beschriebenen infrastruktur-spezifischen Randbedingungen sollen nun die einzelnen Konzepte zur Generierung des *3D-Trassen-Baugrund-Modells* sowie der *3D-Baugruben-* und *Bauwerksmodelle* vorgestellt werden. Dabei sind aufgrund der speziellen geometrischen und prozessualen Modellierungsanforderungen sowohl verschiedene Modellierungsansätze (vgl. Abschnitt 5.1) als auch Eingangswerte erforderlich (vgl. Abschnitt 2.3, Abbildung 2.10). Hierzu werden im ersten Abschnitt geometrische Randbedingungen sowie deren Integration vorgestellt, die eine zentrale Steuerung des *parametrisch-assoziativen* Infrastrukturmodells erlauben. Anschließend erfolgt die Beschreibung eines Konzeptes zur automatisierten Erzeugung eines 3D-Trassen-Baugrund-Modells, bevor im darauffolgenden Abschnitt ein Ansatz zur Modellierung von erdstabilisierenden Stützbauwerken auf Basis des 3D-Trassen-Baugrund-Modells sowie Daten aus einer vorgelagerten geomechanischen Strukturanalyse präsentiert werden. Am Ende des Abschnittes wird ein Verfahren zur trassengebundenen Modellierung eines 3D-Brückenbauwerkmodells beschrieben.

6.2.1 Allgemeingültige Modellierungskomponenten

Entsprechend der in Abbildung 6.2 definierten Modellstruktur ist im ersten Schritt eine Integration sämtlicher geometrischer sowie parametrischer Basiskomponenten zur konsistenten Steuerung des Infrastrukturmodells erforderlich. Diese allgemeingültigen Steuerungskomponenten werden in der infrastruktur-spezifischen Steuerungsebene abgelegt. Hierzu zählen

- der Verlauf der Trasse,
- die Kreuzungspunkte bzw. -achsen von überführenden und unterführenden Bauwerken,
- die Anfangs- und Endstationen von Baulosen (Teillosen),
- die Definition von allgemeingültigen Modellparametern.

- Integration des räumlichen Trassenverlaufs

Die Integration des räumlichen Trassenverlaufes erfolgt auf Basis der geometrischen Daten aus der Trassenplanung (vgl. Abschnitt 2.1). Zwar existieren bereits erste Ansätze für eine 3D-gestützte Trassenplanung (Autodesk, 2013), jedoch weist die räumliche Trassenplanung aufgrund des fehlenden 3D-Klothoidenelements sowie der räumlichen Komplexität noch deutliche Defizite gegenüber der traditionellen Trassenplanung auf. Aus diesem Grund erfolgt die Abbildung des digitalen Trassenverlaufes auf Basis von drei aus den Trassendaten rekonstruierten Raumkurven (Leitlinien), die den rechten und linken Rand des Trassenkörpers (Straße oder Schiene) sowie die Mittelachse der Trasse widerspiegeln (vgl. Abbildung 6.3, oben). Prinzipiell würde der Einsatz von zwei Leitlinien ausreichen, jedoch lässt sich damit der Sonderfall eines Trapezprofilquerschnittes nicht berücksichtigen.

Die Modellierung dieser drei Raumkurven erfolgt anhand von räumlichen Punkten P(x, y, z), die sich implizit oder explizit aus der Trassenplanung ableiten lassen. Hierbei werden die ermittelten Punkte $\sum_{n=1}^{n} P_n(x,y,z)$ als Stützpunkte zur Abbildung der einzelnen Raumkurven $\sum_{j=1}^{3} S_j(P_n)$ in das parametrische Modellierungssystem integriert, um daraus mithilfe eines geeigneten Interpolationsverfahrens (vgl. Abschnitt 3.1.1) die Raumkurven als 3D-B-Splines oder 3D-NURBS abbilden zu können (vgl. Abbildung 6.3). Die sich ergebenden Raumkurven besitzen eine für die Praxis ausreichende Übereinstimmung mit der impliziten Darstellung des Trassenverlaufs aus der Trassenplanung, wenn ein bestimmter Abstand zwischen den einzelnen Stützpunkten eingehalten wird (Obergriesser et al., 2011). Die Größe dieses Abstandes wird vor allem durch das geometrische Trassenelement bestimmt, sodass im Bereich von Kurven ein deutlich engerer Abstand als bei Geraden einzuhalten ist. Sollten Abweichung nach dem Integrationsprozess auftreten, so können diese durch eine minimale Verschiebung der Stützpunkte P(x,y,z) bzw. Hinzufügen von zusätzlichen Stützpunkten P_n (x,y,z) ausgeglichen werden. Da der Integrationsprozess zur Modellierung der Raumkurven stetig einem gleichen Schema folgt, wurde von Obergriesser et al. (2011) und Ji (2014) ein Ansatz zur automatisierten Integration der Raumkurven entwickelt. Ji und Obergriesser verwenden hierzu ein neutrales Datenformat (LandXML, OKSTRA), das sich in der traditionellen Trassenplanung etabliert hat (vgl. Abschnitt 2.3.1). Der wesentliche Unterschied zwischen beiden Ansätzen besteht darin, das Ji die Stützpunkte der Raumkurven anhand des 2D-Höhen- und Lageplans neu berechnet (implizite Form) und Obergriesser auf die von der Trassenplanungssoftware standardmäßig zur Verfügung gestellten Achsabsteckpunkte zurückgreift (explizite Form).

- Anordnung von Kreuzungspunkten bzw. -achsen

Mithilfe der Raumkurven lässt sich der dreidimensionale Verlauf der Infrastrukturmaßnahme rekonstruieren. Allerdings liefert dieser Verlauf noch keine Aussage darüber, wo sich die neu zu errichtenden bzw. bereits bestehenden Infrastrukturbauwerke (Brücken, Straßen etc.) mit der Trasse kreuzen. In der Infrastrukturplanung wird dieser geometrische Zwangspunkt als Kreuzungspunkt bezeichnet, der die Position der sich kreuzenden Bauwerkslängs- und Trassenachse eindeutig bestimmt. Innerhalb des *parametrisch-assoziativen* Infrastrukturmodells können dieser Kreuzungspunkt bzw. die Bauwerksstützachse sowie der trassenbezogene Bauwerkswinkel berücksichtigt werden, indem parametrische Hilfsebenen (Krieg et al., 2013) entlang der Raumkur-

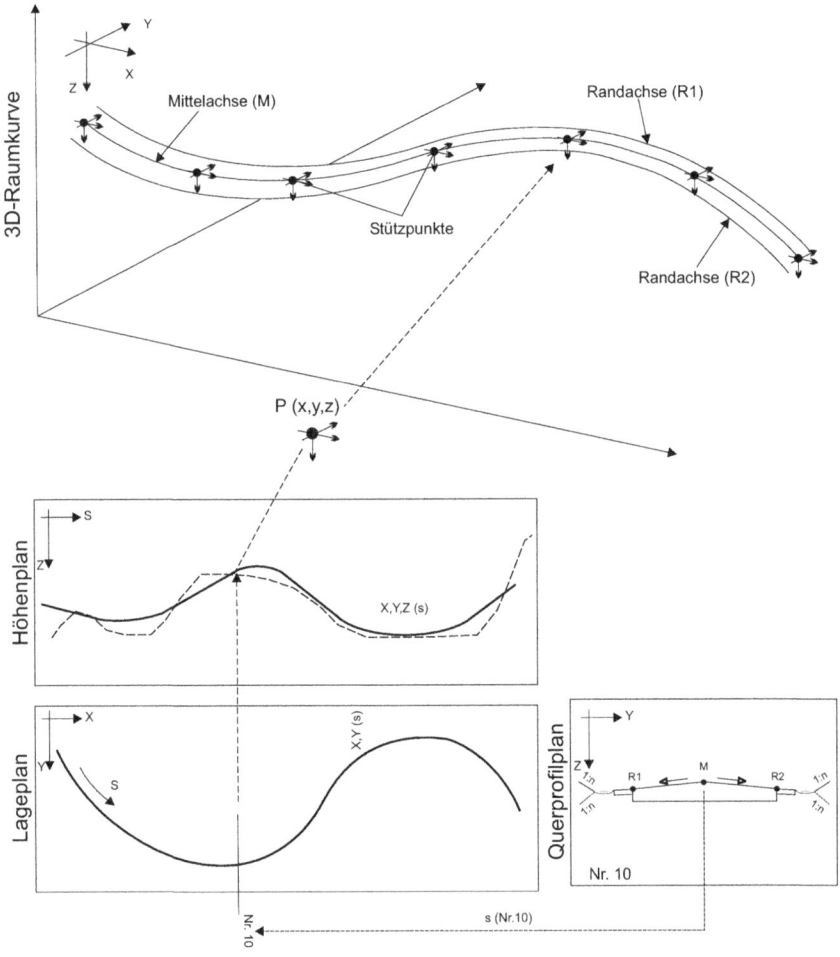

Abbildung 6.3: Rekonstruktion der expliziten Raumkurven auf Basis von 3D-Achsabsteckpunkten, die sich aus der impliziten Darstellung der Raumkurven im Lage-, Höhen- und Querprofilplan ergeben.

Konzepte zur Modellierung eines Infrastrukturmodells

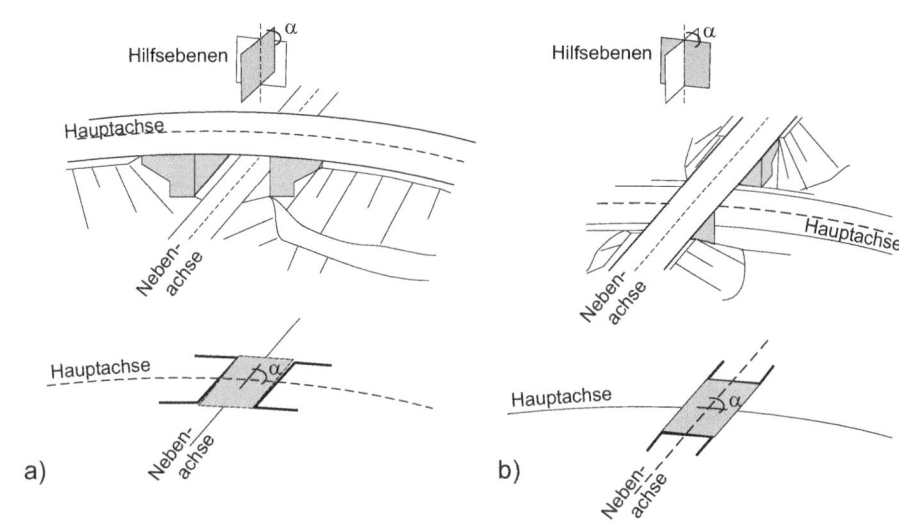

Abbildung 6.4: a) Abbildung eines unterführten Infrastrukturbauwerks und b) Abbildung eines überführten Infrastrukturbauwerks inklusive der korrespondierenden Hilfsebenen zur Ermittlung der Kreuzungspunkte sowie trassenbezogenen Bauwerkswinkel.

ve angeordnet werden. Im Allgemeinen sollten diese Hilfsebenen parallel zur globalen z-Achse[3] verlaufen. Handelt es sich bei dem Infrastrukturbauwerk um eine überführende Maßnahme (vgl. Abbildung 6.4a), so entspricht die Bauwerkslängsachse der Trassenachse (Hauptachse). Der Bauwerkswinkel ergibt sich aus dem Winkel zwischen der Hilfsebene aus der Bauwerkslängsachse und der Hilfsebene der darunter verlaufenden Achse aus der Nebentrasse (Nebenachse). Bei einem unterführenden Bauwerk (vgl. Abbildung 6.4b) ergibt sich der Winkel analog, jedoch spiegelt hierbei die Nebenachse die Bauwerksachse wider.

- Bauraumanordnung

Im Allgemeinen erstreckt sich eine Infrastrukturmaßnahme über 100 m bis mehrere Kilometer. Aus diesem Grund ist es sinnvoll, das *parametrisch-assoziative* Infrastrukturmodell in kleinere Abschnitte bzw. Bauräume (vgl. Abschnitt 5.1) zu unterteilen. Die Einteilung dieser Bauräume sollte analog der in der Praxis bewährten Trassenunterteilung in „Baulose" erfolgen. Somit lässt sich für die Planung eines Bauraums ein optimaler zeitlicher sowie organisatorischer Prozess gewährleisten. Zur Abgrenzung dieser Bauräume können wiederum parametrische Hilfsebenen an den End- und Anfangsstationen der Baulose angeordnet werden.

---

[3]Die zur z-Achse parallele Ausrichtung der Hilfsebene gewährleistet eine korrekte Abbildung der Bauwerksquerschnitte.

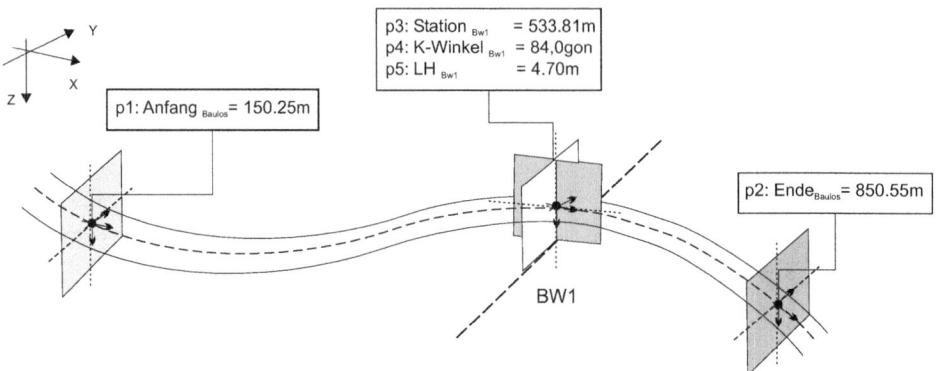

Abbildung 6.5: Darstellung von erforderlichen Steuerungskomponenten am Beispiel von drei trassendefinierenden Raumkurven. Zudem sind verschiedene Hilfsebenen zur Definition der Ausdehnung des Bauraumes bzw. Positionierung und Orientierung des Infrastrukturbauwerks anhand verschiedener Führungsparametern illustriert.

- Definition von übergeordneten Modellparametern

Standardmäßig erfolgt die Modifikation bzw. Steuerung eines parametrisch-assoziativen Modells mithilfe von Modellparameter (vgl. Kapitel 4). Hierzu werden geometrische Primitive mit dimensionalen Constraints versehen, die Modellparameter zur variablen Steuerung der geometrischen Abmessungen des Primitivs einsetzen. Die Lösung dieser dimensionalen Constraints kann entweder *sequenziell* oder *simultan* erfolgen und ist von dem verwendeten parametrischen Modellierungssystem bzw. Modellierungskonzept abhängig (vgl. Abschnitt 4.5). Insbesondere bei einer sequenziellen Lösungsstrategie sollten Modellparameter, die eine zentrale Rolle zur Steuerung des Modells besitzen, bereits in einer frühen Modellierungsphase – der infrastrukturspezifischen Steuerungsebene – definiert werden. Im Folgenden werden diese Modellparameter als Führungsparameter bezeichnet (Vajna et al., 2009). Generell können Führungsparameter von oben nach unten entsprechend der Erzeugungsstruktur aus Abschnitt 5.2 in andere Ebenen referenziert werden. Eine Kopplung der Führungsparameter innerhalb einer Ebene ist zudem möglich, solange keine Kreisabhängigkeiten zwischen den Parametern erzeugt werden. Außerdem sollte die Anzahl der Führungsparameter gering gehalten werden und deren Beschreibung bzw. deren Akronym soll eindeutig sein. Dadurch lässt sich eine überschaubare Parameterstruktur innerhalb der hierarchischen Modellstruktur gewährleisten (Vajna et al., 2009). Mögliche Führungsparameter werden in Abbildung 6.5 dargestellt.

6.2.2 Konzept zur Modellierung des 3D-Trassen-Baugrund-Modells

Wie in Abschnitt 6.1 beschrieben, kann zur Erzeugung des 3D-Trassen-Baugrund-Modells ein automatisiertes Konstruktionssystem eingesetzt werden. Hierbei erfolgt die Umsetzung des Systems auf Grundlage der zuvor vorgestellten Steuerungselemente sowie eines erweiterten *Top-down-Ansatzes*, innerhalb dem die Modellierung der einzelnen Bauteile anhand einer hybriden Modellierungstechnik bestehend aus einer linearen und einer gesamtskizzen-orientierten Technik erfolgt (vgl. Abschnitt 5.1.2). Hierzu werden die drei Raumkurven aus der infrastruktur-

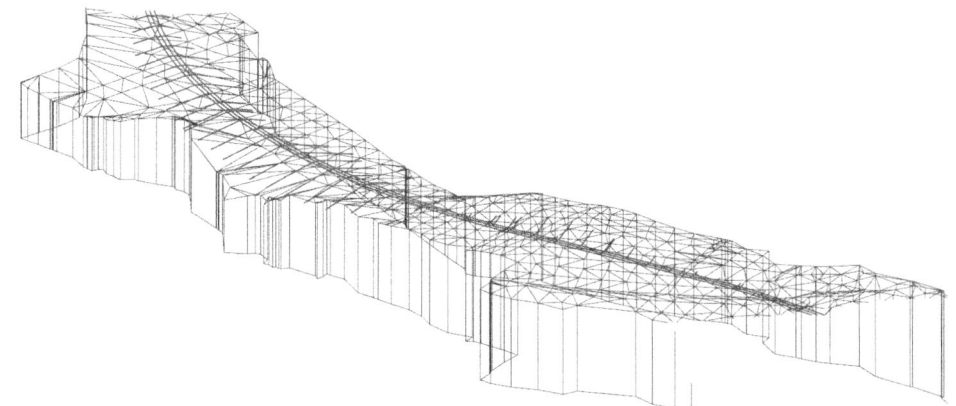

Abbildung 6.6: Geometrische Komponenten, die sich mittels des Ansatzes von Ji (2014) in ein parametrisches Modellierungssystem integrieren lassen. Die Modellierung des Baugrundmodells erfolgt durch eine Extrusion der triangulierten Geländeoberfläche.

spezifischen Steuerungsebene (Gesamtskizze) in Form von referenzierten Raumkurven als eine assoziative Kopie (vgl. Abschnitt 4.1.3) in die Baugruppenebene gekoppelt. Die referenzierten Raumkurven selbst stellen somit eine abgeleitete Instanz mit einer Eltern-Kind-Beziehung zur ursprünglichen Raumkurve aus der Steuerungsebene dar (Abulawi, 2012). Änderungen aus der Trassenplanung müssen somit nur einmalig innerhalb der infrastruktur-spezifischen Steuerungsebene durchgeführt werden, was eine zentrale sowie konsistente Anpassung der Raumkurven gewährleistet. Anschließend lässt sich auf Basis der referenzierten Raumkurven das 3D-Trassen-Baugrund-Modell erzeugen, indem die jeweiligen geometrischen Komponenten aus den einzelnen Teil-Modellen (Geländeoberfläche, Baugrundschichten sowie Damm- und Einschnittsquerschnitte) in das parametrische Modellierungssystem übertragen werden. Aufgrund der in Tabelle 6.1 beschriebenen Kriterien ist eine Modellierung des 3D-Trassen-Baugrund-Modells innerhalb einer Modellierungsebene – der Baugruppe – möglich. Die Modellierung der Teil-Modelle wird auf Basis eines linearen Modellierungsverfahrens durchgeführt.

Ji (2014) hat hierzu ein Interface entwickelt, das die geometrischen Daten aus der Trassenplanung mithilfe einer neutralen Datenschnittstelle (LandXML, OKSTRA) in das parametrische Modellierungssystem überträgt. Hierbei wird das 3D-Geländemodell in Form eines triangulierten Flächenmodells abgebildet (vgl. Abbildung 6.6), anhand dessen eine vektororientierte Freiformflächenextrusion zur Modellierung des Baugrunds durchgeführt wird. Jedoch werden in diesem Ansatz keine Baugrundschichten berücksichtigt, sodass sich nur ein homogenes Einschichtsystem abbilden lässt. Zudem erfolgt die Integration der Trasseneinschnitts- bzw. Trassndammbereiche nur in Form eines 3D-Linien-[4] bzw. Kantenmodells. Die Integration der Schichtgrenzen zur Modellierung des 3D-Baugrundmodells sowie die Modellierung der Einschnitts- und Dammkörper müssen manuell nachmodelliert werden. Ein hoher zeitlicher Mehraufwand ist die Folge.

---

[4] Die 3D-Linien der Einschnitts- sowie Dammumrisse werden wiederum nicht aus der originalen Trassenplanung entnommen, sondern analog zu dem Verfahren der Raumkurvenintegration neu berechnet.

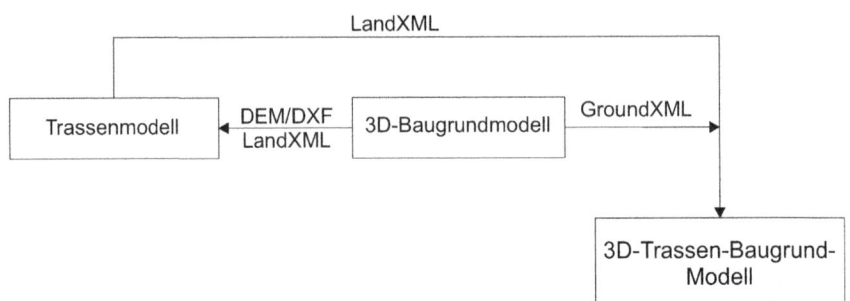

Abbildung 6.7: Schema des erforderlichen Datenaustausches zur automatisierten Modellierung des 3D-Trassen-Baugrund-Modells.

Parallel zum Ansatz von Ji (2014) wurde von Obergriesser et al. (2011) ein vergleichbarer Ansatz entwickelt, dessen Fokus auf der automatisierten Modellierung eines *parametrisch-assoziativen* Infrastrukturmodells liegt. Ähnlich wie in der Arbeit von Ji et al. (2009) werden hierzu die geometrischen Daten zwischen dem traditionellen Trassenplanungssystem und dem parametrischen Modellierungssystem über eine neutrale Datenschnittstelle (LandXML) übertragen. Der wesentliche Unterschied zum Ansatz von Ji (2014) besteht darin, dass nicht nur die geometrischen Informationen über die Geländeoberfläche, sondern auch die geometrischen und semantischen Daten aus den verschiedenen Baugrundschichten sowie Querprofilen aus der Trassenplanung zur automatisierten Modellierung des *parametrisch-assoziativen* Infrastrukturmodells herangezogen werden.

Ziel des Modellierungskonzeptes ist es, einen automatisiert ablaufenden Konstruktionsprozess zur Verfügung zu stellen, anhand dessen sich das 3D-Trassen-Baugrund-Modell generieren lässt, indem ausschließlich die bereits in der Trassenplanung erzeugten geometrischen und semantischen Daten eingesetzt werden. Jedoch sind hierzu einige Anpassungen in den Standardprozessen der Geotechnik (z. B. 3D-Baugrundanalysemodell) und der Trassenplanung (Integration von Baugrundschichtflächen) erforderlich. Diese Anpassungen wurden bereits in Abschnitt 2.3 eingeführt. Aus diesem Grund wird im Folgenden davon ausgegangen, dass sämtliche Daten (Baugrundschichten, Baugrundparameter etc.), die zur Umsetzung des Konzeptes notwendig sind, bereits durch die modifizierten Standardprozesse zur Verfügung gestellt werden (vgl. Abbildung 6.7).

6.2.2.1 Ausführliche Beschreibung des automatisierten 3D-Trassen-Baugrund Modellierungskonzeptes

Im Allgemeinen erfolgt die Modellierung eines Volumenkörpers, indem entweder ein geschlossener 2D-Querschnitt bzw. mehrere 2D-Querschnitte entlang eines Pfades extrudiert oder anhand von Grundprimitiven zu einem Körper kombiniert werden (vgl. Abschnitt 3.1.1). Diese Technik kann jedoch nicht zur Modellierung des 3D-Trassen-Baugrund-Modells eingesetzt werden, da der Übergangsbereich vom Einschnittsprofil in das Dammprofil und umgekehrt einen sich selbst schneidenden Querschnitt darstellt (Obergriesser et al., 2011). In Abbildung 6.8 sind die drei

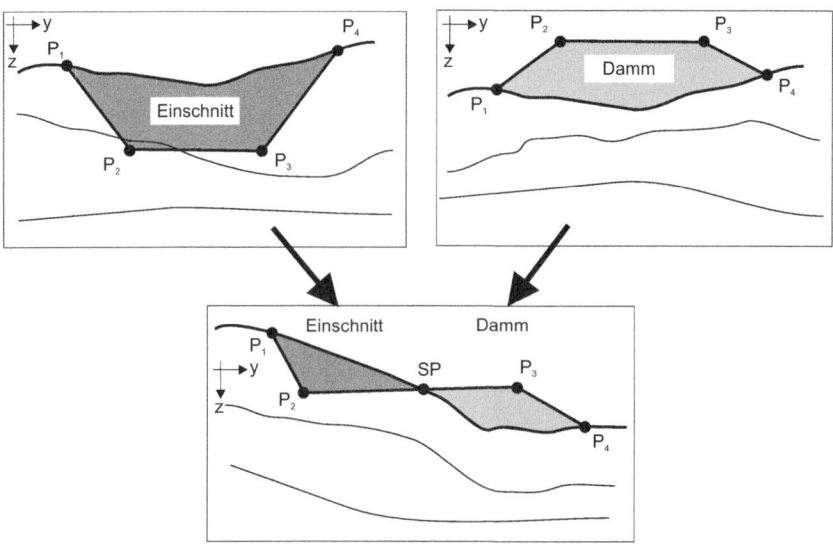

Abbildung 6.8: Darstellung der Querschnitte, die in einem Trasseneinschnitts- und Trassendammbereich sowie eines Trassenübergangsbereich zwischen Einschnitt-und Dammbereich entstehen.

möglichen Formen eines Trassenprofils abgebildet. Welche Form der Querschnitt besitzt, lässt sich durch einen Höhenvergleich (z) der Punkte P_1, P_2, P_3 und P_4 ermitteln.

1. Fall   wenn: $P_1(z) > P_2(z) \wedge P_4(z) > P_3(z)$ $\rightarrow$ Einschnitt

2. Fall   wenn: $P_1(z) < P_2(z) \wedge P_4(z) < P_3(z)$ $\rightarrow$ Damm

3. Fall   wenn: $P_1(z) > P_2(z) \wedge P_4(z) < P_3(z)$ $\rightarrow$ Einschnitt/Damm

4. Fall   wenn: $P_1(z) < P_2(z) \wedge P_4(z) > P_3(z)$ $\rightarrow$ Damm/Einschnitt

Prinzipiell ist somit die Modellierung der reinen Damm- bzw. Einschnittskörper in Form eines Sweeps möglich. Die Modellierung der Übergangsbereiche in Form einer Querschnittsextrusion würde aufgrund der sich selbst schneidenden Profilquerschnitten eine aufwendige Zerlegung des Profils in sich nicht schneidende Damm- und Einschnittsbereiche erfordern, sodass im Zuge dieser Arbeit ein neuer Ansatz zur Umsetzung des 3D-Trassen-Baugrund-Modells entwickelt wurde.

In diesem Ansatz wird das 3D-Trasssen-Baugrund-Modell erzeugt, indem der Modellierungsprozess in mehrere Schritte unterteilt wird, wobei die Ausprägung des Modells mit jedem Modellierungsschritt ansteigt (vgl. Abbildung 6.10). Im ersten Schritt erfolgt eine raumkurvenbezogene Integration der verschiedenen 2D-Trassenprofile. Anschließend werden die in den Trassenprofilen beinhalteten 2D-Schichtgrenzen (vgl. Abbildung 6.9) zu einzelnen Flächenmodellen *trajektiert*, anhand deren sich volumenbasierte Hilfskörper erzeugen lassen. Am Ende des Modellierungsprozesses werden diese Hilfskörper zur Modellierung des 3D-Trassen-Baugrund-Modells eingesetzt. Im Einzelnen setzt sich der Modellierungsvorgang aus den in Abbildung 6.10 dargestellten Schritten zusammen.

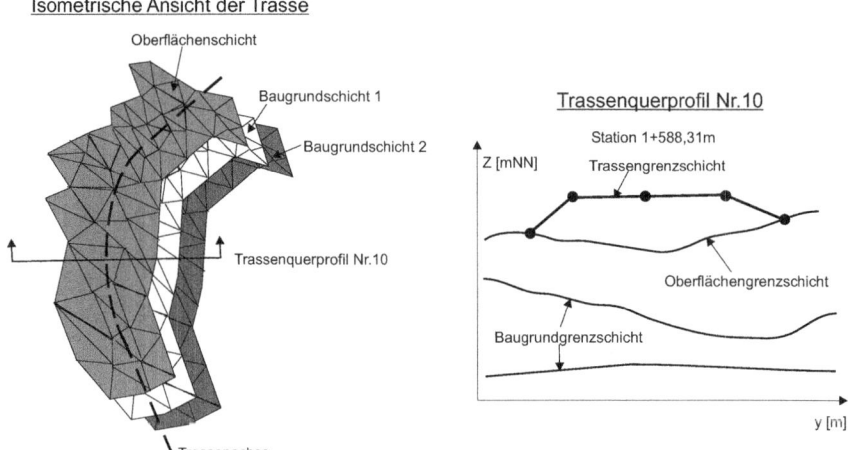

Abbildung 6.9: Abstrakte Darstellung der erforderlichen geometrischen Daten zur automatisierten Modellierung.

- 1. Schritt: Integration und Parametrisierung der einzelnen Profilquerschnitte

Im ersten Schritt werden die einzelnen Trassenquerschnittsprofile in Form von 2D-Profilskizzenebenen in das parametrische CAD-System integriert, indem die Profildaten aus der LandXML-Datei analysiert werden. Anschließend erfolgt die Kopplung der Profile mit den Raumkurven dadurch, dass die Skizzenebenen entlang der Raumkurve positioniert werden. Diese Art der Skizzenkopplung wird als „Skizze auf Pfad" bezeichnet. Die Position der Skizzenebene lässt sich hierbei aus dem Stationswert (s) des 2D-Trassenprofils ableiten, da die Elementlänge L(s) der

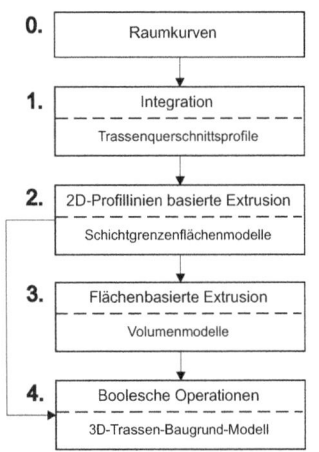

1.Schritt: Integration und Parametrisierung der einzelnen Profilquerschnitte

2.Schritt: Sweep korrespondierender Querprofillinien zu einem Flächenmodell

3.Schritt: Extrusion der Flächenmodelle zu schichtgrenzenbezogenen Volumenmodellen

4.Schritt: Einsatz von Booleschen Operationen zur Endmodellgenerierung

Abbildung 6.10: Beschreibung der einzelnen Schritte zur automatisierten Modellierung eines 3D-Trassen-Baugrund-Modells.

Raumkurve mit dem Wert der Stationierung (s) aus der Trassenplanung übereinstimmt. Somit besitzt der Stationierungswert (s) eine zentrale Rolle in diesem Ansatz, da sich erst dadurch eine räumliche Zuordnung der 2D-Querprofile zur Raumkurve herstellen lässt. Im nächsten Schritt werden die einzelnen 2D-Profillinien in die parallel zur globalen z-Achse ausgerichteten Skizzenebenen übertragen, indem die im LandXML-Format als 2D-Punkteliste hinterlegten Profillinien (vgl. Abschnitt 2.3.1) mithilfe einer Koordinatentransformationsmatrix in die Skizzenebene integriert werden. Die Ausrichtung der Skizzenebenen parallel zur globalen z-Achse ist zwingend erforderlich, da die im ursprünglichen Trassenplanungssystem generierten Trassenquerschnittsprofile auch parallel zur z-Achse erzeugt wurden (Standard im Bauwesen).

Entsprechend diesem Ablauf lässt sich der Verlauf des Einschnitts- bzw. Dammquerschnittes in die Skizzenebene übertragen. Im Allgemeinen genügen hierzu vier Querschnittspunkte: jeweils ein Punkt (P_1, P_4), der den Schnittpunkt der rechten bzw. linken Böschungskante mit den 2D-Profillinien aus der Oberfläche repräsentiert, sowie zwei weitere Punkte (P_2, P_3), die die äußeren Randbegrenzungen (rechter bzw. linker Rand) des inneren Einschnitts- bzw. Dammkronenprofils auf der Planumsebene[5] darstellen. Aufgrund des Aufbaus des Trassenquerschnittes (Fahrbahn, Bankett, Graben etc.) müssen die Punkte (P_2, P_3) nicht mit den Schnittpunkten (SP_1, SP_3) zusammenfallen (vgl. Abbildung 6.11). Tritt dieser Fall auf, so werden die Schnittpunkte (SP_1,

---

[5]In der Trassenplanung stellt die Planumsebene die Schnittebene zwischen dem Untergrund (natürlich gewachsener Baugrund im Einschnitt) bzw. Unterbau (künstliche Auffüllung im Damm) und dem neu zu errichtenden Oberbaus (Frostschutz,- Trag-, Binder- und Deckschicht) dar.

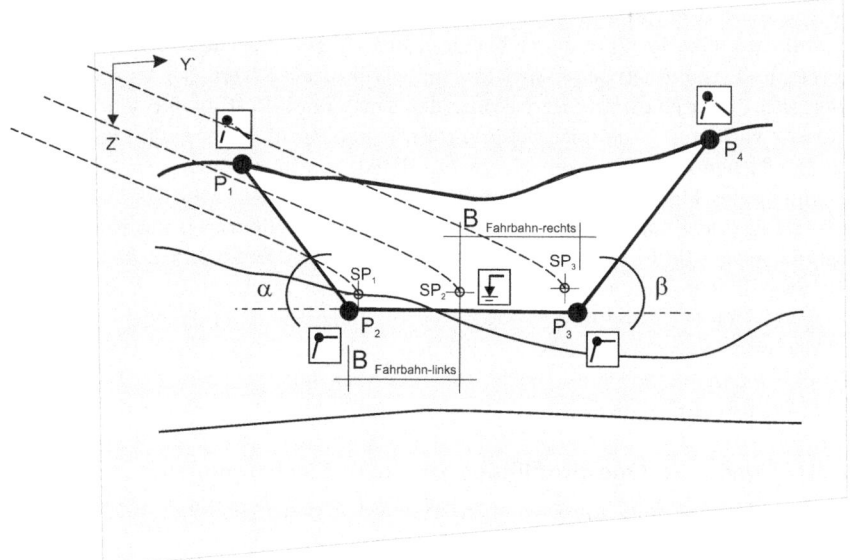

Abbildung 6.11: Abbildung eines raumkurvenbezogenen sowie parametrisierten Trassenprofils (Einschnitt) inklusive Baugrundschichten.

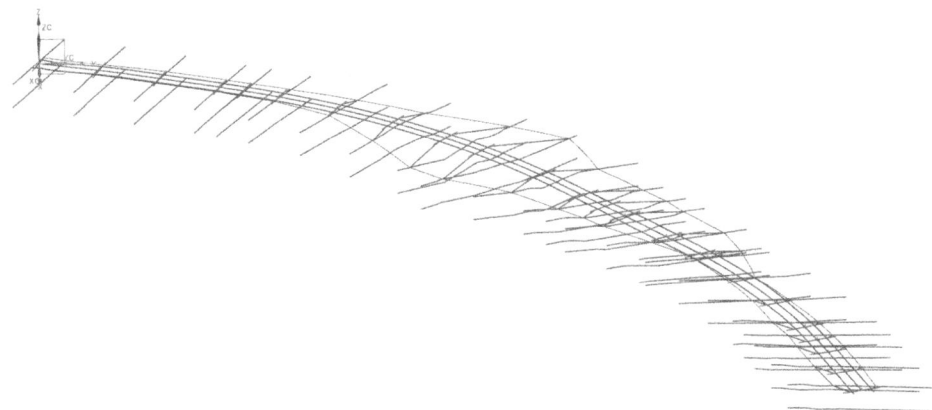

Abbildung 6.12: Ergebnis des automatisierten Integrationsprozesses zur Übertragung der Trassenprofile in das parametrische CAD-System. Nach Aleixos et al. (2004) wird dieses geometrische Ergebnis als Produktskeleton bezeichnet.

SP_3) in die Profilquerschnitte integriert, indem eine Kopplung der Schnittpunkte mit dem Profil durch *dimensionale* Constraints erfolgt.

Nach Abschluss dieses geometrischen Integrationsprozesses wird zur flexiblen Steuerung des Trassenquerschnittes eine Parametrisierung der einzelnen geometrischen Querschnitts-primitive durchgeführt. Aufgrund der am Anfang dieses Kapitels vorgestellten Teil-Modellanalyse (vgl. Tabelle 6.1) kann auf eine Parametrisierung der Gelände- und Baugrundschichten verzichtet werden, da die Modifikationsrate dieser beiden Schichten gering ist und sich somit kein effektiver Mehrwert für das *parametrisch-assoziative* Infrastrukturmodell ergeben würde. Im Gegensatz dazu lassen sich durch eine Parametrisierung der Trassenprofile (Einschnitt oder Damm) 3D-modellbasierte Varianten – beispielsweise zur Erdmassenoptimierung, zur Identifizierung von kritischen Bauflächen oder für geomechanische Strukturoptimierungen – erstellen. Eine mögliche Anordnung der Modellparameter zur Steuerung des Trassenprofils ist in Abbildung 6.11 dargestellt. Dabei erfolgte die Auswahl der erforderlichen Modellparameter mithilfe der direkten Freiheitsgradanalyse, die in Abschnitt 4.4 vorgestellt wurde. Letztendlich konnte anhand der Analyse festgestellt werden, dass das Profil 12 Freiheitsgrade besitzt, die sich durch den Einsatz von zwei einwertigen (C^1) und drei zweiwertigen (C^2) logischen Constraints sowie vier dimensionalen Constraints spezifizieren lassen ($2 \times 1 + 3 \times 2 + 4 \times 1 = 12$ DoF). Ein *voll-bestimmtes* parametrisches Skizzenmodell ist die Folge, anhand dessen eine Steuerung der Böschungsneigung sowie der Planumsbreite möglich ist.

- 2. Schritt: Sweep der Querprofillinien zu einem Flächenmodell

Nachdem die einzelnen Trassenprofile integriert wurden (vgl. Abbildung 6.12), kann mit der Modellierung des 3D-Trassen-Baugrund-Modells begonnen werden. Aufgrund der eingangs erwähnten Modellierungsproblematik ist jedoch ein spezieller Ansatz zu wählen. In diesem Ansatz werden zuerst die Grenzflächen der einzelnen Schichten modelliert, indem die korrespondierenden 2D-Profillinien aus den jeweiligen Profilquerschnitten zusammengefasst und entlang der

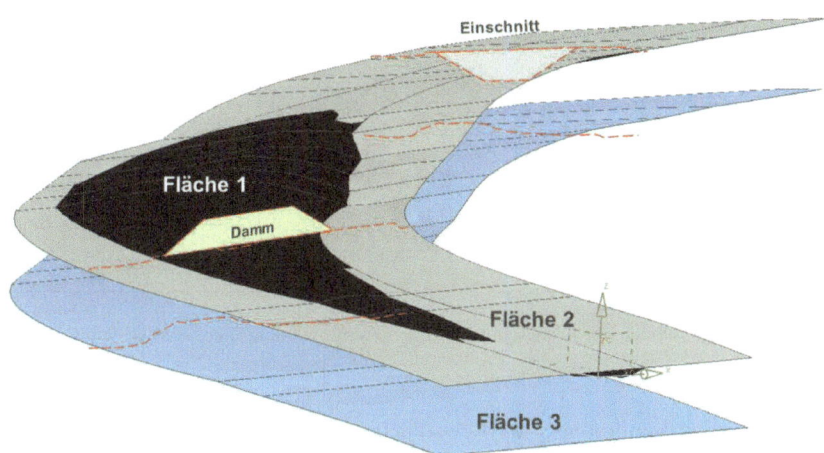

Abbildung 6.13: Darstellung der trajektierten Grenzflächen zur Modellierung des 3D-Trassen-Baugrund-Modells.

Raumkurven mithilfe eines Sweep-Verfahrens zu einem Flächenmodell trajektiert werden (vgl. Abbildung 6.13). Dadurch ergeben sich interpolierte Freiformflächenmodelle (Braß, 2009), die im Bereich der Profilquerschnitte exakt mit der Geometrie aus der Trassenplanung übereinstimmen. Aufgrund des interpolierten Flächenverlaufes zwischen zwei Profilquerschnitten sind kleinere Abweichungen vom ursprünglich triangulierten Verlauf der Trasse aus der Trassenplanung möglich. Die Größe dieser Abweichungen wird vor allem durch den Abstand zwischen den Profilquerschnitten bestimmt, sodass zur Minimierung der Abweichung eine ausreichende Anzahl an Profilquerschnitten vorzusehen ist. Eine hundertprozentige Rekonstruktion des Trassenverlaufes ist aber auch dadurch nicht möglich und baupraktisch nicht relevant (vgl. Abbildung 6.14). Jedoch können diese vorhandenen Abweichungen als vertretbar eingestuft werden, da selbst in der Praxis die Erdeinbau- und Erdausbaumassen standardmäßig anhand von Näherungsverfahren (Simpson'sche Regel, Gauß-Elling etc.) berechnet werden (Lorenz & Lorenz, 2007; DIN18300-VOB/C, 2012). Eine Minimierung der Abweichungen lässt sich zudem erzielen, wenn folgende Randbedingungen bereits bei der Erstellung und beim Export der Profilquerschnitte berücksichtigt werden:

– Entlang der Achse ist in den Achshauptpunkten ein Profilquerschnitt erforderlich.
– Im Bereich von Krümmungen ist die Anzahl der Profilschnitte zu erhöhen.
– Der Abstand der Profilschnitte sollte nicht mehr als 25m betragen.
– Die Breite des Profilschnittes bestimmt die Ausdehnung des
  3D-Trassen-Baugrund-Modells.

Somit besitzt das Planungsergebnis aus der Trassenplanung einen starken Einfluss auf die Güte und Umsetzbarkeit des gewählten Verfahrens. Dies spiegelt sich insbesondere in der Genauigkeit und der Querausdehnung des 3D-Trassen-Baugrund-Modells wider (vgl. Abbildung 6.14).

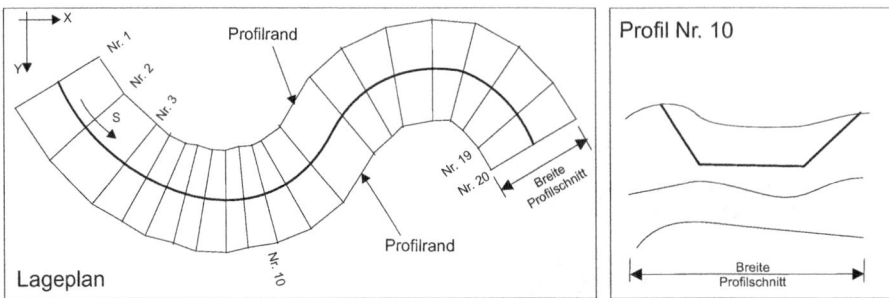

Abbildung 6.14: Darstellung von Profilschnitten in der Trassenplanung inklusive der damit verbundenen Profilschnittbreite.

Standardmäßig werden mindestens zwei Grenzflächen zur automatisierten Modellierung eines 3D-Trassen-Baugrund-Modells benötigt. Hierbei stellt eine Grenzfläche den flächenhaften Verlauf des Trassenkörpers (GF_T) aus Einschnitt- Damm- und Übergangsbereichen dar (schwarze Fläche 1 in Abbildung 6.13) und die zweite Grenzfläche reflektiert den Verlauf der Geländeoberfläche (GF_O) (graue Fläche 2 in Abbildung 6.13). In Abbildung 6.13 ist zudem eine weitere Grenzfläche (GF_B) abgebildet (blaue Fläche 3), anhand der sich das 3D-Trassen-Baugrund-Modell in zwei Baugrundschichten unterteilen lässt. Die Anzahl der erforderlichen Grenzflächen zur Abbildung des Baugrunds N_{GFB} lässt sich von der Anzahl der vorhandenen Baugrundschichten N_{BG} ableiten:

$$N_{GFB} = N_{BG} - 1 (N_{BG} \geq 1)$$

Somit ergibt sich die Gesamtsumme der erforderlichen Grenzflächen N_{GF} zu:

$$N_{GF} = N_{GFB} + 2$$

Beispielsweise werden zur Modellierung eines *3D-Trassen-Baugrund-Modells* fünf Grenzflächen ($N_{GF} = 4 - 1 + 2 = 5$) benötigt, wenn sich der Baugrund aus einer Sand/Kies-, Lehm-, Ton- und Tonsteinschicht zusammensetzt ($N_{BG} = 4$). Die Zuordnung der Grenzflächen zu den einzelnen Baugrundschichten erfolgt entsprechend der Definition aus Abschnitt 2.3.2.3.

- 3. Schritt: Extrusion der Flächenmodelle zu Volumenmodellen

Im Allgemeinen setzt sich ein Baugrundmodell aus mehreren Schichten zusammen. Damit sich diese einzelnen Schichten bzw. Schichtkörper modellbasiert darstellen lassen, wird zuerst ein Grundkörper (K_G) benötigt, der alle Baugrundschichten umschließt. Dieser homogene Grundkörper kann durch eine Extrusion der obersten Grenzfläche – dem Oberflächenmodell – parallel zur globalen z-Achse erzeugt werden (vgl. Abbildung 6.15a). Die Ausdehnung des Grundkörpers bzw. die Länge des Translationspfads T lässt sich anhand einer mathematischen Analyse ableiten (vgl. Gleichung 6.1). Hierzu wird der maximale Höhenabstand zwischen den einzelnen Grenzflächen untersucht, indem die Höhenkoordinaten P(z) der 2D-Profillinien aus den einzelnen Skizzenebenen miteinander verglichen werden.

$$T = [max. \sum_{p=1}^{m} P_{p,1}(z).....P_{p,n}(z) - min. \sum_{p=1}^{m} P_{p,1}(z).....P_{p,n}(z)] + \Delta T \qquad (6.1)$$

Im nächsten Schritt werden zwei weitere Volumenkörper erzeugt, mit deren Hilfe sich die Einschnittsbereiche bzw. die auf der oberen Grenzfläche aufsitzenden Dammkörper generieren lassen. Diese beiden Volumenkörper stellen eine negativ bzw. positiv zur z-Achse ausgerichtete Extrusion der Trassengrenzfläche GF_T dar, wobei der in die positive z-Achse extrudierte Hilfskörper HK_E zur Modellierung der Einschnittsbereiche (vgl. Abbildung 6.15b, Körper oben) und der in die negative z-Achse extrudierte Hilfskörper HK_D zur Modellierung der Dammkörper (vgl. Abbildung 6.15b, Körper unten) eingesetzt wird. Die Länge des Translationspfades lässt sich wiederum anhand einer mathematischen Analyse ermitteln.

- 4. Schritt: Einsatz von booleschen Operationen zur Endmodellgenerierung

Nach Abschluss des dritten Modellierungsschrittes stehen alle geometrischen Hilfskomponenten zur finalen Modellierung des 3D-Trassen-Baugrund-Modells zur Verfügung. Hierzu werden die bestehenden Komponenten mittels der Booleschen Operationen „Subtrahieren" und „Schneiden" kombiniert, wobei der Ablauf der Modellkombinationen einer bestimmten Sequenz folgen muss. In der ersten Kombination wird das Hilfsmodell des Einschnittskörpers HK_E von dem Grundmodell des Baugrunds K_G subtrahiert.

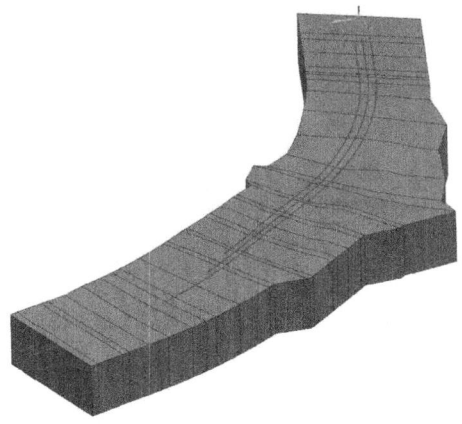
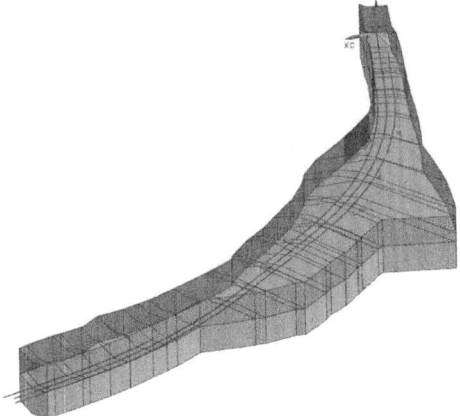

a) Grundkörper des 3D-Baugrundmodells, der sich aus der zur globalen z-Achse gerichteten Extrusion der obersten Grenzfläche ergibt

b) Darstellung der beiden Hilfskörper zur Modellierung der Einschnittsbereiche (grüner Körper, oben) sowie Dammkörper (hellbrauner Körper, unten)

Abbildung 6.15: Modellierungsergebnisse aus Schritt 3.

$$K_G - HK_E \rightarrow K_{G,mod}$$

Aus dieser Booleschen Operation ergibt sich ein erweitertes Grundmodell $K_{G,mod}$, das die Einschnittsbereiche aus dem Trassenverlauf mitberücksichtigt. Dieses Modellierungsergebnis ist in Abbildung 6.16a und 6.16b dargestellt. Die Modellierung des Dammkörpers K_D erfolgt analog, indem der Hilfskörper HK_D mit der Trassengrenzfläche GF_T geschnitten wird.

$$HK_D \cap GF_T \rightarrow K_D$$

Hierbei wird der Hilfskörper HK_D in zwei Teilkörper getrennt, wobei nur der Teilkörper, der sich oberhalb der Trassengrenzfläche GF_T befindet, den tatsächlichen Dammkörpers K_D darstellt. Der zweite Teilkörper kann eliminiert oder ausgeblendet werden (vgl. Abbildung 6.16b). Aufgrund dieses Modellierungsprinzips kann auf eine separate Modellierung der Übergangsbereiche verzichtet werden, da die einzelnen Einschnitts-, Damm- und Übergangsbereiche (vgl. Abbildung 6.8) indirekt durch den Einsatz der Booleschen Operationen erzeugt werden. Eine allgemeingültige und querschnittsbezogene Modellierung (vgl. Abbildung 6.10) der einzelnen 3D-Trassen-Baugrund-Körper ist somit möglich, da sich die komplexen Übergangsbereiche als „schleifende" Übergänge in den dazugehörigen Dammkörper K_D bzw. in den modifizierten Grundkörper $K_{G,mod}$ abbilden lassen. Werden diese beiden Teilkörper überlagert, so ergibt sich

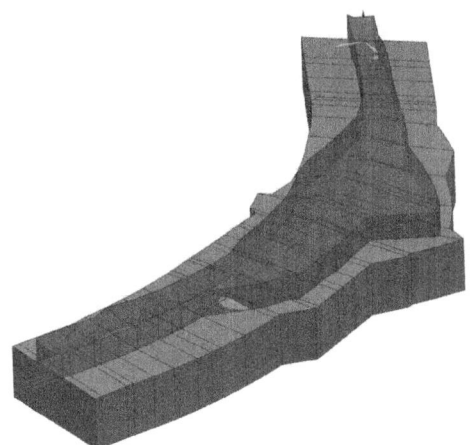
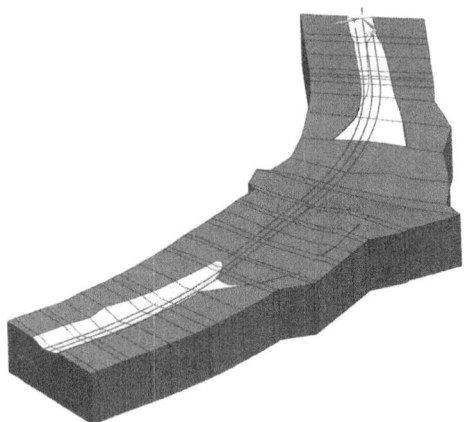

a) Boolesche Subtraktionskombination des Grundmodells K_G (hellbrauner/heller Körper) mit dem Hilfsmodell HK_E (grüner/dunkler Körper)

b) Ergebnis der Booleschen Operation, das die Einschnittsbereiche (dunkelbraune/dunkle Flächen) im 3D-Trassen-Baugrund-Modell berücksichtigt

Abbildung 6.16: Modellierungsergebnisse aus Schritt 4 - Teil 1.

Konzepte zur Modellierung eines Infrastrukturmodells   171

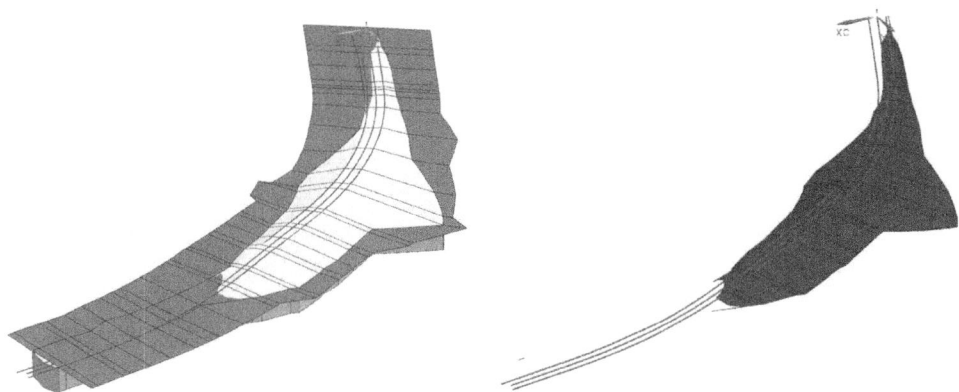

a) Modellierung des Dammkörpers K$_D$: Hierzu wird das Hilfsmodell HK$_D$ mit dem Trassengrenzflächenmodell GF$_T$ (lila/dunkle Fläche) geschnitten

b) Ergebnis der Booleschen Operation, wobei dessen oberer Teilkörper den Dammkörper darstellt

Abbildung 6.17: Modellierungsergebnisse aus Schritt 4 - Teil 2.

ein kontinuierlich verlaufendes 3D-Trassen-Baugrund-Modell, anhand dessen sich die exakten Massen – getrennt in *Erdauftrag* und *Erdabtrag* – ermitteln lassen (vgl. Abbildung 6.19).

Im letzten Schritt des Ansatzes erfolgt die Modellierung der einzelnen Baugrundschichten. Dieser Prozess ist zwingend am Ende des Modellierungsprozesses auszuführen, da ansonsten die Einschnittsbereiche in jeder einzelnen Baugrundschicht generiert werden müssten. Da die hierfür erforderlichen Einschnittsbereiche bereits im dritten Schritt modelliert wurden, kann die Modellierung der einzelnen Baugrundkörper direkt am modifizierten Grundkörper K$_{G,mod}$ erfolgen. Hierzu wird der Grundkörper unterteilt, indem dieser rekursiv durch die jeweiligen Baugrundgrenzflächen GF$_B$ in kleinere Abschnitte zerlegt wird (vgl. Abbildung 6.18).

$$\sum_{j=1}^{N_{GFB}} K_{G,mod,j-1} \cap GF_{B,j} \to K_{G,mod,j}$$

Letztendlich lässt sich mithilfe dieses rekursiven Modellierungsprozesses der modifizierte Grundkörper K$_{G,mod}$ solange unterteilen, bis dieser das Volumen der letzten Baugrundschicht eingenommen hat. Ein volumenbasiertes Schichtenmodell ist die Folge (vgl. Abbildung 6.19).

- Integration der semantischen Baugrundinformationen

Am Ende des Modellierungsprozesses wird das 3D-Trassen-Baugrund-Modell um semantische Daten, etwa Informationen über die Wichte γ des Baugrunds, die Reibungswinkel ϕ oder die Lockerungsfaktoren des Baugrundes, erweitert. Hierzu werden die semantischen Informationen aus der baugrund-spezifischen Schnittstelle *GroundXML* (vgl. Abschnitt 2.3.1) als Attributwerte in die korrespondierenden 3D-Baugrundschichtkörper übertragen, wobei die eindeutige Zuord-

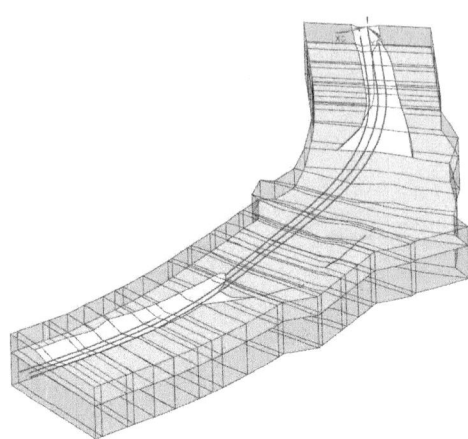 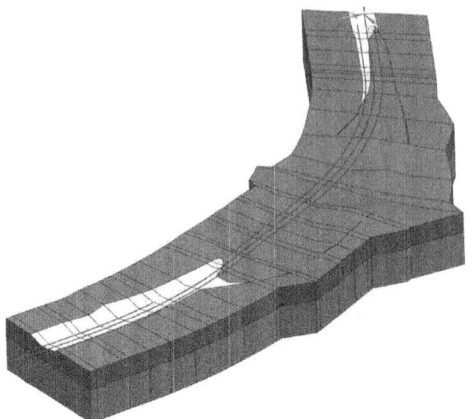

a) Unterteilung des modifizierten Grundkörpers $K_{G,mod}$ in zwei Baugrundschichten: Hierzu wird der Grundkörper anhand der Baugrundgrenzfläche GF_B (gelbe Fläche bzw. mittig angeordneter Randzug) geschnitten

b) Ergebnis der Körperunterteilung aus Schritt 4, dass die zwei Baugrundschichten darstellt

Abbildung 6.18: Modellierungsergebnisse aus Schritt 4 - Teil 3.

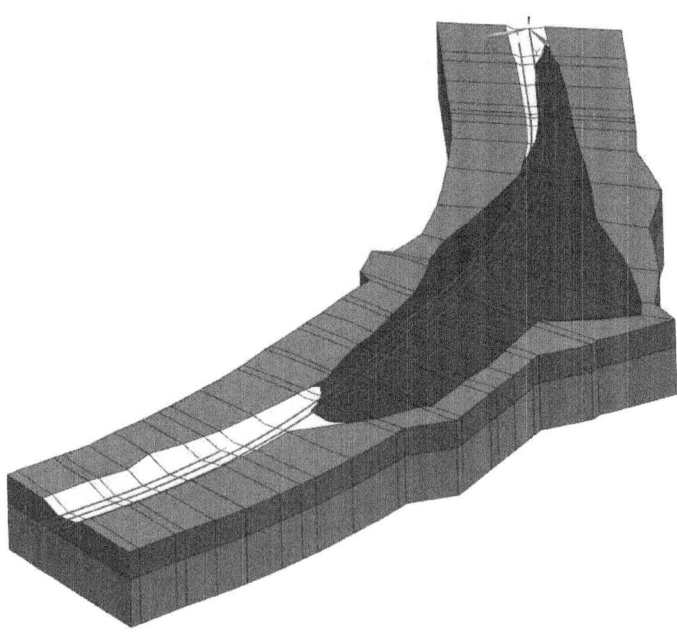

Abbildung 6.19: Vollständiges 3D-Trassen-Baugrund-Modell inklusive der jeweiligen Baugrundschichten sowie Dammkörper (brauner Körper) und Einschnittsbereiche (weiße Flächen).

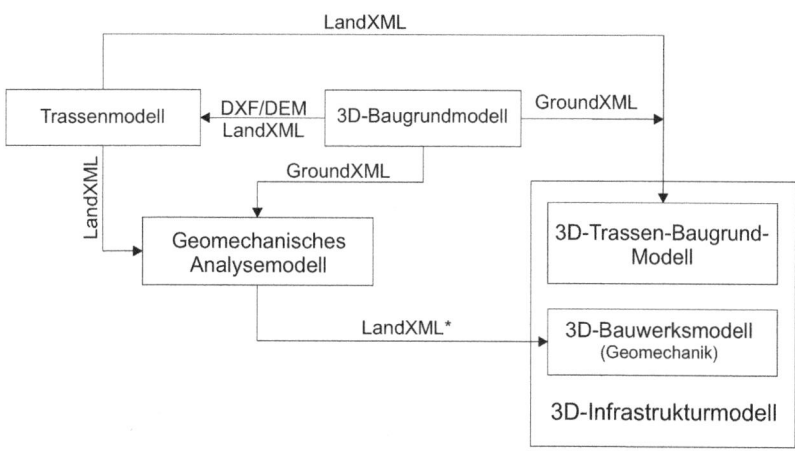

Abbildung 6.20: Auszug des Datenaustauschprozesses aus Kapitel 2, Abbildung 2.10 zur automatisierten Modellierung eines geomechanischen 3D-Bauwerksmodells.

nung der Daten zu den geometrischen Objekten anhand einer eindeutigen *Schicht-ID* (SID) erfolgt (vgl. Abschnitt 2.3.2.3).

6.2.2.2 Fazit des Automatisierungsansatzes

Unter Berücksichtigung der semantischen Daten ergibt sich ein *parametrisch-assoziatives* 3D-Trassen-Baugrund-Informationsmodells, dessen geometrisch-semantische Informationen sich zur Bearbeitung von weiteren Planungsprozessen (z. B. Strukturanalysen oder Bauablaufsimulationen) einsetzen lassen. Die geometrischen Komponenten des parametrischen 3D-Trassen-Baugrund-Informationsmodells bilden die Basis zur Modellierung der weiteren infrastrukturspezifischen Teil-Modelle. Zudem ermöglicht die gewählte Struktur des Modellierungsansatzes eine Automatisierung des Konstruktionsablaufes, indem ein automatisiertes Konstruktionssystem eingesetzt wird (vgl. Abschnitt 5.3). Dadurch können die Eingangsdaten aus der konventionellen Trassenplanung konsistent im Modell integriert werden und der zeitliche Modellierungsaufwand kann signifikant gegenüber einer manuellen Eingabe reduziert werden. Eine automatisierte Modellierung von Übergangsprofilen, aber auch komplexen Baugrundsituationen in Form von aufsteigenden Schichten, Verwerfungen oder Linsen sind möglich. Zudem haben Tests gezeigt, dass der automatisierte Konstruktionsansatz ein stabiles Verhalten aufweist und eine Modellierung von „großen" 3D-Trassen-Baugrund-Modellen ermöglicht. Teile dieser Ergebnisse sowie die Einsatzfähigkeit des neuen Ansatzes werden im Kapitel 7 genauer vorgestellt.

6.2.3 Konzept zur Modellierung erdstabilisierender 3D-Bauwerks- und Baugrubenmodelle

In Abschnitt 2.3 wurde eine Erweiterung des Planungsprozesses im Bereich der Baugrund-, Trassen- und geomechanischen Analyse beschrieben. Ziel war es, mithilfe der Erweiterung eine Vernetzung der einzelnen Planungsprozess zu ermöglichen, indem ein elektronischer Austausch sämtlicher Trassen- und baugrund-spezifischer Daten zur Umsetzung nachgelagerter Prozesse erfolgt (vgl. Abbildung 6.20). Der daraus resultierende durchgängige Planungsablauf, soll auch innerhalb des modellbasierten Planungsprozesses fortgeführt werden, sodass im Zuge dieser Arbeit ein Konzept entwickelt wurde, anhand dessen eine *integrierte* Modellierung der erdstabilisierenden Bauwerke möglich ist.

- **3D-Modellierung erdstabilisierender Stützkonstruktionen**

Zur Modellierung eines geomechanischen 3D-Bauwerksmodells werden die geometrischen Bauwerksdaten aus dem geomechanischen Analyseprozess mithilfe einer *LandXML*-Schnittstelle in das CAD-System übertragen (vgl. Abschnitt 2.3.2.3). Die Integration der Daten erfolgt direkt in das bestehende 3D-Trassen-Baugrund-Modell, da zur *assoziativen* Modellierung des geomechanischen 3D-Bauwerksmodells eine Vielzahl von geometrischen Kopplungen aus dem 3D-Trassen-Baugrund-Modell benötigt wird. Außerdem sind im Bereich der erdstabilisierenden Stützbauwerke Anpassungen des bestehenden Gelände- bzw. Baugrundmodells erforderlich (z. B. Hinterfüllungen), die sich nur *direkt* im *3D-Trassen-Baugrund-Modell* umsetzen lassen.

Daher müssen die automatisierte Integration sowie die Parametrisierung der Bauwerksquerschnittsprofile auf Basis des 3D-Trassen-Baugrund-Modells erfolgen. Hierzu führt das automatisierte Konstruktionssystem eine Analyse der Stationierungswerte aus den geomechanischen Profilen in der LandXML-Datei durch und vergleicht diese mit den Stationierungswerten aus den bereits im 3D-Trassen-Baugrund-Modell integrierten 2D-Profilskizzen, indem die Informationen aus dem *Historienbaum* ausgewertet werden. Stimmen die Stationierungswerte überein, so werden die geometrischen Daten des geomechanischen 2D-Querschnittes in die bestehende 2D-Profilskizze übertragen (vgl. Abbildung 6.21). Eine Anordnung neuer 2D-Profilskizzen ist im Allgemeinen nicht erforderlich, da der geomechanische Analyseprozess auf Grundlage der gleichen trassendefinierenden LandXML-Datei basiert, die auch zur automatisierten Modellierung des 3D-Trassen-Baugrund-Modells eingesetzt wird (vgl. Abbildung 6.20). Sollten dennoch Abweichungen zu den vorhandenen Profilskizzenstationierungen auftreten, so ist eine Anordnung zusätzlicher 2D-Profilskizzen entlang der zentralen Raumkurve möglich.

Nach Abschluss des geometrischen Integrationsprozesses werden die einzelnen Bauwerksquerschnittsumrisse dazu eingesetzt, entlang der drei Raumkurven eine integrierte Modellierung des erdstabilisierenden 3D-Bauwerksmodells durchführen zu können. Die Modellierung erfolgt hierbei mithilfe eines Trajektionsverfahrens, das einen Sweepkörper auf Basis mehrerer Querschnitte entlang der Raumkurven generiert (vgl. Abschnitt 6.2.4, Schritt 2 der Überbaumodellierung). Da im geomechanischen Analyseprozess nur signifikante Querschnittsbereiche untersucht werden und da die Position der Profilquerschnitte durch die Trassenplanung fest definiert ist, muss die Stationierung der ersten und letzten geomechanischen 2D-Profilskizze nicht die tatsächliche Längenausdehnung des erdstabilisierenden 3D-Bauwerksmodells widerspiegeln. Aus diesem Grund werden im Konstruktionssystem zwei optionale Parameter vorgehalten, die eine Definition der Anfangs- und Endstationierung des geomechanischen Bauwerks ermöglichen.

Wie in Abbildung 6.22 dargestellt, lässt sich auf Basis dieses Konzeptes eine *parametrisch-assoziative* sowie prozessübergreifende Modellierung eines beliebig gekrümmten geomechanischen 3D-Bauwerksmodells durchführen. Aktuell stellt der Ansatz eine *unidirektionale* Kopplung dar, sodass konstruktive Änderungen im geomechanischen 3D-Bauwerksmodell manuell im

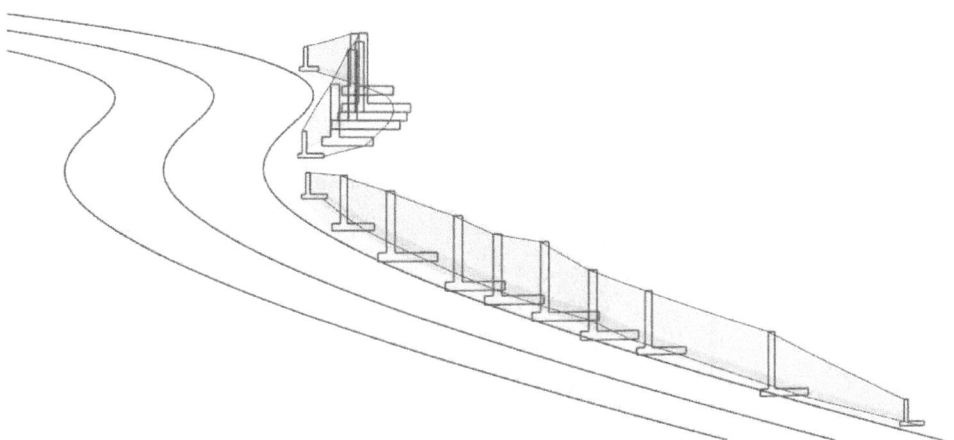

Abbildung 6.21: Integrierte Profilquerschnitte zur Modellierung eines erdstabilisierenden 3D-Bauwerksmodells (Winkelstützmauer), die auf Basis von Daten aus der geomechanischen Analyse erzeugt wurden.

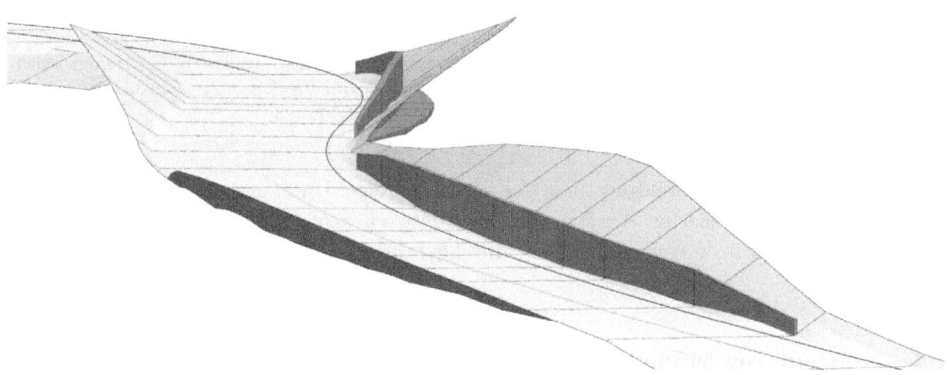

Abbildung 6.22: Abbildung zweier geomechanischer 3D-Bauwerksmodelle, die durch eine Trajektion der geomechanischen Profilquerschnitte entlang der Raumkurven erzeugt werden konnten (gelbe Fläche spiegelt den Einschnittsbereich wider).

geomechanischen Analysequerschnitt rückgekoppelt werden müssen. In der Praxis tritt diese Art der Planungsiteration selten auf, sodass auf die Ausarbeitung eines *bidirektionalen* Rückkopplungsprozesses verzichtet wurde.

- **3D-Baugruben- und Baugrubenverbaumodell**

Zur Modellierung eines 3D-Baugrubenverbaumodells kann ein entsprechendes Verfahren eingesetzt werden, das eine automatisierte Modellierung des 3D-Baugrubenverbaumodells auf Basis der Ergebnisse einer geomechanischen Strukturanalyse umsetzt. Alternativ ist eine manuelle Konstruktion des *3D-Baugrubenverbaumodells* möglich, indem bestimmte Modellierungs- und Parametrisierungstechniken, beispielsweise Musterformelemente oder Features, zur An-

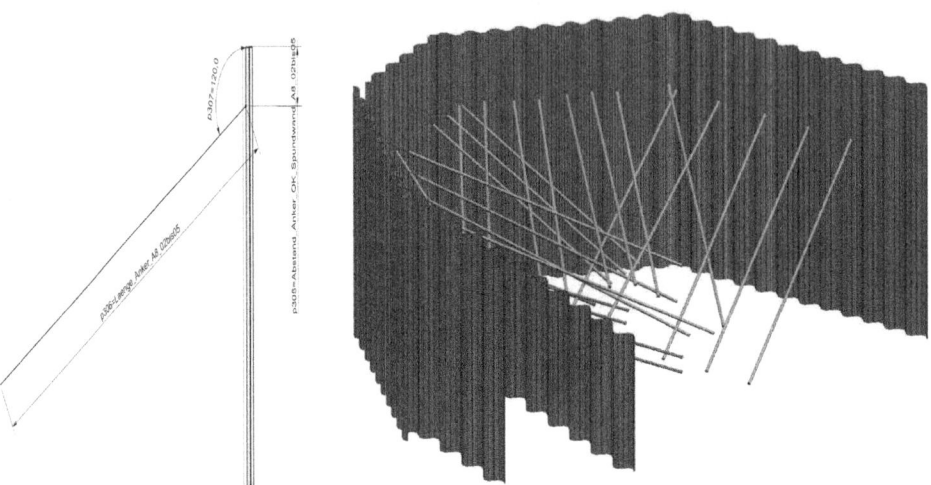

a) Modellparameter zur parametrischen Steuerung der Anker

b) 3D-Modell des Baugrubenverbaus

Abbildung 6.23: 3D-Baugrubenmodell eines rückverankerten Spundwandverbaus, das im parametrischen Modellierungssystem Siemens NX erstellt wurde. Die Steuerung der Ankerneigungen sowie Ankerlängen lässt sich mithilfe von Modellparametern durchführen.

wendung kommen (vgl. Abbildung 6.23). Eine ausgiebige Untersuchung verschiedener manueller und teilautomatisierter Ansätze zur *parametrisch-assoziativen* Modellierung von 3D-Baugrubenmodellen wurde von Frieß (2013) durchgeführt.

6.2.4 Konzept zur Modellierung des 3D-Brückenmodells

Die manuelle Modellierung eines 3D-Brückenmodells erfolgt auf Basis der in der Steuerungsdatei definierten geometrischen Komponenten (vgl. Abschnitt 6.2), wobei ein Großteil dieser geometrischen Komponenten bereits zur Modellierung des 3D-Trassen-Baugrund-Modells erstellt wurde. Eine direkte Modellierung der einzelnen 3D-Brückenmodelle im 3D-Trassen-Baugrund-Modelle bietet sich daher an, was ein zentrales *parametrisch-assoziatives* Infrastrukturinformationsmodell zur Folge hätte. Jedoch lässt sich dieser Top-down-Ansatz (vgl. Abschnitt 5.1.2) aus organisatorischen, rechtlichen und softwaretechnischen Gründen kaum realisieren, insbesondere deshalb, weil die Planung der einzelnen 3D-Brückenmodelle durch eine Vielzahl an Planungsbeteiligten erfolgt. Ein synchrones Arbeiten am zentralen Modell ist hierzu erforderlich (Borrmann et al., 2012), das sich aktuell nur mithilfe einer komplexen serverbasierten Modell- und Prozessverwaltungsansatzes umsetzen lassen würde. Erste Ansätze hierzu wurden von Borrmann et al. (2014) vorgestellt.

Eine alternative Methode zur Modellierung des *parametrisch-assoziativen* Infrastrukturinformationsmodells besteht darin, einen „praktikablen" Bottom-up-Ansatz einzusetzen (vgl. Abschnitt

Konzepte zur Modellierung eines Infrastrukturmodells 177

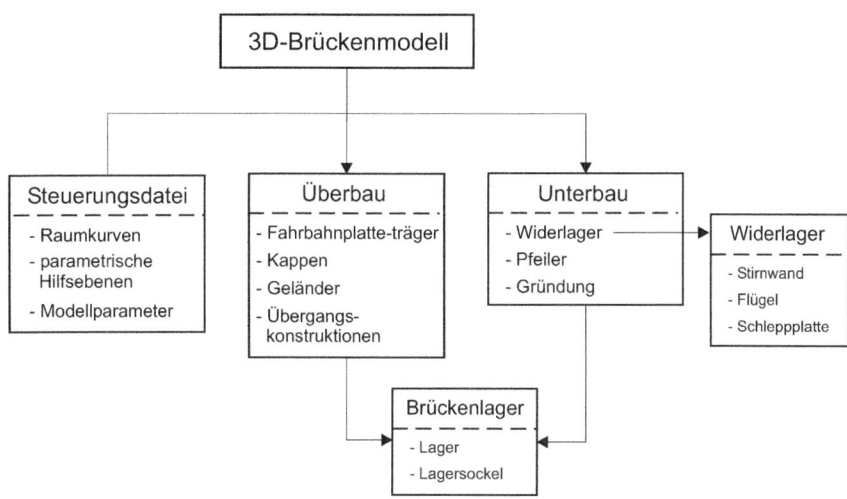

Abbildung 6.24: Grafische Darstellung der verschiedenen Brückenbauwerkskomponenten innerhalb eines 3D-Brückenmodells.

5.1.2). Hierbei erfolgt die Modellierung der einzelnen 3D-Brückenmodelle nicht direkt am 3D-Trassen-Baugrund-Modell, sondern als ein separates Brückenmodell. Um eine durchgängige Planung sicherstellen zu können, werden relevante Steuerungskomponenten (Raumkurven, Kreuzungsachsen etc.) aus dem 3D-Trassen-Baugrund-Modell als *assoziative Kopie* oder *Referenz* dateiübergreifend in das separate 3D-Brückenmodell übergeben (vgl. Abschnitt 4.1.3), sodass trotz der separaten Modellierung ein Top-down-Ansatz zur Umsetzung des 3D-Brückenmodells besteht. Nach Abschluss des Konstruktionsprozesses erfolgt mithilfe der gekoppelten Objekte und unter der Anwendung von 3D-Constraints eine Rekombination des 3D-Brückenmodells in das 3D-Trassen-Baugrund-Modell. Diese Kopplung kann auf beliebig viele 3D-Brückenmodelle angewandt werden. Somit stellt der Top-down-kombinierte Bottom-up-Ansatz ein *dezentrales* Modellierungskonzept dar, anhand dessen sich eine beliebige Anzahl an Planungsbeteiligten berücksichtigen lässt. Selbst der Einsatz unterschiedlicher Softwareprodukte sowie die Verwaltung der Modelle mithilfe eines Produktdatenmanagement Systems (PDM) sind möglich (Obergriesser et al., 2008; Schorr, 2011).

6.2.4.1 Ausführliche Beschreibung des brücken-spezifischen Modellierungskonzeptes

Das folgende Modellierungskonzept wurde auf Basis der in Abschnitt 5.2 definierten Modellstruktur entwickelt, wobei zur besseren Veranschaulichung des Konzeptes die einzelnen Ebenen der allgemeinen Modellierungsstruktur an die brücken-spezifischen Komponenten (vgl. Abbildung 6.24) angepasst wurden. Standardmäßig lässt sich ein Brückenbauwerk in die Teilbauwerke *Überbau* und *Unterbau* unterteilen, die in der Modellstruktur in der zweiten Ebene – der Baugruppenebene – einzuordnen sind (vgl. Abbildung 6.25). Geometrisch spiegeln diese beiden Baugruppen eine Rekombination kleinerer brücken-spezifischer Bauteile wider. Hierbei setzte sich die Überbaukomponente aus den Bauteilen Kappe, Geländer, Querträger und Fahrbahn-

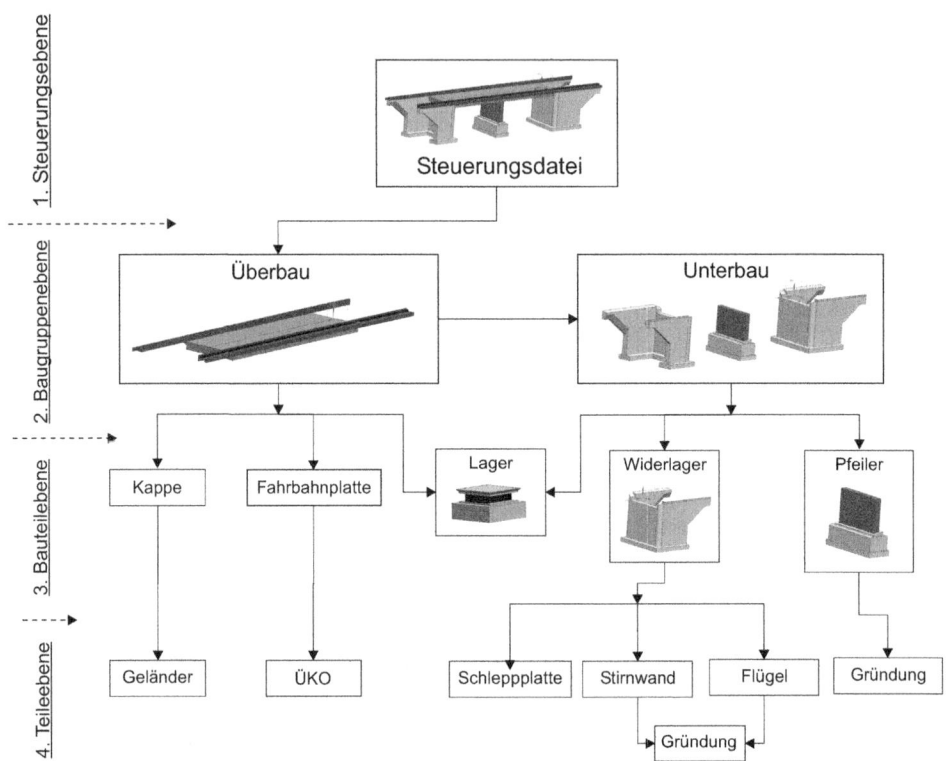

Abbildung 6.25: Grafische Darstellung der brücken-spezifischen Erzeugungsstruktur zur Modellierung eines 3D-Brückenmodells.

platte bzw. -träger zusammen. In die Baugruppe des Unterbaus werden die Bauteile Widerlager, Pfeiler und Gründung eingeordnet, wobei sich die Widerlager weiter in die Bauteile Stirnwand, Flügel und Schlepplatte unterteilen lassen. Bauteile, die als eine Schnittstelle zwischen dem Überbau und dem Unterbau fungieren (z. B. Brückenlager), müssen aufgrund der *bidirektionalen* Bauteilabhängigkeit als ein eigenes Teil-Modell erstellt werden.

Wie am Anfang des Abschnittes 6.2.4 erwähnt, wird zur *parametrisch-assoziativen* Modellierung des *3D-Brückenmodells* eine Reihe von Steuerungskomponenten benötigt, die sich entweder aus der bestehend infrastruktur-spezifischen Steuerungsebene bzw. dem *3D-Trassen-Baugrund-Modell* entnehmen lassen oder neu definiert werden müssen. Im Allgemeinen zählen hierzu

- die drei Raumkurven,
- parametrische Hilfsebenen zur Steuerung des Kreuzungspunktes einschließlich der Bauwerkstützsachsen bzw. -winkel,
- und brücken-spezifische Modellparameter,

die entsprechend dem definierten Modellierungskonzepte als assoziative Kopie oder Referenz in der brücken-spezifischen Steuerungsebene zu integrieren sind. Dieser Vorgang ermöglicht es, den Verlauf des Brückenmodells an den Verlauf der Trasse zu koppeln.

- Integration der Raumkurven und Hilfsebenen

Hierzu werden die drei *Raumkurven* sowie die verschiedenen parametrischen Hilfsebenen aus der bereits bestehenden Steuerungsebene integriert, indem die geometrischen Komponenten mithilfe einer programm-spezifischen ebenen- bzw. teileübergreifenden Kopierfunktion (Schmid, 2008) als assoziative Kopie (vgl. Abschnitt 4.1) in die Steuerungsebene des 3D-Brückenmodells gekoppelt werden.

- Definition brücken-spezifischer Modellparameter

Analog zum 3D-Trassen-Baugrund-Modell stellen die zuvor beschriebenen Raumkurven und Hilfsebenen eine Kopie des Originals dar, sodass sich Änderungen am parametrischen Modell zentral sowie konsistent durchführen lassen (Obergriesser et al., 2011; Ji, 2014). Jedoch beschränken sich diese Steuerungskomponenten ausschließlich auf die geometrischen Belange aus der Trassenplanung, mit deren Hilfe sich beispielsweise die erforderliche lichte Weite des Brückenbauwerks zur Überquerung der Trasse ableiten lässt. Daher sind zur individuellen Steuerung des 3D-Brückenmodells weitere parametrische Hilfsebenen sowie brücken-spezifische Modellparameter vorzusehen. Ein Auszug relevanter Modellparameter wird in Abbildung 6.26 dargestellt.

Die Eingabe der brücken-spezifischen Modellparameter erfolgt in Form eines Parameterausdruckes (engl. *expression*), anhand dessen eine Definition des Parameterwertes (z. B. Breite_Stirnwand = 1,5) möglich ist. Diese Ausdrücke lassen sich zu einem späteren Zeitpunkt, z. B. während des Parametrisierungsprozesses, in die Parameterausdrücke der dimensionalen Constraints integrieren, sodass sich eine Modifikation der dimensionalen Constraints außerhalb der Baugruppen- bzw. Bauteilebene durchführen lässt (vgl. Abbildung 6.27, rechts). Da der Abstand der Unterbauachsen vom statischen System der gewählten Brückenkonstruktion (Balken-

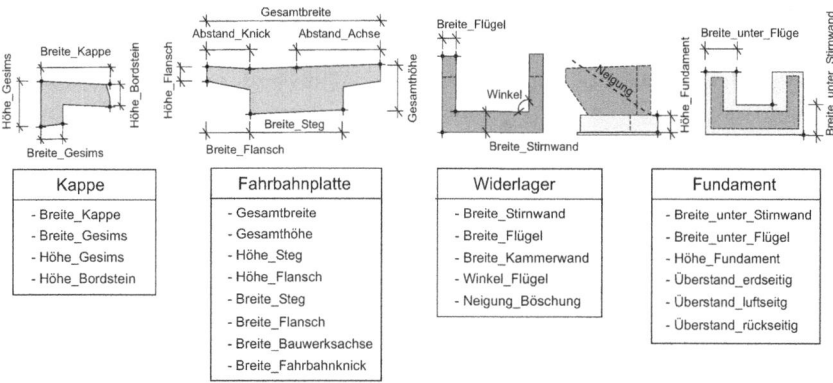

Abbildung 6.26: Auszug relevanter brücken-spezifischer Modellparameter, die in der brücken-spezifischen Steuerungsebene zu definieren sind.

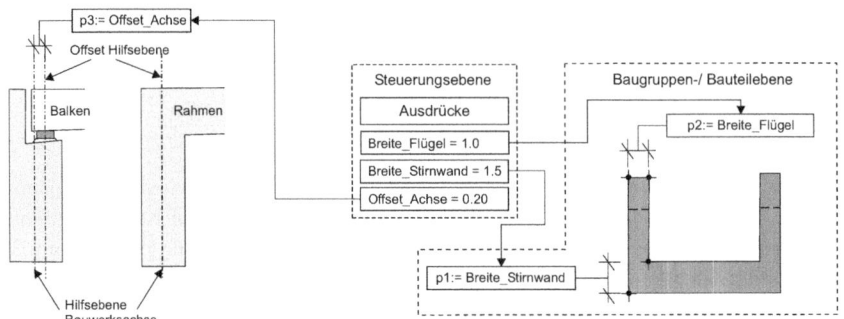

Abbildung 6.27: Schematische Darstellung einer Parameterverknüpfung zwischen einem dimensionalen Constraint und einem in der Steuerungsebene definierten Modellparameter am Beispiel eines Brückenwiderlagers.

/Plattenbrücke oder integrale Brücke) abhängig ist, muss die endgültige Lage der Unterbauachsen mithilfe einer zusätzlichen parametrischen Hilfsebene definiert werden (vgl. Abbildung 6.27, links). Hierzu ist eine parametrische Offset-Hilfsebene in Bezug auf die bereits integrierte Hilfsebene aus der infrastruktur-spezifischen Steuerungsdatei anzulegen (vgl. Abschnitt 6.2). Der Offsetwert selbst kann wiederum als Parameterausdruck in der brücken-spezifischen Steuerungsdatei hinterlegt und der parametrischen Offset-Hilfsebene zugeordnet werden.

Im Anschluss an den zuvor beschriebenen Integrationsprozess werden im nächsten Schritt zwei weitere Bauteilkomponenten angelegt, die als *Container* zur Verwaltung der einzelnen Über- und Unterbaubauteile dienen. Entsprechend der in Abschnitt 5.2.2 getroffenen Definition werden innerhalb dieser beiden Bauteilkomponenten keine geometrischen Objekte erzeugt, sondern die einzelnen Bauteile (Kappe, Fahrbahnplatte, Flügel) werden mithilfe von direkten 3D-Constraints (vgl. Abschnitt 4.3.2) zu einer Baugruppe rekombiniert. Die Modellierung der Bauteile selbst erfolgt in der dritten bzw. vierten Modellierungsebene, in der wiederum eine Unterteilung der Bauteile in Teile möglich ist. Das prinzipielle Vorgehen zur Modellierung des Überbaus sowie Teile des Unterbaus sollen nachfolgend vorgestellt werden.

- **Konzept zur Modellierung des Überbaus**

Der Prozess zur Modellierung des Überbaus ist vor der Modellierung des Unterbaus auszuführen, da der geometrische Verlauf des Überbaus die Form des Unterbaus bestimmt. Dieser Grundsatz gilt sowohl in der 2D-Planung als auch in der 3D-Planung.

Wie durch Abbildung 6.27 illustriert wird, setzt sich der Überbau aus den beiden Bauteilen Kappe und Fahrbahnplatte bzw. -träger zusammen. Jedes dieser beiden Bauteile lässt sich innerhalb von drei Modellierungsschritten erzeugen, wobei mit der Konstruktion der Fahrbahnplatte begonnen werden sollte. Im Folgenden werden die drei Modellierungsschritte beschrieben:

1. Schritt: geometrische sowie parametrische Definition des 2D-Querschnittes
2. Schritt: Sweep des 2D-Querschnittes zu einem Volumenkörper
3. Schritt: Boolesche Modifikation des Volumenkörpers zur Endlängenbestimmung

- 1. Schritt: Geometrisch-parametrische Definition des 2D-Querschnittes

In dem entwickelten Konzept erfolgt die Modellierung des 3D-Brückenmodells auf Basis von *2D-Querschnitten*, da sich dadurch komplexe geometrische Formen konstruieren und parametrisieren lassen. Zudem besteht dadurch eine gewisse Affinität zum traditionellen 2D-Planungsprozess, was eine größere Akzeptanz innerhalb des konventionellen Ingenieursektors bewirkt. Bevor jedoch mit der eigentlichen Konstruktion des 2D-Querschnittes begonnen werden kann, ist zur Definition der dritten Raumkoordinate eine Ebene auf der Raumkurve anzuordnen. Die Umsetzung dieser Ebene erfolgt analog dem Verfahren zur Modellierung des 3D-Trassen-Baugrund-Modells, indem die Ebene parallel zur globalen z-Achse ausgerichtet wird. Im Folgenden wird diese Ebene als 2D-Profilskizze bezeichnet. Innerhalb dieser 2D-Profilskizze erfolgt die Konstruktion der Querschnittsform analog dem traditionellen 2D-Konstruktionsprinzips, indem die Form des Querschnitts anhand von verschiedenen geometrischen Grundprimitiven wie beispielsweise Linien, Kreis, Ellipsen, Splines etc. zusammengesetzt wird. Jedoch ist aufgrund des nachgelagerten Parametrisierungsprozesses keine exakte Konstruktion der Querschnittsform erforderlich (vgl. Abschnitt 4.3.1). Allerdings muss zur Gewährleistung einer exakten Trajektion der rudimentär erzeugte Querschnitt an die zwei verbleibenden Raumkurven *direkt* oder *indirekt* gekoppelt werden. Hierzu werden die beiden Schnittpunkte der linken und rechten Raumkurven mit der 2D-Profilskizze ermittelt. Anschließend werden diese Schnittpunkte entweder direkt in den geometrischen Querschnittsverlauf integriert oder indirekt mithilfe von dimensionalen 2D-Constraints an den Querschnitt angeschlossen (vgl. Abbildung 6.28).

Die Adjustierung des rudimentär konstruierten Querschnittes erfolgt auf Basis von dimensionalen 2D-Constraints, die innerhalb dieses Prozesses die Basis zur Parametrisierung des Querschnittes bilden. Hierzu werden vor allem diejenigen Primitive mit dimensionalen 2D-Constraints versehen, die eine zentrale Rolle zur Modifikation der Querschnittsausdehnung spielen. Einige dieser Primitive werden in Abbildung 6.26 dargestellt. Primitive, die keinen Einfluss auf die Ausdehnung der Querschnittsform aufweisen, können mithilfe von logischen 2D-Constraints parametri-

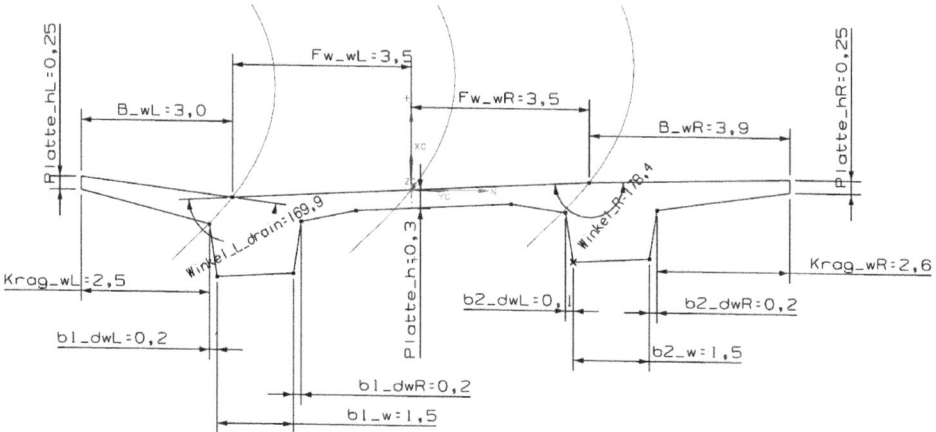

Abbildung 6.28: Beispiel eines mit der Methode der direkten Freiheitsgradanalyse parametrisierten Brückenfahrbahnquerschnittes, der in einem parametrischen Modellierungssystem erzeugt wurde.

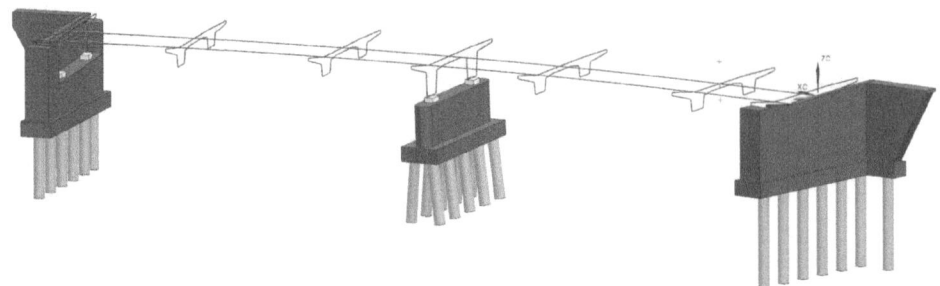

Abbildung 6.29: Anordnung mehrerer Querschnitte im Bereich der Querschnittssprünge (Widerlager, Pfeiler etc.) zur Modellierung eines gevouteten Überbaus, dessen Querschnitt als ein zweistegiger Plattenbalken ausgebildet ist.

siert werden. Dadurch lässt sich die Komplexität des Parametrisierungsprozesses signifikant reduzieren (vgl. Abschnitt 4.3.1). Ziel des Parametrisierungsprozesses ist es, einen *voll-bestimmten* parametrischen Querschnitt zu generieren, da nur dieser Parametrisierungszustand eine konsistente Modellabbildung gewährleisten kann (vgl. Abschnitt 4.3.3). Jedoch gestaltet sich diese Aufgabe als schwierig, da aktuell (Stand 2015) keine eindeutigen Vorgaben bzw. Standards zur Parametrisierung eines Querschnittes bzw. Modells vorliegen. Ein zeitaufwendiger sowie willkürlicher Parametrisierungsablauf ist die Folge. Daher wurde im Zuge dieser Arbeit die Methode der direkten Freiheitsgradanalyse entwickelt, mit deren Hilfe eine zielgerichtete Parametrisierung eines 2D-Querschnittes möglich ist (vgl. Abschnitt 4.4). In Abbildung 6.28 wird ein mithilfe der *direkten Freiheitsgradanalyse* parametrisierter Brückenüberbauquerschnitt dargestellt, innerhalb den 17 dimensionale und 17 logische 2D-Constraints zur voll-bestimmten Parametrisierung des Brückenquerschnittes integriert wurden.

Zur Modellierung der Fahrbahnplatte bzw. der Fahrbahnträger kann häufig anhand einer konstanten Querschnittsform – der Regelquerschnitt – erfolgen. Aus tragwerkstechnischen sowie ästhetischen Gründen können aber unterschiedliche Querschnittshöhen der Platte bzw. des Trägers erforderlich werden. Im Brückenbau werden diese Querschnittssprünge als *Voute* bezeichnet, die geometrisch entweder einen linearen Verlauf oder einen konkav gekrümmten Verlauf besitzen können. Die Modellierung dieser kontinuierlich veränderbaren Querschnittsgeometrie lässt sich mithilfe von mehreren Querschnittsskizzen erzielen, die im Bereich der Querschnittssprünge angeordnet werden. Diese Höhensprünge treten vor allem im Bereich der Auflager (Widerlager und Pfeiler) sowie in Feldmitte auf (vgl. Abbildung 6.29). Werden, wie in Abbildung 6.29 dargestellt, zwei identische Querschnitte hintereinander angeordnet, so lassen sich konstante Bereiche im höhenvariablen Fahrbahnträgerquerschnitt berücksichtigen. Selbst die Modellierung von breitenvariablen Querschnitten – die beispielsweise bei Fahrbahnaufweitung auftreten – können mithilfe dieser Modellierungstechnik realisiert werden (Baumgärtel et al., 2011; Obergriesser et al., 2011).

- 2. Schritt: Sweep des 2D-Querschnittes zu einem Volumenkörper

Auf Basis der Querschnittsskizzen erfolgt im nächsten Schritt die Modellierung des Volumenkörpers. Hierzu wird der Körper auf Basis entweder eines einzelnen Querschnittes oder einer

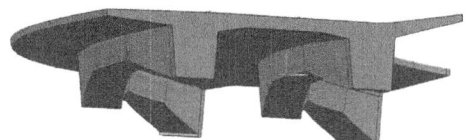 

a) Isometrische Vorderansicht: 3D-Überbaumodell mit Voute.   b) Isometrische Vorderansicht: 3D-Überbaumodell ohne Voute.

c) Längsansicht:3D-Überbaumodell mit Voute.   d) Längsansicht:3D-Überbaumodell ohne Voute.

Reihe von Querschnitten entlang der drei Raumkurven generiert (vgl. Abbildung 6.30a - Abbildung 6.30d). Entsprechend des gewählten Sweep-Verfahrens (ein Querschnitt oder mehrere Querschnitte) ergibt sich ein interpolierter Hüllkörper bzw. Sweepkörper, der die geforderten geometrischen Randbedingungen des Querschnitts bzw. der Querschnitte widerspiegelt. Aufgrund der parallel zur z-Achse ausgerichteten 2D-Profilskizzen lässt sich an jeder Stelle des Überbaus ein korrektes Abbild des planerisch geforderten Querschnittes ableiten. Diese Eigenschaft spielt vor allem zur Herstellung einer korrekten Schalhautgeometrie eine zentrale Rolle.

- 3. Schritt: Boolesche Modifikation des Volumenkörpers

Der trajektierte Körper aus Schritt 2 stellt jedoch noch nicht die exakte Länge der Fahrbahnplatte dar, da zur Generierung eines flexiblen Modells die Trajektion des Körpers über die gesamte Länge der Raumkurven erfolgen sollte. Veränderungen der Überbaustützweiten lassen sich somit ohne Modellierungsfehler umsetzen, da stetig ein Volumenkörper innerhalb des modifizierbaren Modellierungsbereiches vorliegt. Um jedoch ein korrektes Abbild des Überbaus sicherstellen zu können, muss der trajektierte Körper auf seine wahre Länge gekürzt werden. Hierzu können zwei unterschiedliche Verfahren eingesetzt werden.

Verfahren 1 – geometrische Kopplung: Im ersten Verfahren werden die in der brückenspezifischen Steuerungsebene definierten Hilfsebenen zur Platzierung der Bauwerksquerachsen in die Bauteilkomponente der Fahrbahnplatte als *assoziative Kopie* gekoppelt. Diese Hilfsebenen spiegeln die tragwerksplanerische Bemessungslänge, aber nicht *die planerische* Länge wider. Aus diesem Grund muss eine weitere parametrische Offset-Hilfsebene erzeugt werden (vgl. Abbildung 6.27), mit deren Hilfe sich die konstruktiv-planerische Endlänge der Fahrbahnplatte bzw. –träger in Abhängigkeit der tragwerksplanerischen Bauwerksquerachse generieren lässt. Der Abstand der Offset-Hilfsebene Δ STW stellt den erforderlichen Abstand zwischen der stirnseitigen Fahrbahnplattenfläche zu der tragwerksplanerischen Bauwerksstützachse dar und ist vom Tragsystem – Balken- oder Rahmensystem – abhängig. Nachdem diese Offset-Hilfsebenen definiert wurden (vgl. Abbildung 6.30e), kann der trajektierte Fahrbahnkörper unter Berücksichtigung der Offset-Hilfsebene auf die wahre Länge angepasst werden (vgl. Abbildung 6.30g). Diese Modifikation erfolgt auf Basis der Booleschen Operation „Trimmen", durch die sich ein Volumenkörper durch eine Fläche kürzen lässt (vgl. Abbildung 6.30f). Der in Abbildung 6.30 dargestellte Modellierungsprozess kommt vor allem dann zum Einsatz, wenn sich die Modellie-

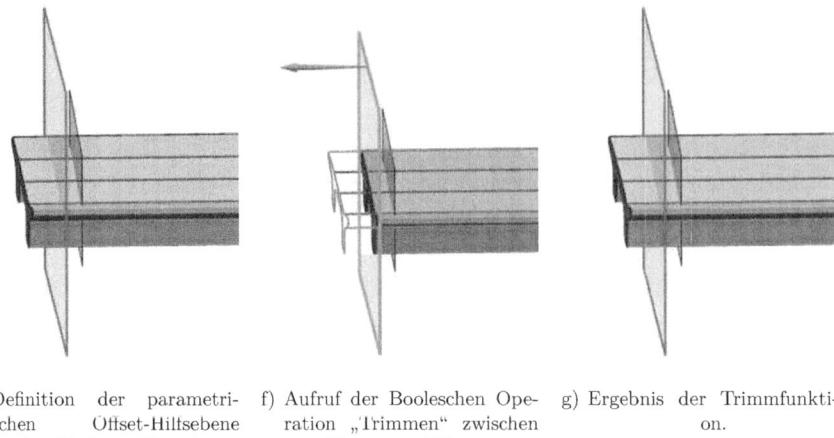

e) Definition der parametrischen Offset-Hilfsebene (pinkfarbene Ebene).   f) Aufruf der Booleschen Operation „Trimmen" zwischen Körper und Ebene.   g) Ergebnis der Trimmfunktion.

Abbildung 6.30: Grafische Darstellung des Prozesses zur Modellierung der realen Überbaulänge der Fahrbahnplatte.

rung der Fahrbahnplatte auf Basis einer einzigen Querschnittsskizze ausführen lässt. Erfolgte der Sweep des Volumenkörpers anhand von mehreren Querschnitten ($N > 2$), so lässt sich die Überbauendlänge direkt durch die Position der 2D-Profilskizzen definieren, indem eine parametrische Kopplung erfolgt.

Verfahren 2 – parametrische Kopplung: Hierbei ergibt sich die konstruktiv-planerische Länge des Fahrbahnkörpers direkt aus dem Abstand zwischen der Anfangs- und Endprofilskizze. Im Gegensatz zum ersten Verfahren werden hierzu nicht die geometrischen, sondern die parametrischen Eigenschaften der bauwerksstützachsen-spezifischen Hilfsebenen eingesetzt. Dabei wird der Positionsparameter (pos_Skizze) aus der 2D-Anfangs- und Endprofilskizze mit dem entsprechenden Positionsparameter aus der Hilfsebenen zur Positionierung der Bauwerksstützachsenebenen (Teil1:pos_BW-qAchse) gekoppelt, indem die Modellparameter aus der brücken-spezifischen Steuerungsebene als teile-übergreifende Ausdrücke in die Bauteilebene des Fahrbahnplattenbauteil übergeben werden (Schmid, 2008). Anschließend lässt sich die Parameterkopplung in Form eines einfachen Parameterausdruckes herstellen (vgl. Gleichung 6.2). Der wesentliche Vorteil dieses Verfahrens besteht darin, dass sich die Endlängendefinition des Körpers bereits im zweiten Modellierungsschritt umsetzen lässt.

$$posSkizze = Teil1 : PosBW - qAchse + \Delta STW \qquad (6.2)$$

Wie in Tabelle 6.2 dargestellt, besitzen beide Verfahren ihre Vor- und Nachteile, die insbesondere aus der Art der Sweepmethode resultieren. Welches Verfahren anzuwenden ist, ergibt sich aus der gegebenen Modellierungsaufgabe. Beispielsweise sollten die Modellierung eines komplexen

Tabelle 6.2: Vor- und Nachteil eines geometrischen und parametrischen Kopplungsverfahrens zur Modellierung des Überbaumodells.

Geometrische Kopplung		Parametrische Kopplung	
Vorteil	Nachteil	Vorteil	Nachteil
+ Modellierung nicht definierter Bauteillängen	- modellierungstechnisch aufwendiger	+ kein Einsatz von booleschen Operationen	- starke Abhängigkeit zu Steuerungsparametern
+ simpler Erzeugungsprozess	- geeignet für konstante Querschnitte	+ parameter-gestützte Steuerung der Bauteillänge	- Einschränkung in der Trajektionslänge
+ Unterteilung des Trajektionskörpers	- zusätzliche parametrische Hilfsebenen erforderlich	+ Modellierung von komplexen Bauteilformen möglich	- benötigt eine spezielle Trajektionstechnik

Überbauquerschnittes mithilfe des parametrischen Kopplungsverfahrens und die Modellierung der Kappe anhand des geometrischen Kopplungsverfahrens erfolgen.

- Bauteil Kappe

Die Modellierung der Kappen selbst kann entsprechend dem Konzept zur Modellierung der Fahrbahnplatte ausgeführt werden, wobei der Kappenquerschnitt eine geometrische Kopplung zum Fahrbahnplattenquerschnitt besitzen muss. Die hierzu erforderliche geometrische Kopplung sowie die parametrische Kopplung lassen sich mithilfe einer *assoziativen Kopie* zur Fahrbahnplattenskizze herstellen (vgl. Abbildung 6.31). Diese assoziative Verknüpfung kann zudem durch die Anordnung von übergeordneten Modellparametern als eine *bidirektionale* Kopplung zwischen den beiden Bauteilen ausgebildet werden. Geometrische Änderungen lassen sich somit konsistent übertragen.

Eine abschließende Modellierung der Kappenendlängen ist jedoch mithilfe des geometrischen Kopplungsverfahrens noch nicht möglich, da die Kappenendlänge von der Länge des Flügels abhängig ist. Um diesen prozessualen Sprung überbrücken zu können, werden die geometrischen Kopplungselemente zur Modellierung der Kappenendlängen mit in den Prozess zur Modellierung des Flügels integriert. Gemeinsam mit einer teileübergreifenden Verknüpfung ist dies aufgrund der getrennten Modellstruktur zwischen dem Unter- und Überbau möglich.

• Konzept zur Modellierung des Unterbaus

Die Modellierung des Brückenüberbaus bildet den einfacheren Abschnitt zur Modellierung eines *parametrisch-assoziativen* 3D-Brückenmodells, da hierzu häufig eine Trajektion des Überbauquerschnitts bzw. der Überbauquerschnitte entlang der Raumkurve genügt. Im Gegensatz dazu muss zur Modellierung des Unterbaus – insbesondere der Widerlager – eine Vielzahl an geometrischen Modellierungsschritten durchgeführt werden. Diese erhöhte Anzahl an Konstruk-

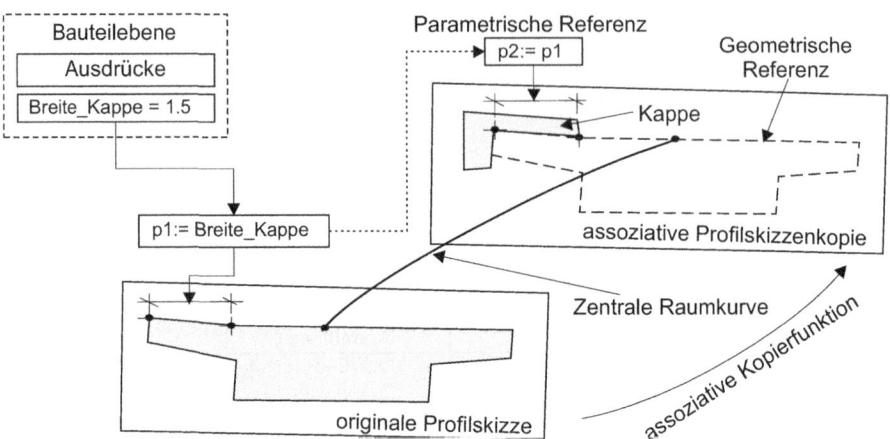

Abbildung 6.31: Grafische Darstellung des assoziativ geometrischen sowie parametrischen Kopplungsprozesses zwischen dem Fahrbahnplattenprofil und dem Kappenprofil zur Modellierung des Kappenbauteils.

tionsschritten führt neben der direkten Abhängigkeit zur Überbaugeometrie zu einer höheren Modellkomplexität.

Aus diesem Grund wurden verschiedene Modellierungstechniken bzw. -konzepte entwickelt, die eine Modellierung der Unterbauten ermöglichen. Hierbei wurden die einzelnen Bauteile (Stirnwand, Flügel, Pfeiler) auf regelmäßig wiederkehrende geometrische Strukturmerkmale analysiert. Beispielsweise werden die Form der Widerlagerstirnwand sowie die Form des Pfeilers von der Art des Tragsystems (eingespannt oder gelagert) bestimmt. Handelt es sich bei dem Brückenbauwerk um ein *integrales* Bauwerk, so lassen sich sowohl die Stirnwand als auch der Pfeiler anhand einer einfachen Körperextrusion bzw. -trajektion modellieren. Hierbei werden die Oberkante des Unterbaukörpers durch den oberen Höhenverlauf des Überbaus und die Unterkante durch die Gründungsebene definiert. In der Regel spiegelt die Gründungsebene eine planare und parallel zur globalen x-y-Ebene ausgerichtete Ebene wider. Erfolgt die Lagerung des Brückenüberbaus als Gelenk, so sind zusätzliche Modellierungsschritte notwendig, mit deren Hilfe sich beispielsweise die Auflagerbank sowie hintere und seitliche Kammerwände im Bereich der Stirnwand konstruieren lassen. Die Modellierung der Lagerkonstruktionen stellt entsprechend der in Abbildung 6.25 dargestellten Modellstruktur ein eigenes Bauteil dar, das im Zuge der Planungsaufgabe entweder als ein einfacher Hüllkörper als „black box" oder als ein sehr detailliertes Modell ausgebildet werden kann.

Im Gegensatz zu den beiden Bauteilen Widerlagerstirnwand und Pfeiler müssen zur Modellierung der Flügel gewisse geometrische Randbedingungen eingehalten werden. Diese konstruktiven Vorgaben sind in der Richtzeichnung für Ingenieurbauten geregelt (RiZ-ING, 2012). In Abhängigkeit der Flügelhöhe und Kappenbreite können zur Konstruktion des Flügels zwei Varianten (vgl. Abbildung 6.32) ausgewählt werden, die sich in der Ausbildung der Flügelenden unterscheiden. Die Modellierung dieser speziellen Flügelformen basiert auf einem Grundkörper, der sich anhand eines profil-basierten Trajektions- oder Extrusionsverfahrens erzeugen lässt. Beispiels-

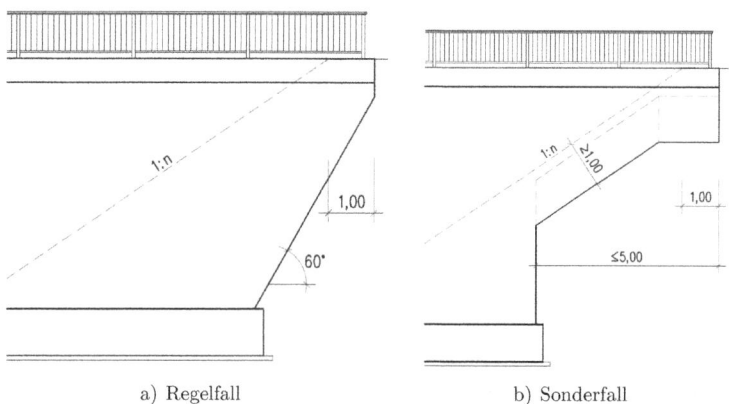

Abbildung 6.32: Darstellung der beiden Varianten zur Konstruktion eines Flügels nach RiZ-ING (2012).

weise lässt sich die Flügelschräge im Regelfall nach RIZ Flue 1 (vgl. Abbildung 6.32a) durch das Feature „Körperfaser" erzeugen. Erfolgt die Ausbildung des Flügels entsprechend der zweiten Variante nach RIZ Flu 2 (vgl. Abbildung 6.32b), so ist zur Modellierung der Flügelschräge eine Vielzahl an Hilfsebenen, Hilfskörpern und Features erforderlich (Wang, 2012). Innerhalb dieser beiden Richtzeichnungen ist aber nicht nur die Ausbildung der Flügelenden, sondern auch die Länge der Flügel und somit der Kappen eindeutig definiert. Darin wird die Endlänge des Flügels und somit die Endlänge der Kappe durch die Position des Schnittpunktes der Geländeböschung mit der Kappenoberkante festgelegt, sodass sich diese geometrische Randbedingung sehr gut zur parametrischen Modellierung der Flügel- bzw. Kappenendlängen einsetzen lässt.

Unter Berücksichtigung dieser geometrischen Randbedingung wurden im Zuge dieser Arbeit ein *querschnittsbezogenes* Modellierungsverfahren und ein *grundrissbezogenes* Modellierungsverfahren erarbeitet, die eine effektive Modellierung der Unterbauten ermöglichen. Beide Verfahren beruhen auf sieben ähnlichen Modellierungsschritten:

1. Schritt: assoziative Kopplung der erforderlichen Steuerungskomponenten
2. Schritt: profilbasierte Konstruktion der Unterbauumrisse
3. Schritt: Trajektion bzw. Translation der 2D-Profilskizze
4. Schritt: Integration von Hilfsebenen/-flächen zur Begrenzung der Bauteilausdehnung
5. Schritt: Einsatz von Booleschen Operationen zur Grundkörpermodellierung
6. Schritt: Ausbildung der Details mithilfe von Feature, Hilfsebenen etc.
7. Schritt: Rekombination der Bauteile, wie z. B. Flügel + Stirnwand

Dieser siebenstufige Prozess ist beispielhaft in Abbildung 6.33 für das querschnittsbezogene Konzept und in Abbildung 6.34 für das grundrissbezogene Konzept dargestellt. Auf eine ausführliche Beschreibung der einzelnen Schritte wird verzichtet, da eine Vielzahl der in diesen Modellierungsschritten eingesetzten Techniken bereits im Abschnitt zur Modellierung des 3D-Trassen-Baugrund-Modells und des 3D-Brückenüberbaumodells erläutert wurde.

Der wesentliche Unterschied zwischen beiden Verfahren liegt in der Genauigkeit zur Modellierung der Umrissgeometrie der Unterbauten. Besitzt beispielsweise die Brücke im Grundriss einen stark gekrümmten Verlauf (R ≤ 1000 m), so müssen die Unterbauten dieser gekrümmten Form entsprechen. Der Einsatz eines *querschnittsbezogenen* Modellierungskonzeptes wird empfohlen. Hierbei wird der Querschnitt des zu erzeugenden Bauteils (Flügel, Stirnwand, Pfeiler) aus dem Querschnitt der Fahrbahnplatte abgeleitet und anschließend entlang der Raumkurven trajektiert. Der obere Höhen- und Lageverlauf der Unterbauten entspricht somit dem Verlauf der Trasse. Ist der geometrische Verlauf der Brücke im Grundriss linear bzw. schwach gekrümmt (R > 1000 m), lässt sich die Modellierung der Unterbauten anhand des zweiten Konzeptes umsetzen. In diesem *grundrissbezogenen* Konzept werden die Umrisse der Unterbauten in einer globalen x-y-Gesamtskizzenebene abgebildet. Diese Art der Skizzenkopplung wird als „Skizze auf Ebene" bezeichnet (vgl. Abbildung 6.34). Anschließend wird das grundrissbezogene Profil in die verschiedenen Bauteilebenen als *assoziative* Kopie gekoppelt, parallel zum globalen z-Achsenvektor extrudiert und mit der aus dem Fahrbahnplattenprofil trajektierten Oberkantenflächenmodell verschnitten. Eine korrekte Abbildung der oberen Unterbauhöhe lässt sich dadurch gewährleisten. Die aus dem querschnittsbezogenen Verfahren resultierende Abweichung vom schwach gekrümmten Trassenverlauf ist in der Praxis vertretbar, da auch in der traditionellen 2D-Planungsmethodik derartige Stichabweichungen toleriert werden.

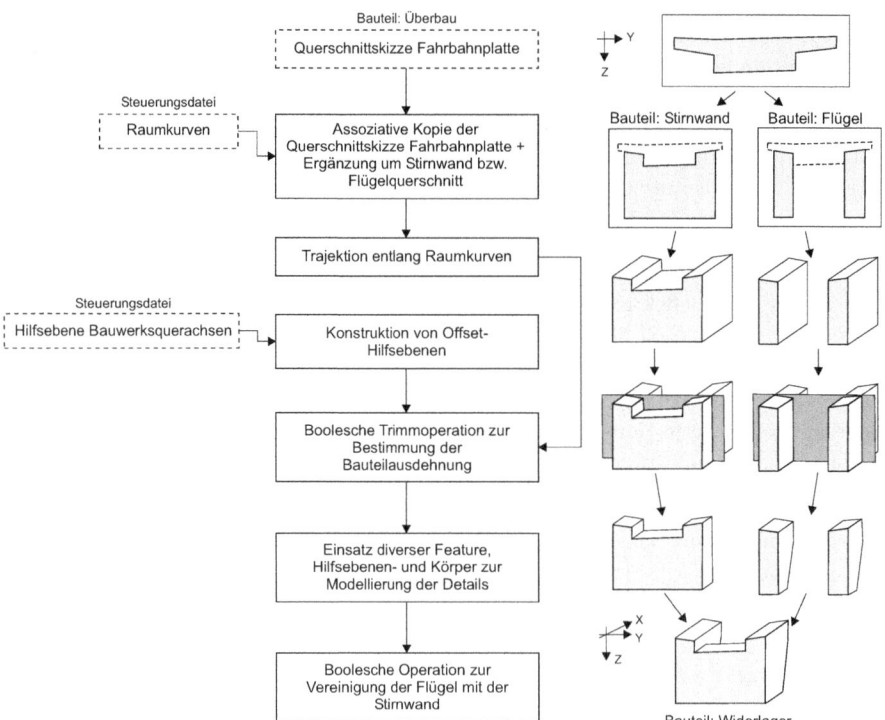

Abbildung 6.33: Sieben Schritte zur Modellierung eines Widerlagerbauteils, bestehend aus Stirnwand und Flügel am Beispiel des querschnittsprofilbasierten Konzeptes.

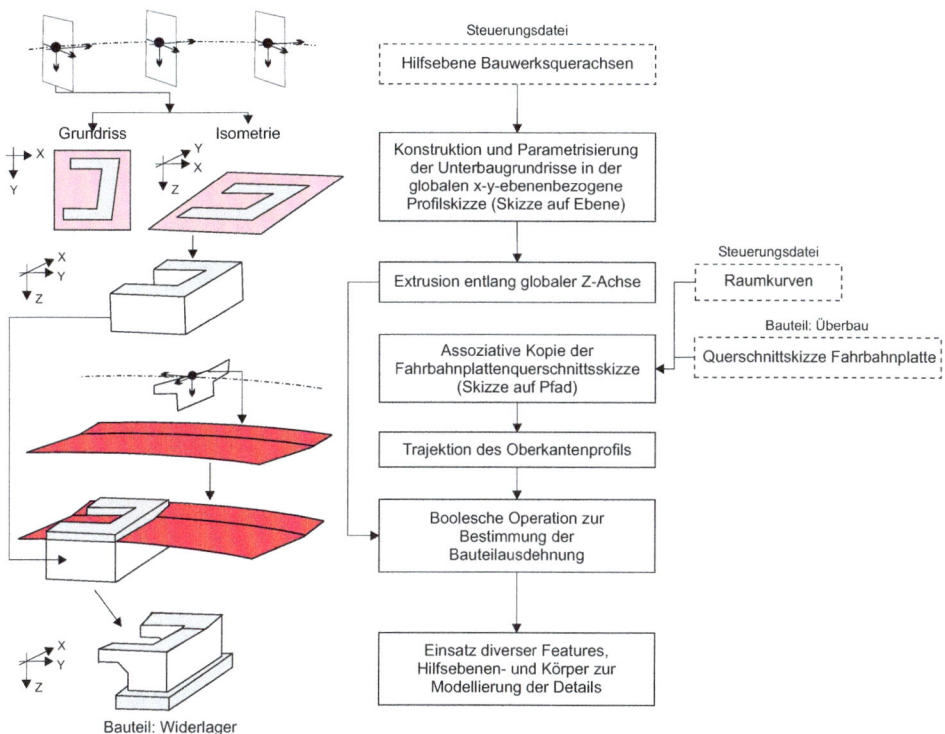

Abbildung 6.34: Sieben Schritte zur Modellierung eines Widerlagerbauteils, bestehend aus Stirnwand und Flügel am Beispiel des grundrissprofilbasierten Konzeptes.

Nachdem das Unterbaumodell konstruiert wurde, müssen die Flügellängen an die eingangs erwähnten geometrischen Randbedingungen angepasst werden (vgl. Abbildung 6.32). In einem parametrischen System lassen sich diese geometrische Vorgaben abbilden, indem der Böschungsverlauf (Grenzfläche der Trasse G_{FT}) aus dem 3D-Trasssen-Baugrund-Modell (vgl. Abschnitt 6.2.2) in Form einer *teileübergreifenden Kopie* in das Bauteil „Kappe" gekoppelt wird. Anschließend lässt sich die gemeinsame Schnittlinie zwischen dem Kappenbauteil und der Grenzfläche G_{FT} ermitteln, indem die gemeinsame Schnittlinie zwischen der Grenzfläche G_{FT} und der oberen Kappenfläche erzeugt wird (Wang, 2012). Auf Basis dieser Schnittkonstruktion können die Endlänge der Kappe und die Endlängen des Flügels unter Berücksichtigung der Abstandsregel (vgl. Abb 6.32) konstruiert werden.

- Bauteil Gründung

Die Modellierung der Gründungsbauteile (Pfähle, Spundwände oder Fundamente) kann mithilfe der zuvor beschriebenen Konzepte erfolgen, wobei diese Bauteile keine komplexe Geometrie besitzen (vgl. Abbildung 6.35).

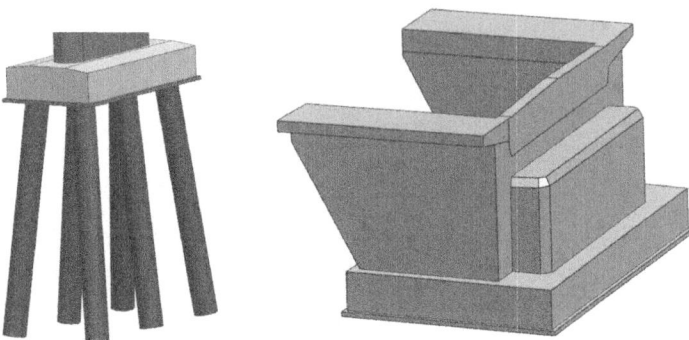

a) 3D-Modell einer Pfahlkopfplattengründung unter einem Pfeiler
b) 3D-Modell einer Flachgründung unter einem Widerlager

Abbildung 6.35: Pfahl- und Flachgründung eines Brückenbauwerks.

6.3 Zusammenfassung

Nachdem im Kapitel 5 verschiedene Modellierungsgrundlagen zur Definition eines Modellierungsleitfadens vorgestellt wurden, erfolgte in diesem Kapitel eine Anpassung der Modellierungsgrundlagen, sodass die Modellierung eines *parametrisch-assoziativen* Infrastrukturmodells möglich ist. Hierzu wurden am Anfang des Kapitels eine Unterteilung des PIM-Modells in kleinere Teil-Modelle vorgestellt und es wurden deren Konstruktionskomplexität beschrieben. Daran anschließend erfolgte eine Definition verschiedener Modellierungskonzepte, mit deren Hilfe sich die drei identifizierten Teil-Modelle 3D-Trassen-Baugrund-Modell, 3D-Baugrubenmodelle und 3D-Bauwerksmodelle automatisiert oder manuell erzeugen lassen. Hierbei wurden verschiedene geometrische Komponenten zur trassenbezogenen Steuerung der einzelnen Teil-Modelle vorgestellt, die eine durchgängige sowie integrierte Planung des *PIM-Modells* ermöglichen.

Unter Berücksichtigung dieser Komponenten erfolgt im darauf folgenden Abschnitt eine ausführliche Beschreibung eines Konstruktionskonzeptes zur automatisierten Erzeugung eines 3D-Trassen-Baugrund-Modells, indem Daten aus der bestehenden Trassen- und Baugrundplanung verwendet wurden. Im nächsten Abschnitt wurden verschiedene Ansätze zur *manuellen* bzw. *automatisierten* Konstruktion von 3D-Baugruben- und 3D-Baugrubenverbaumodellen überblicksmäßig vorgestellt, bevor im letzten Abschnitt des Kapitels ein manueller Modellierungsansatz vorgestellt wurde, mit dessen Hilfe sich die Modellierung eines 3D-Bauwerksmodells am Beispiel eines 3D-Brückenmodells durchführen lässt. Dabei wurde zur Umsetzung des 3D-Brückenmodells ein neu entwickelter Top-down-kombinierter Bottom-up-Ansatzes eingesetzt, mit dessen Hilfe die Modellierung des 3D-Brückenmodells auf Basis von 3 Trassenraumkurven aus dem 3D-Trassen-Baugrund-Modell erfolgte. Erst durch diese Kopplung lassen sich Änderungen aus der Trassenplanung konsistent im 3D-Brückenmodell berücksichtigen. Eine Übertragung dieses Modellierungskonzeptes auf andere infrastruktur-spezifische Bauwerke, z. B. eine Tunnelröhre (vgl. Abbildung 6.36) oder erdstabilisierende Stützbauwerke, ist möglich, da sich hierzu das allge-

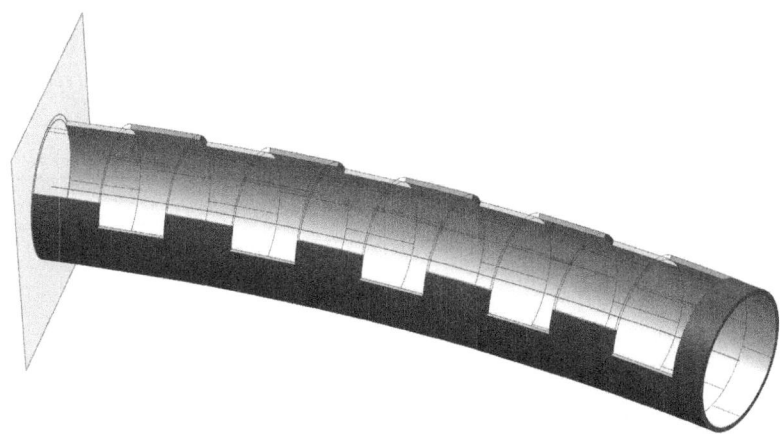

Abbildung 6.36: 3D-Tunnelmodell einer aus Tübbing-Segmenten zusammengesetzten Tunnelröhre, die auf Basis des raumkurven-bezogenen Modellierungskozeptes erstellt wurde.

meine Modellierungskonzept auf Basis von Raumkurven und Hilfsebenen im Wesentlichen nicht ändert.

Um eine Aussage über die Einsatzfähigkeit dieser Konzepte sowie der einzelnen Modellierungsansätze erhalten zu können, wurden die Konzepte im Zuge dieser Arbeit sowie in verschiedenen Abschlussarbeiten (Wang, 2012; Fiermonte, 2013; Römer, 2013; Ji, 2014) ausführlich validiert. Im folgenden Kapitel werden einige dieser Ergebnisse präsentiert.

Kapitel 7

Anwendungsbeispiele aus der Praxis

Im Folgenden soll eine Validierung der in Kapitel 5 und 6 definierten Konzepte vorgestellt werden, indem deren Anwendung anhand von Beispielen aus der Praxis überprüft wird. Der hierzu geführte Validierungsablauf ist wie folgt aufgebaut. Im ersten Abschnitt wird das Konzept zur automatisierten Modellierung eines 3D-Trassen-Baugrund-Modells vorgestellt. Daran anschließend erfolgt eine Überprüfung des in Abschnitt 2.3.2 vorgestellten geomechanischen Analyseprozesses, indem das Konzept zur digitalen Integration von Trassenprofilen und Baugrunddaten angewandt wird. Am Ende des ersten Abschnittes 7.1 wird der in Abschnitt 6.2.4 beschriebene Leitfaden zur Modellierung eines Brückenbauwerks und der Rekombination des 3D-Brückenmodells sowie des 3D-Trassen-Baugrundmodells zu einem *parametrisch-assoziativen Infrastrukturinformationsmodells* validiert[1]. Im zweiten Abschnitt des Kapitels wird die neu entwickelte Methode zur direkten Freiheitsgradanalyse am Beispiel eines Rettungsschachtes vorgestellt.

7.1 Validierung des infrastruktur-spezifischen Modellierungsleitfadens am Beispiel einer Straßentrasse

Bei der untersuchten Straßenbaumaßnahme handelt es sich um ein ca. 10 km langes Teilstück einer vierspurigen Bundesstraße, die im Zuge eines Netzausbaus neu errichtet wurde. Der hierzu geplante Regelquerschnitt (RQ 26) besitzt eine Gesamtbreite von ca. 25,5 m und verläuft kreuzungsfrei entlang zahlreicher bestehender Straßen, Flüsse und Täler. Zur Gewährleistung des kreuzungsfreien Verlaufes wurden neben 30 Einschnitts- und Dammbauwerken 15 Ingenieurbauwerke mit einer Spannweite von 7 m bis 113 m erforderlich, sodass sich diese Baumaßnahme sehr gut zur Validierung des in Kapitel 5 und 6 vorgestellten Modellierungsleitfadens eignet. Die Ergebnisse des Validierungsprozesses sind nachfolgend dargestellt, wobei zur Vereinfachung des Prozesses die Validierung in die drei Bereiche automatisiert integrierte 3D-Trassen-Baugrund-Modellierung, geomechanische Strukturanalyse und 3D-Brückenmodellierung unterteilt wird.

---

[1] Teile der in diesem Kapitel vorgestellten Textpassagen wurden bereits von Baumgärtel et al. (2011) und Obergriesser et al. (2011) publiziert.

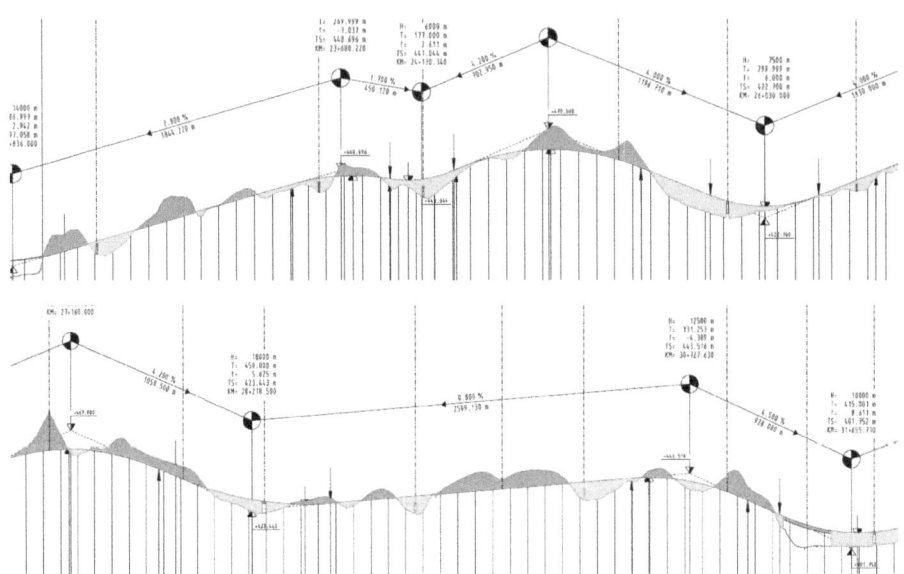

Abbildung 7.1: Höhenplan der 10 km langen Infrastrukturmaßnahme mit Verlauf der Gradiente sowie farblichen Andeutung der Einschnittsbereiche (grün) und Dammbereiche (braun).

7.1.1 Konzept zur automatisierten 3D-Trassen-Baugrundmodellierung

Zur automatisierten Erstellung des 3D-Trassen-Baugrund-Modells wurden folgende Eingangsdaten aus der Trassen- und Baugrundplanung (vgl. Abbildung 7.2) in Form einer LandXML- bzw. GroundXML-Datei angefordert:

– Verlauf der Trasse in Form von Achsabsteckpunkten (x-,y-,z-Koordinaten);
– Querprofilpläne der Trasse inkl. des Verlaufes der Baugrundschichten;
– semantische Baugrundinformationen.

Auf Grundlage dieser Daten konnte mit der automatisierten Modellierung des 10 km langen Trassenbeispiels begonnen werden. Wie bereits in Abschnitt 5.3.2 erwähnt, lässt sich hierzu eine CAD-spezifische Schnittstelle (API) einsetzen, sodass im Zuge dieser Arbeit eine prototypenhafte Entwicklung der API „InfraGeo2NX" erfolgte. Die Umsetzung der Schnittstelle basiert auf den in Abschnitt 6.2.1 und 6.2.2 vorgestellten Modellierungsansätzen, die in Form einer C#-Syntax integriert wurden.

Aufgabe der API ist es, dem Anwender eine CAD-spezifische Integrationsplattform zur Verfügung zu stellen, mit deren Hilfe trassen- und baugrund-bezogene Daten aus der LandXML-Datei bzw. GroundXML-Datei interpretiert und anschließend in das CAD-System integriert werden können. In einem ersten Schritt wurden hierzu die Achsabsteckpunkte des linken und rechten Randes der Trasse sowie der Mittelachse der Trasse (vgl. Abschnitt 6.2.1) in das CAD-System eingelesen. Anschließend erfolgte eine Rekonstruktion der drei Trassenachsen, indem

Validierung des infrastruktur-spezifischen Modellierungsleitfadens 195

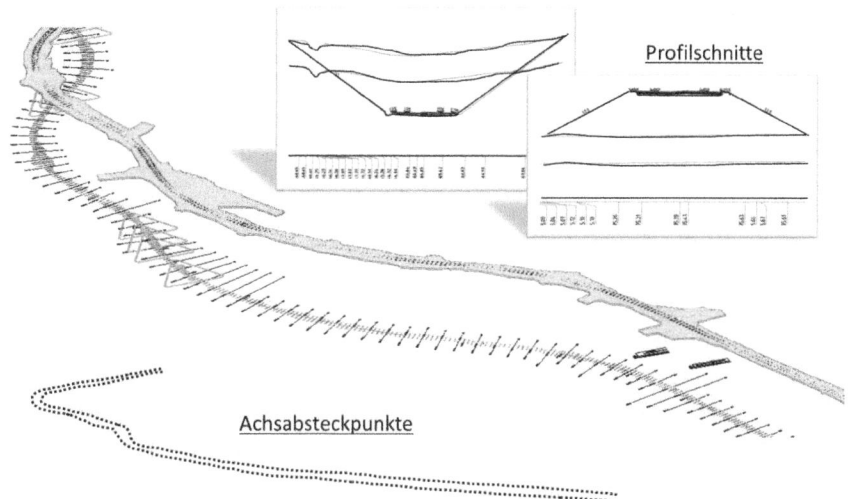

Abbildung 7.2: Ausschnitt einer räumlichen Trassenplanung, die sich aus den implizit konstruierten Trassendaten ergibt (Bild oben: digitales Geländemodell und Schichtenmodell sowie Anordnung der Querprofilschnitte; Bild unten: Verlauf der Trassenachse in der Draufsicht).

aus den Stützpunkten eine B-Spline-Kurve mit einem Polynomgrad von p = 5 (vgl. Abschnitt 3.1.1.2) erzeugt wurde. Im nächsten Integrationsschritt wurden entlang der drei stetig verlaufenden Raumkurven die verschiedenen 2D-Trassenprofilschnitte angeordnet, sodass sich aus den drei Raumkurven sowie den 145 Profilschnitten ein Skelett des zu modellierenden 3D-Trassen-Baugrund-Modells ergab (vgl. Abbildung 7.3). Anschließend erfolgte die automatisierte Modellierung der Damm-, Einschnitts- und Baugrundkörper, indem die geometrischen Daten aus dem Skelett des 3D-Trassen-Baugrund-Modells zusammen mit in Abschnitt 6.2.2 beschriebene Konstruktionsansatz eingesetzt wurde. Auf eine ausführliche Beschreibung der einzelnen Konstruktionsschritte wird verzichtet, sodass in Abbildung 7.4 nur das Endergebnis des automatisierten Modellierungsprozesses dargestellt wird.

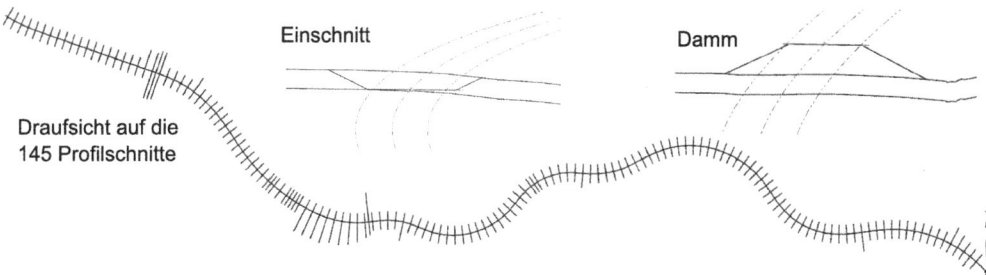

Abbildung 7.3: Skelett des 10 km langen 3D-Trassen-Baugrund-Modells, das sich aus den drei Raumkurven sowie 145 Profilschnitten zusammensetzt.

- **Ergebnis des Validierungsprozesses**

Mithilfe dieses automatisierten Konstruktionsansatzes konnte eine schnelle Modellierung des 3D-Trassen-Baugrund-Modells durchgeführt werden. Um eine Aussage über die Qualität und Effektivität des Konzeptes zu erhalten, wurde der automatisierte Konstruktionsprozess mehrmals wiederholt und das 3D-Trassen-Baugrund-Modell wurde einmalig manuell generiert. Die hierzu erforderlichen Konstruktionszeiten wurden aufgezeichnet und zusammen mit zwei weiteren Beispielen aus der Praxis (vgl. Abbildung 7.5a und Abbildung 7.5b) in der Tabelle 7.1 zusammengefasst. Hierbei konnten folgende Merkmale festgestellt werden:

1. Das Konzept weist ein stabiles Laufzeitverhalten auf.
2. Die automatisiert generierten Modelle besitzen identische Strukturen.
3. Die Modellierung von großräumigen Trassenbauwerken ist möglich.
4. Eine visuelle Kontrolle von tragfähigen Schichten im Bereich der Trassengründung lässt sich durchführen (vgl. Abbildung 7.5a).
5. Die erforderlichen Konstruktionszeiten sind um ein Vielfaches geringer als bei einer manuellen Konstruktion.

Insbesondere die sehr geringen Konstruktionszeiten stellen einen wesentlichen Vorteil des automatisierten Konstruktionsansatzes gegenüber einer manuellen Eingabe dar. Konstrukteure können sich somit gezielter auf die Bearbeitung von wesentlichen und komplexen Planungsaufgaben konzentrieren, ohne dabei auf die Berücksichtigung von Basisinformationen verzichten zu müssen. Eine Steigerung der Planungsqualität und der Wirtschaftlichkeit des Planungsprozesses ist die Folge.

Anhand Tabelle 7.1 kann zudem erkannt werden, dass die Konstruktionszeiten bei der Wiederholung des automatisierten Konstruktionsprozesses nur geringfügig abweichen, was auf ein

Abbildung 7.4: Abbildung des 10 km langen 3D-Trassen-Baugrund-Modells, das mithilfe des automatisierten Konstruktionssystems InfraGeo2NX im CAD-System Siemens NX erzeugt wurde.

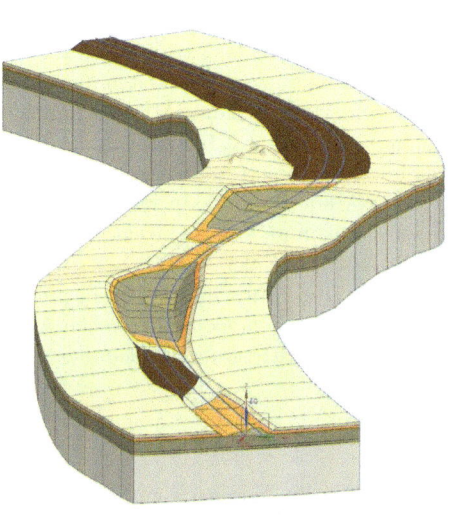 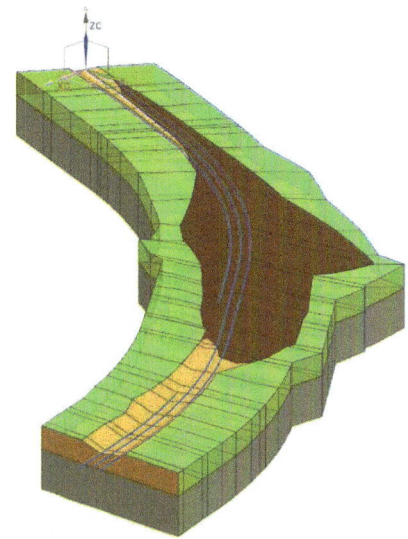

a) Praxisbeispiel 2 einer 1,8 km langen Bundesstraße, anhand der die verschiedenen Baugrundschichten im Bereich der Einschnitte erkannt werden können

b) Praxisbeispiel 3 einer 450 m langen Staatsstraße, in der ein hohes Dammbauwerk konstruiert ist

Abbildung 7.5: Weitere Praxisbeispiele zur Validierung des automatisierten Konstruktionsprozesses.

Tabelle 7.1: Modellierungszeiten bei der Anwendung eines manuellen sowie automatisierten Konstruktionsprozesses.

Praxisbeispiel	Wieder-holungsrate	Dauer [m : s] automatisierter Prozess	Dauer [m : s] manueller Prozess
1 L= 10 km, 145 Profile	1	7 min 40 sec	810 min
	2	7 min 42 sec	
	3	7 min 42 sec	
2 L= 1,8 km, 48 Profile	1	4 min 08 sec	445 min
	2	3 min 48 sec	
	3	3 min 51 sec	
3 L= 450 m, 36 Profile	1	2 min 59 sec	255 min
	2	2 min 48 sec	
	3	2 min 49 sec	

stabiles System bzw. auf ein geeignetes Konstruktionskonzept hinweist. Somit wurde ein digitales Werkzeug geschaffen, das eine Generierung eines 3D-Trassen-Baugrund-Modells auf Basis von traditionellen Daten aus der Trassenplanung erlaubt. Dieses 3D-Modell bildet die Grundlage zur Umsetzung eines Infrastrukturmodells sowie der Anbindung von modernen Planungs- und Simulationsprozessen, wie sie beispielsweise von Borrmann et al. (2011), Ji (2014) und Wimmer (2014) vorgestellt wurden.

7.1.2 Konzept zur geomechanischen Profilanalyse

Mithilfe desselben Praxisbeispiels erfolgte die Validierung des Konzeptes zur digitalen Integration von geomechanischen Analyseprofilen. Hierzu wurden die geometrischen Daten aus den 145 Profilquerschnitten mithilfe der geo-spezifischen Datenschnittstelle LandXML zusammen mit den geomechanischen Eigenschaften des Baugrunds aus der GroundXML-Datei in das System eingelesen. Die Kopplung der geomechanischen Daten mit den geometrischen Daten erfolgte mithilfe der eindeutigen Schicht-ID (vgl. Abschnitt 2.3.1). Nachdem innerhalb weniger Sekunden die 145 Profilquerschnitte in die Software integriert wurden, konnte mit der eigentlichen geomechanischen Analyse begonnen werden. Da nicht jeder Profilschnitt einer Analyse bedarf, wurden in einem vorgelagerten Arbeitsprozess signifikante Profile (tiefe Einschnittsbereiche bzw. hohe Dammaufschüttungen) visuell ausgewählt und zur anschließenden geomechanischen Analyse freigegeben. In Abbildung 7.6 werden diese einzelnen Arbeitsschritte grafisch zusammengefasst.

- **Ergebnis des Validierungsprozesses**

Die Aufbereitung von geometrischen und semantischen Randbedingungen zur Durchführung einer geomechanischen Analyse sowie deren manuelle Eingabe im System sind zeitintensive Auf-

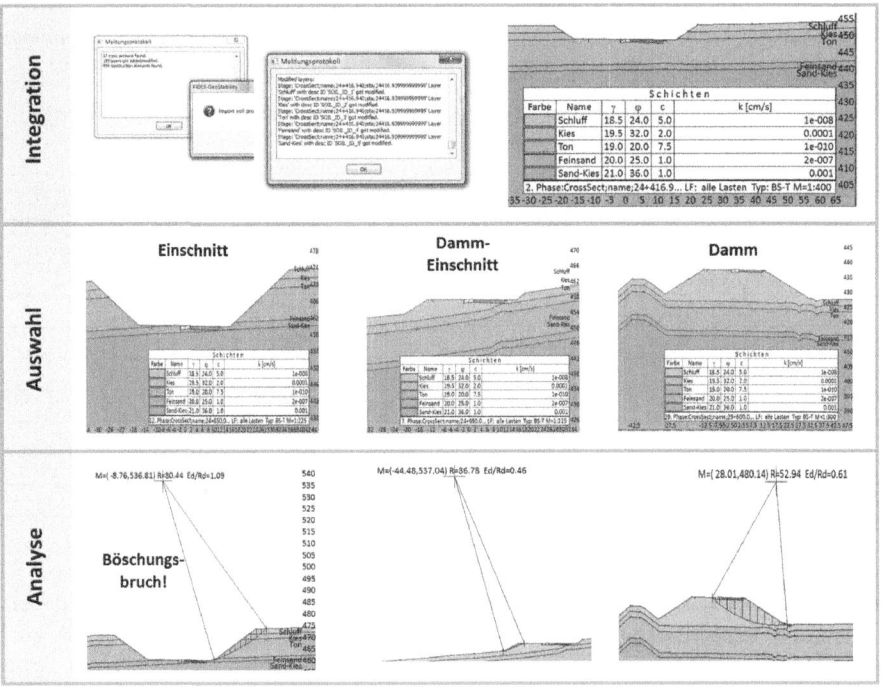

Abbildung 7.6: Ablauf des Prozesses zur digitalen Integration der Trassenprofile mit anschließender geomechanischen Analyse kritische Profilbereiche.

Abbildung 7.7: Foto eines in der Praxis aufgetretenen Böschungsbruches in einem Einschnittbereich des Validierungsbeispiels (eigene Darstellung).

gaben (vgl. Abschnitt 2.1). Aus diesem Grund wurde zur schnellen und fehlerfreien Integration der erforderlichen Grunddaten aus der Trassen- und Baugrundplanung eine LandXML- und GroundXML-basierte Schnittstelle entwickelt. Wurden im traditionellen Planungsprozess mehrere Minuten für die manuelle Eingabe eines einzigen Profilschnittes benötigt, so lässt sich dieser nun in wenigen Sekunden in das System integrieren. Die dadurch gewonnene Zeit erlaubt es dem Tragwerksplaner, sich verstärkt auf die eigentliche Strukturanalyse sowie deren Lösung zu konzentrieren. Auch eine Betrachtung mehrerer signifikanter Profilschnitte ist zeitlich möglich, was eine Reduzierung von grundlegenden Fehlern während der Entwurfs- und Ausführungsplanung bewirkt. Beispielsweise ergab die Analyse des zuvor beschriebenen Praxisbeispiels, dass unter Beibehaltung einer standardmäßig angeordneten Böschungsneigung von 1:1,5 ein Böschungsbruch in der Trassenstationierung 24+850 auftritt (vgl. Abbildung 7.6). Da in der Praxis keine ausführliche Untersuchung der Trasse erfolgte, stellte sich der identifizierte Böschungsbruch in der Praxis tatsächlich ein (vgl. Abbildung 7.7).

7.1.3 Konzept zur 3D-Brückenbauwerksmodellierung

Wie bereits in Kapitel 2 erwähnt, erfolgt die planerische Umsetzung von Ingenieurbauwerken in der Regel immer noch in Form von zweidimensionalen Schnitten und Ansichten. Speziell im Bereich des Brückenbaus verursacht diese Planungsmethodik immer häufiger unwirtschaftliche Ergebnisse. Der Einsatz eines ganzheitlichen und dreidimensionalen Modellierungskonzeptes ist daher zwingend erforderlich, da sich erst dadurch eine planungseffizientere und wirtschaftlichere Projektabwicklung realisieren lässt. In den nachfolgenden Absätzen soll daher der in Kapitel 6 beschriebene brücken-spezifische Modellierungsleitfaden validiert werden und es soll untersucht werden, inwieweit er sich zur planerischen Umsetzung eines trassengebundenen Infrastrukturbauwerks einsetzen lässt.

- **Geometrische Randbedingungen**

Bei dem zu modellierenden Brückenbauwerk handelt es sich um eine zweifeldrig gelenkig gelagerte Plattenbalkenbrücke mit Durchlaufwirkung, welche auf Großbohrpfählen mit einem Durchmesser von 75 cm und einer Länge zwischen 8 und 10 m gegründet wurde (vgl. Abbildung 7.8). Zur Einhaltung der Pfahlmindestabstände (> 3mal den Durchmesser) werden die Bohrpfähle im Bereich der Pfeilerachse mit einer Neigung von 10:1 angeordnet. Unter den Widerlagern ist eine Neigung der Pfähle nicht erforderlich, sodass diese vertikal ausgebildet werden können. Der Überbauquerschnitt setzt sich je Feld aus zwei im nachträglichen Verbund vorgespannten Fertigteilträgern (FT-Träger) mit anschließender Ortbetonergänzung zusammen. Die Form der vier FT-Träger stellt einen klassischen Plattenbalken (FT-PlaBa) dar und besitzt eine Einzelstützweite von ca. 21,5 m. Somit ergibt sich eine Gesamtspannweite des Brückenbauwerks von ca. 43 m. Die schwimmende Lagerung des 6,5 m breiten Überbaues, erfolgt durch sechs allseits bewegliche Elastomerlager, die im Bereich der Widerlager und des Pfeilers angeordnet werden. Die Stirn- bzw. Flügelwände des Brückenbauwerks besitzen eine Wandstärke von 1,25 m bzw. 0,8 m und werden direkt an die Bohrpfähle ohne Pfahlkopfplatte angeschlossen, was zu einer

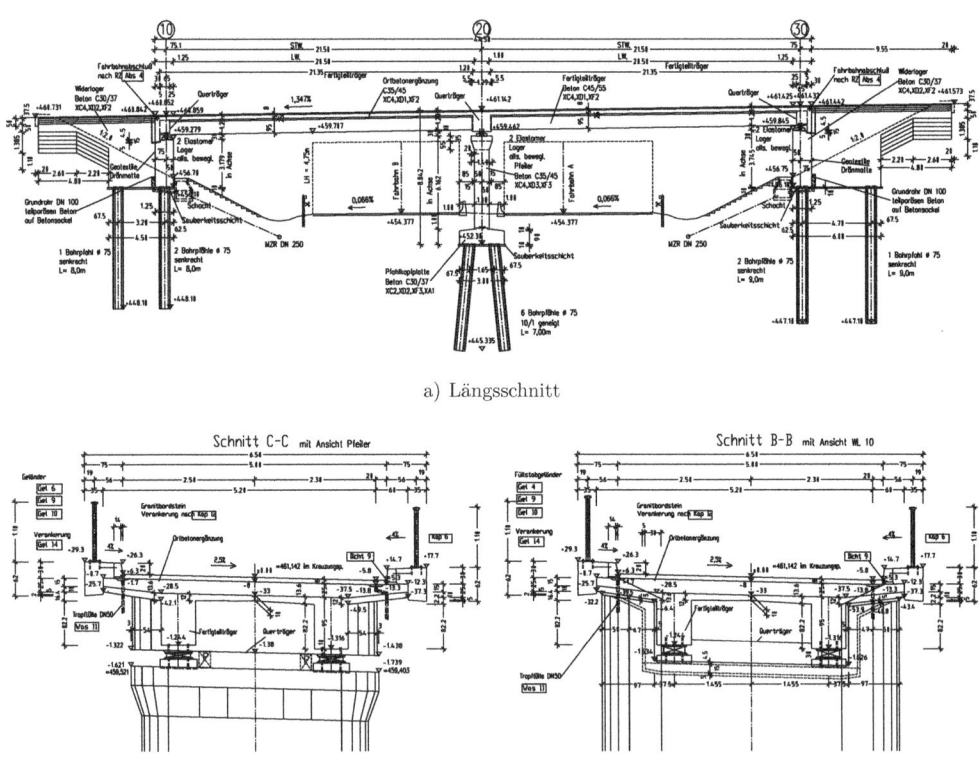

a) Längsschnitt

b) Querschnitte

Abbildung 7.8: Geometrische Daten des Brückenbauwerks, entnommen aus dem Bauwerksentwurfsplan (freigegeben durch IB Uschner+Obergrießer).

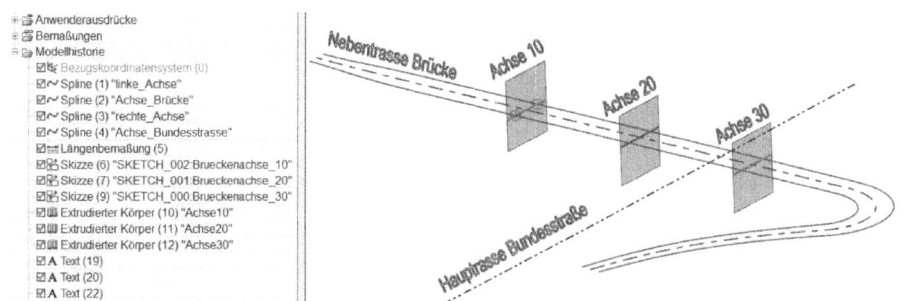

Abbildung 7.9: Modellstruktur der brücken-spezifischen Steuerungsdatei inklusive Raumkurven der Haupt- und Nebentrasse, anhand der die Lagerachsen des Brückenbauwerks gekoppelt sind.

Reduzierung der Kosten führt. Die Gründung des 1 m breiten Mittelpfeilers erfolgt mithilfe einer 3 m breiten Pfahlkopfplatte, die zur Anbindung des gespreizten Pfahlbockes erforderlich ist. Zusätzlich zu diesen bauwerksbezogenen Randbedingungen wurde der Verlauf der Trasse benötigt, da sich erst dadurch eine trassengebundene Modellierung des 3D-Brückenbauwerks gewährleisten lässt.

Die Integration dieses Trassenverlaufs erfolgte auf Basis der im 3D-Trassen-Baugrund-Modell generierten Raumkurven (vgl. Abschnitt 7.1.1), indem diese dateiübergreifend in die brücken-spezifische Steuerungsdatei des 3D-Brückenmodells gekoppelt wurden. Da es sich bei dem Brückenbauwerk um eine Überführung der integrierten Raumkurven aus der Hauptrasse handelt, musste eine zusätzliche Integration der Raumkurven aus der Nebentrasse durchgeführt werden. Hierzu wurde eine spezielle Importfunktion aus der API „InfraGeo2NX" eingesetzt, mit deren Hilfe sich ausschließlich Raumkurven in das System übertragen lassen. Nach Abschluss des Vorgangs erfolgte die geometrische Konstruktion der Brückenstützachsen (Achse 10 + 20 + 30), indem diese *parametrisch-assoziativ* an die Raumkurve der Nebentrasse angehängt wurden (vgl. Abbildung 7.9).

Im nächsten Arbeitsschritt erfolgte die Modellierung der einzelnen Brückenbauteile, indem der in Kapitel 6 beschriebene Modellierungsleitfaden zur Anwendung kam. Dieser sieht vor, das 3D-Brückenmodell in die Hauptbaugruppe Brücke[2] und diese wiederum in die beiden Unterbaugruppen Überbau und Unterbau zu unterteilen. Diese beiden Unterbaugruppen werden während des Modellierungsvorgangs feiner unterteilt (vgl. Abschnitt 6.2.4), indem weitere Komponenten (Bauteile) in die bestehende Modellierungsstruktur eingefügt wurden.

- Modellierung des Brückenüberbaus

Zur Modellierung des Überbaus wurde eine Skizze auf Pfad angelegt, die assoziativ an die mittlere Raumkurve der Trasse gekoppelt ist und innerhalb deren die geometrische Querschnittsform des zweistegigen Plattenbalkens abgebildet wurde. Außerdem wurde die Profilskizze an die beiden äußeren Raumkurven gekoppelt, indem die Schnittpunkte zwischen der Skizzenebene und

---

[2]Die Wurzel Brücke, entspricht der brücken-spezifischen Steuerungsdatei.

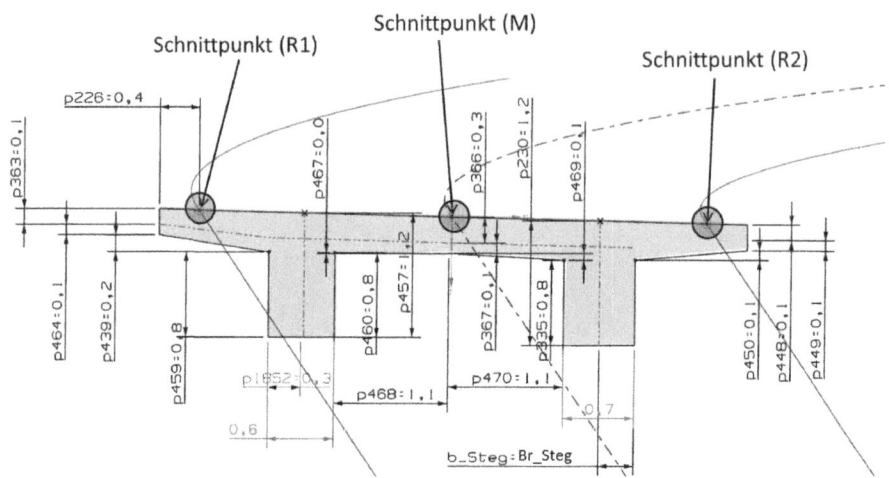

Abbildung 7.10: Parametrisierte Querschnittsskizze des Brückenüberbaus.

den beiden äußeren Raumkurven ermittelt wurden und dieser Schnittpunkt mithilfe eines geometrischen oder parametrischen Kopplungsverfahrens in den Querschnitt integriert wurde (vgl. Abbildung 7.9). Erst dadurch lässt sich ein korrekter Verlauf des Überbaumodells entsprechend dem Verlaufs der Tasse sicherstellen.

Die Parametrisierung und somit Modifizierbarkeit dieses Querschnittes erfolgte durch den Einsatz von dimensionalen bzw. logischen Constraints. Beispielsweise wurden zur parametrischen Steuerung der Querschnittsform 19 dimensionale Constraints eingesetzt. Ergaben sich aus der geometrischen Aufgabenstellung rechtwinklige, parallele oder kollineare Randbedingungen, so wurden diese als logische Constraints in die Skizze integriert. Der Parametrisierungsprozess wurde beendet, nachdem mithilfe der direkten Freiheitsgradanalyse ein parametrisch *voll-bestimmtes* System (vgl. Abschnitt 4.3.3) festgestellt werden konnte.

Im nächsten Schritt erfolgte eine Extrusion des *assoziativ-gekoppelten* sowie parametrisierten PlaBa-Querschnittes. Da der Brückenquerschnitt eine konstante Form über den gesamten Brückenverlauf aufweist, konnte dieser Schritt anhand eines einzigen Querschnittprofiles durchgeführt werden (vgl. Abschnitt 6.2.4). Hierzu wurde die Querschnittsskizze entlang der drei Raumkurven trajektiert, indem eine einfache Translation des 2D-Querschnittes erfolgte (vgl. Abbildung 7.11).

Nachdem der einfache Überbaukörper erzeugt wurde, erfolgte die Anpassung des Körpers auf seine wahre Länge. Hierzu wurde eine assoziativ-gekoppelte Bezugsebene in einem Abstand von 0,75 m zur Achsebene 10 bzw. 30 aus der brücken-spezifischen Steuerungsdatei definiert (vgl. Abbildung 7.12). Anschließend konnte mithilfe dieser beiden Bezugsebenen die tatsächliche Länge des Überbaukörpers hergestellt werden, indem die Boolesche Operation „Trimmen" durchgeführt wurde. In einem analogen Modellierungsprozess konnten die Körper für die Kappen sowie der Querbalken erzeugt werden (vgl. Abbildung 7.13).

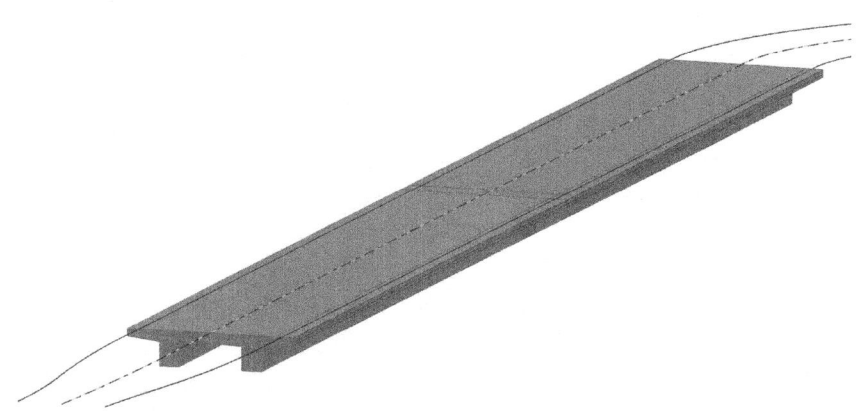

Abbildung 7.11: Extrudierter Körper des Brückenüberbaus.

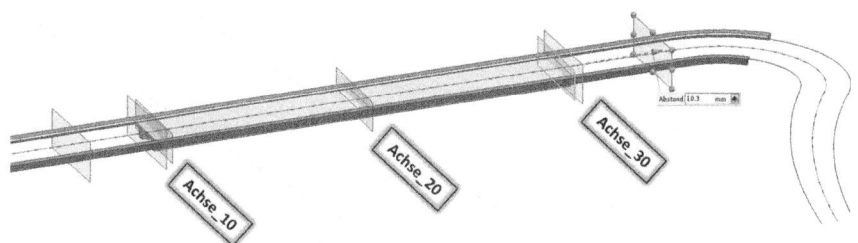

Abbildung 7.12: Achsbezogen getrimmter Überbaukörper der Beispielbrücke.

- Modellierung des Unterbaus

Nach Abschluss der Überbaumodellierung erfolgte die Umsetzung des Unterbaus (Widerlager, Pfeiler, Gründung, Lager usw.), indem das *querschnitts-bezogene* Modellierungskonzept aus Abschnitt 6.2.4 eingesetzt wurde. Entsprechend dem Konzeptablauf wurden die Querschnittsform des Flügels sowie der Stirnwand aus dem Überbauquerschnitt abgeleitet (vgl. Abbildung 7.14a und b). Anschließend wurden die beiden Skizzen entlang der Raumkurven zu einem Volumenkörper trajektiert und mithilfe von *parametrisch-assoziativen* Bezugsebenen in Abhängigkeit der Brückenstützachsen auf die korrekte Bauteilausdehnung gekürzt (vgl. Abbildung 7.14c und d). Nachdem dieser Vorgang abgeschlossen war, erfolgte die Detailausbildung der Flügel entsprechend der geometrischen Vorgaben aus der Richtzeichnung Flü 1, Bild 2 (RiZ-ING, 2012). Zur Modellierung der hinterschnittenen und auskragenden Flügelkonstruktion wurde eine Reihe von *parametrisch-assoziativen* Bezugsebenen und Modellierungsfeatures (Fase, Rundung etc.) eingesetzt. Einige dieser Hilfskonstruktionen werden in Abbildung 7.14a dargestellt. Eine ausführliche Beschreibung zur Modellierung der Bohrpfähle kann Baumgärtel et al. (2011) und Obergriesser et al. (2011) entnommen werden.

Am Ende des Modellierungsprozesses ergibt sich ein *parametrisch-assoziatives* Brückenmodell, das durch eine Modifikation der Modellparameter oder der geometrischen Elemente aus der

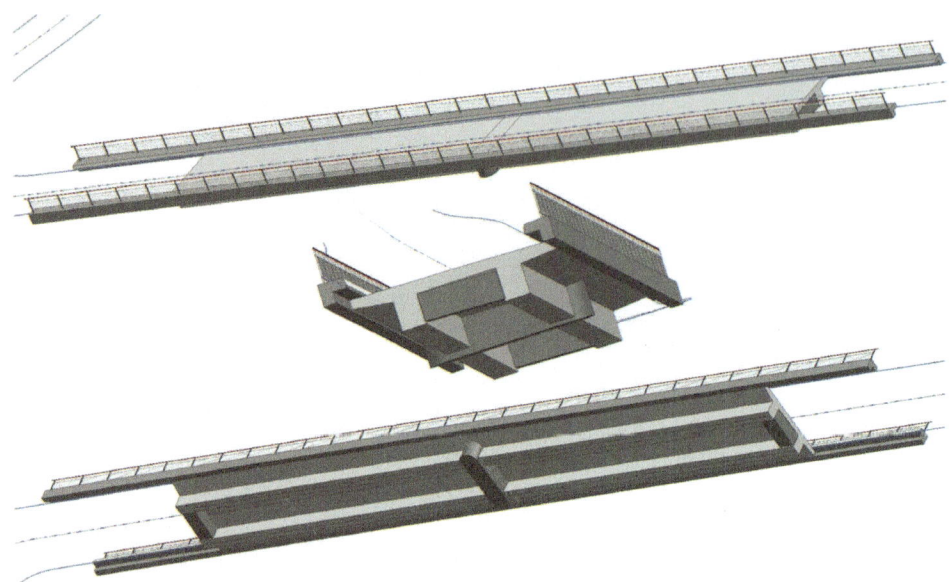

Abbildung 7.13: Vollständiges Modell des Brückenüberbaus.

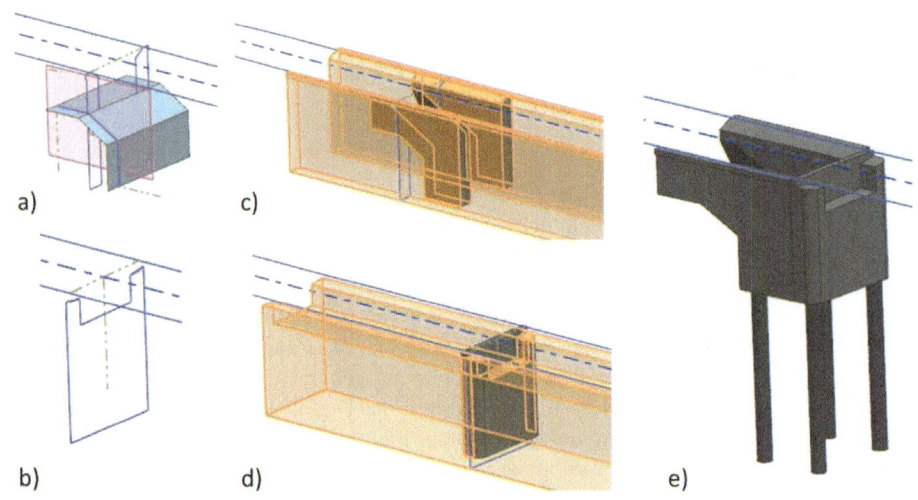

Abbildung 7.14: Geometrische Konstruktionsgrundlagen zur Modellierung des Brückenwiderlagers Achse 10; a) Profilskizze des Flügels sowie diverse Bezugsebenen zur Ausbildung der Flügeldetails; b) Profilskizze der Widerlagerstirnwand; c) trajektierter Hilfskörper (orange bzw. schwarz-weiß) des Flügelkörpers; d) trajektierter Hilfskörper (orange bzw. schwarz-weiß) der Widerlagerstirnwand; e) vollständiges Widerlagermodell inklusive Pfahlgründung.

brücken-spezifischen Steuerungsebene eine schnelle und konsistente Anpassung des Brückenmodells an die neuen Randbedingungen aus der Trassen- und Brückenplanung ermöglicht (vgl. Abbildung 7.16).

- Integration des 3D-Brückenmodells in das 3D-Trassen-Baugrund-Modell

Nachdem das 3D-Brückenmodell vollständig konstruiert worden ist, kann es mithilfe der assoziativ-gekoppelten Raumkurven aus der Hauptrasse sowie diversen 3D-Constraints in das

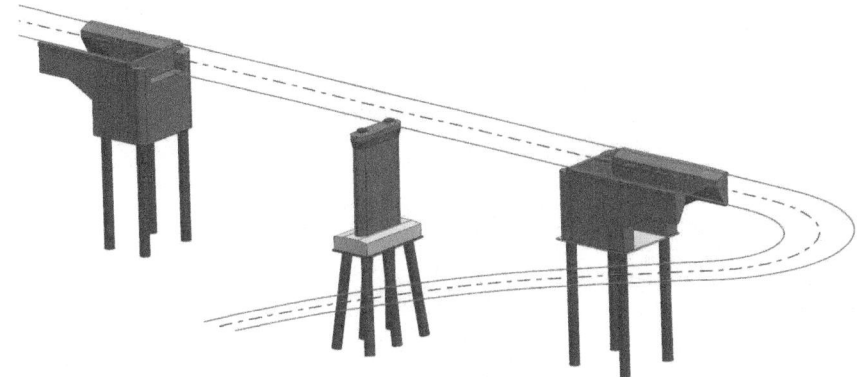

Abbildung 7.15: Vollständiges Unterbaumodell mit Pfählen.

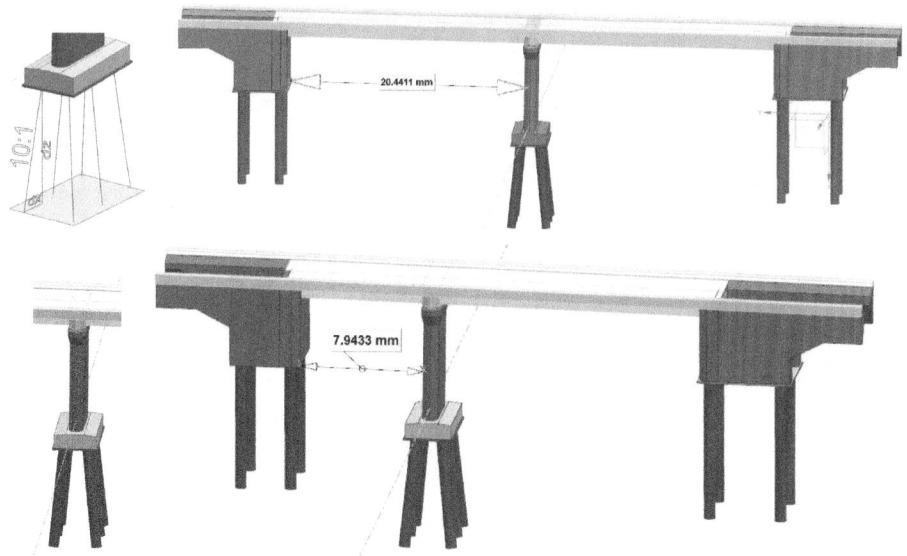

Abbildung 7.16: Komponenten zur parametrisch-assoziativen Modellierung der Schrägpfähle sowie parametrische Modifikation der Stützweite des Brückenmodells.

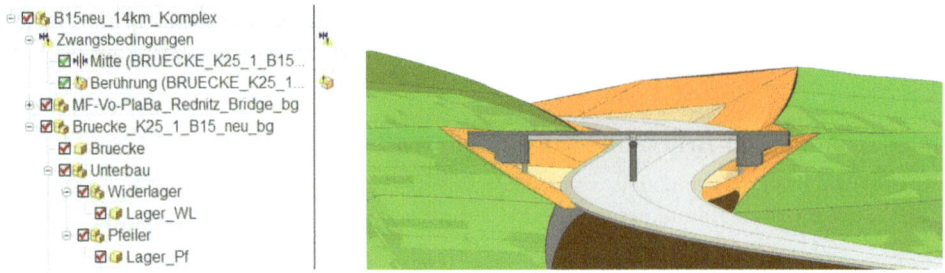

a) Modellstruktur des Rekombinationsprozesses

b) Ergebnis der Baugruppenkombination

Abbildung 7.17: Abbildung des Rekombinationsprozesses zur Integration des 3D-Brückenmodells in das 3D-Trassen-Baugrund-Modell.

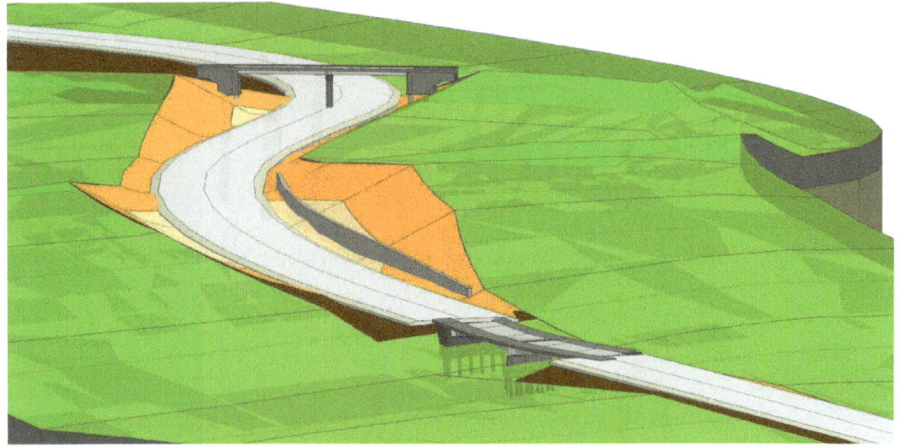

Abbildung 7.18: Parametrisch-assoziatives Infrastrukturinformationsmodell, das eine Rekombination der vier Teil-Modelle 3D-Trassen-Baugrund-Modell, zwei 3D-Brückenmodelle und einem 3D-Winkelstützmauermodell, repräsentiert.

bestehende 3D-Trassen-Baugrund-Modell integriert werden. Hierzu wird die Baugruppe des 3D-Brückenmodells in die Modellstruktur der Baugruppe des 3D-Trassen-Baugrund-Modells importiert, sodass aus den beiden Baugruppen wiederum eine neue übergeordnete Baugruppe, das 3D-Infrastrukturmodell entsteht. Da zur Modellierung des 3D-Brückenmodells die Raumkurven aus der Haupttrasse mitberücksichtigt wurden, ist eine lage- sowie höhenmäßige Positionierung des Brückenmodells nicht erforderlich. Sollten dennoch Anpassungen der Brückenposition notwendig werden, so kann dies durch den Einsatz von *direkten 3D-Constraints*, beispielsweise „Abstand" und „Berühren", nachträglich hergestellt werden (vgl. Abbildung 7.17a). Nach Abschluss des Bottom-up-basierten Rekombinationsvorganges ergibt sich ein Modell, das sowohl den geometrischen Verlauf der Trasse und des Baugrundes als auch die Position sowie Form des Brückenbauwerks widerspiegelt (vgl. Abbildung 7.17b). Zusätzlich können jedem dieser geometrischen Bauteile verschiedene semantische Informationen (z. B. Bodenparameter, Betongüte,

Asphaltbezeichnung etc.) als Attributwerte ergänzt werden, sodass ein *parametrisch-assoziatives* Infrastrukturinformationsmodell entsteht. Werden während des Planungszyklus neue Ingenieurbauwerke erstellt, so können diese dem bereits bestehenden Infrastrukturinformationsmodell hinzugefügt werden. Eine kontinuierliche Vervollständigung des Modells ist die Folge (vgl. Abbildung 7.18).

- **Ergebnis des Validierungsprozesses**

Anhand des dritten Validierungsbeispiels wird verdeutlicht, wie sich das in Abschnitt 6.2.4 vorgestellte Konzept zur Modellierung eines *parametrisch-assoziativen* sowie *trassengebundenen* Brückenmodells einsetzen lässt. Hierbei konnte aufgezeigt werden, dass eine trassengeführte Modellierung des Ingenieurbauwerks als eigenständige Baugruppe möglich ist und sich diese Baugruppe zusammen mit dem 3D-Trassen-Baugrund-Modell zu einem *föderierten* Infrastrukturinformationsmodell rekombinieren lässt. Zudem wurden am Beispiel einer Modifikation der Brückenstützweite von ca. 20,5 m auf 8 m die Flexibilität und die Leistungsfähigkeit des Ansatzes dargestellt. Insbesondere die durch die Parametrik hervorgerufene Flexibilität ermöglicht eine effektive und zügige Bearbeitung von Planungsprojekten, indem die Randbedingungen eines ähnlichen Brückenmodells auf die neuen Randbedingungen abgestimmt werden. Es soll jedoch darauf hingewiesen werden, dass diese Flexibilität sehr stark von dem Parametrisierungszustand des Modells bzw. der einzelnen Komponenten abhängig ist. Aber auch eine gravierende Veränderung der Trasse von einen linearen auf einen sehr stark gekrümmten Verlauf (R < 150 m) kann zu

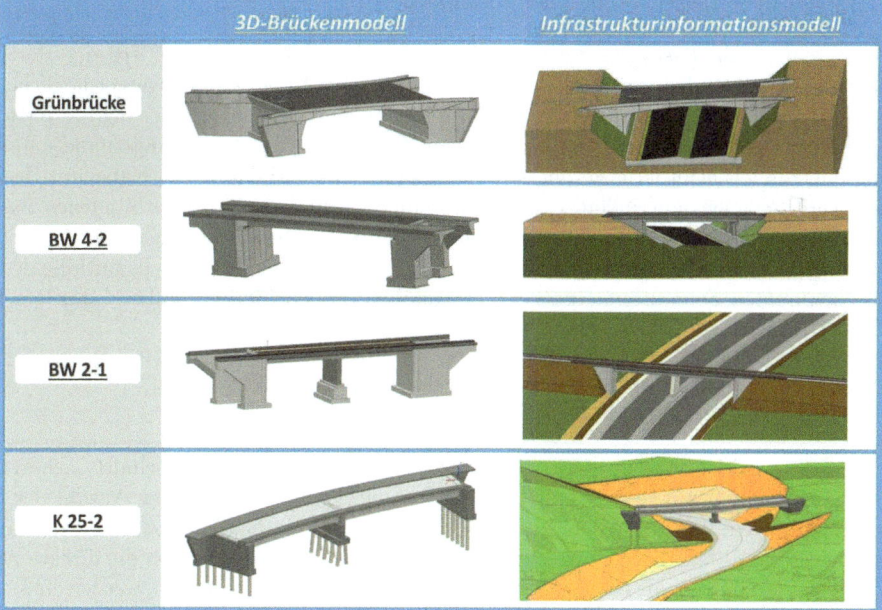

Abbildung 7.19: Portfolio von Praxisbeispielen zur Validierung des Konzeptes zur parametrisch-assoziativen Modellierung von Brückenbauwerken.

Modellierungsproblemen führen, die sich häufig durch eine manuelle Nacharbeitung am Modell beheben lassen. Neben diesem Praxisbeispiel wurde das Konzept im Rahmen dieser Arbeit sowie des Forschungsprojektes „ForBAU" (www.forbau.de) an weiteren Praxisbeispielen validiert. Einige dieser 3D-Brücken- und 3D-Infrastrukturmodelle wurden grafisch in der Abbildung 7.19 zusammengefasst.

7.2 Validierung der Methode zur direkten Analyse der Freiheitsgrade am Beispiel eines Rettungsschachtes

Im folgenden Abschnitt wird die Einsatzfähigkeit der *direkten Freiheitsgradanalyse* anhand eines realen Infrastrukturbauwerkes dargestellt. Dieses Infrastrukturbauwerk besteht aus zwei U-Bahn Röhren. Zudem sind in dem ausgewählten Streckenabschnitt ein Quer- und ein Längsstollen zur Anbindung eines Rettungsschachtes vorgesehen. Exemplarisch werden anhand des Rettungsschachtes die Funktionsweise sowie der Ablauf der Methode zur direkten Freiheitsgradanalyse beschrieben. Im Allgemeinen setzt sich dieser Rettungsschacht aus folgenden geometrischen und normativen Querschnittskomponenten zusammen: Die Grundform des Schachtes basiert auf einem runden Hohlprofil, dessen Dimension durch den Innendurchmesser sowie der Wandstärke des Schachtes definiert werden soll. Zusätzlich sind zwei Aussparungen zur Unterbringung von Wasserhochdruckleitungen, entsprechend den gültigen Brandschutzverordnungen nach DIN-EN1992-1-2 (2010) und ZTV-ING(Teil:5) (2010), im Querschnitt anzuordnen. Abbildung 7.20 fasst diese Basisinformationen zusammen.

Ziel ist es, ein *parametrisch-assoziatives* Modell des Bauwerkes, insbesondere des Rettungsschachtes, zu erstellen, das eine schnelle Anpassung an neue Randbedingungen ermöglicht. Beispielsweise würde eine Veränderung der Trassenführung eine neue Positionierung des Rettungsschachtes und somit eine Veränderung der Abmessungen des Rettungslängstunnels und des Rettungsquertunnels erfordern. Ferner soll nachträglich eine Erhöhung der Kapazität des Rettungsschachtes möglich sein, indem z. B. der Durchmesser und die damit verbundenen Bauteile (wie z. B. Treppenpodest) schnell an die neuen Randbedingungen angepasst werden können. Zur Umsetzung dieser Anforderungen wurde die Parametrisierung des Modells mithilfe des Verfahrens zur *direkten Freiheitsgradanalyse* durchgeführt, das nachfolgend anhand des Rettungsschachtquerschnittes vorgestellt wird.

7.2.1 Konzept der direkten Freiheitsgradanalyse

In einem ersten Schritt wird überprüft, ob der zu parametrisierende Querschnitt „achssymmetrische" Eigenschaften aufweist. Ist dies der Fall, so muss entsprechend der Anzahl der Symmetrieachsen nur ein Teil des Querschnittes analysiert und parametrisiert werden. Im Fall des Schachtquerschnittes lassen sich zwei Symmetrieachsen identifizieren, sodass die direkte Analyse der Freiheitsgrade nur an einem Viertel des Querschnittes durchgeführt werden muss (vgl. Abbildung 7.21a). Hierzu wird die Teilgeometrie des Querschnittes mithilfe traditioneller Werkzeuge, z. B. Lineal, Zirkel und Bleistift, auf einem Papier skizziert. Anschließend wird anhand der Gleichung 7.1 die Anzahl der bestehenden Freiheitsgrade ermittelt. Dadurch, dass sich das

Teilprofil aus drei Kreisbögen (N = 3) sowie zwei Linien (N = 2) zusammensetzt, ergeben sich insgesamt 23 Freiheitsgrade (vgl. Abbildung 7.21b).

$$DoFs_{(Obj)} = 4 \cdot 2_{(Linien)} + 5 \cdot 3_{(Kreisbögen)} = 8DoFs + 15DoFs = 23DoFs \quad (7.1)$$

Zur Generierung einer überschaubaren Skizzenform, wie z. B. in Abbildung 7.21b dargestellt, wird zu jedem Primitiv der *primitiv-bezogene* Freiheitsgrad F_{Prim} angetragen.

Nachdem die erste Analysestufe abgeschlossen wurde, kann mit der sequenziellen Anordnung von *geometrischen* Constraints begonnen werden. Von den drei verschiedenen geometrischen Constrainttypen sollen immer zuerst dimensionale Constraints integriert werden, da nur diese eine explizite Steuerung mithilfe einer Parametermodifikation ermöglichen. Hierzu lassen sich aus den Entwurfsvorgaben vier dimensionale Constraints ableiten. Zum einen wird ein *kurven-dimensionaler* Constraint zur Definition des Radius (R_i = 3,45 m) benötigt. Zum anderen werden drei *linear-dimensionale* Constraint erforderlich, um die Wandstärke des Rettungsschachtes (t= 0,45 m), die Tiefe (H_A = 0,40 m) sowie die halbe Breite (B_A = 0,50 m) der Aussparung für die Wasserleitung spezifizieren zu können (vgl. Abbildung 7.21c). Auf diese Weise werden aufgrund der einfachen Wertigkeit eines dimensionalen Constraints (ν^1) genau 4 geometrische Freiheitsgrade belegt, sodass 19 DoFs bestehen bleiben. Das Ergebnis bestimmt sich nach folgender Gleichung:

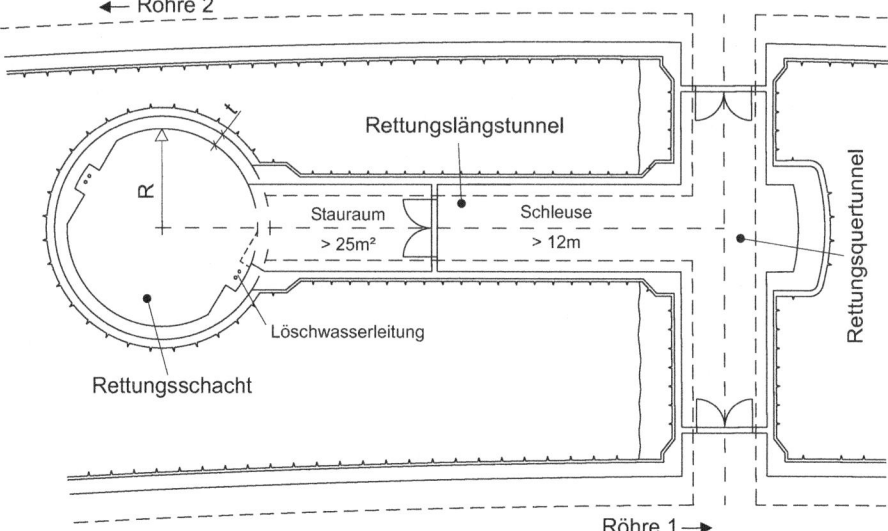

Abbildung 7.20: Anbindung eines Rettungsschachtes an die U-Bahn-Röhren mithilfe eines Quer- und Längsstollen. Dabei fungieren Quer- und Längsstollen zusätzlich als Luftschleusen und Aufenthaltsbereiche (freigegeben durch Obermeyer Planen + Beraten GmbH (2012)).

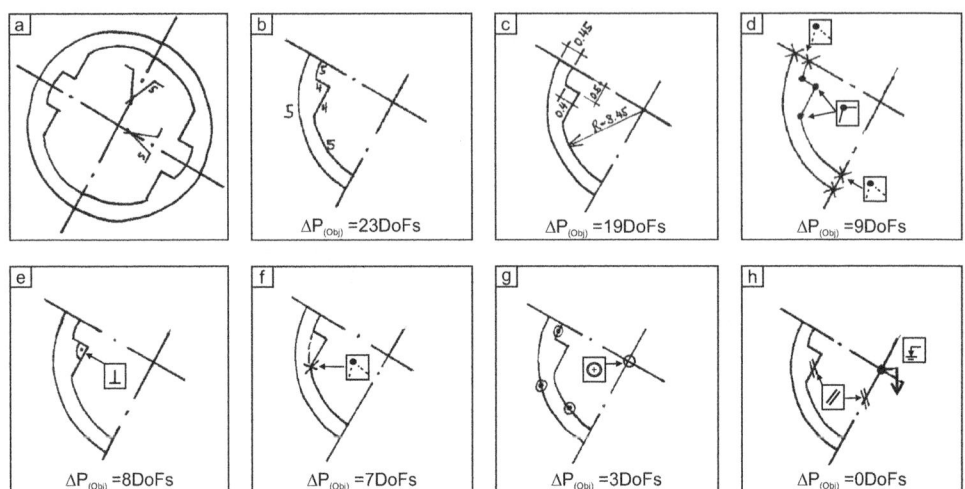

Abbildung 7.21: Schritte zur Parametrisierung des auf einem Papier konzeptionell skizzierten Rettungsschachtquerschnitts mithilfe der direkten Freiheitsgradanalyse.

$$C_{(Obj)} = 4 \cdot \nu^1 = 4DoFs \rightarrow \Delta P_{(Obj)} = 23 - 4 = 19DoFs \tag{7.2}$$

Dadurch, dass eine Modifikation der Querschnittsgröße nur anhand der vier Parameter (R_i, t, H_A, B_A) erfolgen soll, kann die Definition der 19 verbleibenden Freiheitsgrade durch *logische* Constraints umgesetzt werden. Hierzu kommen verschiedene global- und lokal-logische Constraints zum Einsatz. Zuerst wird jedes geometrische Primitiv, das sich mit einer der beiden Symmetrieachsen schneidet, mithilfe eines lokal-logischen Constraints Schnittpunkt (ν^1) an der entsprechenden Achse fixiert. Dadurch werden 4 weitere geometrische Freiheitsgrade gebunden. Anschließend werden die dauerhaften Verbindungen der Primitvkombination – Bogen - Linie, Linie - Linie und Linie - Bogen – an der Aussparung (vgl. Abbildung 7.21d) durch den Einsatz des lokal-logischen Constraints zusammenfallen (ν^2) hergestellt. Aufgrund dieses Parametrisierungsvorgangs werden 6 weitere Freiheitsgrade reduziert, sodass in der Summe zehn Freiheitsgrade wegfallen. Werden diese 10 DoFs von dem zuvor ermittelten Parametrisierungsgrad des Modells subtrahiert, so ergibt sich aus Gleichung 7.3, dass 9 Freiheitsgrade bestehen bleiben.

$$C_{(Obj)} = 4 \cdot \nu^1 + 3 \cdot \nu^2 = 10DoFs \rightarrow \Delta P_{(Obj)} = 19 - 10 = 9DoFs \tag{7.3}$$

Des Weiteren definieren die beiden Linien (N = 2) im Bereich der Aussparung einen 90-Grad-Winkel, der sich durch die Anordnung des lokal-logischen Constraints senkrecht in der Skizze konsistent integrieren lässt. Wird die Wertigkeit dieses Constraints (N - 1) in der Gleichung 7.4

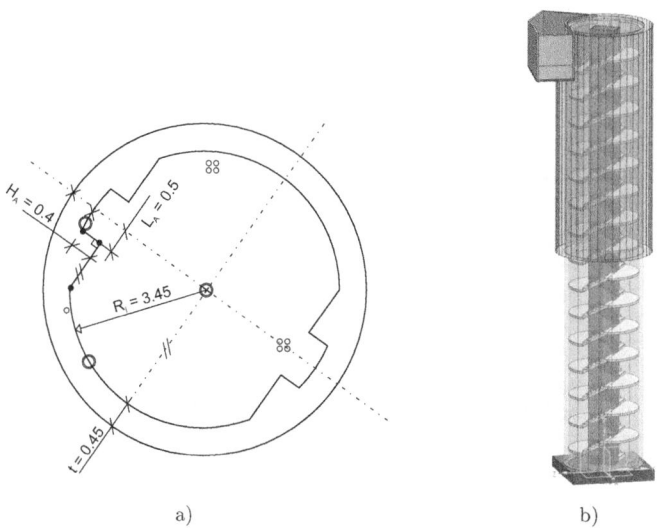

Abbildung 7.22: (a) Profil aus dem parametrischen CAD-System Siemens NX; (b) parametrisches Modell des Rettungsschachtes inklusive Treppen und Aufzugskern.

berücksichtigt, so ergibt sich, dass noch 8 weitere Freiheitsgrade zur Beschreibung des Objektverhaltens zur Verfügung stehen:

$$C_{(Obj)} = (N-1) = (2-1) = 1 DoF \rightarrow \Delta P_{(Obj)} = 9 - 1 = 8 DoFs \tag{7.4}$$

Aufgrund der Teilung des inneren Kreisbogens an der Aussparung ist eine simultane Steuerung der beiden Bogensegmente mithilfe des zuvor definierten Radiusparameters R_i nicht mehr möglich. Zur Beseitigung dieses Problems wird erneut ein lokal-logisches Constraint Schnittpunkt an den beiden Bögen angebracht (vgl. Abbildung 7.21f). Dadurch kann die geometrische Abhängigkeit zwischen den beiden Kreisbögen wieder hergestellt werden, wobei sich der Parametrisierungsgrad des Modells um 1 reduziert.

$$C_{(Obj)} = \nu^1 = 1 DoF \rightarrow \Delta P_{(Obj)} = 8 - 1 = 7 DoFs \tag{7.5}$$

Von den 7 verbleibenden geometrischen Freiheitsgraden werden 4 Freiheitsgraden dazu verwendet, um die Mittelpunkte der drei Kreisbögen (N = 3) dauerhaft aneinanderzubinden und somit ein punktsymmetrisches Verhalten zu erzeugen. In dem Profil (vgl. Abbildung 7.21g) wurde diese spezielle Zwangsbedingung durch die Anwendung des lokal-logischen Constraints konzentrisch, welcher 2 (N - 1) Freiheitsgrade reduziert, hergestellt.

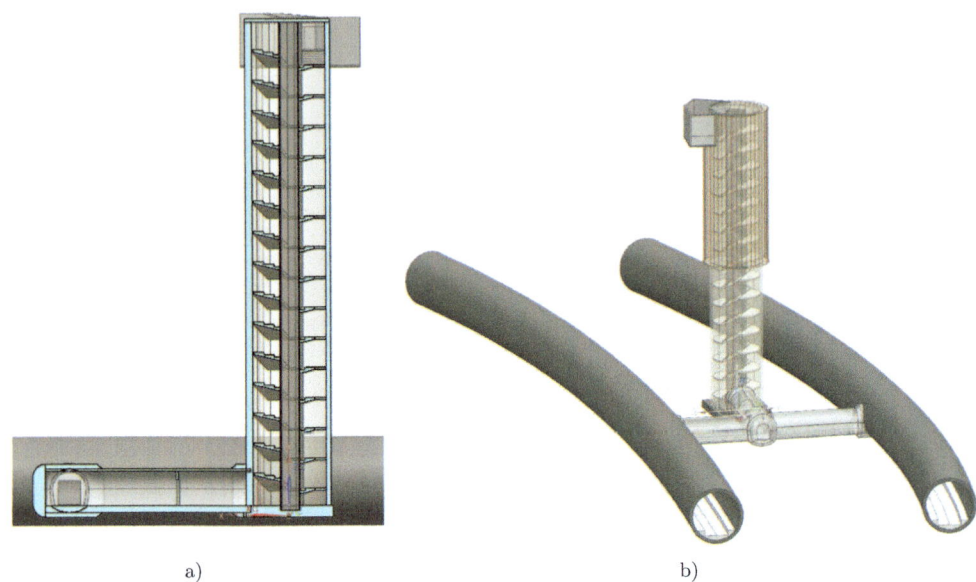

Abbildung 7.23: a) Schnitt durch den Rettungschacht; b) vollständiges Infrastrukturmodell, das mithilfe der direkten Freiheitsgradanalyse erstellt wurde.

$$C_{(Obj)} = 2(N-1) = 2(3-1) = 4DoF \rightarrow \Delta P_{(Obj)} = 7 - 4 = 3DoFs \qquad (7.6)$$

Am Ende des Prozesses verbleiben 3 Freiheitsgrade, die im Allgemeinen für eine Starrkörper-Transformation (u_x, u_y, φ_z in $\mathbb{R}^2$) freibleiben müssen. Soll jedoch eine derartige Transformation nicht erlaubt werden (vgl. Abbildung 7.21h), sind weitere Constraints, z. B. ein lokal-logisches Constraint parallel (N - 1) zwischen einer der beiden Symmetrieachsen und einer gegenüberliegen Linie (N = 2) anzuordnen. Dadurch wird eine Verdrehung des Profils unterbunden. Außerdem muss zur Vermeidung einer lokalen Verschiebung des Querschnittes der Mittelpunkt der Kreisbögen mithilfe des global-logischen Constraints fixiert (ν^2) dauerhaft an das lokale Koordinatensystem der Skizze gekoppelt werden. Somit wurden alle initial zur Verfügung stehenden Freiheitsgrade definiert (vgl. Gleichung 7.7), sodass ein *parametrisch voll-bestimmtes* Modell vorliegt.

$$C_{(Obj)} = (2-1) + 2 = 3DoF \rightarrow \Delta P_{(Obj)} = 3 - 3 = 0DoFs \qquad (7.7)$$

In Abbildung 7.22 werden das parametrisierte Profil des Rettungsschachtes sowie das daraus resultierende parametrische Rettungsschachtmodell in dem parametrischen CAD-System Siemens NX abgebildet.

- **Ergebnis des Validierungsprozesses**

Durch den Einsatz der *direkten Freiheitsgradanalyse* war es möglich, ein auf dem Papier durchdachtes Parametrisierungskonzept des Rettungsschachtquerschnittes zu erstellen, das sich anschließend sehr gut zur Umsetzung des constraint-basierten Rettungsschachtes einsetzen lies. Ein strukturierter sowie effektiver Parametrisierungsprozess war die Folge, da eine Iteration von Parametrisierungsabläufen nicht erforderlich war und da wichtige Parameter zur Steuerung des Modells bereits vorgegeben waren. Letztendlich erfolgte mithilfe der direkten Freiheitsgradanalyse eine Parametrisierung sämtlicher Profilquerschnitte des gesamten Infrastrukturbauwerks, was eine Modellierung des vollständigen parametrisch-assoziativen Infrastrukturmodells ermöglichte (vgl. Abbildung 7.23).

7.3 Zusammenfassung

In diesem Kapitel wurden die verschiedenen Konzepte zur Modellierung eines *parametrisch-assoziativen* Infrastrukturmodells validiert. Hierzu wurde im ersten Abschnitt des Kapitels die prototypenhafte Software zur *automatisierten* Modellierung eines 3D-Trassen-Baugrund-Modells vorgestellt und es wurden deren Eignung und die wirtschaftlichen Vorteile anhand einer 10 km langen Straße belegt. Im nächsten Abschnitt wurde der Einsatz eines digitalen Schnittstellenkonzeptes beschrieben, mit dessen Hilfe sich die geometrischen Daten aus der Trassenplanung und die semantischen Daten aus der Baugrunderkundung in die geomechanische Struktursimulationssoftware einlesen lassen. Die Überprüfung des Konzeptes erfolgte wiederum anhand der 10 km langen Straßentrasse, deren 145 Profilquerschnitte innerhalb von wenigen Sekunden in das System integriert werden konnten. Anschließend wurden der Leitfaden zur *parametrisch-assoziativen* Modellierung eines Ingenieurbauwerks und dessen Integration in das 3D-Trassen-Baugrund-Modell vorgestellt. Hierbei wurde eine zweifeldrige Plattenbalkenbrücke auf Pfählen zur Validierung des brücken-spezifischen Modellierungsleitfadens eingesetzt. Nach erfolgreicher Umsetzung des *parametrisch-assoziativen* Brückenmodells erfolgte eine Bottom-up-basierte Integration des 3D-Brückenmodells in das 3D-Trassen-Baugrund-Modell. Das aus dieser Kombination resultierende Modell stellt ein *parametrisch-assoziatives* Infrastrukturinformationsmodell (PIM) dar, das sich durch eine Integration zusätzlicher Ingenieurbauwerke erweitern lässt.

Nachdem im ersten Abschnitt die geometrische Modellierung der einzelnen trassen-spezifischen Teil-Modelle vorgestellt wurde, erfolgte im zweiten Abschnitt des Kapitels eine Validierung der neu entwickelten Methode zur *direkten Freiheitsgradanalyse*. Die Überprüfung der Methode fand an einem Rettungsschacht statt, der zur Evakuierung zweier U-Bahn-Tunnel-Röhren erforderlich ist. Hierbei konnte aufgezeigt werden, dass durch den Einsatz der direkten Freiheitsgradanalyse eine strukturierte und effektive Parametrisierung möglich ist.

Zusammenfassend kann die Aussage getroffen werden, dass mithilfe des entwickelten Modellierungsleitfadens und der Methode zur direkten Freiheitsgradanalyse neue Konzepte und digitale Werkzeuge zur Verfügung stehen, die eine praxisgerechte Umsetzung eines *parametrisch-assoziativen* Infrastrukturinformationsmodells (PIM) erlauben.

Kapitel 8

Zusammenfassung und Ausblick

In der vorliegenden Arbeit wurden verschiedene Methoden und digitale Werkzeuge entwickelt, mit deren Hilfe sich eine *durchgängige* sowie *modellgestützte* Planung einer Infrastrukturmaßnahme durchführen lässt. Eine Steigerung der Planungsqualität und Planungseffektivität bei gleichbleibenden Planungsressourcen ist die Folge. Nach wie vor erfolgt im Jahr 2015 die Planung einer Infrastrukturmaßnahme auf Basis von 2D-gestützten Planungsmethoden, deren Stärken in der dimensions reduzierten Abbildung von komplexen Systemen bestehen. Jedoch hat dies zur Folge, dass jede Konstruktionsabbildung (Schnitte, Ansichten, Grundrisse etc.) ein in sich geschlossenes Konstruktionssystem darstellt, sodass bei einer Planungsänderung jede dieser Konstruktionsabbildungen *manuell* nachbearbeitet werden muss. Zeitaufwendige sowie inkonsistente Planungsleistungen sind häufig die Folge. Innerhalb eines einzelnen Fachplanungsprozesses, aber auch im gesamten Planungszyklus einer Infrastrukturmaßnahme, äußert sich dies in Form von unwirtschaftlichen Ergebnissen. Aktuelle Großprojekte aus dem Bereich des Infrastrukturbaus, z. B. der Bau des Flughafens Berlin sowie Stuttgart 21, können hier als Beispiele angeführt werden. Zur Optimierung der zeitaufwendigen und häufig inkonsistenten Planungsleistung im Infrastrukturbau wird daher ein Wechsel von der reinen 2D-gestützten Planung zu einer 3D-modellbasierten Planung vorgeschlagen. Analog zu dem im Hochbau bekannten *Building Information Modeling* (BIM) sollen sämtliche Daten, die während eines Lebenszyklus einer Infrastrukturmaßnahme entstehen, anhand eines föderierten *parametrisch-assoziativen* Infrastrukturinformationsmodells (PIM) abgebildet werden, wobei PIM nicht nur ein einzelnes Bauwerk darstellt, sondern sich aus einer Vielzahl von Teilbauwerken zusammensetzt.

8.1 Zusammenfassung der Arbeit

Zur Umsetzung des föderierten *parametrisch-assoziativen* Infrastrukturinformationsmodells wurden neben dem BIM-Ansatz verschiedene Methoden aus der Fertigungsindustrie zur Anwendung im Infrastrukturbau adaptiert. Mit ihrer Hilfe ist eine automatisierte Konstruktion von Grundmodellen möglich, es lassen sich *parametrisch-assoziative* Teil-Modelle erzeugen und diese zu einem Gesamtmodell rekombinieren. Bevor mit der Entwicklung von digitalen Werkzeugen und Konzepten zur Umsetzung eines *parametrisch-assoziativen* Infrastrukturinformationsmodells begonnen wurde, erfolgte eine Analyse der aktuellen Planungsprozesse. Hierzu wurden die verschiedenen Abläufe in einem Business Process Modelling Notation-basierten (BPMN-basiert) Prozessplan zusammengefasst. Dieser Prozessplan sieht die Planung einer Trasse mithilfe von traditionellen Methoden vor und setzt die sich daraus ergebenden Planungsdaten als Grundlage zur geomechanischen Analyse der Trasse sowie zur automatisierten Konstruktion eines 3D-Trassen-Baugrund-Modells ein. Zur Planung der verschiedenen Ingenieurbauwerke ist ein modellbasierter Planungsprozess vorgesehen.

Der BPMN-basierte Prozessplan bildete somit die Grundlage zur Entwicklung der verschiedenen digitalen Werkzeuge sowie Konzepte, die zur Umsetzung eines *parametrisch-assoziativen* Infrastrukturinformationsmodells notwendig waren. Zum einem wurde hierzu ein Ansatz entwickelt, mit dessen Hilfe sich die verschiedenen geometrisch-semantischen Daten aus der Trassen- und Baugrundplanung anhand der georeferenzierten Schnittstelle LandXML sowie einer neu entwickelten GroundXML-Schnittstelle in das Struktursimulationssystem integrieren lassen. Dadurch konnte eine signifikante Reduzierung des zeitlichen Analyseaufwandes erzielt werden. Zudem wurde eine Möglichkeit geschaffen, mit deren Hilfe die generierten Analyseergebnisse aus der geomechanischen Analyse, in das PIM-Modell integriert werden konnten.

Zum Anderen wurde auf Basis des BPMN-basierten Prozessplans ein infrastruktur-spezifischer Modellierungsleitfaden entwickelt, der eine strukturierte Umsetzung des *parametrisch-assoziativen* Infrastrukturinformationsmodells erlaubt. Dieser Modellierungsleitfaden sieht vor, das PIM-Modell in kleinere Teil-Modelle zu unterteilen, diese anhand von verschiedenen Parametrisierungs- und 3D-Modellierungstechniken umzusetzen und mithilfe von assoziativen Kopplungstechniken wieder zu einem 3D-Infrastrukturmodell zu rekombinieren. Hierbei setzt sich die Modellstruktur des PIM-Modells aus einem 3D-Trassen-Baugrund-Modell sowie mehreren 3D-Baugrubenmodellen und 3D-Bauwerksmodellen zusammen, was eine Bearbeitung der verschiedenen Baugruben- und Bauwerksmodelle durch mehrere Planungsbüros ermöglicht. Die Modellierung des 3D-Trassen-Baugrund-Modells erfolgt anhand eines automatisierten Konstruktionssystems, in dem die Daten aus der Trassen- und Baugrundplanung zur Umsetzung dieses Basismodells berücksichtigt wurden. Da dieses rasch erzeugte Basismodell den Verlauf der Trasse in Form von Raumkurven beinhaltet, bildet das 3D-Trassen-Baugrund-Modell die Grundlage zur *parametrisch-assoziativen* Modellierung der einzelnen 3D-Baugrubenmodelle und 3D-Bauwerksmodelle. Hierzu wurden verschiedene Top-down-Modellierungstechniken zur assoziativen Kopplung und Generierung der Teil-Modelle eingesetzt sowie eine Methode zur *direkten Freiheitsgradanalyse* entwickelt, mit deren Hilfe eine strukturierte Parametrisierung eines Modells möglich wurde. Die Rekombination der einzelnen Teil-Modelle basiert auf einem Bottom-up-Modellierungsansatz aus der Fertigungsindustrie, indem eine Zusammenführung der einzelnen Teil-Modelle zu dem übergeordneten *PIM-Modell* erfolgt. Des Weiteren können jeder geometrischen Komponente semantische Informationen, beispielsweise Materialkennwerte, zugeordnet werden, die sich entweder direkt am Teil- bzw. Gesamtmodell oder mithilfe eines Produktdatenmanagementsystems (PDM), wie von Schorr (2011) vorgestellt, verwalten lassen. Aus diesem Grund wird das generierte Modell als ein *parametrisch-assoziatives* Infrastrukturinformationsmodell bezeichnet, das sich mithilfe eines Top-down-kombinierten Bottom-up-Modellierungsansatzes umsetzen lässt.

Die im Zuge dieser Arbeit entwickelten digitalen Werkzeuge und Konzepte wurden am Beispiel einer 10 km langen Infrastrukturmaßnahme und am Beispiel eines Rettungsschachtes zur Evakuierung eines Tunnelsystems erfolgreich validiert.

8.2 Ausblick

Im Rahmen der vorliegenden Arbeit wird ein Konzept vorgestellt, das eine Integration von *geometrisch-semantischen* Daten aus der Trassen- und Baugrundplanung zur geomechanischen Analyse von Trassenprofilen vorsieht. Eine digitale Rückkopplung der Analyseergebnisse in die bestehende Trassenplanung ist nicht vorgesehen, sodass ein geeigneter Reintegrationsprozess entwickelt werden muss.

Der Prozess zur automatisierten Modellierung des 3D-Trassen-Baugrund-Modells weist ein stabiles Laufzeitverhalten auf. Allerdings müssen hierzu spezielle Randbedingungen beim Ex- und Import der Daten aus der Trassen- und Baugrundplanung eingehalten werden. Zur *standardisierten* Anwendung des automatisierten Konstruktionssystems ist daher eine Erweiterung des Integrationsprozesses notwendig, da zur Integration der geometrischen Daten derzeit (Stand 2015) die standardisierte Schnittstelle *LandXML* eingesetzt wird. Jedoch weist diese Schnittstelle einige Defizite auf, sodass eine straffere Standardisierung der Schnittstelle wünschenswert ist.

Die Methode der *direkten Freiheitsgradanalyse* beschränkt sich auf geometrische 2D-Primitve, deshalb sollte eine Erweiterung des Ansatzes für räumliche Grundprimitve Ziel künftiger Forschungsarbeiten sein. Zur Erleichterung der Parametrisierung ist darüber hinaus die Einführung eines *Standards* zur Parametrisierung von geometrischen Objekten erforderlich.

Mithilfe des vorgestellten infrastruktur-spezifischen Modellierungsleitfadens konnte eine praxisgerechte Umsetzung eines *parametrisch-assoziativen* Infrastrukturinformationsmodells vorgestellt werden. Jedoch sind noch weitere Untersuchungen erforderlich, um herauszufinden, ob sich bestehende 3D-Baugruben- und 3D-Bauwerksmodelle zur Generierung neuer 3D-Baugruben- und 3D-Bauwerksmodelle einsetzen lassen. Hierzu müssten Grenzen der *parametrisch-assoziativen* Kopplung analysiert werden. Da nach wie vor auf der Baustelle Pläne mit einfachen Angaben zur Abmessung und Position der Bauteile erforderlich sind, wären weitere Untersuchungen und Entwicklungen zur normengerechten Ableitung von *assoziativen* Zeichnungen aus dem 3D-Modell hilfreich. Zugleich sollten Möglichkeiten geschaffen werden, die eine Nutzung der 3D-Modelle auf der Baustelle ermöglicht, sodass komplexe Knotenpunkte direkt am 3D-Modell diskutiert werden können.

Analog zum BIM-Prozess im Hochbau bilden die in dieser Arbeit vorgestellten digitalen Werkzeuge die Basis zur Umsetzung eines PIM-Modells im Infrastrukturbau. Es handelt sich dabei um erste Schritte, die in diesem Stadium noch keinen wirtschaftlichen Prozess gewährleisten. Um dies in der Zukunft zu erreichen, muss die Standardisierung des infrastruktur-spezifischen Planungsprozesses und des Datenaustausches weiter vorangetrieben werden.

Literaturverzeichnis

Abramovici, M. & Meimann, V. (2007, 09). Ein Ansatz zur Erhöhung der Stabilität der CAD Modelle für die Verbesserung der Modell-Wiederverwendung in der Virtuellen Produktentwicklung. In: *Tagungsband zum 5. Kolloquium Konstruktionstechnik, Dresden*.

Abulawi, J. (2012). *Ansatz zur Beherrschung der Komplexität von vernetzten 3D-CAD-Modellen*. Dissertation, Helmut-Schmidt-Universität / Universität der Bundeswehr Hamburg, Fachgebiet Maschinenelemente und Rechnergestützte Produktentwicklung.

AIA, Cook, R., Loot, F., Eckblad, S. & Ascraft, H. (2007). American Institute of Architects, Integrated Project Delivery; a working definition, Webseite (Stand: 17.12.2013) http://www.aia.org/groups/aia/documents/pdf/aiab083423.pdf.

Aish, R. & Woodbury, R. (2005). Multi-level interaction in parametric design. In: *Proceedings of the 5th international conference on Smart Graphics*, SG'05, Berlin, Heidelberg, S. 151–162. Springer-Verlag.

Ait-Aoudia, S., Bahriz, M. & Salhi, L. (2009). 2D Geometric Constraint Solving: An Overview. In: *Proceedings of Visualisation, 2009. VIZ '09. Second International Conference*, S. 201–206.

Ait-Aoudia, S., Hamid, B., Moussaoui, A. & Saadi, T. (1999). Solving geometric constraints by a graph-constructive approach. In: *Proceedings of IEEE International Conference on Information Visualization*, S. 250–255.

Aldefeld, B. (1988). Variation of geometries based on a geometric-reasoning method. *Computer-Aided Design* 20(3), S. 117 – 126.

Aleixos, N., Company, P. & Contero, M. (2004). Integrated modeling with top-down approach in subsidiary industries. *Computers in Industry* 53(1), S. 97 – 116.

Allgower, E. L. & Georg, K. (1993). Continuation and path following. *Acta Numerica* 2(1), S. 1–64.

Amann, J., Flurl, M., Jubierre, J. R. & Borrmann, A. (2014). An alignment meta-model for the comparison of alignment product models. In: *Proceedings of the 10th European Conference on Product and Process Modelling*, Vienna, Austria.

Anderl, R. & Mendgen, R. (1996). Modelling with constraints: theoretical foundation and application. *Computer-Aided Design* 28(3), S. 155–168.

Asch, K. & Troppenhagen, H.-G. (2007). GeoSciML: "Esperanto" für die Geowissenschaften, Webseite (Stand: 16.10.2015) http://www.dgpf.de/neu/jahrestagung/vortrag08/aschdraft.pdf.

Ault, H. K. (1999). Using Geometric Constraints to Capture Design Intent. *Journal for Geometric and Graphics* 3(1), S. 39–45.

Autodesk (2013). InfraWork-Produkte, Webseite (Stand: 20.11.13) http://www.autodesk.de/products/autodesk-infraworks/overview.

Autodesk, I. (2003). Building Information Modeling - White Paper, Webseite (Stand: 29.10.13) www.autodesk.com/buildinginformation.

Azhar, S. (2011). Building Information Modeling (BIM)- Trends, Benefits, Risks, and Challenges for the AEC Industry. *ASCE - Leadership and Management in Engineering* 11(3), S. 241–252.

Bakkeren, W. J. C. & Tolman, F. P. (1995). Integrating structural synthesis and evaluation using product models. In: *Proceedings of the 6th Intnational Conference on Computing in Civil and Building Engineering (ICCCBE)*.

BASt (1999). *Historisierung im OKSTRA*. Bundesanstalt für Straßenwesen - BASt.

BASt (2015). Räumliche Linienführung von Autobahnen (Projekt Nr.18.023), Webseite (Stand: 04.12.2015) http://www.bast.de/DE/Projekte/laufende/fp-laufend-v1.html.

Baumgärtel, T., Borrmann, A., Euringer, T. & u. a., O. (2011). *Integrierte Planung auf Basis von 3D-Modellen*, Kapitel 2, S. 23–116. Springer Verlag, Heidelberg.

Baumgärtel, T., Horenburg, T.and Euringer, T. & Obergriesser, M. u. a. (2011). *Die Umsetzung der Digitalen Baustelle*, Kapitel 6, S. 291–340. Springer Verlag, Heidelberg.

Berling, R., Du, C., Hower, W. & Rosendahl, M. (1993). Modellierung geometrischer Constraints für CAD-Anwendungen. In: W. P. Kansky, K. (Hrsg.), *Tagungsband für neue Architekturkonzepte zur Gestaltung graphischer Systeme*, GI-Workshop, Bonn, S. 19–29.

Berling, R. & Rosendahl, M. (1993). Geometry Modelling Using Dimensional Constraints. In: *Proceedings of the 9th International Conference on CAD/CAM, Robotics & Factories of the Future, Newark, New Jersy, USA*.

Bernardi, A., Klauck, C. & Legleitner, R. (1990). STEP - Überblick über eine zukünftige Schnittstelle zum Produktdatenaustausch. Forschungsbericht, Deutsches Forschungszentrum für Künstliche Intelligenz (DFKI).

Bettig, B. (2006). Computer Aided Design Methods, (UG NX3) MEEM 4403 class notes, Webseite (Stand: 07.06.13) http://www.me.mtu.edu/~bettig/MEEM4403/Lecture_05_10.pdf.

Bettig, B. & Hoffmann, C. M. (2011). Geometric Constraint Solving in Parametric CAD. *Journal of Computing and Information Science in Engineering* 11(2), S. 1–9.

Bettig, B. & Shah, J. (2001). Derivation of a standard set of geometric constraints for parametric modeling and data exchange. *Computer-Aided Design* 33(1), S. 17 – 33.

Bettig, B. & Shah, J. (2003). Solution selectors: a user-oriented answer to the multiple solution problem in constraint solving. *Journal of Mechanical Design* 125(3), S. 443–451.

Bidarra, R. & Bronsvoort, W. (2000). Semantic feature modelling. *Computer-Aided Design* 32(3), S. 201 – 225.

BMVBS (2007). Prognose der deutschlandweiten Verkehrsverflechtungen 2025, Webseite (Stand: 18.11.13) www.dlr.de/cs/desktopdefault.aspx/tabid-4403/7206_read-10832.

BMVI (2013). Strategie zur Ertüchtigung der Straßenbrücken im Bestand der Bundesfernstraßen, Webseite (Stand: 29.10.15) https://www.bmvi.de/SharedDocs/DE/Anlage/VerkehrUndMobilitaet/Strasse/strategie-zur-ertuechtigung-der-strassenbruecken-bericht.pdf?__blob=publicationFile.

BMVI (2015). Begleitung von Pilotprojekten zur Anwendung von BIM im Infrastrukturbau, Webseite (Stand: 17.10.15) http://www.buildingsmart.de/kos/WNetz?art=News.show&id=242.

Borning, A. (1979). Thinglab - A constraint-oriented simulation laboratory. Forschungsbericht, XEROX Palo Alto Research Center, USA, 3333 Coyote Hill Road, Palo Alto, CA 94304.

Borning, A. (1981). The Programming Language Aspects of ThingLab, a Constraint-Oriented Simulation Laboratory. *ACM Transactions on Programming Languages and Systems* 3(4), S. 353–387.

Borning, A., Anderson, R. & Freeman-Benson, B. (1996). Indigo: a local propagation algorithm for inequality constraints. In: *Proceedings of the 9th annual ACM symposium on User interface software and technology*, UIST '96, New York, NY, USA, S. 129–136. ACM.

Borning, A., Freeman-Benson, B. & Wilson, M. (1992). Constraint hierarchies. *Lisp and Symbolic Computation* 5(3), S. 223–270.

Borrmann, A. (2007). *Computerunterstützung verteilt-kooperativer Bauplanung durch Integration interaktiver Simulationen und räumlicher Datenbanken*. Dissertation, Technische Universität München, München.

Borrmann, A. (2011). Computerorientierte Modellierung von Produkten und Prozessen - Teil 1 - Vorlesungsskript-TechnischeUniversitätMünchen.

Borrmann, A. & Berkhahn, V. (2015). Grundlagen der geometrischen Modellierung. In: A. Borrmann, M. König, C. Koch, & J. H. Beetz (Hrsg.), *Building Information Modeling - Technologische Grundlagen und industrielle Praxis*, Kapitel 2. Springer Fachmedien Wiesbaden.

Borrmann, A., Flurl, M., Jubierre, J., Mundani, R.-P. & Rank, E. (2014). Synchronous collaborative tunnel design based on consistency-preserving multi-scale models. *Advanced Engineering Informatics* 28(4), S. 499 – 517.

Borrmann, A., Günthner, W. & Horenburg, T. u. a. (2011). *Simulationsgestützte Bauablaufplanung*, Kapitel 4, S. 159–204. Springer Verlag, Heidelberg.

Borrmann, A., Hyvärinen, J. & Rank, E. (2009). Spatial constraints in collaborative design processes. In: *Proceedings of the International Conference on Intelligent Computing in Engineering (ICE'09)*.

Borrmann, A., Ji, Y., Jubierre, J. R. & Flurl, M. (2012). Procedural Modeling: A new approach to multi-scale design in infrastructure projects. In: *Proceedings of the EG-ICE Workshop on Intelligent Computing in Engineering*.

Borrmann, A., Ji, Y., Wu, I.-C., Obergriesser, M., Rank, E., Klaubert, C. & Günthner, W. (2009). ForBAU - The virtual construction site project. In: *Proceedings of the 24th CIB-W78 Conference on Managing IT in Construction, Istanbul, Turkey*.

Borrmann, A., König, M., Koch, C. & Beetz, J. (2015). Einführung. In: A. Borrmann, M. König, C. Koch, & J. H. Beetz (Hrsg.), *Building Information Modeling - Technologische Grundlagen und industrielle Praxis*, Kapitel 1. Springer Fachmedien Wiesbaden.

Borrmann, A. & Koch, C. (2013). Building Information Modeling - Durchgängige Planung, Realisierung und Bewirtschaftung auf Basis eines digitalen Gebäudemodells. In: J. Ohlmann-Lauber & W. T.A. (Hrsg.), *Proceedings of the terrestrische Laserscanning 2013*, S. 3–9. DVW - Gesellschaft für Geodäsie, Geoinformatik und Landmanagement e.V.

Bouma, W., I., F., Hoffmann, C., Cai, J. & Paige, R. (1995). Geometric constraint solver. *Computer-Aided Design* 27(6), S. 487 – 501.

Braß, E. (2009). *Konstruieren mit CATIA V5 - Methodik der parametrisch-assoziativen Flächenmodellierung*. 4. Carl Hanser Verlag GmbH and Co KG.

Brüderlin, B. (1985). Using prolog for constructing geometric objects defined by constraints. In: B. Caviness (Hrsg.), *EUROCAL '85*, Volume 204 of *Lecture Notes in Computer Science*, S. 448–459. Springer Berlin Heidelberg.

Brüderlin, B. (1988). *Rule-Based Geometric Modelling*. Dissertation, Institut für Informatik der ETH Zürich.

Brüderlin, B. (1993). Using geometric rewrite rules for solving geometric problems symbolically. *Theoretical Computer Science* 116(2), S. 291–303.

Brökel, J., Klein, H., Kliewe, K., Kloss, E., Rahn, R. & Wegmann, R. (2008). *Pro/ENGINEER: Einstieg und effektive Produktentwicklung*. Pearson Studium Deutschland GmbH.

Buchanan, S. & de Pennington, A. (1993). Constraint definition system: a computer-algebra based approach to solving geometric-constraint problems. *Computer-Aided Design* 25(12), S. 741 – 750.

Buchberger, B. (1985). *Multidimensional Systems Theory - Progress, Directions and Open Problems in Multidimensional Syst*, Kapitel 6 - Gröbner Bases - An algorithm Method in Polynomial Ideal Theory, S. 184–232. Ed. Bose, N.K., D. Reidel Publishing Company, Dordrecht, Holland.

buildingSmart (2015). IFC Standards, Webseite (Stand:16.10.15) http://www.buildingsmart-tech.org/specifications/ifc-overview.

Bullinger, H.-J., Wörner, K. & Prieto, J. (1998). Wissensmanagement - Modelle und Strategien für die Praxis. In: H. Bürgel (Hrsg.), *Wissensmanagement*, Edition Alcatel SEL Stiftung, S. 21–39. Springer Berlin Heidelberg.

Bungartz, H.-J., Griebel, M. & Zenger, C. (2002). *Einführung in die Computergaphik*. 2. Vieweg+Teubner Verlag.

Cavieres, A., Gentry, R. & Al-Haddad, T. (2011). Knowledge-based parametric tools for concrete masonry walls: Conceptual design and preliminary structural analysis. *Automation in Construction* 20(6), S. 716 – 728.

Chang, K.-H. (2014). *Product Design Modeling Using CAD/CAE*. Boston: Academic Press.

Chen, X., Gao, S., Yang, Y. & S., Z. (2012). Multi-level assembly model for top-down design of mechanical products. *Computer-Aided Design* 44(10), S. 1033 – 1048.

Chou, S.-C. (1988). An introduction to Wu's method for mechanical theorem proving in geometry. *Journal of Automated Reasoning* 4(3), S. 237–267.

Chou, S.-C., Gao, X.-S. & Zhang, J.-Z. (1996a). Automated generation of readable proofs with geometric invariants: Multiple and shortest proof generation. *Journal of Automated Reasoning* 17(7), S. 325–347.

Chou, S.-C., Gao, X.-S. & Zhang, J.-Z. (1996b). Automated generation of readable proofs with geometric invariants: Theorem proving with full angles. *Journal of Automated Reasoning* 17(7), S. 349–370.

Cross, N. (2001). Design Cognition: Results from Protocol and other Empirical Studies of Design Activity. In: C. M. Eastman, W. M. McCracken, & W. C. Newstetter (Hrsg.), *Design Knowing and Learning: Cognition in Design Education*, Kapitel 5, S. 79 – 103. Oxford: Elsevier Science.

Cross, N. (2008, 4). *Engineering Design Methods: Strategies for Product Design* (4 Aufl.). Chichester: John Wiley & Sons.

de Boor, C. (2002). *Handbook of Computer Aided Geometric Design - Spline Basics*, Kapitel 6, S. 141–163. Elsevier Science B.V., Amsterdam.

de Rienzo, F., Oreste, P. & Pelizza, S. (2008). Subsurface geological-geotechnical modelling to sustain underground civil planning. *Engineering Geology* 96(3), S. 187 – 204.

Delaunay, B. (1934). Sur La Sphère Vide. *Bulletin de L'Académie des sciences de L'URSS* 1(1), S. 793–800.

DIN-EN1992-1-1 (2010, 12). Eurocode 2- Bemessung und Konstruktion von Stahlbeton- und Spannbetontragwerken - Teil 1-1- Allgemeine Bemessungsregeln und Regeln für den Hochbau. Forschungsbericht, Deutscher Ausschuß für Stahlbeton, Beuth Verlag.

DIN-EN1992-1-2 (2010, 12). Eurocode 2- Bemessung und Konstruktion von Stahlbeton- und Spannbetontragwerken - Teil 1-2- Allgemeine Regeln - Tragwerksbemessung für den Brandfall. Forschungsbericht, Deutscher Ausschuß für Stahlbeton, Beuth Verlag.

DIN-EN1992-2 (2010, 12). Eurocode 2- Bemessung und Konstruktion von Stahlbeton- und Spannbetontragwerken - Teil 2- Betonbrücken- und Konstruktionsregeln. Forschungsbericht, Deutscher Ausschuß für Stahlbeton, Beuth Verlag.

DIN-ISO:128 (2002, 05). *DIN ISO 128- Technische Zeichnungen - Allgemeine Grundlagen der Darstellung - Teil 30: Grundregeln für Ansichten* (1 Aufl.). ISO copyright office: International Organization for Standardization.

DIN18300-VOB/C (2012). DIN 18300 - VOB Vergabe- und Vertragsordnung für Bauleistungen – Teil C: Allgemeine Technische Vertragsbedingungen für Bauleistungen (ATV) – Erdarbeiten. Forschungsbericht, Normenausschuss Bauwesen (NABau).

Donnelly, J. (2013). The equivalence of Side-Angle-Side with Side-Side-Side and the general triangle inequality in the absolute plane. *Journal of Geometry* 104(2), S. 265–275.

Durand, C. B. (1998). *Symbolic and numerical techniques for constraint solving*. Dissertation, Purdue University, Indiana, USA, West Lafayette, IN, USA.

Durand-Riard, P., Caumon, G. & Muron, P. (2010). Balanced restoration of geological volumes with relaxed meshing constraints. *Computers and Geosciences* 36(4), S. 441 – 452.

Eastman, C. & Siabiris, A. (1995). A generic building product model incorporating building type information. *Automation in Construction* 3(4), S. 283 – 304.

Eastman, C., Teicholz, P., Sacks, R. & Liston, K. (2011). *BIM handbook: A guide to building information modelling for owners, managers, designers, engineers, and contractors*. Wiley, New York.

Eastman, C. M., Bond, A. H. & Chase, S. C. (1991). A formal approach for product model information. *Research in Engineering Design* 2(2), S. 65–80.

Egger, M., Hausknecht, K.and Liebich, T. & Przybylo, J. (2013). BIM-Leitfaden für Deutschland, Webseite (Stand: 15.10.15) http://www.bbsr.bund.de/BBSR/DE/FP/ZB/Auftragsforschung/3Rahmenbedingungen/2013/BIMLeitfaden/01_start.html.

Eggli, L., Hsu, C., Brüderlin, B. & Elber, G. (1997). Inferring 3D models from freehand sketches and constraints. *Computer-Aided Design* 29(2), S. 101 – 112.

Emmerik, M. (1991). Interactive design of 3D models with geometric constraints. *Visual Computer* 7(5-6), S. 309–325.

Encarnação, J., Straßer, W. & Klein, R. (1997). *Graphische Datenverarbeitung 2 - Modellierung komplexer Objekte und photorealistische Bilderzeugung*. Oldenbourg.

Everitt, B. (2007). Symmetries of Equations: An Introduction to Galois Theory. Forschungsbericht, Department of Mathematics, University of York, England.

Fabrycky, W. (1991). *Life-cycle cost and economic analysis*. Prentice Hall International Series in Industrial and Systems Engineering, Prentice Hall, Englewood Cliffs, N.J.

Ferzak, F. (2014). *Siemens NX 9: Skizzenerstellung, Einzelteilkonstruktion, Blechkonstruktion, Baugruppen, Zeichnungserstellung, Flächenbearbeitung.* Ferzak Verlag.

Fiermonte, M. (2013). Automatisierte Planableitung anhand eine parametrischen Brückenmodells mit Autodesk Inventor. Diplomarbeit, Technische Universität München.

Fikes, R. E. & Nilsson, N. J. (1971). Strips-A new approach to the application of theorem proving to problem solving. *Artificial Intelligence* 2(3), S. 189 – 208.

Fischer, P. & Hofer, P. (2008). *Lexikon der Informatik.* Number 14. Springer Verlag.

Florinsky, I. V. (2012). Digital Terrain Modeling: A Brief Historical Overview. In: I. V. Florinsky (Hrsg.), *Digital Terrain Analysis in Soil Science and Geology*, Kapitel 1, S. 1 – 4. Boston: Academic Press.

Forsen, J. (2003). *Ein systemtechnischer Ansatz zur methodischen parametrisch-assoziativen Konstruktion am Beispiel von Karosseriebauteilen.* Shaker Verlag GmbH, Aachen.

Frieß, T. (2013). Parametrische 3D Modellierung von Baugrubenkonstruktionen mit NX. Diplomarbeit, Ostbayerische Technische Hochschule Regensburg, Fakultät Bauingenieurwesen.

Fudos, I. (1993). Editable Representations for 2D Geometric Design. Diplomarbeit, Purdue University.

Fudos, I. & Hoffmann, C. (1996a). Constraint-based parametric conics for CAD. *Computer-Aided Design* 28(2), S. 91 – 100.

Fudos, I. & Hoffmann, C. M. (1996b). Correctness Proof of a Geometric Constraint Solver. *International Journal of Computational Geometry and Applications* 6(4), S. 405–420.

Fudos, I. & Hoffmann, C. M. (1997). A graph-constructive approach to solving systems of geometric constraints. *ACM Transactions on Graphics* 16(2), S. 179–216.

Fudos, I., Stamati, V. & Protopsaltou, A. (2004). An Approach to Geometric Constraint Solving for CAD Representations. Forschungsbericht, Department of Computer Science, University of Ioannina, Greece.

Gao, H. & Sitharam, M. (2013). Characterizing 1-dof Henneberg-I graphs with efficient configuration spaces. In: *Proceedings of the 2009 ACM symposium on Applied Computing*, SAC '09, New York, NY, USA, S. 1122–1126. ACM.

Gao, X.-S. & Zhang, G.-F. (2003). Geometric constraint solving via C-tree decomposition. In: *Proceedings of the eighth ACM symposium on Solid modeling and applications*, SM '03, New York, NY, USA, S. 45–55. ACM.

Gausemeier, J., Hahn, A., Kesphol, H. & Seifert, L. (2006). *Vernetzte Produktentwicklung - Der erfolgreiche Weg zum Global Engineering Networking.* Carl Hanser Verlag, München.

Geuting, M. (2008, Online (Stand: 16.10.2015):). Einsatzmöglichkeiten von Computer und Internet im Bereich "Bautechnik bzw. Bauingenieurwesen"http://www.bildungsstudio.de/geuting/bildungsstudio/inhalt/9.%20arbeiten_von_studierenden/Comput_unterst%C3%BCtz_Unter.pdf.

Gfrerrer, A. (2004). Kurven und Flächen - Eine Einführung. Forschungsbericht, TU Graz, Institut für Geometrie, Vorlesungsfolien.

Göhlich, D. & Ahrens, G. (2002). Produkt-Datenmanagement in der Mercedes-Benz Pkw-Entwicklung. Forschungsbericht, ETH Zürich, Vorlesungsfolien.

Gieding, M. (2007). Skript - Einführung in die Geometrie, Webseite (Stand: 03.05.2015) http://www.ph-heidelberg.de/wp/gieding.

Günthner, W. & Borrmann, A. (Hrsg.) (2011). *Digitale Baustelle – innovativer Planen, effizienter Ausführen. Werkzeuge und Methoden für das Bauen im 21. Jahrhundert.* Springer Verlag, Heidelberg.

Goswami, D. (2004). *The CRC Handbook of Mechanical Engineering.* Second Edition. CRC Press.

Greenberg, M. J. (1993). *Euclidean and non-euclidean geometries: Development and History* (3 Aufl.)., Kapitel 3 - Hilberts's Axiome, S. 40–114. New York: W.H. Freeman and Co.

GSA (2007). GSA BIM Guide Series, General Service Administration, Webseite (Stand: 17.10.15) http://www.gsa.gov/portal/content/105075.

Gudmundsson, J., Hammar, M. & van Kreveld, M. (2002). Higher order Delaunay triangulations. *Computational Geometry* 23(1), S. 85 – 98.

Hamilton, P. (2014, 6). Parametric Modeling vs. Direct Modeling - Key design requirements for stamping-die design, and applying the various modeling technologies to those requirements, Webseite (06.04.2015) http://www.metalformingmagazine.com/assets/issue/pdf/DieDesign2014/Parametic_Modeling_vs_Direct_Modeling.pdf.

Harrich, A. (2014). *CAD-basierte Methoden zur Unterstützung der Karosseriekonstruktion in der Konzeptphase.* Dissertation, Technische Universität Graz.

Hegemann, F., Manickam, P., Lehner, K., Koch, C. & König, M. (2013). Hybrid Ground Data Model for Interacting Simulations in Mechanized Tunneling. *Journal of Computing in Civil Engineering* 27(6), S. 708–718.

Henneberg, L. (1911). *Die graphische Statik der starren Systeme.* B. G. Teubner's Sammlung von Lehrbüchern auf dem Gebiete der mathematischen Wissenschaften mit Einschluss ihrer Anwendungen ; 31 ; B. G. Teubner's Sammlung von Lehrbüchern auf dem Gebiete der mathematischen Wissenschaften mit Einschluss ihrer Anwendungen. Leipzig ; Berlin: Teubner Verlag.

Höger, M. (2002, Online (Stand: 16.10.2015):). Wie wird die Baubranche für künftige Fachleute wieder attraktiver? http://six4.bauverlag.de/sixcms_4/sixcms_upload/media/293/hoerger.pdf.

Hidalgo, M. & Joan-Arinyo, R. (2012). Computing parameter ranges in constructive geometric constraint solving: Implementation and correctness proof. *Computer-Aided Design* 44(7), S. 709 – 720.

Hinterding, A., Müller, A., Gerlach, N. & Gabel, F. (2003). Geostatistische und statistische Methoden und Auswerteverfahren für Geodaten mit Punkt- bzw. Flächenbezug. Forschungsbericht, Institut für Geoinformatik der Westfälischen Wilhelms-Universität Münster.

Hoffmann, C. (2005). Constraint-based CAD. *Journal of Computing and Information Science in Engineering* 5(3), S. 182–197.

Hoffmann, C., Lomonosov, A. & Sitharam, M. (2001). Decomposition Plans for Geometric Constraint Systems, Part I: Performance Measures for CAD. *Journal of Symbolic Computation* 31(4), S. 367 – 408.

Hoffmann, C. & Peters, J. (1995). Geometric Constraints for CAGD. In: *Proceedings of the 3rd International Conference on Mathematical Methods for CAGD, Ulvic*, S. 237–254. Vanderbilt University Press.

Hoffmann, C. & Vermeer, P. (1994). Geometric constraint solving in R2 and R3. *Computing in Euclidean Geometry* 2(1), S. 266–298.

Hoffmann, C. M. (2001). *Geometric and solid modeling: an introduction*. Morgan Kaufmann, San Francisco, CA, USA.

Hoffmann, C. M. & Joan-Arinyo, R. (2002). *Parametric Modeling* (1 Aufl.)., Kapitel 21, S. 519–541. Elsevier Science B.V., Amsterdam.

Hoffmann, C. M. & Joan-Arinyo, R. (2005). A brief on constraint solving. *Computer-Aided Design and Applications* 2(5), S. 655–663.

Hoffmann, C. M., Lomonosov, A. & Sitharam, M. (1998). Geometric Constraint Decomposition. In: B. Brüderlin & D. Roller (Hrsg.), *Geometric Constraint Solving and Applications*, S. 170–195. Springer Berlin Heidelberg.

Hopcroft, J. & Tarjan, R. E. (1974). Dividing a Graph into Triconnected Components. *Siam Journal on Computing* 2(1), S. 135–158.

Hopcroft, J. E. & Tarjan, R. (1972, 08). Finding the triconnected components of a graph. Technical Report TR 72-140, Computer Science Department., Cornell University, Ithaca, N.Y, USA.

Howell, I. & Batcheler, B. (2005). Building Information Modeling Two Years Later - Huge Potential, Some Success and Several Limitations, Webseite (Stand: 13.11.13) http://www.laiserin.com/features/bim.

Hyvärinen, J. (Hrsg.) (2012). *OpenIOpen LandXML proposal*. buildingSMART.

Imrak, C. (2002). 8. Applying Constraints and Dimensioning in Solid Modeling. Lecture notes: Mak 112e-4 computer aided technical drawing, Transport Technology Group, Faculty Mechanical Engineering, Istanbul Technical University, Turkey.

ISO:10303-Part:55 (2005, 02). *International Standard ISO 10303-55 - Integrated generic resource: Procedural and hybrid representation* (1 Aufl.). ISO copyright office: International Organization for Standardization.

ISO:16739 (2013). *International Standard ISO 16739:2013 - Industry Foundation Classes (IFC) for data sharing in the construction and facility management industries* (1 Aufl.). ISO copyright office: International Organization for Standardization.

ISO:19107 (2003, 05). *International Standard ISO 19107 -Graphic information - Spatial schema* (1 Aufl.). ISO copyright office: International Organization for Standardization.

Jany, S. (2009). Kombination von Airborne Laser Scanning Daten mit terrestrischen Laserdaten anhand von Fallbeispielen. *58. Berg- und Hüttenmännischer Tag: GIS – Geowissenschaftliche Anwendungen und Entwicklungen* 1(1), S. 239–246.

Ji, Y. (2014). *Durchgängige Trassen- und Brückenplanung auf Basis eines integrierten parametrischen 3D-Infrastrukturbauwerksmodells*. Dissertation, Technische Universität München, München.

Ji, Y., Borrmann, A., Rank, E., Wimmer, J. & Günthner, W. (2009). An Integrated 3D Simulation Framework for Earthwork Processes. In: *Proc. of the 24th CIB-W78 Conference on Managing IT in Construction*.

Joan-Arinyo, R. (2009). Basics on Geometric Constraint Solving. In: *Proceedings of the EGC '09: XIII Eneuentros de Geometria Computational, Zaragoza, Spain*.

Joan-Arinyo, R. & Soto, A. (1997a). A correct rule-based geometric constraint solver. *Computers and Graphics* 21(5), S. 599 – 609.

Joan-Arinyo, R. & Soto, A. (1997b). A ruler-and-compass geometric constraint solver. In: *Proceedings of the fifth IFIP TC5/WG5.2 international workshop on geometric modeling in computer aided design on Product modeling for computer integrated design and manufacture*, GMCAD '96, London, UK, UK, S. 384–393. Chapman & Hall, Ltd.

Joan-Arinyo, R. & Soto-Riera, A. (1999). Combining constructive and equational geometric constraint-solving techniques. *ACM Transactions on Graphics* 18(1), S. 35–55.

Joan-Arinyo, R., Soto-Riera, A., Vila-Marta, S. & Vilaplana, J. (2001). On the domain of constructive geometric constraint solving techniques. In: *Proceedings of the Spring Conference on Computer Graphics*, S. 49 –54.

Joan-Arinyo, R., Soto-Riera, A., Vila-Marta, S. & Vilaplana-Pastó, J. (2002a). Declarative characterization of a general architecture for constructive geometric constraint solvers. In: *Proceedings of the Fifth International Conference on Computer Graphics and Artificial Intelligence*.

Joan-Arinyo, R., Soto-Riera, A., Vila-Marta, S. & Vilaplana-Pastó, J. (2002b). Revisiting decomposition analysis of geometric constraint graphs. In: *Proceedings of the seventh ACM symposium on Solid modeling and applications*, SMA '02, New York, NY, USA, S. 105–115. ACM.

Jost, J., Benda, F., Daffner, F., Ernst, D., Gülden, T., Knauff, M., Kreuzer, B., Müller-Koch, K., Pointner, E., J., S., Schinhärtl, J. & Strobl, C. (2005). Bodeninformationssystem Bayern (BIS-By). Forschungsbericht 25, Bayerisches Landesamt für Umwelt, München.

Jubierre, J. (2009). Analysis and coupling of a Geometric Constraint Solver with a CAD application. Diplomarbeit, Technische Universität München, Fakultät Bauingenieur- und Vermessungswesen, Lehrstuhl fur Computation in Engineering.

Kale, V., Bapat, V. & Bettig, B. (2012). Geometric Constraint Solving With Solution Selectors. *Journal of Computing and Information Science in Engineering* 12(4), S. 11–23.

Kaminski, I. (2010). *Potenziale des Building Information Modeling im Infrastrukturprojekt - Neue Methoden für einen modellbasierten Arbeitsprozess im Schwerpunkt der Planung*. Dissertation, Universtät Leipzig.

Kanters, J. & Horvat, M. (2012). The Design Process known as IDP: A Discussion. *Energy Procedia* 30(0), S. 1153 – 1162.

Katzenbach, A., Brock, H.-J. & Mueller, F. (1995). WKS - ein wissensbasiertes Konstruktionssystem fuer Presswerkzeuge im Automobilbau. In: *VDI BERICHTE: Wissens Verarbeitung in Entwicklung und Konstruktion, Tagung*, 1217, S. 19–40. VDI-Gesellschaft Entwicklung Konstruktion Vertrieb.

Kaufmann, O. & Martin, T. (2008). 3D geological modelling from boreholes, cross-sections and geological maps, application over former natural gas storages in coal mines. *Computers and Geosciences* 34(3), S. 278 – 290.

Khemlani, L. (2005). CORENET e-PlanCheck: Singapore's Automated Code Checking System, AECbytes, Webseite (Stand: 17.10.15) http://www.aecbytes.com/buildingthefuture/2005/CORENETePlanCheck.

Kühn, W. (2003). Untersuchungen zu neuartigen Modellvorstellungen und Verfahren - Ein Beitrag zur Weiterentwicklung der Entwurfsmethodik für Straßen. In: *Schriftenreihe des Lehrstuhls Gestaltung von Straßenverkehrsanlagen, Heft 4,1.Auflage*. Technische Universität Dresden.

Kühn, W. (2010). Neue Entwurfsmethoden für Straßen. *Straßenverkehrstechnik* 54, Nr.3, S. 148–156.

Kühn, W., Lippold, C. & Zimmermann, M. (1997, 04). Grundlagen und Anwendungsmöglichkeiten der Visualisierung in der Straßenplanung, FE-Vorhaben 02.0257/2005/DGB, Webseite (Stand: 25.11.2013) http://visustrplanung.bast.de/.

Kim, J., Pratt, M. J., Iyer, R. G. & Sriram, R. D. (2008). Standardized data exchange of CAD models with design intent. *Computer-Aided Design* 40(7), S. 760 – 777.

Koecher, M. & Krieg, A. (2013). *Ebene Geometrie*. Springer-Lehrbuch. Springer Verlag Berlin Heidelberg.

Kohl, H. & Roller, D. (1998). ParaCAD Parametric Computer Aided Design. In: D. Roller (Hrsg.), *Jahresbericht 1998*, S. 44. Universität Stuttgart - Lehrstuhl Grundlagen der Informatik - Graphische Ingenieursysteme -.

Kolymbas, D. (2011). Geotechnische Untersuchungen, Untergrunderkundung. In: *Geotechnik*, S. 507–536. Springer Berlin Heidelberg.

Kondo, K. (1992). Algebraic method for manipulation of dimensional relationships in geometric models. *Computer-Aided Design* 24(3), S. 141 – 147.

Konopasek, M. & Jayaraman, S. (1985). Constraint and declarative languages for engineering applications: The TK!Solver contribution. In: *Proceedings of the IEEE*, Volume 73, S. 1791–1806.

Kramer, G. A. (1990). *Geometric reasoning in the kinematic analysis of mechanisms*. Dissertation, University of Sussex, University of Sussex, Brighton, UK.

Kramer, G. A. (1991). Using degrees of freedom analysis to solve geometric constraint systems. In: J. Rossignac & J. Turner (Hrsg.), *Proceedings of the first ACM symposium on Solid modeling foundations and CAD/CAM applications*, S. 371–378.

Kramer, G. A. (1992). A geometric constraint engine. *Artificial Intelligence* 58(1), S. 327 – 360.

Krieg, U., Deubner, J., Hanel, M. & Wiegand, M. (2013). *Konstruieren mit NX 8.5 - Volumenkörper, Baugruppen und Zeichnungen*. Carl Hanser Verlag GmbH Co KG.

Krömker, S. (2008). Splines, Webseite (Stand: 05.08.2015) http://www.iwr.uni-heidelberg.de/groups/ngg/CG2008/Txt/Kapitel6.pdf.

Kupke, S. (2003). *Deterministische und stochastische Interpolationsverfahren*. GRIN Verlag.

Kutzler, B. & Stifter, S. (1986). On the application of Buchberger's algorithm to automated geometry theorem proving. *Journal of Symbolic Computation* 2(4), S. 389 – 397.

La Rocca, G. (2012). Knowledge based engineering: Between {AI} and CAD. Review of a language based technology to support engineering design. *Advanced Engineering Informatics* 26(2), S. 159 – 179.

Laman, G. (1970). On graphs and rigidity of plane skeletal structures. *Journal of Engineering Mathematics* 4, S. 331–340.

Lamure, H. & Michelucci, D. (1995). Solving geometric constraints by homotopy. In: *Proceedings of the third ACM symposium on Solid modeling and applications*, SMA '95, New York, NY, USA, S. 263–269. ACM.

Lamure, H. & Michelucci, D. (1998). Qualitative Study of Geometric Constraints. In: B. Bruederlin & D. Roller (Hrsg.), *Geometric Constraint Solving and Applications*, S. 234–258. Springer Berlin Heidelberg.

Latham, R. & Middleditch, A. (1996). Connectivity analysis: a tool for processing geometric constraints. *Computer-Aided Design* 28(11), S. 917 – 928.

Lawson, B. (1979). Cognitive Strategies in Architectural Design. *Journal of Ergonomics* 22(1), S. 59–68.

Lee, J. Y. & Kim, K. (1998). A 2-D geometric constraint solver using DOF-based graph reduction. *Computer-Aided Design* 30(11), S. 883 – 896.

Leschus, L., Stiller, S. & Vöpel, H. (2009). Strategie 2030 - Mobilität, Webseite (Stand: 10.05.2013) www.hwwi.org/fileadmin/hwwi/Publikationen/Partnerpublikationen/ Berenberg/Strategie-2030_Mobilitaet.pdf.

Li, Y.-T., Hu, S.-M. & Sun, J.-G. (2002). A constructive approach to solving 3-D geometric constraint systems using dependence analysis. *Computer-Aided Design* 34(2), S. 97–108.

Libardi, E. C. J., Dixon, J. R. & Simmons, M. K. (1988). Computer environments for the design of mechanical assemblies: A research review. *Engineering with Computers* 3(3), S. 121–136.

Light, R. & Gossard, D. (1982). Modification of geometric models through variational geometry. *Computer-Aided Design* 14(4), S. 209 – 214.

Lipinski, K. (2015). Makro, Webseite (Stand: 03.04.2015) http://www.itwissen.info/definition/ lexikon/Makro-macro.html.

Lipson, H., Kimura, F. & Shpitalni, M. (1999). Solving Geometric Constraints by Auxiliary Constructions, Webseite (Stand: 05.09.13) http://citeseerx.ist.psu.edu/viewdoc/download? doi=10.1.1.97.5803&rep=rep1&type=pdf.

Lorenz, J. & Lorenz, M. (2007). *Das Baustellenhandbuch für den Tiefbau*. FORUM Verlag Herkert GmbH, Merching.

Lovász, L. & Yemini, Y. (1982). On Generic Rigidity in the Plane. *SIAM Journal on Algebraic Discrete Methods* 3(1), S. 91–98.

Luzón, M., Soto, A., Gálvez, J. & Joan-Arinyo, R. (2005). Searching the Solution Space in Constructive Geometric Constraint Solving with Genetic Algorithms. *Journal of Applied Intelligence* 22(2), S. 109–124.

Mahmoud, R. H. (2010). Municipal information models and federated software architecture for implementing integrated infrastructure management environments. *Automation in Construction* 19(1), S. 433–446.

Maloney, J. (1991). *Using Constraints for User Interface Construction*. Dissertation, Department of Computer Science and Engineering, University of Washington, USA.

Martínez, M. L. & Félez, J. (2005). A constraint solver to define correctly dimensioned and overdimensioned parts. *Computer-Aided Design* 37(13), S. 1353 – 1369.

Mathis, P. & Thierry, S. (2010). A formalization of geometric constraint systems and their decomposition. *Formal Aspects of Computing* 22(2), S. 129–151.

Matsuda, N. (2004). *The impact of different proof strategies on learning geometry theorem proving*. Dissertation, University of Pittsburgh, Faculty of Intelligent Systems Program in partial fulfillment.

Matsuda, N. & VanLehn, K. (2004). GRAMY: A Geometry Theorem Prover Capable of Construction. *Journal of Automated Reasoning* 32(1), S. 3–33.

McCartney, T. P. (1995). User Interface Applications of a Multi-way Constraint Solver. Forschungsbericht, Department of Computer Science, University of Washington, USA.

Meißner, U. & Maurial, A. (2000). *Die Methode der finiten Elemente - Eine Einführung in die Grundlagen* (2 Aufl.). Springer Verlag.

Meissner, U. F., Peters, F. & Rüppel, U. (1995). Graphically interactive object-oriented product modeling of structures. In: *Proceedings of the 6th Int. Conference on Computing in Civil and Building Engineering (ICCCBE)*.

Menezes, D. (2010). Synchronous Technology In Solid Edge ST3, Webseite (Stand: 01.02.2014) http://www.deelip.com/?p=3618.

Miller, G. & Ramachandran, V. (1992). A new graph triconnectivity algorithm and its parallelization. *Combinatorica* 12(1), S. 53–76.

Ming, J., Pan, M., Qu, H. & Ge, Z. (2010). GSIS: A 3D geological multi-body modeling system from netty cross-sections with topology. *Computers and Geosciences* 36(6), S. 756 – 767.

Natzschka, H. (2011). *Straßenplanung - Entwurf und Bautechnik*. 3. Auflage. Vieweg + Teubner Verlag, Wiesbaden.

Nübel, V. (2005). *Die adaptive rp-Methode für elastoplastische Probleme*. Dissertation, Technische Universität München, München.

NBIMS-US (2015). National BIM Standard-United States® Fact Sheet, Webseite (Stand: 12.10.2015) https://www.nationalbimstandard.org/files/NBIMS-US_FactSheet_2015.pdf.

Neuberg, F. (2003). *Ein Softwarekonzept zur Internet-basierten Simulation des Ressourcenbedarfs von Bauwerken*. Dissertation, Technische Universität München, München.

Niemeijer, R., de Vries, B. & Beetz, J. (2013). Freedom through constraints: User-oriented architectural design. *Advanced Engineering Informatics* in Press(1), S. 28–36.

Niggl, A. (2006). *Tragwerksanalyse am volumenorientierten Gesamtmodell -Ein Ansatz zur Verbesserung der computergestützten Zusammenarbeit im konstruktiven Ingenieurbau*. Dissertation, Technische Universität München, München.

Obergriesser, M. (2007). Standsicherheit von flachgegründeten Windkraftanlagen. Diplomarbeit, Fachhochschule Erfurt.

Obergriesser, M., Euringer, T., Borrmann, A. & Rank, E. (2011). Integration of geotechnical design and analysis processes using a parametric and 3D-model based approach. In: Y. Zhu & R. Issa (Hrsg.), *Proceedings of the ASCE International Workshop on Computing in Civil Engineering*, Miami, Florida, USA, S. 430–437.

Obergriesser, M., Euringer, T., Horenburg, T. & Günthner, W. (2011). CAD-Modellierung im Bauwesen: Integrierte 3D-Planung von Brückenbauwerken. Forschungsbericht, Fakultät Bauingenieurwesen, Technische Hochschule Regensburg, Deutschland.

Obergriesser, M., Ji, Y., Baumgärtel, T., Euringer, T., Borrmann, A. & Rank, E. (2009). GroundXML - An addition of alignment and subsoil specific cross-sectional data to the LandXML scheme. In: *Proceedings of the 12th International Conference on Civil, Structural and Environmental Engineering Computing, Madeira, Portugal*.

Obergriesser, M., Ji, Y., Schorr, M., Lukas, K. & Borrmann, A. (2008). Einsatzpotential kommerzieller PDM/PLM-Softwareprodukte für Ingenieurbauprojekte. In: *Tagungsband des 20. Forum Bauinformatik*, Dresden, Germany.

Obermeyer Planen + Beraten GmbH, . (2012). Obermeyer Planen + Beraten GmbH, Webseite (Stand: 11.11.13) http://www.opb.de/.

Oliver, M. A. & Webster, R. (1990). Kriging: a method of interpolation for geographical information systems. *Journal of geographical information systems* 4(3), S. 313–332.

Owen, J. C. (1991). Algebraic solution for geometry from dimensional constraints. In: *Proceedings of the first ACM symposium on Solid modeling foundations and CAD/CAM applications*, SMA '91, New York, NY, USA, S. 397–407. ACM.

Pache, S. (2009). Vergleich TIN / GRID zur Geländemodellierung, Webseite (Stand: 20.11.2013) http://www.uni-muenster.de/Geoinformatics/.

Pellerin, J., Lätzsche Lévy, B., Caumon, G. & Botella, A. (2014). Automatic surface remeshing of 3D structural models at specified resolution: A method based on Voronoi diagrams. *Computers and Geosciences* 62(1), S. 103 – 116.

Pfeifer, N. & Briese, C. (2007). Geometrical aspects of airborne laser scanning an terrestrial laser scanning. *ISPRS Workshop on Laser Scanning 2007 and SilviLaser 2007, Espoo, Finland* 26(1), S. 311–319.

Pishtov, M. (2009). Das Integrierte Produktmodell. Forschungsbericht, Technische Universität Sofia, Bulgarien.

Ponti, D., McVay, M., Styler, M. & Benoit, J. (2006). DIGGS: An XML-based inter-change standard for geotechnical and Geoenvironmental data. In: *Proceedings of the COSMOS Workshop*.

Pratt, M. J. (1998). Extension of the Standards ISO 10303 (STEP) for the Exchange of Parametric and Variational CAD Models. In: *Proceedings of the Tenth International IFIP WG5.2/5.3 Conference, PROLAMAT 98*.

Properties, S. (2007). *BIM Requirements*.

RAA (2008). Richtlinie für die Anlagen von Autobahnen. Forschungsbericht, Bundesministerium für Verkehr, Bau und StadtentwicklungRiZ-ING (2012).

RAL (2013). Richtlinie für die Anlagen von Landstraßen. Forschungsbericht, Bundesministerium für Verkehr, Bau und Stadtentwicklung.

Rank, E., Halfmann, A., Ruecker, M., Katz, C. & Gebhard, S. (2000). Integrierte Modellierungs- und Berechnungssoftware für den konstruktiven Ingenieurbau: Systemarchitektur und Netzgenerierung. *Bauingenieur* -(75), S. 60–66.

Ranta, M., Mäntylä, M., Umeda, Y. & Tomiyama, T. (1996). Integration of functional and feature-based product modelling -Tthe IMS/GNOSIS experience. *Computer-Aided Design* 28(5), S. 371 – 381.

RAS-L (1995). Richtlinie für die Anlagen von Straßen - Linienführung. Forschungsbericht, Bundesministerium für Verkehr, Bau und Stadtentwicklung.

RAS-Q (1995). Richtlinie für die Anlagen von Straßen - Querschnitt. Forschungsbericht, Bundesministerium für Verkehr, Bau und Stadtentwicklung.

Rebolj, D., Tibaut, A., Cus-Babic, N., Magdic, A. & Podbreznik, P. (2008). Development and application of a road product model. *Automation in Construction* 17(1), S. 719–72.

Rege, A. (1995). A complete and practical algorithm for geometric theorem proving (extended abstract). In: *Proceedings of the eleventh annual symposium on Computational geometry*, SCG '95, New York, NY, USA, S. 277–286. ACM.

Requicha, A. & Voelcker, H. (1977). Constructive solid geometry. Forschungsbericht No. 25, Production Automation Project, University of Rochester, USA.

Richter, D. & Heindel, M. (2008). *Straßen- und Tiefbau mit lernfeldorientierten Projekten*. 10. Auflage. Teubner Verlag, Wiesbaden.

Ritzmann, M., Bischoff, M., Golz, M. & Böse, R. (2010). Eine neue Methodik für den Entwurf von Strassenverkehrsanlagen. Forschungsbericht, Fachhochschule Schmalkalden, Deutschland.

RiZ-ING (2012). Richtzeichnungen für Ingenieurbauwerke. Forschungsbericht, Bundesministerium für Verkehr, Bau und Stadtentwicklung.

Römer, F. (2013). Parametrische 3-D Modellierung von Brückenbauwerken mit Autodesk Inventor. Diplomarbeit, Technische Universität München.

Roller, D., Schonek, F. & Verroust, A. (1989). Dimension-driven Geometry in CAD : A Survey. In: W. StraÃŸer & H.-P. Seidel (Hrsg.), *Theory and Practice of Geometric Modeling*, S. 509–523. Springer Berlin Heidelberg.

Romberg, R. (2005). *Gebäudemodell-basierte Strukturanalyse im Bauwesen*. Dissertation, Technische Universität München, München.

Rosen, D. (1997). Parametric Modelling. Forschungsbericht, The Georgia Institute of Technology - The Systems Realization Laboratory.

Rossignac, J. R. (1987). Constraints in constructive solid geometry. In: *Proceedings of the 1986 workshop on Interactive 3D graphics*, I3D '86, New York, NY, USA, S. 93–110. ACM.

Rüppel, U. (2007). *Vernetzt-kooperative Planungsprozesse im Konstruktiven Ingenieurbau – Grundlagen, Methoden, Anwendungen und Perspektiven zur vernetzten Ingenieurkooperation*. 1. Auflage. Springer Verlag, Berlin, Heidelberg.

Sannella, M. (1994). Skyblue: a multi-way local propagation constraint solver for user interface construction. In: *Proceedings of the 7th annual ACM symposium on User interface software and technology*, UIST '94, New York, NY, USA, S. 137–146. ACM.

Sapossnek, M. (1991). Research on constraint-based design systems. Forschungsbericht, Engineering Design Research Center, Carnegie Mellon University, USA.

Saxe, J. (1979). Embedding of weighted graphs in k-space is strongly NP-hard. Forschungsbericht, Computer Science Department, Carnegie-Mellon University, Pittsburgh, PA.

Scarponcini, P. (2013). InfraGML Proposal. *OGC Land and Infrastructure DWG/SWG* 1(1), S. 13–121.

Schallehn, E. (2008). Grundlagen der Computergrafiken - Geometrische Modellierung, Webseite (Stand: 20.04.2015) http://wwwiti.cs.uni-magdeburg.de/iti_db/lehre/gif/gif_19.pdf.

Scherer, V., Ferber, U., Stahl, V., Böhm, C., Schenkel, R., Feger, K.-H., Wahren, F. & Schwärzel, K. (2012). Bodeninformationssystem für Bodenschutzbehörden. Forschungsbericht Heft 5, Landesamt für Umwelt, Landwirtschaft und Geologie (LfULG), Sachsen.

Schäfer, D., Roller, D. & Böck, D. (2002). CAE Systeme der dritten Generation – Wahrheit oder Vision –. In: *Tagungsband für Elektrotechnik und CAD*, S. 1–21. Shaker Verlag, Aachen.

Schmid, M. (2008). *CAD mit NX*. J. Schlembach Fachverlag, Willburgstetten.

Schorr, M. (2011). *Ein modellbasiertes, lebenszyklusorientiertes Datenmanagement-Konzept für Straßen- und Brückenbauprojekte*. Dissertation, Technische Universität München, Lehrstuhl für Fördertechnik Materialfluss Logistik.

Schorr, M., Borrmann, A., Obergriesser, M., Ji, Y., Günthner, W., Euringer, T. & Rank, E. (2011). Using Product Data Management Systems for Civil Engineering Projects – Potentials and Obstacles. *ASCE Journal of Computing in Civil Engineering* 25(6), S. 430–441.

Schuh, G. (2005). *Produktkomplexität managen - Strategien - Methoden - Tools*. Number 2. Carl Hanser Verlag GmbH Co KG.

Schussel, M. D. & Chung, J. (1995). *The CAD/CAM handbook*, Kapitel 15 - Constraint-based design technologies, S. 67–85. New York, NY, USA: Ed. Machover, C., McGraw-Hill, Inc.

Senti, P. (2008). Grundkonstruktionen - Punktmengen, Webseite (Stand:08.05.15) http://www.allgemeinbildung.ch/arb/arb=mat/q_Grundkonstruktionen_02_Punktmengen.pdf.

Serrano, D. (1991). Automatic dimensioning in design for manufacturing. In: *Proceedings of the first ACM symposium on Solid modeling foundations and CAD/CAM applications*, SMA '91, New York, NY, USA, S. 379–386. ACM.

Serrano, D. & Gossard, D. (1989). Constraint Management in Conceptual Design. In: S. Newsome, W. Spillers, & S. Finger (Hrsg.), *Design Theory $^{TM}88$*, S. 300–300. Springer New York.

Shah, J. & Rogers, M. T. (1993). Assembly modeling as an extension of feature-based design. *Research in Engineering Design* 5(3-4), S. 218–237.

Shah, J. J. & Mäntylä, M. (1995). *Parametric and Feature Based CAD/Cam: Concepts, Techniques, and Applications* (1st Aufl.). New York, NY, USA: John Wiley; Sons, Inc.

Shea, K. (2011). Computer Aided Modeling of Products and Processes. Forschungsbericht, Lehrstuhl für Produktentwicklung, Technische Universität München, Deutschland.

Shimizu, S., Inoue, K. & Numao, M. (1991). An ATMS-based geometric constraint solver for 3D CAD. In: *Proceedings of the third International Conference on Tools for Artificial Intelligence*, S. 282–290.

Shuichi, S. & Masayuki, N. (1997). Constraint-based design for 3D shapes. *Artificial Intelligence* 91(1), S. 51 – 69.

Sidorenko, N., Kantorovich, L., Slavutsky, E. & Ratner, D. (2014, 10). History-Free Solid Modeling, Webseite (Stand: 06.04.15) http://www.cloud-invent.com/Whitepapers/Direct_modeling_approach.pdf.

Siemon, E. (2001). *Entwurf von Benutzerschnittstellen technischer Anwendungen mit visuellen Spezifikationsmethoden und Werkzeugen*. Dissertation, Technische Universität Darmstadt, Fachbereich Informatik.

Simion, I. & Simion, A. (2007). Constraint Geometry. *Journal of Industrial Design and Engineering Graphics* 3(1), S. 33–36.

Sitharam, M., Peters, J. & Zhou, Y. (2004). Solving minimal, wellconstrained, 3D geometric constraint systems: combinatorial optimization of algebraic complexity. In: H. Hong & D. Wang (Hrsg.), *Proceedings of the 5th International Workshop Automated Deduction in Geometry, ADG 2004, Gainesville, FL, USA, September 16-18, 2004, Revised Papers*. Springer.

Sohrt, W. & Brüderlin, B. (1991). Interaction with constraints in 3D modeling. In: *Proceedings of the first ACM symposium on Solid modeling foundations and CAD/CAM applications*, SMA '91, New York, NY, USA, S. 387–396. ACM.

Solano, L. & Brunet, P. (1993). A System for Constructive Constraint-Based Modelling. In: B. Falcidieno & T. Kunii (Hrsg.), *Modeling in Computer Graphics*, IFIP Series on Computer Graphics, S. 61–83. Springer Berlin Heidelberg.

Spitzer, A. & Weiss, W. (1999). Mit Hybridsystemen alle Möglichkeiten offen halten. In: *In CAD/CAM Report Nr. 7*.

Spur, G., Ebert, J., Fischer, W., Herter, J., Lehr, U., Materne, J., Pahl, G., Specht, D., Thomas, H., Wietog, J. & Zurlino, F. (1993). *Automatisierung und Wandel der betrieblichen Arbeitswelt*. De Gruyter Verlag.

Statista (2009). Top 20 Länder nach der Straßennetzdichte, Webseite (Stand: 05.05.2015) http://de.statista.com/statistik/daten/studie/157794/umfrage/ranking-ausgewaehlter-laender-nach-der-strassennetzdichte-im-jahr-2009/.

Steel, J., Drogemuller, R. & Toth, B. (2012). Model interoperability in building information modelling. *Software and Systems Modeling* 11(1), S. 99–109.

STEP-Part:108 (2005, 02). *International Standard ISO 10303-108 - Integrated application resource, parametparameter and constrains for explicit geometric product models* (1 Aufl.). ISO copyright office: International Organization for Standardization. ISO:10303-Part:108.

Stewart, I. (1989). *Galios Theory*. Springer Verlag Netherlands.

Straßmann, T. (2008). CAD-Modelle flexibler ändern. In: *Heft 06-2008*. Digital Engineering Magazin.

Stumpf, D. (2009, Online (Stand: 16.10.2015):). Kammer setzt auf Kooperation http://www.bayika.de/de/service/DIB-Bayern/ing-in-bayern_05-09.pdf.

Sunde, G. (1986). Specification of shape by dimensions and other geomertic constraints. In: M. Wozny, H. McLaughlin, & E. J.L. (Hrsg.), *Proceedings of Geometric Modelling for Computer Aided Design Applications*, I.F.I.P.Working Conference Papers. Elsevier Science Ltd.

Sunde, G. (1987). A CAD System with Declarative Specification of Shape. In: P. Hagen & T. Tomiyama (Hrsg.), *Intelligent CAD Systems I*, EurographicSeminars, S. 90–104. Springer Berlin Heidelberg.

Sutherland, I. E. (1964). Sketchpad: A man-machine graphical communication system. In: *Proceedings of the SHARE design automation workshop*, DAC '64, New York, NY, USA, S. 6.329–6.346. ACM.

Tay, F. E. H. & Gu, J. (2002). Product modeling for conceptual design support. *Computers in Industry* 48(2), S. 143 – 155.

Tegtmeier, W., Zlatanova, S., van Oosterom, P. & Hack, H. (2014). 3D-GEM: Geo-technical extension towards an integrated 3D information model for infrastructural development. *Computers and Geosciences* 64, S. 126 – 135.

Thierry, S. E. B. (2011). A particle-spring approach to geometric constraints solving. In: *Proceedings of the 2011 ACM Symposium on Applied Computing*, SAC '11, New York, NY, USA, S. 1100–1105. ACM.

Tsai, V. J. D. (1993). Fast Topological Construction of Delaunay Triangulation and Voronoi Diagrams. *Computers and Geosciences* 19(10), S. 1463–1474.

Ulrich, H. & Probst, G. (1995). *Anleitung zum ganzheitlichen Denken und Handeln. Ein Brevier für Führungskräfte*. Number 4. Paul Haupt, Bern.

Ushakov, D. (2008). Variational Direct Modeling: How to Keep Design Intent in History-Free CAD. Forschungsbericht, Ledas.

Vajna, S., Weber, C., Bley, H., Zeman, K. & Hehenberger, P. (2009). *CAx für Ingenieure - Eine praxisbezogene Einführung*. Springer Verlag Berlin Heidelberg.

Vander Zanden, B. (1996). An incremental algorithm for satisfying hierarchies of multiway dataflow constraints. *ACM Transaction on Programming Languages and Systems* 18(1), S. 30–72.

VDI-2209 (2009). VDI-Richtlinie 2209: 3D-Produktmodellierung - Technische und organisatorische Voraussetzungen - Verfahren, Werkzeuge und Anwendungen - Wirtschaftlicher Einsatz in der Praxis. Forschungsbericht, VDI.

Veltkamp, R. C. & Arbab, F. (1992). Geometric Constraint Propagation with Quantum Labels. In: B. Falcidieno, I. Herman, & C. Pienovi (Hrsg.), *Computer Graphics and Mathematics*, Focus on Computer Graphics, S. 211–228. Springer Berlin Heidelberg.

Verhagen, W. J., Bermell-Garcia, P., van Dijk, R. E. & Curran, R. (2012). A critical review of Knowledge-Based Engineering: An identification of research challenges. *Engineering Informatics* 26(1), S. 5 – 15.

Verroust, A., Schonek, F. & Roller, D. (1992). Rule-oriented method for parameterized computer-aided design. *Computer-Aided Design* 24(10), S. 531 – 540.

Wagner, K. & Hackmack, S. (1997). Grundkurs Sprachwissenschaft, Webseite (Stand: 31.03.2015) http://www.fb10.uni-bremen.de/khwagner/Grundkurs1/grund.pdf.

Walthall, S. & Palmer, M. (2006). The development, implementation and future of the AGS data formats for the transfer of Geotechnical and Geoenvironmental data by electronic means. In: *Procceedings of the GeoCongress, ASCE, Atlanta*.

Wang, B. (1991). *An operational approach for geometric constraint satisfaction*. Dissertation, University of Southern California, Los Angeles, CA, USA.

Wang, D. (1995). Reasoning about Geometric Problems using an Elimination Method. In: J. Pfalzgraf & D. Wang (Hrsg.), *Automated Practical Reasoning*, Texts and Monographs in Symbolic Computation, S. 147–185. Springer Vienna.

Wang, L., Shen, W., Xie, H., Neelamkavil, J. & Pardasani, A. (2002). Collaborative conceptual design-state of the art and future trends. *Computer-Aided Design* 34(13), S. 981 – 996.

Wang, M. (2012). 3D-Planung von Brückenbauwerken mit Siemens NX 7.5. Diplomarbeit, Technische Universität München.

Weidenbach, M. (1999). *Geographische Informationssysteme und neue digitale Medien in der Landschaftsplanung*. Logos Verlag, Berlin.

Weigel, W. (2009). Grundlagen der Schulgeometrie - Definition Kreis, Webseite (Stand: 05.05.2015) http://www.bmbf.didaktik.mathematik.uni-wuerzburg.de/~wgweigel/vhbn/demo/sgeo/kreis/definitionen.html.

Weise, G. & Durth, W. (1997). *Strassenbau - Planung und Entwurf -*. 3.Auflage. Verlag für Bauwesen, Berlin.

Wimmer, J. (2014). *Ereignisorientierte Simulation und Optimierung im Erdbau*. Dissertation, Technische Universität München, München.

Winkler, F. (1990). Gröbner bases in geometrie theorem proving and simplest degeneracy conditions. *Mathematica Pannonica* 1(1), S. 15–32.

Wolf, G., Bracher, A. & Bösl, B. (2013). *Straßenplanung*. 8. Auflage. Werner Verlag.

Wolf, G. & Pietzsch, W. (2005). *Straßenplanung*. 7. Auflage. Werner Verlag.

Woodbury, R. (2010). *Elements of Parametric Design*. Routledge Taylor and Fransis Group.

Wu, W.-T. (1978). On the decision problem and the mechanization of theorem-proving in elementary geometry. *Scientia Sinica* 2(3), S. 159–172.

Wu, W.-T. (1986). Basic principles of mechanical theorem proving in elementary geometrics. *Journal of Automed Reasoing* 2(3), S. 221–252.

Wu, W.-T. (1999). Automatic Geometry Theorem-Proving and Automatic Geometry Problem-Solving. In: *Proceedings of the Second International Workshop on Automated Deduction in Geometry*, ADG '98, London, UK, UK, S. 1–13. Springer-Verlag.

Yabuki, N. (2008). Representation of caves in a shield tunnel product model. In: R. Scherer & A. Zarli (Hrsg.), *Proceedings of the European Conference of Product and Process Model (ECPPM)*, S. 545–550. Taylor & Francis.

Yabuki, N. & Li, Z. (2006). Development of New IFC-BRIDGE Data Model and a Concrete Bridge Design System Using Multi-agents. In: E. Corchado, H. Yin, V. Botti, & C. Fyfe (Hrsg.), *Intelligent Data Engineering and Automated Learning IDEAL 2006*, Volume 4224 of *Lecture Notes in Computer Science*, S. 1259–1266. Springer Berlin Heidelberg.

Yan-lin, S., Ai-ling, Z., You-bin, H. & Ke-yan, X. (2011). 3D Geological Modeling and Its Application under Complex Geological Conditions. *Procedia Engineering* 12(1), S. 41 – 46.

Yu-liang, L. & Wei, Z. (2009). Development of an integrated-collaborative decision making framework for product top-down design process. *Robotics and Computer-Integrated Manufacturing* 25(3), S. 497 – 512.

Zhang, G.-F. (2011). Well-constrained completion for under-constrained geometric constraint problem based on connectivity analysis of graph. In: *Proceedings of the 2011 ACM Symposium on Applied Computing*, SAC '11, New York, NY, USA, S. 1094–1099. ACM.

Zhang, J.-Z., Chou, S.-C. & Gao, X.-S. (1995). Automated production of traditional proofs for theorems in Euclidean geometry I. The Hilbert intersection point theorems. *Annals of Mathematics and Artificial Intelligence* 13(1-2), S. 109–137.

Zobel, F. & Marschallinger, R. (2008). Subsurface GeoBuilding Information Modelling GeoBIM. In: *Proceedings of GEOinformatics*, Volume 11, S. 40–43.

ZTV-ING(Teil:5) (2010). *Zusätzliche Technische Vertragsbedingungen und Richtlinien für Ingenieurbauten - ZTV-ING Teil 5- Tunnelbau*. Bundesanstalt für Straßenwesen.

Zu, X., Hou, W., Zhang, B., Hua, W. & Luo, J. (2012). Overview of Three-dimensional Geological Modeling Technology. *Journal IERI Procedia* 2(1), S. 921 – 927.

A

Anhang

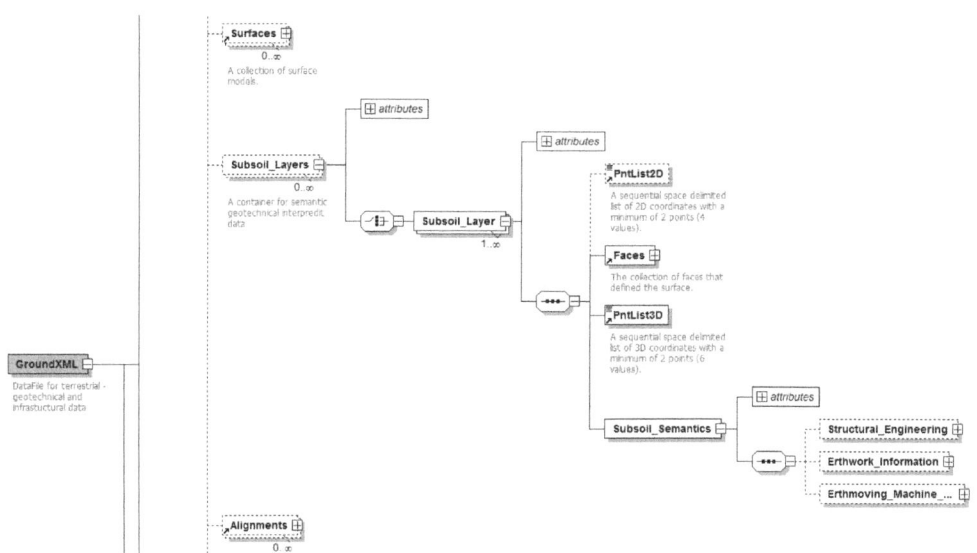

Abbildung A.1: graphischer Auszug des GroundXML-Schemas, Ansatz 1 aus Abschnitt 2.3.2.1.

Tabelle A.1: textueller Auszug des GroundXML-Schemas, Ansatz 1.

$<xs:schema\,xmlns:xs = "http://www.w3.org/2001/XMLSchema"$
$elementFormDefault = "qualified" attributeFormDefault = "unqualified"»$
$<xs:element\,name = "GroundXML"»$
$<xs:annotation>$
$<xs:documentation> DataFile\,for\,terrestrial - geotechnical\,and\,infrastuctural\,data </xs:documentation>$
$</xs:annotation>$

```xml
<xs:complexType>
<xs:choice maxOccurs="unbounded">
<xs:element name="SSubsoil_Layers" minOccurs="0" maxOccurs="unbounded">
<xs:annotation>
<xs:documentation>A container for semantic geotechnical interpredit data</xs:documentation>
</xs:annotation>
<xs:complexType>
<xs:choice>
<xs:element name="SSubsoil_Layer" maxOccurs="unbounded">
<xs:complexType>
<xs:sequence>
<xs:element ref="PntList2D" minOccurs="0"/>
<xs:element ref="Faces"/>
<xs:element ref="PntList3D"/>
<xs:element name="SSubsoil_semantics">
<xs:complexType>
<xs:sequence>
<xs:element name="SStructural_Engineering" minOccurs="0">
<xs:complexType>
<xs:sequence minOccurs="0" maxOccurs="unbounded">
<xs:element name="SStructural_Analyse">
<xs:complexType>
<xs:choice>
<xs:element name="Parameter"/>
</xs:choice>
<xs:attribute name="name"/>
<xs:attribute name="SSoil_ID"/>
<xs:attribute name="desc"/>
</xs:complexType>
</xs:element>
</xs:sequence>
</xs:complexType>
</xs:element>
<xs:element name="Erthwork_Information" minOccurs="0">
<xs:complexType>
<xs:sequence minOccurs="0" maxOccurs="unbounded">
<xs:element name="SStructural_Engineering">
<xs:complexType>
<xs:choice>
<xs:element name="Parameter"/>
</xs:choice>
<xs:attribute name="name"/>
<xs:attribute name="SSoil_ID"/>
<xs:attribute name="desc"/>
```

```
</xs:complexType>
</xs:element>
</xs:sequence>
</xs:complexType>
</xs:element>
<xs:element name="Erthmoving_Machine_data" minOccurs="0">
<xs:complexType>
<xs:sequence minOccurs="0" maxOccurs="unbounded">
<xs:element name="Design_Execution">
<xs:complexType>
<xs:choice>
<xs:element name="Parameter"/>
</xs:choice>
<xs:attribute name="name"/>
<xs:attribute name="SSoil_ID"/>
<xs:attribute name="desc"/>
</xs:complexType>
</xs:element>
</xs:sequence>
</xs:complexType>
</xs:element>
</xs:sequence>
<xs:attribute name="name"/>
<xs:attribute name="desc"/>
</xs:complexType>
</xs:element>
</xs:sequence>
<xs:attribute name="name"/>
<xs:attribute name="Subsoil_ID"/> v
</xs:complexType>
</xs:element>
</xs:choice>
<xs:attribute name="name"/>
<xs:attribute name="date"/>
<xs:attribute name="desc"/>
</xs:complexType>
</xs:element>
</xs:complexType>
</xs:element>
</xs:schema>
```

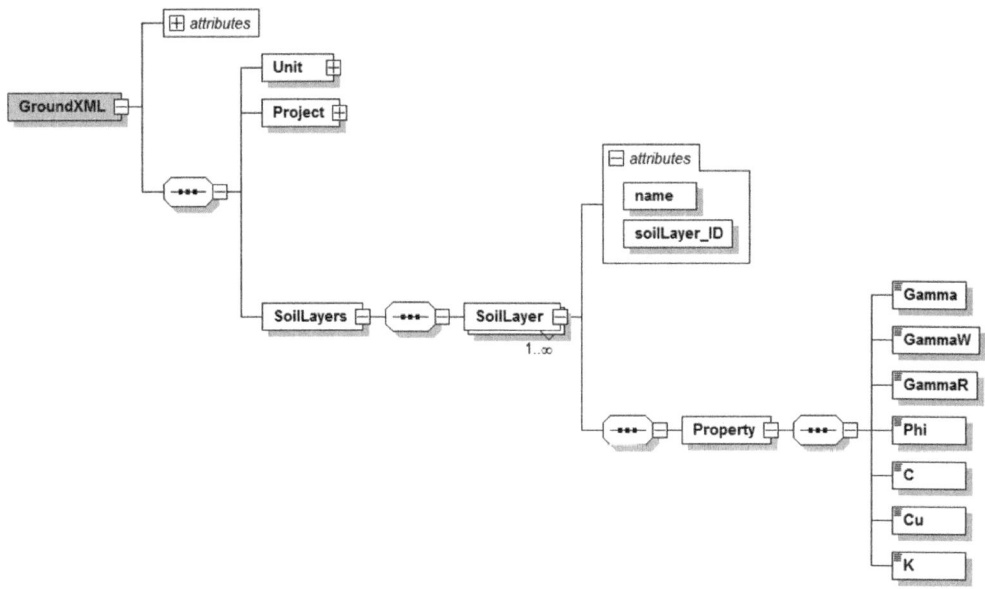

Abbildung A.2: graphische Darstellung des GroundXML-Schemas, Ansatz 2 aus Abschnitt 2.3.2.1.

Tabelle A.2: textuelle Darstellung des GroundXML-Schemas, Ansatz 2.

$< xs : schemaxmlns : xsi = "http : //GroundXML"xmlns : xs =$
$"http : //www.w3.org/2001/XMLSchema"elementFormDefault = "qualified"$
$attributeFormDefault = "unqualified"»$
$< xs : importnamespace = "http : //GroundXML"/ >$
$< xs : elementname = "GroundXML»$
$< xs : complexType >$
$< xs : sequence >$
$< xs : elementname = "Unit»$
$< xs : complexType >$
$< xs : attributename = "volumeSpecificUnit"type = "xs : string"use = required"/ >$
$< xs : attributename = "areaSpecificUnit"type = "xs : string"use = required"/ >$
$< xs : attributename = "angularSpecificUnit"type = "xs : string"use = required"/ >$
$< xs : attributename = "permeabilitySpecificUnit"type = "xs : string"use = required"/ >$
$< /xs : complexType >$
$< /xs : element >$
$< xs : elementname = "Project»$
$< xs : complexType >$
$< xs : attributename = "name"type = "xs : string"use = required"/ >$
$< /xs : complexType >$
$< /xs : element >$

```xml
<xs:element name="SoilLayers">
  <xs:complexType>
    <xs:sequence>
      <xs:element name="SoilLayer" maxOccurs="unbounded">
        <xs:complexType>
          <xs:sequence>
            <xs:element name="Property">
              <xs:complexType>
                <xs:sequence>
                  <xs:element name="Gamma" type="xs:unsignedByte"/>
                  <xs:element name="GammaW" type="xs:unsignedByte"/>
                  <xs:element name="GammaR" type="xs:unsignedByte"/>
                  <xs:element name="Phi" type="xs:decimal"/>
                  <xs:element name="C" type="xs:unsignedByte"/>
                  <xs:element name="Cu" type="xs:unsignedByte"/>
                  <xs:element name="K" type="xs:float"/>
                </xs:sequence>
              </xs:complexType>
            </xs:element>
          </xs:sequence>
          <xs:attribute name="name" type="xs:string" use="required"/>
          <xs:attribute name="SoilLayerID" type="xs:unsignedByte" use="required"/>
        </xs:complexType>
      </xs:element>
    </xs:sequence>
  </xs:complexType>
</xs:element>
</xs:sequence>
  <xs:attribute ref="xsi:Instance" use="required"/>
  <xs:attribute ref="xsi:schemaLocation" use="required"/>
  <xs:attribute name="date" type="xs:string" use="required"/>
  <xs:attribute name="time" type="xs:string" use="required"/>
  <xs:attribute name="version" type="xs:decimal" use="required"/>
  <xs:attribute name="language" type="xs:string" use="required"/>
  <xs:attribute name="readOnly" type="xs:boolean" use="required"/>
</xs:complexType>
</xs:element>
</xs:schema>
```

The manufacturer's authorised representative in the EU is Springer Nature Customer Service Centre GmbH, Europaplatz 3, 69115 Heidelberg, Germany. If you have any concerns regarding our products, please contact ProductSafety@springernature.com

Printed and bound by CPI Group (UK) Ltd, Croydon, CR0 4YY

25/03/2026

02078196-0020